工业和信息化高职高专
"十三五"规划教材立项项目

袁媛／主编

那傲峰 张忠良 杨柳 马志芳／副主编

建筑施工技术

高等职业教育『十三五』土建类技能型人才培养规划教材

U0310229

人民邮电出版社
北 京

图书在版编目（CIP）数据

建筑施工技术 / 袁媛主编. -- 北京：人民邮电出
版社，2015.12
高等职业教育"十三五"土建类技能型人才培养规划
教材
ISBN 978-7-115-39949-6

Ⅰ．①建… Ⅱ．①袁… Ⅲ．①建筑工程－工程施工－
高等职业教育－教材 Ⅳ．①TU74

中国版本图书馆CIP数据核字(2015)第163368号

内 容 提 要

　　本书是按照高职高专人才培养目标以及专业教学改革的需要，依据最新政策法规、标准规范编写的。
全书共 8 个学习情境，主要内容包括土方工程、地基处理与桩基础施工、砌筑工程、混凝土结构工程、
预应力混凝土工程、结构安装工程、建筑防水工程和装饰工程。本书内容设置上紧跟建筑施工新技术、
新材料、新工艺、新产品的发展步伐，对涉及建筑施工的专业知识，进行了科学、合理的划分，由浅入
深，重点突出。

　　本书既可作为高职高专院校土建类相关专业的教材，也可作为函授和自考辅导用书，还可供建筑工
程施工现场相关技术和管理人员工作时参考使用。

　　◆ 主　　编　袁　媛
　　　　副 主 编　那傲峰　张忠良　杨　柳　马志芳
　　　　责任编辑　刘盛平
　　　　责任印制　张佳莹　杨林杰
　　◆ 人民邮电出版社出版发行　　北京市丰台区成寿寺路 11 号
　　　　邮编　100164　　电子邮件　315@ptpress.com.cn
　　　　网址　http://www.ptpress.com.cn
　　　　三河市海波印务有限公司印刷
　　◆ 开本：787×1092　1/16
　　　　印张：20.5　　　　　　　　　　2015 年 12 月第 1 版
　　　　字数：513 千字　　　　　　　　2015 年 12 月河北第 1 次印刷

定价：45.00 元
读者服务热线：(010)81055256　印装质量热线：(010)81055316
反盗版热线：(010)81055315
广告经营许可证：京崇工商广字第 0021 号

前　言

　　"建筑施工技术"这门课程主要是以建筑工程施工中不同工种的施工为研究对象，根据其特点和规模，结合施工地点的地质水文条件、气候条件、机械设备和材料供应等客观条件，运用先进技术，研究建筑工程不同工种的施工工艺原理和施工方法、施工质量验收标准与安全技术措施等。通过对这些内容的研究，最终选择经济、合理的施工方案，保证建筑工程能够按质按期地完成，做到技术和经济的统一。

　　"建筑施工技术"是高职高专土建类相关专业必修的基础性课程。本书根据全国高职高专教育土建类专业教学指导委员会制定的教学标准、培养方案及主干课程教学大纲，以国家现行《建筑工程施工质量验收统一标准》（GB 50300—2013）及相关专业工程施工质量验收标准规范为依据，本着"必需、够用"的原则，以"讲清概念、强化应用"为主旨组织编写。要学好本课程，应该坚持理论联系实际的方法，掌握建筑工程相关施工质量验收规范，并应边学边实践，应用所学知识去解决实际工程中的施工技术问题。

　　本书在内容编排上，注重理论与实践相结合，采用"工学结合"教学模式，突出实践环节。将各个学习情境分为若干个学习单元，每个单元由知识目标、技能目标、基础知识三部分组成，正文中设置了情境导入、案例导航、小技巧、小提示、课堂案例、学习案例、知识拓展等特色模块，旨在提高学生的学习兴趣，促进学生的全面发展。每个学习情境最后均设置了学习情境小结和学习检测。

　　本书由郑州铁路职业技术学院的袁媛任主编，黑龙江林业职业技术学院那傲峰、成都航空职业技术学院张忠良、郑州铁路职业技术学院杨柳和马志芳任副主编。参加本书编写的还有牡丹江大学的刘勇，以及郑州铁路职业技术学院的李东浩、苏丹娜、耿文燕、王大帅。

　　本书既可作为高职高专院校土建类相关专业的教材，也可作为函授和自考辅导用书，还可供建筑工程施工现场相关技术和管理人员工作时参考使用。本教材编写过程中，参阅了国内同行多部著作，部分高等院校教师也提出了很多宝贵意见，在此，对他们表示衷心感谢！

　　由于编者的专业水平和实践经验有限，书中难免存在不足之处，敬请广大读者指正。

编　者

2015年8月

前　言

目 录

学习情境一

土方工程

情境导入

某工程为框架结构，共7层，建筑面积60 000m²，基础为钢筋混凝土灌注桩。施工总承包单位为市城建集团第×建筑工程公司，土方工程由某专业桩基公司组织施工，并于2012年3月15日进场。在做开工准备时，发现地下有废弃的长15m、宽4m、深8m的防空洞。项目经理王某在对土方工程没有进行详细勘察和拟订安全专项施工方案的情况下，就擅自组织进行土方开挖和防空洞拆除作业。4月8日，项目经理派人进行防空洞底部砖基础清理时，基坑边坡发生塌方，塌方量约为100m³，造成6名作业工人被埋，其中4人死亡。

案例导航

上述案例中，由于深基坑开挖过程中没有采取基坑支护等安全措施，项目经理在没有进行详细勘察和拟订安全专项施工方案的情况下违章指挥、擅自施工，作业人员安全意识不强、在危险的作业环境中冒险蛮干，导致了该起事故的发生。

该工程基坑深达8m，属深基坑工程施工。正常的施工组织应预先研究土壁支护方案、降水措施，以及土方开挖、防空洞拆除作业程序和基坑边堆载的要求，编制安全专项施工方案，向作业人员进行详细的安全技术交底，在施工过程中设专人指挥并进行监护，发现问题及时解决。

要了解基坑开挖施工内容，需要掌握的相关知识有：

（1）土方工程量计算方法、土方工程调配量的计算方法。

（2）基槽，深、浅基坑的各种支护方法及其适用条件。

（3）降低地下水位常采用的方法及施工工艺。

（4）土方机械的性能及使用范围。

（5）填土压实的方法和影响填土压实质量的因素。

学习单元一　土方工程概述及计算

知识目标

（1）掌握土的分类和性质。

（2）熟悉基坑、基槽土方量计算。

（3）掌握如何利用土方可松性进行土方调配。

技能目标

（1）通过本单元的学习，能够清楚土的基本性质，具有现场鉴别各种土的能力。

（2）具备利用土方可松性进行土方调配、车辆调度的能力。

基础知识

土方工程是建筑工程施工的首项工程，主要包括土的开挖、运输、填筑与压实等，有时还要进行排水、降水和土壁支护等工作。土方工程具有量大面广、劳动繁重和施工条件复杂等特点，受气候、水文、地质、地下障碍等因素影响较大，不确定因素多，存在较大的危险性。因此在施工前必须做好调查研究，选用合理的施工方案，采用先进的施工方法和机械施工，以保证工程的质量和安全。

一、土方工程施工特点

1. 土方工程的种类

常见的土方工程有平整场地、挖基槽、挖基坑、挖土方、回填土等。

（1）平整场地。平整场地是指工程破土开工前对施工现场厚度±300mm以内地面的挖填和找平。

（2）挖基槽。挖基槽是指挖土宽度在3m以内且长度大于宽度3倍时设计室外地坪以下的挖土。

（3）挖基坑。挖基坑是指挖土底面积在20m² 以内且长度小于或等于宽度3倍时设计室外地坪以下挖土。

（4）挖土方。凡不满足上述平整场地、基槽、基坑条件的土方开挖，均为挖土方。

（5）回填土。回填土分夯填和松填。基础回填土和室内回填土通常都采用夯填。

2. 土方工程的施工特点

① 面广量大、劳动繁重。建筑工程的场地平整，面积往往很大，某些大型工矿企业工地面积可达数平方千米，机场可达数十平方千米。在大型基坑开挖中，土方工程量可达几百万立方米。若采用人工开挖、运输、填筑压实，劳动强度很大。

② 施工条件复杂。土方工程施工多为露天作业，土又是成分较为复杂的天然物质，且地下情况难以确切掌握，因此，施工中直接受到地区气候、水文和地质等条件及周围环境的影响。

3. 土方工程的施工要求

① 尽可能采用机械化或半机械化施工，以减轻体力劳动、加快施工进度。

② 要合理安排施工计划，尽量避开冬季、雨期施工；否则应做好相应的准备工作。

③ 统筹安排，合理调配土方，降低施工费用，减少运输量和农田占用量。

④ 在施工前要做好调查研究，了解土的种类，施工地区的地形、地质、水文、气象资料及工程性质、工期和质量要求，拟订合理的施工方案和技术措施，以保证工程质量和安全，从而加快施工进度。

小技巧

在组织土方施工前，应根据施工现场的具体施工条件、工期和质量要求，拟订切实可行的土方工程施工方案。

二、土的工程分类

土的种类繁多，分类方法各异。在土方工程施工中，根据土开挖的难易程度（坚硬程度）将土分为松软土、普通土、坚土、砂砾坚土、软石、次坚石、坚石、特坚石共8类土（见表1-1）。表中前4类属一般土，后4类属岩石。在选择施工挖土机械和套用建筑安装工程劳动定额时要依据土的工程类别进行选择。

表1-1　　　　　　　　　　　　　　　土的分类

土的分类	土的名称	坚实系数	密度/（t·m⁻²）	开挖方法及工具
一类土（松软土）	砂土、粉土、冲积砂土层、疏松的种植土、淤泥（泥炭）	0.5～0.6	0.6～1.5	用锹、锄头挖掘，少许用脚蹬
二类土（普通土）	粉质黏土；潮湿的黄土；夹有碎石、卵石的砂；粉土混卵（碎）石；种植土、填土	0.6～0.8	1.1～1.6	用锹、锄头挖掘，少许用镐翻松
三类土（坚土）	软及中等密实黏土；重粉质黏土、砾石土；干黄土，含有碎石、卵石的黄土，粉质黏土；压实回填土	0.8～1.0	1.75～1.9	主要用镐，少许用锹、锄头挖掘，部分用撬棍
四类土（砂砾坚土）	坚硬密实的黏性土或黄土；含碎石、卵石的中等密实的黏性土或黄土；粗卵石；天然级配砂石；软泥灰岩	1.0～1.5	1.9	整个先用镐、撬棍，后用锹挖掘，部分用楔子及大锤
五类土（软石）	硬质黏土；中密的页岩、泥灰岩、自主土；胶结不紧的砾岩，软石灰及贝壳石灰石	1.5～4.0	1.1～2.7	用镐或撬棍、大锤挖掘，部分使用爆破方法
六类土（次坚石）	泥岩、砂岩，砾岩；坚实的页岩、泥灰岩，密实的石灰岩；风化花岗石、片麻岩及正长岩	4.0～10.0	2.2～2.9	用爆破方法开挖，部分用风镐
七类土（坚石）	大理石；辉绿岩；玢岩；粗、中粒花岗石；坚实的白云岩、砂岩、砾岩、片麻岩、石灰岩；微风化的安山岩；玄武岩	10.0～18.0	2.5～3.1	用爆破方法开挖
八类土（特坚石）	安山岩；玄武岩；花岗片麻岩；坚实的细粒花岗石、闪长岩、石英岩、辉长岩、辉绿岩、玢岩、角闪岩	18.0以上	2.7～3.3	用爆破方法开挖

注：坚实系数相当于普氏岩石强度系数

三、土的性质

土一般由土颗粒（固相）、水（液相）和空气（气相）三部分组成，这三部分之间的比例关系随着周围条件的变化而变化。三者间比例不同，反映出土的物理状态不同，如干燥、稍湿或很湿，密实、稍密或松散。这些指标是最基本的物理性质指标，对评价土的工程性质、进行土的工程分类具有重要意义。

土的三相物质是混合分布的，为阐述方便，一般用土的三相图表示，如图1-1所示。三相图中把土的固体颗粒、水和空气各自划分开来。

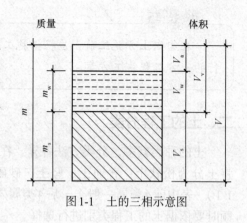

图1-1　土的三相示意图

图中符号的意义：m——土的总质量（$m=m_s+m_w$）（kg）；

m_s——土中固体颗粒的质量（kg）；

m_w——土中水的质量（kg）；

V——土的总体积（$V=V_s+V_w+V_a$）（m³）；

V_a——土中空气体积（m³）；

V_s——土中固体颗粒体积（m³）；

V_w——土中水所占的体积（m³）；

V_v——土中孔隙体积（$V_v=V_a+V_w$）（m³）。

1. 土的天然含水量

天然状态下，土的含水量是土中水的质量与固体颗粒质量之比的百分率，即

$$w = \frac{m_w}{m_s} \times 100\%$$ （1-1）

式中，w——土的含水率；

m_w——土中水的质量，kg；

m_s——土中固体颗粒的质量，kg。

通常情况下，$w \leqslant 5\%$的为干土；$5\% < w \leqslant 30\%$的为潮湿土；$w > 30\%$的为湿土。土的含水量影响土方的施工方法的选择、边坡的稳定和回填土的质量，例如，土的含水量超过25%～30%时，机械化施工就难以进行；含水量超过20%时，一般运土汽车就容易打滑。而在填土中则需保持"最佳含水量"，方能在夯压时获得最大干密度。例如，砂土的最佳含水量为8%～12%，而黏土则为19%～23%。

2. 土的天然密度和干密度

土在天然状态下单位体积的质量，称为土的天然密度。土的天然密度用ρ表示，计算公式为

$$\rho = m/V$$ （1-2）

式中，m——土的总质量，kg；

V——土的总体积，m³。

单位体积中土的固体颗粒的质量称为土的干密度，土的干密度用ρ_d表示，计算公式为

$$\rho_d = m_s/V$$ （1-3）

式中，m_s——土中固体颗粒的质量，kg；

　　　V——土的总体积，m^3。

　　干密度的大小反映了土颗粒排列的紧密程度。干密度越大，表示土越密实。工程上常把土的干密度作为评定土体密实程度的标准，以控制填土工程的压实质量。干密度常用环刀法和烘干法测定。

　　土的干密度与土的天然密度之间的关系可表示为

$$\rho_d = \frac{\rho}{1-w} \tag{1-4}$$

3. 土的孔隙比和孔隙率

　　孔隙比和孔隙率反映了土的密实程度，孔隙比和孔隙率越小土越密实。

　　孔隙比e是土中孔隙体积V_v与固体颗粒体积V_s的比值，可表示为

$$e = \frac{V_v}{V_s} \tag{1-5}$$

式中，V_v——土中孔隙体积，m^3；

　　　V_s——土中固体颗粒体积，m^3。

　　孔隙率n是土中孔隙体积与总体积V的比值，用百分率表示，可表示为

$$n = \frac{V_v}{V} \times 100\% \tag{1-6}$$

式中，V——土的总体积，m^3。

　　对于同一类土，孔隙率e越大，孔隙体积就越大，从而使土的压缩性和透水性都增大，土的强度降低。故工程上也常用孔隙比来判断土的密实程度和工程性质。

4. 土的可松性

　　土具有可松性。自然状态下的土经开挖后，其体积因松散而增大，虽经振动压实，但仍不能恢复其原来的体积，这种现象称为可松性。土的可松性用可松性系数表示。

$$K_s = \frac{V_2}{V_1} \tag{1-7}$$

$$K_s' = \frac{V_3}{V_1} \tag{1-8}$$

式中，K_s——土的最初可松性系数；

　　　K_s'——土的最后可松性系数；

　　　V_1——土在天然状态下的体积，m^3；

　　　V_2——土挖出后在松散状态下的体积，m^3；

　　　V_3——土经回填压（夯）实后的体积，m^3。

土的可松性对土方量的平衡调配、计算运土机具的数量和弃土坑的容积，以及计算填方所需的挖方体积等均有很大影响。各类土的可松性系数如表1-2所示。

表1-2　　　　　　　　　　　　　　各种土的可松性系数参考数值

土的类别	体积增加百分率/%		可松性系数	
	最初	最终	K_s	K_s'
一类（种植土除外）	8～17	1～2.5	1.08～1.17	1.01～1.03
一类（种植土、泥炭）	20～30	3～4	1.20～1.30	1.03～1.04
二类	14～28	1.5～5	1.14～1.25	1.02～1.05
三类	24～34	4～7	1.24～1.30	1.04～1.07
四类（泥灰岩、蛋白石除外）	26～32	6～10	1.26～1.32	1.06～1.09
四类（泥灰岩、蛋白石）	33～37	11～15	1.33～1.37	1.11～1.15
五～七类	30～45	10～20	1.30～1.45	1.10～1.20
八类	45～50	20～30	1.45～1.50	1.20～1.30

小 提 示

最初体积增加百分率＝$(V_2-V_1)/V_1×100\%$；最终体积增加百分率＝$(V_3-V_1)/V_1×100\%$。$K_s>K_s'>1$，可松性越小的土越好挖，可松性越小的土分类系数越小。

6

5. 土的压缩性

土的压缩性是指土在压力作用下体积变小的性质。取土回填或移挖作填，松土经运输、填压以后，均会压缩。一般土的压缩率参考值如表1-3所示。

表1-3　　　　　　　　　　　　　　土的压缩率参考值

土的类别	土的名称	土的压缩率/%	每立方米松散土压实后的体积/m³	土的类别	土的名称	土的压缩率/%	每立方米松散土压实后的体积/m³
一至二类土	种植土	20	0.80	三类土	天然湿度黄土	12～17	0.85
	一般土	10	0.90		一般土	5	0.95
	砂土	5	0.95		干燥坚实黄土	5～7	0.94

6. 土的渗透性

土的渗透性是指土体被水透过的性质，通常用渗透系数K表示。渗透系数K表示单位时间内水穿透土层的能力，以m/d表示。从达西地下水流动速度公式$V=KI$，可以看出渗透系数K的物理意义，即：当水力坡度I（水头差$\triangle h$与渗流距离L之比）为1时地下水的渗透速度，K值大小反映了土渗透性的强弱。不同土质，其渗透系数有较大的差异。

根据渗透系数不同，土可分为透水性土（如砂土）和不透水性土（如黏土）。土的渗透性会影响施工降水与排水的速度。土的渗透系数参考值如表1-4所示。在排水降低地下水时，需根据土层的渗透系数确定降水方案和计算涌水量；在土方填筑时，也需根据不同土料的渗透系数确定铺填顺序。

土的名称	渗透系数K/（m·d^{-1}）	土的名称	渗透系数K/（m·d^{-1}）
黏土	<0.005	含黏土的中砂	3～15
粉质黏土	0.005～0.1	粗砂	20～50
粉土	0.1～0.5	均质粗砂	60～75
黄土	0.25～0.5	圆砾石	50～100
粉砂	0.5～1	卵石	100～500
细砂	1～5	漂石（无砂质充填）	500～1 000
中砂	5～20	稍有裂缝的岩石	20～60
均质中砂	35～50	裂缝多的岩石	>60

表1-4　　　　　　　　　　土的渗透系数参考值

四、基坑、基槽土方量计算

在土方工程施工之前，必须计算土方的工程量。但各种土方工程的外形有时比较复杂，且不规则。一般情况下，将其划分为一定的几何形状，采用具有一定精度而又和实际情况近似的方法进行计算。

开挖土方时，边坡土体的下滑力产生剪应力，此剪应力主要由土体的内摩阻力和内聚力平衡，一旦土体失去平衡，边坡就会塌方。为了防止塌方，保证施工安全，在基坑（槽）开挖深度超过一定限度时，土壁应做成有斜率的边坡（放坡），或者加以临时支撑以保持土壁的稳定。

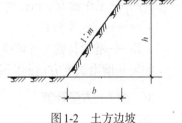

图1-2　土方边坡

1. 边坡坡度

土方边坡用边坡坡度和边坡系数表示。

边坡坡度以土方挖土深度h与边坡底宽b之比来表示（见图1-2），即

$$土方边坡坡度=\frac{h}{b}=1:m \qquad (1-9)$$

边坡系数以土方边坡底宽b与挖土深度h之比来表示，用m表示，即土方边坡系数为

$$m=\frac{b}{h} \qquad (1-10)$$

式中，h——土方边坡高度；

　　　b——土方边坡底宽。

土方边坡坡度与边坡系数互为倒数，工程中常以$1:m$表示边坡。

边坡可以做成直线形边坡、阶梯形边坡及折线形边坡，如图1-3所示。

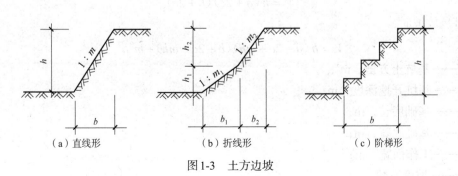

（a）直线形　　　　　　　（b）折线形　　　　　　　（c）阶梯形

图1-3　土方边坡

7

小 技 巧

土方边坡坡度的确定一定要合理，以此满足安全和经济方面的要求。土方开挖时，若边坡太陡，容易造成土体失稳而发生塌方事故；若边坡太缓，将造成土方量增加，甚至会影响到邻近建筑物的使用和安全。若边坡高度较高，土方边坡可根据各层土体所受的压力，将其边坡可做成折线形或阶梯形，以减少挖填土方量。

2. 基槽土方量计算

基槽开挖时，两边应留有一定的工作面，分放坡开挖和不放坡开挖两种情形，如图1-4所示。

当基槽不放坡时，

$$V=h(a+2c)L \tag{1-11}$$

当基槽放坡时，

$$V=h(a+2c+mh)L \tag{1-12}$$

式中，V——基槽土方量，m^3；

　　　a——基础底面宽度，m；

　　　h——基槽开挖深度，m；

　　　c——工作面宽，m；

　　　m——坡度系数；

　　　L——基槽长度（外墙按中心线，内墙按净长线），m。

如果基槽沿长度方向断面变化较大，应分段计算，然后将各段土方量汇总即得总土方量。

3. 基坑土方量计算

基坑开挖时，四边应留有一定的工作面，分放坡开挖和不放坡开挖两种情况，如图1-5所示。

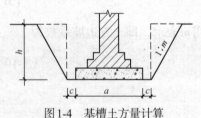

图1-4　基槽土方量计算

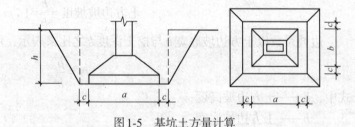

图1-5　基坑土方量计算

当基坑不放坡时，

$$V=h(a+2c)(b+2c) \tag{1-13}$$

当基坑放坡时，

$$V=h(a+2c+mh)(b+2c+mh)+m^2h^3 \tag{1-14}$$

式中，V——基坑土方量，m^3；

　　　h——基坑开挖深度，m；

　　　a——基础底长，m；

　　　b——基础底宽，m；

　　　c——工作面宽，m；

　　　m——坡度系数。

五、场地平整土方工程量计算

场地平整就是将现场平整成施工所要求的设计平面。场地平整前，首先要确定场地设计标高，计算挖、填土方工程量，确定土方平衡调配方案；并根据工程规模、施工期限、土的性质及现有机械设备条件，选择土方机械，拟定施工方案。

1. 场地设计标高的初步确定

确定场地设计标高时应考虑以下因素。

① 满足建筑规划和生产工艺及运输的要求。

② 尽量利用地形，减少挖填方数量。

③ 场地内的挖、填土方量力求平衡，使土方运输费用最少。

④ 有一定的排水坡度，满足排水要求。

如果设计文件对场地设计标高无明确规定和特殊要求，可参照下述步骤和方法确定。

小型场地平整如对场地标高无特殊要求，一般可以根据平整前后土方量相等的原则求得设计标高，但是这仅仅意味着把场地推平，使土方量和填方量相等、平衡，并不能从根本上保证土方量调配最小。

如图1-6（a）所示，将场地地形图划分为边长a=10 ～ 40m的若干个方格。每个方格的角点标高，在地形平坦时，可根据地形图上相邻两条等高线的高程，用插入法求得；当地形起伏较大（用插入法有较大误差）或无地形图时，则可在现场用小桩打好方格网，然后用测量的方法求得。

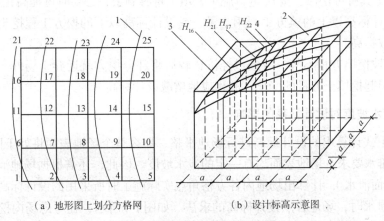

（a）地形图上划分方格网　　　　　　　（b）设计标高示意图

图1-6 场地设计标高计算简图

1—等高线；2—自然地面；3—设计标高平面；4—零线

按照挖填方平衡的原则，如图1-6（b）所示，场地设计标高即为各个方格平均标高的平均值。可按下式计算。

$$H_0 \cdot M \cdot a^2 = \sum \left(a^2 \cdot \frac{H_{16} + H_{17} + H_{21} + H_{22}}{4} \right) \qquad (1\text{-}15)$$

$$H_0 = \frac{\sum (H_{16} + H_{17} + H_{21} + H_{22})}{4M} \qquad (1\text{-}16)$$

式中，H_0——所计算场地的设计标高，m；

a——方格边长，m；

M——方格数；

$H_{16}+H_{17}+H_{21}+H_{22}$——任一方格的4个角点的标高，m。

小 技 巧

由于相邻方格具有公共的角点标高，H_{11}是一个方格的角点标高；、H_{21}是相邻两个方格公共角点标高；H_{22}则是相邻的4个方格的公共角点标高。如果将所有方格的4个角点标高相加，则类似H_{11}这样的角点标高加一次，类似H_{12}的角点标高加两次，类似H_{22}的角点标高要加四次。因此上式可改写成：

$$H_0 = \frac{\sum H_1 + 2\sum H_2 + 3\sum H_3 + 4H_4}{4M}$$ （1-17）

式中，H_1——1个方格仅有的角点标高，m；

H_2——2个方格共有的角点标高，m；

H_3——3个方格共有的角点标高，m；

H_4——4个方格共有的角点标高，m；

M——方格数。

2. 设计标高的调整

根据上述公式算出的设计标高只是一个理论值，实际上还需要考虑以下几种因素进行调整。

① 由于填土具有可松性，按H_0进行施工，填土将有剩余，必要时可提高相应设计标高。

② 由于设计标高以上的填方工程用土量，或设计标高以下的挖方工程挖土量的影响，使设计标高降低或提高。

③ 由于边坡挖填方量不等，或经过经济比较后将部分挖方就近弃于场外、部分填方就近从场外取土而引起挖填土方量的变化，需相应地增减设计标高。

3. 考虑泄水坡度对设计标高的影响

如果按照上式计算出的设计标高进行场地平整，那么整个场地表面将处于同一个水平面；但实际上由于排水要求，场地表面均有一定的泄水坡度。因此，还需根据场地泄水坡度的要求（单面泄水或双面泄水），计算出场地内各方格角点实际施工时所采用的设计标高。

（1）单向泄水时，场地各点设计标高的求法。如图1-7所示，在考虑场内挖填平衡的情况下，将上式计算出的设计标高H_0，作为场地中心线的标高，场地内任一点的设计标高为

$$H_n = H_0 \pm Li$$ （1-18）

式中，H_n——任意一点的设计标高，m；

L——该点至H_0的距离，m；

i——场地泄水坡度，不小于0.2%；

$\pm$——该点比H_0点高则取"+"，反之取"-"。

（2）双向泄水时，场地各点设计标高的求法。如图1-8所示，H_0为场地中心点标高，场地内任意一点的设计标高为

$$H_n = H_0 \pm l_x i_x \pm l_y i_y$$ （1-19）

式中，l_x、l_y——该点于x–y、y–y方向距场地中心线的距离；

i_x、i_y——该点于x—x、y—y方向的泄水坡度。

其余符号表示的意义同前面。

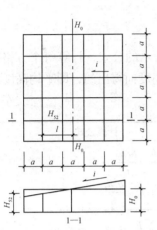

图1-7 单向泄水坡度的场地

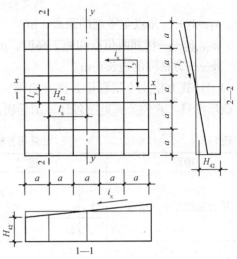

图1-8 双向泄水坡度的场地

4. 场地土方量的计算

大面积场地平整的土方量通常采用方格网法计算，即根据方格网各方格角点的自然地面标高和实际采用的设计标高，算出相应的角点挖填高度（施工高度），然后计算每一方格的土方量，并算出场地边坡的土方量。

（1）计算各方格角点的施工高度。施工高度是设计地面标高与自然地面标高的差值，将各角点的施工高度填在方格网的右上角；设计标高和自然地面标高分别标注在方格网的右下角和左下角；方格网的左上角填的是角点编号，如图1-9所示。

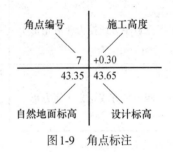

图1-9 角点标注

各方格角点的施工高度按下式计算，即

$$h_n = H_n - H \tag{1-20}$$

式中，h_n——角点施工高度，即各角点的挖填高度，"+"为挖，"-"为填；

H_n——角点的设计标高（若无泄水坡度，即为场地的设计标高）；

H——各角点的自然地面标高。

（2）计算零点位置。在一个方格网内同时有填方或挖方时，要先算出方格网边的零点位置。所谓"零点"，是指方格网边线上不挖不填的点。把零点位置标注于方格网上，将各相邻边线上的零点连接起来，即为零线。

小 提 示

零线是挖方区和填方区的分界线，零线求出后，场地的挖方区和填方区也随之标出。一个场地内的零线不是唯一的，可能是一条，也可能是多条。当场地起伏较大时，零线可能出现多条。

11

零点的位置按下式计算，即

$$x_1 = \frac{h_1}{h_1 + h_2} \cdot a; \quad x_2 = \frac{h_2}{h_1 + h_2} \cdot a \tag{1-21}$$

式中，x_1、x_2——角点至零点的距离，m；

　　　　h_1、h_2——相邻两角点的施工高度，m，均用绝对值表示；

　　　　a——方格网的边长，m。

（3）计算方格土方工程量。按方格网底面积图形和表1-5所示的公式，计算每个方格内的挖方或填方量。表内公式是按各计算图形底面积乘以平均施工高度而得出的，即平均高度法。

表1-5　　　　　　　　　　　　　采用方格网点计算公式

项目	图式	计算公式
一点填方或挖方（三角形）	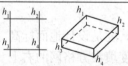	$V = \frac{1}{2}bc\frac{\sum h}{3} = \frac{bch_3}{6}$ 当 $b=c=a$ 时，$V = \frac{a^2 h_3}{6}$
二点填方或挖方（梯形）		$V_+ = \frac{b+c}{2}a\frac{\sum h}{4} = \frac{a}{8}(b+c)(h_1+h_3)$ $V_- = \frac{d+e}{2}a\frac{\sum h}{4} = \frac{a}{8}(d+e)(h_2+h_4)$
三点填方或挖方（五角形）		$V = (a^2 - \frac{bc}{2})\frac{\sum h}{5}$ $= (a^2 - \frac{bc}{2})\frac{h_1+h_2+h_4}{5}$
四点填方或挖方（正方形）		$V = \frac{a^2}{4}\sum h = \frac{a^2}{4}(h_1+h_2+h_3+h_4)$

小　提　示

　　a 为方格网的边长（m）；b、c 为零点到一角的边长（m）；h_1、h_2、h_3、h_4 为方格网四角点的施工高程（m），用绝对值代入；$\sum h$ 为填方或挖方施工高程的总和（m），用绝对值代入；V 为挖方或填方（m^3）。

（4）边坡土方量的计量。图1-10所示为一场地边坡的平面示意图，从图中可看出，边坡的土方量可以划分为两种近似几何形体计算，一种为三角棱锥体，另一种为三角棱柱体，其计算公式如下。

① 三角棱锥体边坡体积。三角棱锥体边坡体积（图中的①）的计算公式如下。

$$V_1 = \frac{1}{3}A_1 l_1 \tag{1-22}$$

式中，l_1——边坡①的长度；

　　　　A_1——边坡①的端面积，即

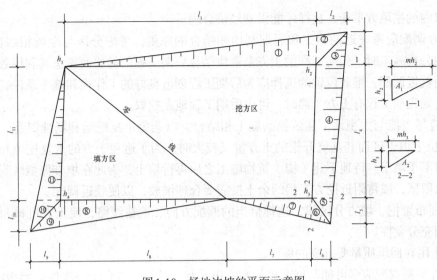

图1-10　场地边坡的平面示意图

$$A_1 = \frac{h_2(mh_2)}{2} = \frac{mh_2^2}{2} \qquad (1\text{-}23)$$

式中，h_2——角点的挖土高度；

　　　m——边坡的坡度系数。

② 三角棱柱体边坡体积。三角棱柱体边坡体积（图中的④）的计算公式如下。

$$V_4 = \frac{A_1 + A_2}{2} l_4 \qquad (1\text{-}24)$$

两端横断面面积相差很大的情况下，V_4为

$$V_4 = \frac{l_4}{6}(A_1 + 4A_0 + A_2) \qquad (1\text{-}25)$$

式中，l_4——边坡④的长度，m；

　　　A_1、A_2、A_0——边坡④两端及中部的横断面面积，算法同上（图1-10所示剖面是近似表示，实际上地表面不完全是水平的）。

（5）计算土方总量。将挖方区（或填方区）所有方格的土方量和边坡土方量汇总，即得场地平整挖（填）方的工程量。

六、土方调配

1. 土方调配的原则

土方工程量计算完毕后，即可着手对土方进行平衡与调配。土方的平衡与调配是土方规划设计的一项重要内容，是对挖土的利用、堆弃和填土这三者之间的关系进行综合平衡处理，达到既使土方运输费用最低又能方便施工的目的。土方调配的原则主要有以下几种。

① 应力求达到挖方与填方基本平衡和就近调配，使挖方量与运距的乘积之和尽可能为最小，即土方运输量或费用最小。挖填方平衡和运输量最小，这样可以降低土方工程的成本。然而，仅限于场地范围的平衡，一般很难满足运输量最小的要求，因此，还需根据场地和其周围地形条件综合考虑，必要时可在填方区周围就近借土，或在挖方区周围就近弃土，而不是只局

限于场地以内的挖填方平衡，这样才能做到经济合理。

② 土方调配应考虑近期施工和后期利用相结合的原则，考虑分区与全场相结合的原则。当工程分期分批施工时，先期工程的土方余额应结合后期工程的需要而考虑其利用数量与堆放位置，以便就近调配。堆放位置的选择应为后期工程创造良好的工作面和施工条件，力求避免重复挖运。如先期工程有土方欠额时，可由后期工程地点挖取。

③ 还应尽可能与大型地下建筑物的施工相结合，以避免重复挖运和场地混乱。当大型建（构）筑物位于填土区而其基坑开挖的土方量又较大时，为了避免土方的重复挖填和运输，该填土区暂时不予填土。待地下建（构）筑物施工之后再行填土，为此在填方保留区附近应有相应的挖方保留区，或将附近挖方工程的余土按需要合理堆放，以便就近调配。

④ 合理布置挖、填方分区线，选择恰当的调配方向、运输线路，使土方机械和运输车辆的性能得到充分发挥。

⑤ 好土用在回填质量要求高的地区。

⑥ 土方平衡调配应尽可能与城市规划和农田水利相结合，将余土一次性运到指定弃土场，做到文明施工。

> **小 提 示**
>
> 进行土方调配时，必须根据现场的具体情况、有关技术资料、工期要求、土方机械与施工方法，结合上述原则予以综合考虑，从而做出经济合理的调配方案。

2. 划分土方调配区

划分土方调配区应注意以下几点。

① 调配区的划分应该与房屋和构筑物的平面位置相协调，并考虑它们的开工顺序、工程的分期施工顺序。

② 调配区的大小应该满足土方施工所用主导机械（铲运机、挖土机等）的技术要求，例如，调配区的范围应该大于或等于机械的铲土长度，调配区的面积最好和施工段的大小相适应。

③ 调配区的范围应该和土方的工程量计算用的方格网协调，通常由若干个方格组成一个调配区。

④ 当土方运距较大或场区范围内土方不平衡时，可考虑就近借土或就近弃土，这时一个借土区或一个弃土区都可作为一个独立的调配区。

3. 计算土方的平均运距

调配区的大小及位置确定后，便可计算各挖填调配区之间的平均运距。当用铲运机或推土机平土时，挖方调配区和填方调配区土方重心之间的距离，通常就是该挖填调配区之间的平均运距。

> **小 提 示**
>
> 确定平均运距需先求出各个调配区土方的重心，并把重心标在相应的调配区图上，然后用比例尺量出每对调配区之间的平均运距即可。当挖填方调配区之间的距离较远，采用汽车、自行式铲运机或其他运土工具沿工地道路或规定线路运输时，其运距可按实际计算。

4．进行土方调配

（1）做初始方案。用"最小元素法"求出初始调配方案。所谓"最小元素法"，即对运距最小（C_{ij} 对应）的 X_{ij}，优先并最大限度地供应土方量，如此依次分配，使 C_{ij} 最小的那些方格内的 X_{ij} 值尽可能取大值，直至土方量分配完为止。需注意的是，这只是优先考虑"最近调配"，所求得的总运输量是较小的，但这并不能保证总运输量最小，因此，需判别它是否为最优方案。

（2）判别最优方案。只有所有检验数 $\lambda_j \geq 0$，初始方案才为最优解。"表上作业法"中求检验数 λ_j 的方法有"闭回路法"与"位势法"。"位势法"较"闭回路法"简便，因此这里只介绍用"位势法"求检验数。

检验时，首先将初始方案中有调配数方格的平均运距列出来，然后根据这些数字的方格，按下式求出两组位势数 u_i（i=1，2，…，m）和 v_j（j=1，2，…，n）。

$$C_{ij}=u_i+v_j \tag{1-26}$$

式中，C_{ij}——本例中为平均运距，m；

　　　u_i、v_j——位势数。

位势数求出后，便可根据下式计算各空格的检验数：

$$v_{ij}=C_{ij}-u_i-v_j \tag{1-27}$$

如果求得的检验数均为正数，则说明该方案是最优方案，否则，该方案就不是最优方案。

知 识 链 接

进行方案调整按以下要求实施。

① 先在所有负检验数中挑选一个（可选最小）。

② 找出这个数的闭合回路。做法如下：从这个数出发，沿水平或垂直方向前进，遇到适当的有数字的方格做 90° 转弯（也可不转），然后继续前进，直至回到出发点。

③ 从回路中某一格出发，沿闭合回路（方向任意）一直前进，在各奇数项转角点的数字中，挑选出一个最小的，最后将它调到原方格中。

④ 将被挑出方格中的数字视为 0，同时将闭合回路其他奇数项转角上的数字都减去同样数字，使挖填方区土方量仍然保持平衡。

5．绘制土方调配图

根据表上作业求得的最优调配方案，在场地地形图上绘出土方调配图，图上应标出土方调配方向、土方数量及平均运距，如图1-11所示。

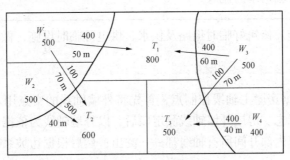

图1-11　土方调配图

学习单元二 基坑（槽）的施工

知识目标

（1）了解基坑开挖、深基坑开挖和地基验槽的程序和方法。

（2）了解土方边坡基本规定、处理方法和边坡危岩加固方法。

技能目标

（1）通过本单元的学习，能够清楚基槽，深、浅基坑的各种支护方法及其使用条件。

（2）能够组织基坑（槽）开挖施工。

基础知识

一、土方开挖

1. 土方开挖准备工作

土方工程施工前通常需完成下列准备工作：场地清理、排除地面积水、修筑临时设施、燃料和其他材料的准备、供电与供水管线的敷设、临时停机棚和修理间等的搭设、土方工程的测量放线和编制施工组织设计等。

（1）场地清理。场地清理包括清理地面及地下各种障碍。在施工前应拆除旧建筑；拆迁或改建通信、电力设备，上、下水道以及地下建（构）筑物；迁移树木并去除耕植土及河塘淤泥等。此项工作由业主委托有资质的拆卸公司或建筑施工公司完成，发生的费用由业主承担。

（2）排除地面积水。场地内低洼地区的积水必须排除，雨水也要排除，使场地保持干燥，以利土方施工。地面水的排除一般采用排水沟、截水沟、挡水土坝等措施。

排水沟应尽量利用自然地形来设置，使水直接排至场外，或流向低洼处再用水泵抽走。主排水沟最好设置在施工区域的边缘或道路的两旁，其横断面和纵向坡度应根据最大流量确定。一般排水沟的横断面不小于0.5m×0.5m，纵向坡度一般不小于0.2%。

小 提 示

场地平整过程中，要注意排水沟保持畅通，必要时应设置涵洞。山区的场地平整施工时，应在较高一面的山坡上开挖截水沟。在低洼地区施工时，除开挖排水沟外，必要时应修筑挡水土坝，以阻挡雨水的流入。

（3）修筑临时设施。修筑好临时道路及供水、供电等临时设施，做好材料、机具及土方机械的进场工作。

（4）定位放线。

①基槽放线。根据房屋主轴线控制点，首先将外墙轴线的交点用木桩测设在地面上，并在桩顶钉上铁钉作为标志。房屋外墙轴线测定以后，以外墙轴线为依据，再按照建筑施工平面图中轴线间的尺寸，将内部开间所有轴线都一一测出；然后根据边坡系数及工作面大小计算开

挖宽度；最后在中心轴线两侧用石灰在地面上撒出基槽开挖边线。同时，在房屋四周设置龙门板，以便于进行基础施工时复核轴线位置。

② 柱基放线。在基坑开挖前，从设计图上查对基础的纵横轴线编号和基础施工详图，根据柱子的纵横轴线，用经纬仪在矩形控制网上测定基础中心线的端点，同时在每个柱基中心线上测定基础定位桩，每个基础的中心线上设置4个定位木桩，其桩位离基础开挖线的距离为0.5～1.0m。若基础之间的距离不大，可每隔1～2或多个基础打一定位桩，但两个定位桩的间距以不超过20m为宜，以便拉线恢复中间柱基的中线。桩顶上钉一钉子，标明中心线的位置。然后按边坡系数和基础施工图上柱基的尺寸及工作面确定的挖土边线尺寸，放出基坑上口挖土灰线，标出挖土范围。

大型基坑开挖时，要根据房屋的控制点，按基础施工图上的尺寸和按边坡系数及工作面确定的挖土边线的尺寸，放出基坑四周的挖土边线。

2. 基坑（槽）开挖

土方开挖应遵循"开槽支撑，先撑后挖，分层开挖，严禁超挖"的原则。基坑（槽）开挖有人工开挖和机械开挖两种方式，对于大型基坑应优先考虑选用机械化施工，以加快施工进度。开挖基坑（槽），应按规定的尺寸，合理确定开挖顺序和分层开挖深度，连续进行施工，尽快完成。因土方开挖施工要求标高、断面准确，土体应有足够的强度和稳定性，所以在开挖过程中要随时注意检查。

① 施工前必须做好地面排水和降低地下水位工作，地下水位降低至基坑底下0.5～1m后方可开挖。降水工作应持续到基坑回填完毕。

② 挖出的土除预留一部分用作回填外，不得随意在场地内堆放，为了避免妨碍施工，应把多余的土运到弃土区域。为了防止土壁滑坡，应根据土质情况和基坑（槽）深度，坑顶两边0.8m范围内不得堆放弃土，在此距离之外堆土的高度不得超过1.5m，否则，应验算边坡的稳定性可否满足。在桩基周围、墙基、围墙一侧，不得堆土过高。在坑边放置有动载的机械设备时，应根据验算结果，离开坑边一定距离。如果土质不好，还应采取必要的加固措施。

③ 为了防止基地土受到浸水或其他原因的扰动，基坑（槽）挖好之后，应马上做垫层或浇筑基础。如果不能，挖土时应在基底标高以上保留厚度为150～300mm厚的土层，等到基础施工时再行挖去。如果是机械挖土，为防止基地土被扰动，结构被破坏，不应直接挖到基坑（槽）底，根据机械种类在基底标高以上留出一定厚度的土层，待基础施工前用人工铲平修整。使用挖掘机挖土时，应保留土层厚度为200～300mm，使用铲运机、推土机时保留土层厚度为150～200mm。

④ 挖土不得超挖。超挖即挖到基坑（槽）设计标高以下。若个别处超挖，应用于基土相同的土料填补，并夯实到要求的密实度。如果原土填补不能达到要求的密实度时，应用碎石类土填补，并夯实。如果重要部位被超挖，可以用低强度等级混凝土填补。因为超挖，施工方发生的费用由自己承担。

⑤ 雨季施工时，基坑（槽）应分段开挖，挖好一段浇筑一段垫层，并在基坑（槽）两侧围以土堤或挖排水沟，以防地面雨水流入基坑（槽），同时应经常检查边坡和支撑情况，以防止坑壁受水浸泡造成边坡坍塌。

　　基坑开挖时应对平面控制点、水准点、基坑平面位置、水平标高、边坡坡度等经常复检。基坑开挖程序一般是：测量放线→分层开挖→排降水→修坡→整平→留足预留土层等。相邻基坑开挖时，应遵循先深后浅或同时进行的施工程序。挖土应自上而下水平分段分层进行，每层0.3m左右，边挖边检查坑底宽度及坡度，不够时及时修整，每3m左右修一次坡，至设计标高，再统一进行一次修坡清底，检查坑底宽和标高，要求坑底凹凸不超过2cm。

3. 深基坑土方开挖

　　深基坑开挖同样应遵循"开槽支撑，先撑后挖，分层开挖，严禁超挖"的原则。开挖方法主要有分层挖土、分段挖土、盆式挖土、中心岛式挖土等几种。施工中应根据基坑面积大小、开挖深度、支护结构形式、环境条件等因素选用开挖方法。

　　（1）分层挖土。分层挖土是将基坑按深度分为多层进行逐层开挖的，如图1-12所示。分层厚度，软土地基应控制在2m以内；硬质土可控制在5m以内。开挖顺序可从基坑的某一边向另一边平行开挖，或从基坑两端对称开挖，或从基坑中间向两边平行对称开挖，也可交替分层开挖，具体应根据工作面和土质情况决定。

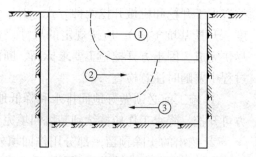

图1-12　分层开挖示意图

　　运土可采取设坡道或不设坡道两种方式。设坡道，土的坡度视土质、挖土深度和运输设备情况而定，一般为1:8～1:10，坡道两侧要采取挡土或加固措施。不设坡道一般设钢平台或栈桥作为运输土方通道。

　　（2）分段挖土。分段挖土是将基坑分成几段或几块分别开挖。分段与分块的大小、位置和开挖顺序，根据开挖场地、工作面条件、地下室平面与深浅和施工工期而定。分块开挖即开挖，浇筑混凝土垫层或基础，必要时可在已封底的坑底与围护结构之间加设斜撑，以增强支护的稳定性。

　　（3）盆式挖土。盆式挖土是先分层开挖基坑中间部分的土方，基坑周边一定范围内的土暂不开挖，如图1-13所示。开挖时，可视土质情况按1:1～1:1.25放坡，使之形成对四周围护结构的被动土反压力区，以增强围护结构的稳定性，待中间部分的混凝土垫层、基础或地下室结构施工完成之后，再用水平支撑或斜撑对四周围护结构进行支撑，并突击开挖周边支护结构内部分被动土区的土，每挖一层支一层水平横顶撑（见图1-14），直至坑底，最后浇筑该部分结构混凝土。本法对支护挡墙受力有利，时间效应小，但大量土方不能直接外运，需集中提升后装车外运。盆式挖土需设法提高土方上运的速度，这样对加速基坑开挖可起很大作用。

　　（4）中心岛式挖土。中心岛式挖土是先开挖基坑周边土方，在中间留土墩作为支点搭设栈桥，挖土机可利用栈桥下到基坑挖土，运土的汽车也可利用栈桥进入基坑运土，可有效加快挖土和运土的速度，如图1-15所示。土墩留土高度、边坡的坡度、挖土分层与高差应经仔细研究确定。挖土也分层开挖，一般先全面挖去一层，然后在中间部分留置土墩，周围部分分层开挖。

挖土多用反铲挖土机，如基坑深度很大，则采用向上逐级传递的方式进行土方装车外运。整个土方开挖顺序，必须与支护结构的设计工况严格一致。要严格遵循"开槽支撑、先撑后挖、分层开挖、严禁超挖"的原则。挖土时，除支护结构设计允许外，挖土机和运土车辆不得直接在支撑上行走和操作。

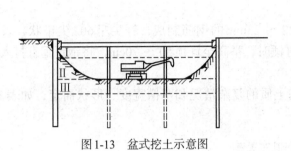

图1-13　盆式挖土示意图　　　　　图1-14　盆式开挖内支撑示意图

1—钢板桩或灌注桩；2—后挖土方；3—先施工地下结构；

4—后施工地下结构；5—钢水平支撑；6—钢横撑

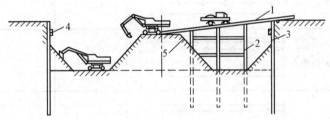

图1-15　中心岛（墩）式挖土示意图

1—栈桥；2—支架或利用工程桩；3—围护墙；4—腰梁；5—土墩

深基坑开挖过程中，随着土的挖除，下层土因逐渐卸载而有可能产生回弹变形（隆起），尤其在基坑挖至设计标高后，搁置时间越久，回弹状况越为显著。回弹变形过大将加大建筑物的后期沉降。

知 识 链 接

针对深基坑开挖后的土体回弹情况，应有适当的估计，如果在勘察阶段，土样的压缩试验中应补充卸荷弹性试验等；还可以采取结构措施，在基底设置桩基等，或事先对结构下部土质进行深层地基加固。

施工中减少基坑弹性隆起的一个有效方法是，把土体中有效应力的改变降低到最小，即减少暴露时间，防止地基土浸水。具体方法有加速建造主体结构，或逐步利用基础的重量来代替被挖去土体的重量。

---

4. 地基验槽

地基验槽方法有以下几种。

（1）表面检查验槽法。

① 根据槽壁土层分布情况及走向，初步判明全部基底是否已挖至设计所要求的土层。

② 检查槽底是否已挖至原（老）土，是否需继续下挖或进行处理。

③ 检查整个槽底土的颜色是否均匀一致；土的坚硬程度是否一样，有无局部过松软或过坚硬的部位；有无局部含水量异常现象，走上去有没有颤动的感觉等。如有异常情况，要会同设计等有关单位进行处理。

（2）钎探检查验槽法。基坑挖好后，用锤把钢钎打入槽底的基土内，然后根据每打入一定深度的锤击次数，来判断地基土质情况。

① 钢钎的规格和重量。钢钎用直径22～25mm的钢筋制成，钎尖呈60°尖锥状，长度1.8～2.0m。配合重量3.6～4.5kg铁锤。打锤时，举高至钎顶50～70cm，将钢钎垂直打入土中，并记录每打入土层30cm的锤击数。

② 钎孔布置和钎探深度。应根据地基土质的复杂情况和基槽宽度、形状而定，如表1-6所示。

表1-6　　　　　　　　　　　　　钎孔布置表

槽宽/cm	排列方式及图示	间距/m	钎探深度/m
<80	中心一排	1～2	1.2
80～200	两排错开	1～2	1.5
>200	梅花形	1～2	2.0
柱基	梅花形	1～2	≥1.5m，并不浅于短边宽度

③ 钎探记录和结果分析。先绘制基槽平面图，在图上根据要求确定钎探点的平面位置，并依次编号制成钎探平面图。钎探时按钎探平面图标定的钎探点顺序进行，最后整理成钎探记录表。

④ 全部钎探完后，逐层分析研究钎探记录，然后逐点进行比较，将锤击数明显过多或过少的钎孔在钎探平面图上做上记号，然后重点检查该部位，如果有异常情况，要认真进行处理。

（3）洛阳铲钎探验槽法。在黄土地区，基坑挖好后或大面积基坑挖土前，应根据建筑物所在地区的具体情况或设计要求，对基坑底以下的土质、古墓以及洞穴用专用洛阳铲进行钎探检查。

① 探孔的布置。探孔布置如表1-7所示。

② 探查记录和成果分析。先绘制基础平面图，在图上根据要求确定探孔的平面位置，并依次编号，再按编号顺序进行探孔。探查过程中，一般每挖3～5铲看一下土，查看土质变化和含有物的情况。

表1-7   探孔布置

基槽宽/cm	排列方式及图示	间距L/m	钎探深度/m
<200		1.4～2.0	3.0
>200		1.4～2.0	3.0
柱基		1.5～2.0	3.0（荷重较大时为4.0～5.0）
加孔		<2.0（如基础过宽时中间再加孔）	3.0

知识链接

遇有土质变化或含有杂物情况，应测量其深度并用文字记录清楚。遇有墓穴、地道、地窖、废井等时，应在此部位缩小探孔距离（一般为1m左右），沿其周围仔细探查清楚其大小、深浅及平面形状，并在探孔平面图中标注出来，全部探查完后，绘制探孔平面图和各探孔不同深度的土质情况表，为地基处理提供完整的资料。探查完以后，应尽快用素土或灰土将探孔回填。

（4）轻型动力触探法验槽。

① 遇到下列情况之一时，应在基坑底普遍进行轻型动力触探。

（a）持力层明显不均匀。

（b）浅部有软弱下卧层。

（c）有浅埋的坑穴、古墓、古井等，直接观察难以发现。

（d）勘察报告或设计文件规定应进行轻型动力触探。

② 采用轻型动力触控进行基槽检验时，检验深度及间距按表1-8所示执行。

表1-8   轻型动力触探检验深度及间距表

排列方式	基槽宽度/m	检验深度/m	检验间距
中心一排	<0.8	1.2	1.0～1.5m视地层复杂情况而定
两排错开	0.8～2.0	1.2	
梅花形	>2.0	2.1	

二、土方边坡支护

1. 土方边坡基本规定

土方边坡的大小主要与土质、开挖深度、开挖方法、边坡留置时间的长短、边坡附近的各种荷载状况及排水情况有关。

① 当地质条件良好、土质均匀且地下水位低于基坑（槽）或管沟底面标高时，挖方边坡可做成直立壁不加支撑，但深度不宜超过规定的数值，如表1-9所示。

表1-9   做成直立壁不加支撑土方挖方边坡的最大允许深度

土质情况	最大允许挖方深度/m
密实、中密的砂土和碎石类土（充填物为砂土）	≤1
硬塑、可塑的粉土及粉质黏土	≤1.25
硬塑、可塑的黏土和碎石类土（充填物为黏性土）	≤1.5
坚硬的黏土	≤2

当挖方深度超过表中规定的数值时，应考虑放坡或做成直立壁加支撑。

② 当地质条件良好、土质均匀且地下水位低于基坑（槽）或管沟底面标高时，挖方深度在5m以内不加支撑的边坡的最陡坡度应符合表1-10所示的规定。

表1-10   不加支撑深度在5m内的基坑（槽）、管沟边坡的最陡坡度

土的类别	边坡坡度（高:宽）		
	坡顶无荷载	坡顶有静载	坡顶有动载
中密的砂土	1:1.00	1:1.25	1:1.50
中密的碎石类土（充填物为砂土）	1:0.75	1:1.00	1:1.25
软土（经井点降水后）	1:1.00	—	—
硬塑的粉土	1:0.67	1:0.75	1:1.00
中密的碎石类土（充填物为黏性土）	1:0.50	1:0.67	1:0.75
硬塑的粉质黏土、黏土	1:0.33	1:0.50	1:0.67
老黄土	1:0.10	1:0.25	1:0.33

小 提 示

静载指堆土或材料等，动载指机械挖土或汽车运输作业等。静载或动载距挖方边缘的距离应保证边坡和直立壁的稳定，堆土或材料应距挖方边缘0.8m以外，高度不超过1.5m。当有成熟施工经验时，可不受表1-10所示限制。

③对使用时间较长的临时性挖方边坡坡度，应根据工程地质和边坡高度，结合当地实践经验确定。在山坡整体稳定的情况下，如地质条件良好，土质较均匀，高度在10m以内的边坡坡度应符合规定，如表1-11所示。

表1-11   使用时间较长、高度在10m以内的临时性挖方边坡坡度值

土的类别		边坡坡度（高:宽）
砂土（不包括细砂、粉砂）		1:（1.25～1.5）
一般黏性土	坚硬	1:（0.75～1）
	硬塑	1:（1～1.15）
碎石类土	充填坚硬、硬塑黏性土	1:（0.5～1）
	充填砂土	1:（1～1.5）

知 识 链 接

（1）使用时间较长的临时性挖方是指使用时间超过一年的临时道路、临时工程的挖方。

（2）挖方经过不同类别的土（岩）层或深度超过10m时，其边坡可做成折线形或台阶形。

（3）当有成熟施工经验时，可不受表1-11所示限制。

④ 在山坡整体稳定情况下，边坡的开挖应符合以下规定：边坡的坡度允许值应根据当地经验，参照同类土（岩）体的稳定坡度值确定。当地质条件良好，土（岩）质比较均匀时，其坡度允许值如表1-12、表1-13所示。

表1-12　　　　　　　　　　　　　　　土质边坡坡度允许值

土的类别	密实度或状态	坡度允许值（高宽比）	
		坡高在5m内	坡高5～10m
碎石土	密实	1∶（0.35～0.50）	1∶（0.50～0.75）
	中密	1∶（0.50～0.75）	1∶（0.75～1.00）
	稍密	1∶（0.75～1.00）	1∶（1.00～1.25）
黏性土	坚硬	1∶（0.75～1.00）	1∶（1.00～1.25）
	硬塑	1∶（1.00～1.25）	1∶（1.25～1.50）

小 提 示

（1）表中碎石土的充填物为坚硬或硬塑状态的黏性土。

（2）对于砂土或充填物为砂土的碎石土，其边坡坡度允许值均按自然休止角确定。

（3）引自《建筑地基基础工程施工质量验收规范》（GB 50202—2002）。

表1-13　　　　　　　　　　　　　　　岩石边坡坡度允许值

岩石类土	风化程度	坡度允许值（高宽比）		
		坡高在8m以内	坡高8～15m	坡高15～30m
硬质岩石	微风化	1∶（0.10～0.20）	1∶（0.20～0.35）	1∶（0.30～0.50）
	中等风化	1∶（0.20～0.35）	1∶（0.35～0.50）	1∶（0.50～0.75）
	强风化	1∶（0.35～0.50）	1∶（0.50～0.75）	1∶（0.75～1.00）
软质岩石	微风化	1∶（0.35～0.50）	1∶（0.50～0.75）	1∶（0.75～1.00）
	中等风化	1∶（0.50～0.75）	1∶（0.75～1.00）	1∶（1.00～1.50）
	强风化	1∶（0.75～1.00）	1∶（1.00～1.25）	

小 提 示

遇到下列情况之一时，边坡的坡度允许值应另行设计。

（1）边坡的高度大于表1-12和表1-13所示的规定。

（2）地下水比较丰富或具有软弱结构面的倾斜地层。

（3）岩层层面的倾斜方向与边坡开挖面的倾斜方向一致，且两者走向的夹角小于45°。

⑤ 对于土质边坡或易于软化的岩质边坡，在开挖时应采取相应的排水和坡脚、坡面保护措施，并且不得在影响边坡稳定的范围内积水。

⑥ 开挖土方时，宜从上到下依次进行，挖、填土宜求平衡，尽量分散处理弃土，如必须在坡顶或山腰大量弃土，应进行坡体稳定性验算。

2. 边坡处理方法

（1）边坡处理。对于土坡一般应开出不小于1：（0.75～1.00）的坡度，将不稳定的土层挖掉；当有两种土层时，则应设台阶形边坡；同时在坡顶、坡脚设置截水沟和排水沟，以防地表雨水冲刷坡面。

对一般难以风化的岩石，如花岗石、石灰岩、砂岩等，可按1：（0.2～0.3）开坡，但应避免出现倒坡情况。

对易风化的泥岩、页岩，一般宜开出1：（0.3～0.75）的坡度，并在表面做护面处理。

（2）易风化岩石边坡护面处理。

① 抹石灰炉渣面层（见图1-16（a））。砂浆配合比为：白灰：炉渣=1：（2～3）（质量比），并掺相当于石灰重6%～7%的纸筋、草筋或麻刀拌合。炉渣粒径不大于5mm，石灰用淋透的石灰膏。拌好的砂浆用人工压抹在边坡表面，厚20～30mm，一次抹成并压实、抹光、拍打紧密，最后在表面刷卤水并用卵石磨光，对怕水浸蚀的边坡，在表面干燥后刷（刮）一道热沥青胶罩面。

24

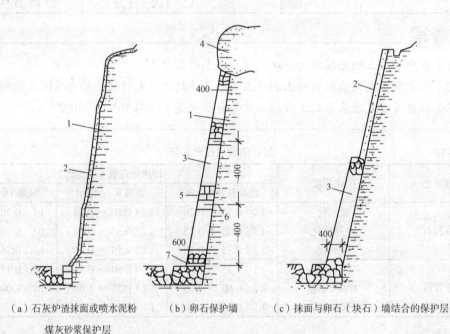

（a）石灰炉渣抹面或喷水泥粉　　（b）卵石保护墙　　（c）抹面与卵石（块石）墙结合的保护层

煤灰砂浆保护层

图1-16 易风化岩石边坡护面处理

1—易风化泥岩；2—抹石灰炉渣厚20～30mm或喷水泥粉煤灰砂浆；3—砌大卵石保护墙；

4—危岩；5—钢筋混凝土圈梁；6—锚筋25A3000，锚入岩石1.0～1.5m；7—泄水孔50A3000

② 抹水泥粉煤灰砂浆面层。砂浆配合比为：水泥：粉煤灰：砂=1：1：2（质量比），并掺入适量石灰膏，用喷射法施工，分两次喷涂，每次厚10～15mm，总厚20～30mm。

③ 砌卵石护墙（见图1-16（b））。墙体用直径为150mm以上的大卵石及M5水泥石灰炉渣

砂浆砌筑，砂浆配合比为：水泥:石灰:炉渣＝1∶（0.3～0.7）∶（4～6.5）（质量比），护墙厚40～60cm。

在护墙高度方向每隔3～4m设一道混凝土圈梁，配筋为6A16或6A12，用锚筋与岩石连接。墙面每2×2m设一A50泄水孔，水流较大时，则在护墙上做一道垂直方向的水沟集中把水排出。每隔10m留一条竖向伸缩缝，中间填塞浸渍沥青的木板。

④ 采取上部抹石灰炉渣面层与下部砌卵石（块石）墙相结合的方法（见图1-16（c））。

3．边坡加固

土方开挖边坡危岩的加固方法如表1-14所示。

表1-14　　　　　　　　　　边坡危岩的加固方法

项目	加固示意图	加固方法说明
用纵向钢筋拉条或水平腰带捆锁加固		用纵向钢筋拉条将危岩拴牢在上部完整的岩石上，并用混凝土锚固桩固定，或用水平钢筋腰带将孤石、探头大块石拴紧在两侧坚固的岩石上。拉条腰带一般采用1～4根C25钢筋，两端锚入岩石中深度不小于1.5m。小的孤石用其中一种，对较大的孤石可纵横向都拴。施工采取先埋锚筋，砂浆硬化后，再与锚筋电焊连接的方法
砌矮支承墙加固		度不大的探头悬岩和大块石，采用砌块石矮支承墙的方法，并可借以将背面易风化的岩石封闭，同时在底部砌护脚以防止被雨水掏空
设支墩、悬臂梁或钢支撑架支顶加固		体性较好、高度不大的特大悬岩，可采取砌块石支墩支顶；对离地面较高的悬头悬岩，可采取钢筋混凝土悬臂梁，或钢支撑架和拉筋相结合的方法顶固，利用下部岩石作支座使上部悬石保持稳定

项目	加固示意图	加固方法说明
用扒钉拉结条或铆钉加固		在边坡或大块石上的有裂缝的石头，尽量打掉，如打掉影响上部或周围岩石稳固，可采用A28、深1.5m的扒钉或拉结条将它固定在附近坚固岩石上；较厚的"巴壳"用铆钉钉牢，在背面岩石上脱空部分，用C10混凝土填补密实
用锚杆加固倾斜危岩		斜度较大、且与坡向相近的裂隙较宽的危岩，当除去很困难，且工程量较大时，可采用钢锚杆或预应力锚杆进行加固，使其与背部较完整的岩层连成整体，以阻止危岩滑坍，稳定边坡
较宽危岩裂隙，用填塞法做封闭处理		壁岩体上大小不等的裂隙（纵和横的宽为10～500mm），应将缝隙内的树根、草皮、浮土清理干净，树根清不掉的用火烧，然后用M10水泥砂浆填实，大裂隙应用细石混凝土加以封实，过大缝隙应砌块石或填以块石混凝土，以防止因雨水沿裂隙浸蚀而造成上部岩体发生崩塌

26

三、基坑（槽）支撑

开挖基坑（槽）时，如果地质条件及周围环境许可，采用放坡开挖是较经济的。但在建筑稠密地区施工，或有地下水渗入基坑（槽）时，往往不可能按要求的坡度放坡开挖，就需要进行基坑（槽）支撑，以保证施工的顺利和安全，并减少对相邻建筑、管线等的不利影响。表1-15所示为一般沟槽的支撑方法，主要采用横撑式支撑；表1-16所示为一般浅基坑的支撑方法，主要采用结合上端放坡并加以拉锚等的单支点板桩或悬臂式板桩支撑，或采用重力支护结构如水泥搅拌桩等；表1-17所示为一般深基坑的支撑方法。

表1-15 一般沟槽的支撑方法

支撑方式	简图	支撑方式及适用条件
间断式水平支撑		两侧挡土板水平放置，用工具式或木横撑借木楔顶紧，挖一层土，支顶一层 适用于能保持立壁的干土或天然湿度的黏土，地下水很少，深度在2m以内

支撑方式	简图	支撑方式及适用条件
继续式水平支撑		挡土板水平放置，中间留出间隔，并在两侧同时对称设立竖枋木，再用工具式或木横撑上下顶紧 适用于能保持直立壁干土或天然湿度的黏土类土，地下水很少，深度在3m以内
连续式水平支撑		挡土板水平连续放置，不留间隙，然后两侧同时对称设立竖枋木，上下各顶一根撑木，端头加木楔顶紧 适用于较松散的下土或天然湿度黏土类土，地下水很少，深度为3～5m
连续或间断式垂直支撑		挡土板垂直放置，连续或留有适当间隙，每侧上下各水平顶一根枋木，然后再用横撑顶紧 适用于土质较松散或湿度很高的土，地下水较少，深度不限
水平垂直混合支撑		沟槽上部设连续或水平支撑，下部设连续或垂直支撑 适用于沟槽深度较大，下部有含水土层的情况

一般沟槽的支撑方法，主要采用横撑式支撑。

表1-16　　　　　　　　　　　　　浅基坑的支撑方法

支撑方式	示意图	支撑方法及适用条件
斜柱支撑		水平挡土板钉在柱桩内侧，柱桩外侧用斜撑支顶，斜撑底端支在木桩上，在挡土板内侧回填土 适用于开挖面积较大、深度不大的基坑或使用机械挖土
锚拉支撑		水平挡土板支在柱桩的内侧，柱桩一端打入土中，另一端用拉杆与锚桩拉紧，在挡土板内侧回填土 适用于开挖面积较大、深度不大的基坑或使用机械挖土而不能安设横撑的情况

支撑方式	示意图	支撑方法及适用条件
短桩横隔支撑		打入小短木桩，部分打入土中，部分露在地面，钉上水平挡土板，在背面填土 适用于开挖宽度大的基坑或当部分地段下部放坡不够时
临时挡土墙支撑		沿坡脚用砖、石叠砌或用草袋装土砂堆砌，使坡脚保持稳定 适用于开挖宽度大的基坑或当部分地段下部放坡不够时

小 提 示

一般浅基坑的支撑方法，主要采用结合上端放坡并加以拉锚等的单支点板桩或悬臂式板桩支撑，或采用重力支护结构如水泥搅拌桩等。

表1-17 　　　　　　　　　　　深基坑的支撑方法

支撑方式	示意图	支撑方法及适用条件
型钢桩、横挡板支撑		沿挡土位置预先打入钢轨、工字钢或H型钢桩，间距1~1.5m，然后边挖方边将3~6cm厚的挡土板塞进钢桩之间挡土，并在横向挡板与型钢桩之间打入楔子，使横板与土体紧密接触 适用于地下水较低、深度不是很大的一般黏性土或砂土层
钢板桩支撑		在开挖基坑的周围打钢板桩或钢筋混凝土板桩，板桩入土深度及悬臂长度应经计算确定，如基坑宽度很大，可加水平支撑 适用于一般地下水、深度和宽度不是很大的黏性砂土层
钢板桩与钢构架结合支撑		在开挖的基坑周围打钢板桩，在柱位置上打入暂设的钢柱，在基坑中挖土，每下挖3~4m，装上一层构架支撑体系，挖土在钢构架网格中进行，也可不预先打入钢柱，随挖随接长支柱 适用于在饱和软弱土层中开挖较大、较深基坑，钢板桩刚度不够时采用
挡土灌注桩支撑		在开挖基坑的周围，用钻机钻孔，现场灌注钢筋混凝土桩，达到强度后，在基坑中间用机械或人工挖土，下挖1m左右装上横撑，在桩背面装上拉杆与已设锚桩拉紧，然后继续挖土至要求深度。在桩间土方挖成外拱形，使之起土拱作用。如基坑深度小于6m，或邻近有建筑物，也可不设锚拉杆，采取加密桩距或加大桩径处理 适用于开挖较大、较深（>6m）基坑，临近有建筑物，不允许支护，背面地基有下沉、位移时采用

28

支撑方式	示意图	支撑方法及适用条件
挡土灌注桩与土层锚杆结合支撑	钢横撑 钻孔灌注桩 土层锚桩	同挡土灌注桩支撑，但在桩顶不设锚桩锚杆，而是挖至一定深度，每隔一定距离向桩背面斜下方用锚杆钻机打孔，安放钢筋锚杆，用水泥压力灌浆，达到强度后，安上横撑，拉紧固定，在桩中间进行挖土，直至设计深度。如设2或3层锚杆，可挖一层土，装设一次锚杆 适用于大型较深基坑，施工期较长，邻近有高层建筑，不允许支护，邻近地基不允许有任何下沉位移时采用
地下连续墙支护	地下室梁板 地下连续墙	在开挖的基坑周围，先建造混凝土或钢筋混凝土地下连续墙，达到强度后，在墙中间用机械或人工挖土，直至要求深度。当跨度、深度很大时，可在内部加设水平支撑及支柱。用于逆作法施工，每下挖一层，把下一层梁、板、柱浇筑完成，以此作为地下连续墙的水平框架支撑，如此循环作业，直到地下室的底层全部挖完土，浇筑完成 适用于开挖较大、较深（＞10m）、有地下水、周围有建筑物或公路的基坑，作为地下结构的外墙一部分，或用于高层建筑的逆作法施工，作为地下室结构的部分外墙
地下连续墙与土层锚杆结合支护	锚头垫座 地下连续墙 土层锚杆	在开挖基坑的周围先建造地下连续墙支护，在墙中部用机械配合人工开挖土方至锚杆部位，用锚杆钻孔机在要求位置钻孔，放入锚杆，进行灌浆，待达到强度，装上锚杆横梁，或锚头垫座，然后继续下挖至要求深度，如果设2或3层锚杆，每挖一层装一层，采用快凝砂浆灌浆 适用于开挖较大、较深（＞10m）、有地下水的大型基坑，周围有高层建筑，不允许支护有变形、采用机械挖方、要求有较大空间、不允许内部设支撑时采用
土层锚杆支护	破碎岩体 土层锚杆 混凝土板或钢横撑	沿开挖基坑。边坡每隔2～4m设置一层水平土层锚杆，直到挖土至要求深度 适用于较硬土层或破碎岩石中开挖较大、较深基坑，邻近有建筑物必须保证边坡稳定时采用
板桩（灌注桩）中央横顶支撑	后施工结构 钢顶梁 钢板桩或灌注桩 后挖土方 钢横撑 先施工地下框架	在基坑周围打板桩或设挡土灌注桩，在内侧放坡挖中间部分土方到坑底，先施工中间部分结构至地面，然后再利用此结构作支撑向板桩（灌注桩）支水平横顶撑，挖除放坡部分土方，每挖一层支一层水平横顶撑，直至设计深度，最后再建该部分结构 适用于开挖较大、较深的基坑，支护桩刚度不够，又不允许设置过多支撑时用
板桩（灌注桩）中央斜顶支撑	坡面 斜撑 多钢板桩或灌注桩 先施工基础	在基坑周围打板桩或设挡土灌注桩，在内侧放坡挖中间部分土方到坑底，并先施工好中间部分基础，再从基础向桩上方支斜顶撑，然后再把放坡的土方挖除，每挖一层支一层斜撑，直至坑底，最后建该部分结构 适用于开挖较大、较深基坑、支护桩刚度不够、坑内不允许设置过多支撑时用

支撑方式	示意图	支撑方法及适用条件
分层板桩支撑	一级混凝土板桩　二级混凝土板桩　拉杆　锚桩	在开挖厂房群基础周围先打支护板桩，然后在内侧挖土方至群基础底标高，再在中部主体深基础四周打二级支护板桩，挖主体深基础土方，施工主体结构至地面，最后施工外围群基础 适用于开挖较大、较深基坑，当中部主体与周围群基础标高不相等而又无重型板桩时采用

学习单元三　降水

📝 知识目标

（1）了解降低水位常采用的方法。

（2）掌握流砂产生的原因和防治方法。

（3）了解井点降水的类型及设备的选用。

📖 技能目标

（1）通过本单元的学习，能清楚降低水位常采用的方法。

（2）能够正确选用井点降水设备。

（3）能组织人工降低地下水位施工。

📖 基础知识

在开挖基坑（槽）、管沟或其他土方时，若地下水位较高，挖土底面低于地下水位，开挖至地下水位以下时，土的含水层被切断，地下水将不断流入坑内。这时会出现施工条件恶化、容易发生边坡失稳、地基承载力下降等不利现象。因此，为了保证工程质量和施工安全，在土方开挖前或开挖过程中必须采取措施，做好降低地下水位的工作，使地基土在开挖及基础施工过程中保持干燥状态。

在土方工程施工中，降低地下水位常采用的方法有集水井降水法和井点降水法。集水井降水法一般用于降水深度较小且地层中无流砂时；如果降水深度较大，或地层中有流砂，或在软土地区，应采用井点降水法。不论采用哪种方法，降水工作都要持续到基础施工完毕并回填土后才能停止。

一、集水井降水

集水井降水法又称明沟排水法，是在基坑或沟槽开挖时，采用截、疏、抽的方法来进行排水。开挖时，沿基坑的一侧、两侧或中间设置排水沟，并沿排水沟方向每间隔20～30m设一集水井（或在基坑的四角处设置），使地下水流入集水井内，再用水泵抽出坑外，如图1-17所示。这种方法可用于基坑排水，也可用于降低水位。

1. 集水井及排水沟的设置

为了防止基底土的细颗粒随水流失，使土结构受到破坏，排水沟及集水井应设置在基础范围之外，距基础边线距离不少于0.4m，应位于地下水走向的上游。根据基坑涌水量大小、基坑平面形状及尺寸，以及水泵的抽水能力，确定集水井的数量和间距。一般每隔30～40m设置一个集水井。集水井的直径或宽度一般为0.6～0.8m。集水井的深度随挖土加深而加深，要始终低于挖土面约0.8～1.0m。井壁用竹、木等材料加固。排水沟深度为0.3～0.4m，底宽不小于0.2～0.3m，边坡坡度为1：（1～1.5），沟底设有2‰～5‰的纵坡。

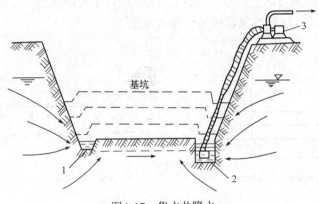

图1-17　集水井降水

1—排水沟；2—集水坑；3—水泵

小 提 示

当基坑挖至设计标高后，集水井的井底应低于坑底1～2m，并铺设0.3m碎石滤水层，以免在抽水时将泥砂抽出，并防止井底的土被搅动。

2. 流砂及其防治

基坑挖土达到地下水位以下时，土质是细砂或粉砂，又采用集水井降水法，有时坑底下面的土就会形成流动状态，随地下水一起流动涌进坑内，这种现象称为流砂现象。发生流砂现象时，土完全丧失承载力，施工条件出现恶化，难以开挖至设计深度。流砂严重时，会引发基坑侧壁塌方，附近建筑物会下沉、倾斜甚至倒塌。总之，流砂现象对土方施工和附近建筑物都有很大危害。

（1）流砂产生的原因。流动中的地下水对土颗粒产生的压力称为动水压力。水由左端高水位h_1，经过长度为L、断面为F的土体，流向右端低水位h_2，水在土中渗流时受到土颗粒的阻力T（图1-18（a）），作用在土体左端$a—a$截面处的静水压力为$\rho_w \times h_1 \times F$（$\rho_w$为水的密度），其方向与水流方向一致；作用在土体右端$b—b$截面处的静水压力为$\rho_w \times h_2 \times F$，其方向与水流方向相反；水在土中渗流时受到土颗粒的阻力为$T \cdot L \cdot F$（T为单位土体的阻力）。假设其方向向左。根据静力平衡条件得

$$\rho_w \times h_1 \times F - \rho_w \times h_2 \times F - T \cdot L \cdot F = 0 \tag{1-28}$$

即

$$T = \frac{h_1 - h_2}{L} \rho_w \tag{1-29}$$

式中，$\dfrac{h_1 - h_2}{L}$ ——水头差与渗流路程长度之比，即为水力坡度，用I表示。

单位土体阻力与水在土中渗流时对单位土体的压力 G_D 大小相等，方向相反。G_D 称为动水压力，其单位为 N/cm^2。因此，动水压力方向向右，与水流方向一致。

动水压力的大小与水力坡度成正比。地下水的水力坡度越大，动水压力越大。动水压力的方向与水流方向一致。当水流在水位差的作用下对土颗粒产生向上的压力时，动水压力不但使土粒受到了水的浮力，而且还使土粒受到了向上推动的力。如图1-18（b）所示。当动水压力等于或大于土的浸水浮重度时，即 $G_D \geqslant \gamma_w$ 时，土颗粒处于悬浮状态，土的抗剪强度为零，土粒随渗流的水一起流动，这种现象就叫做"流砂现象"。

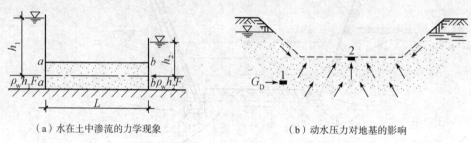

（a）水在土中渗流的力学现象　　　　　（b）动水压力对地基的影响

图1-18　动水压力原理图

1，2—土颗粒

（2）易产生流砂的土。实践经验表明，具备下列性质的土，在一定的动水压力作用下，就有可能发生流砂现象。

① 土的颗粒组成中，黏粒含量小于10%，粉粒（颗粒为 $0.005 \sim 0.05$ mm）含量大于75%。

② 颗粒级配中，土的不均匀系数小于5。

③ 土的天然孔隙比大于0.75。

④ 土的天然含水量大于30%。

经验还表明，在可能发生流砂的土质中，基坑挖深超过地下水位线0.5m左右，就会发生流砂现象。

（3）流砂的防治。颗粒细、均匀、松散、饱和的非黏性土质容易发生流砂现象。但是否出现流砂现象的重要条件是动水压力的大小和方向。在一定的条件下土转化为流砂，而在另一些条件下（如改变动水压力的大小和方向），又可将流砂转变为稳定土。因此，在基坑开挖中，防治流砂的原则是"治流砂先必治水"。主要途径是，消除、减小或平衡动水压力或改变其方向。具体措施如下。

① 在枯水期施工。因为地下水位低，坑内外水位差小，动水压力小，不易发生流砂。

② 打板桩法。将板桩打入坑底下面一定深度，增加地下水从坑外流入坑内的渗流长度，以减小水力坡度，从而减小动水压力，防止流砂产生。

③ 水下挖土法。就是不排水施工，使坑内水压与坑外地下水压相平衡，消除动水压力。

④ 人工降低地下水位法。采用轻型井点等降水方法，使地下水渗流向下，水不致渗流入坑内，能增大土料间的压力，从而有效地防止流砂形成。因此，此法应用广且较可靠。

⑤ 地下连续墙法。此法是在基坑周围先浇筑一道混凝土或钢筋混凝土的连续墙，以支撑土壁、截水并防止流砂产生。

小 提 示

　　在含有大量地下水土层或沼泽地区施工时，还可以采取土壤冻结法。对位于流砂地区的基础工程，应尽可能用桩基或沉井施工，以减少防治流砂所增加的费用。

二、井点降水

　　基坑中直接抽出地下水的方法比较简单，施工费用低，应用比较广，但当土为细砂或粉砂，地下水渗流时会出现流砂、边坡塌方及管涌等情况，导致施工困难，工作条件恶化，并有引起附近建筑物下沉的危险，此时常用井点降水的方法进行降水施工。

　　井点降水法，也称为人工降低地下水位法，就是在坑槽开挖前，预先在其四周埋设一定数量的滤水管（井），利用抽水设备从中抽水，使地下水位降落到坑槽底标高以下，并保持至回填完成或地下结构有足够的抗浮能力为止。其优点是可使开挖的土始终保持干燥状态，改善工作条件，同时还使动水压力向下，从根本上防止流砂情况的发生，并增加土中有效应力，提高土的强度或密实度，可避免地基隆起、改善工作条件、提高边坡的稳定性、降低支护结构的侧压力，并可加大坡度而减少挖土量。此外，还可以加速地基土的固结，保证地基土的承载力，以提高工程质量，如图1-19所示。其缺点是可能造成周围地面沉降和影响环境。

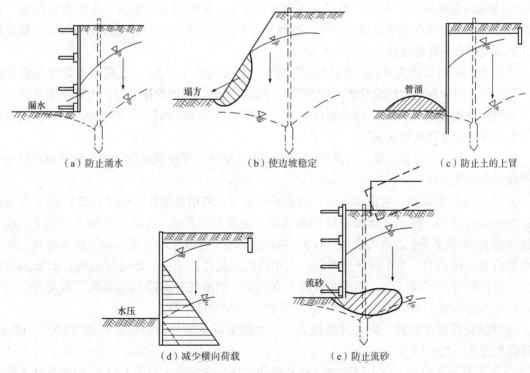

（a）防止涌水　　　　　　　　　（b）使边坡稳定　　　　　　　　　（c）防止土的上冒

（d）减少横向荷载　　　　　　　　（e）防止流砂

图1-19　井点降水的作用

　　井点降水法：轻型井点、喷射井点、管井井点、深井井点及电渗井点等，可根据土的渗透系数、降低水位的深度、工程特点及设备条件等，参照范围如表1-18所示，其中轻型井点应用较广。

表1-18   井点的适用范围

项次	井点类别	土层渗透系数/（m·d⁻¹）	降低水位深度/m
1	单层轻型井点	0.1～50	2～6
2	多层轻型井点	0.1～50	6～12（由井点层数而定）
3	喷射井点	0.1～2	8～20
4	电渗井点	＜0.1	根据选用的井点确定
5	管井井点	20～200	3～5
6	深井井点	10～250	＞10

1. 轻型井点

轻型井点是沿基坑的四周将许多直径较小的井点管埋入地下蓄水层内，井点管的上端通过弯联管与总管相连接，利用抽水设备将地下水从井点管内不断抽出，以达到降水的目的，其排水原理，如图1-20所示。

（1）轻型井点设备。轻型井点设备由管路系统和抽水设备组成（见图1-20）。

管路系统包井点管、滤管、弯联管及总管等。

滤管（见图1-21）是井点设备的一个重要部分，其构造的合理性对抽水效果影响较大。滤管的直径可采用38～110mm的金属管，长度为1.0～1.5m。管壁上钻有直径为12～18mm的按梅花状排列的滤孔，滤孔面积占滤管表面积的15%以上。滤管外包有两层滤网，内层的采用30～80mm金属网或尼龙网，外层的采用3～10mm金属网或尼龙网。为使水流畅通，在管壁与滤网间缠绕塑料管或金属丝隔开，滤网外应再绕一层粗金属丝。滤管的下端为一铸铁堵头，上端用管箍与井管连接。

井点管宜采用直径为38mm或51mm的钢管，其长度为5～7m，上端用弯联管与总管相连。弯联管常用带钢丝衬的橡胶管；用钢管时可装有阀门，便于检修井点；也可用塑料管。

总管宜采用直径为100～127mm的钢管，每节长度为4m，其上每隔0.8m、1m或1.2m设有一个与井点管连接的短接头。

抽水设备常用的有真空泵、射流泵和隔膜泵井点设备，现仅就真空泵和射流泵井点设备的工作原理做如下简介。

① 真空泵井点设备。它由真空泵、离心泵和水气分离箱等组成（见图1-22）。其工作原理是：开动真空泵19，将水气分离箱10内部抽成一定程度的真空，在真空度吸力作用下，地下水经滤管1、井管2吸上，进入集水总管5，再经过滤室8过滤泥砂，进入水气分离器10。水气分离器内有一浮筒11，沿中间导杆升降，当箱内的水使浮筒上升，即可开动离心水泵24将水排出，浮筒则可关闭阀门12，避免水被吸入真空泵。副水气分离器16也是为了避免将空气中的水分吸入真空泵。为对真空泵进行冷却，特设一冷却循环水泵23。

该种设备真空度较高，降水深度较大。一套抽水设备能负荷的总管长度为100～120m。但设备较复杂，耗电较多。

② 射流泵抽水设备。它由射流器、离心泵和循环水箱组成（见图1-23）。射流泵抽水设备的工作原理是：利用离心泵将循环水箱中的水变成压力水送至射流器内，并由喷嘴喷出，由于喷嘴断面收缩而使水流速度骤增，压力骤降。使射流器空腔内产生部分真空，从而把井点管内的气、水吸上来进入水箱。水箱内的水滤清后，一部分经由离心泵参与循环，多余部分由水箱上部的泄水口排出。

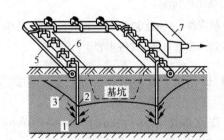

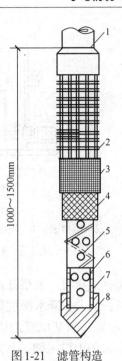

图1-20　轻型井点法降低地下水位全貌图

1—滤管；2—井管；3—降低后地下水位线；

4—原有地下水位线；5—总管；6—弯联管；

7—水泵房

图1-21　滤管构造

1—井管；2—粗铁丝保护网；3—粗滤网；4—细滤网；

5—缠绕的塑料管；6—管壁上的小孔；

7—钢管；8—铸铁头

　　射流泵井点设备的降水深度可达6m，但一套设备所带井点管仅25～40根，总管长度为30～50m。若采用两台离心泵和两个射流器联合工作，能带动井点管70根，总管长度为100m。这种设备具有结构简单、制造容易、成本低、耗电少、使用检修方便等优点，应用较广泛。适于在粉砂、轻亚黏土等渗透系数较小的土层中降水。

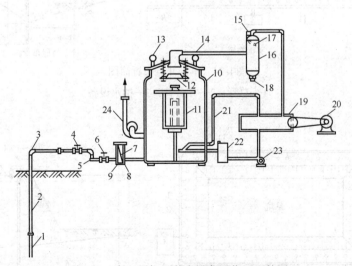

图1-22　真空泵轻型井点设备工作原理简图

1—滤管；2—井管；3—弯管；4—阀门；5—集水总管；6—闸门；7—滤网；8—过滤室；9—淘砂孔；
10—水气分离器；11—浮筒；12—阀门；13、15—真空计；14—进水管；16—副水气分离器；17—挡水板；
18—放水口；19—真空泵；20—电动机；21—冷却水管；22—冷却水箱；23—循环水泵；24—离心水泵

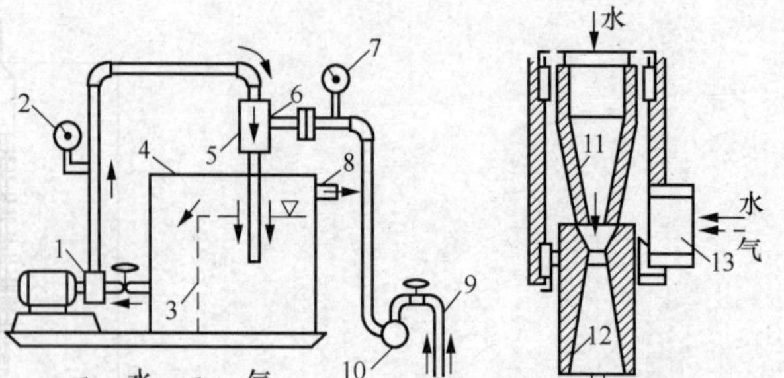

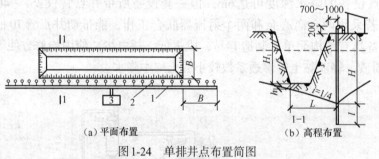

（a）工作简图　　　　（b）射流器构造

图 1-23　射流泵抽水设备工作简图

1—离心水泵；2—压力表；3—隔板；4—循环水箱；5—射流器；6—进水管；7—真空表；8—泄水口；
9—井点管；10—总管；11—喷嘴；12—喷管；13—接进水管

（2）轻型井点布置。轻型井点系统的布置，应根据基坑平面形状及尺寸、基坑的深度、土质、地下水位及流向、降水深度要求等确定。

① 平面布置。当基坑或沟槽宽度小于 6m，且降水深度不超过 5m 时，可采用单排井点，布置在地下水流的上游一侧，其两端的延伸长度不应小于基坑（槽）宽度（见图 1-24）；当基坑宽度大于 6m 或土质不良时，则宜采用双排井点；当基坑面积较大时，宜采用环形井点（见图 1-25）。当有预留运土坡道等要求时，环形井点可不封闭，但要将开口留在地下水流的下游方向处。井点管距离坑壁一般不宜小于 0.7m，以防局部发生漏气。井点管间距应根据土质、降水深度、工程性质等按计算或经验确定。在靠近河流及总基坑转角部位，井点应适当加密。

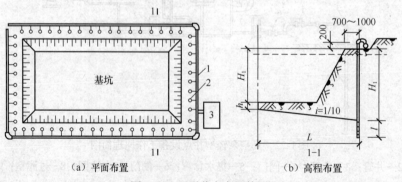

（a）平面布置　　　　（b）高程布置

图 1-24　单排井点布置简图

1—总管；2—井点管；3—抽水设备

（a）平面布置　　　　（b）高程布置

图 1-25　环形井点布置简图

采用多套抽水设备时，井点系统要分段设置，各段长度应大致相等。其分段地点宜选择在基坑角部，以减少总管弯头数量和水流阻力。抽水设备宜设置在各段总管的中部，使两边水流平衡。采用封闭环形总管时，宜装设阀门将总管断开，以防止水流紊乱。对于多套井点设备，应在各套之间的总管上装设阀门，既可独立运行，又可在某套抽水设备发生故障时，开启总管上的阀门，借助邻近的泵组来维持抽水。

② 高程布置。轻型井点大多是利用真空原理抽吸地下水的，理论上的抽水深度可达10.3m，但由于土层透气性及抽水设备的水头损失等因素，其井点管处的降水深度往往不超过6m。

井管的埋置深度 H_A，可按下式计算。

$$H_A \geqslant H_1 + h + iL \tag{1-30}$$

式中，H_1——总管平台面至基坑底面的距离，m；

　　　h——基坑中心线底面至降低后的地下水位线的距离，m，一般取 $0.5 \sim 1.0$m；

　　　i——水力坡度，根据实测，环形井点为1/10，单排线状井点为1/4；

　　　L——井点管至基坑中心线的水平距离，m（在单排井点中，为井点管至基坑另一侧的水平距离）。

当计算出的 H_A 值大于降水深度6m时，则应降低总管安装平台面标高，以满足降水深度要求。此外在确定井管埋置深度时，还要考虑井管的长度（一般为6m），且井管通常需露出地面 $0.2 \sim 0.3$m。在任何情况下，滤管都必须埋在含水层内。

为了充分利用设备的抽吸能力，总管平台标高宜接近原有的地下水位线（要事先挖槽），水泵轴心标高宜与总管齐平或略低于总管，总管应具有0.25% ~ 0.5%的坡度坡向泵房。

当一级轻型井点达不到降水深度要求时，可视其具体情况采用其他方法降水。如上层土的土质较好时，先采用集水井降水法挖去第一层土再布置井点系统，也可采用二级井点，即先挖去第一级几点所疏干的土，然后再在其底部装设第二级井点。如图1-26所示。

（3）轻型井点的施工。轻型井点的施工，主要包括施工准备和井点系统的埋设、安装、使用及拆除。

准备工作包括井点设备、动力、水源及必要材料的准备，排水沟的开挖，附近建筑物的标高观测以及防止其沉降措施的实施。

埋设井点的程序：放线定位→打井孔→埋设井点管→安装总管→用弯联管将井点管与总管接通→安装抽水设备。井点管的埋设是关键工作之一。

轻型井点的井孔常采用回转钻成孔法、水冲法或套管水冲法。成孔直径一般为200 ~ 300m，以保证井管四周有一定厚度的砂滤层，孔的深度宜超过滤管底0.55m左右，使滤管下有砂滤层。

井孔形成后，应立即居中插入井点管，并在井点管与孔壁之间迅速填灌砂滤层，以防孔壁塌土。砂滤层一般宜选用干净粗砂，要填灌均匀，并至少填至滤管顶部1 ~ 1.5m以上，以保证水流畅通。上部须用黏土封口，以防漏气。冲孔与埋管方法见图1-27。

对于土质较差的地区，可以采用套管水冲法，它是用直径150 ~ 200mm钢管随冲水下沉至要求深度后插入井点管，并随填砂逐步拔出套管。

井点系统全部安装完毕后，需进行试抽，以检查有无漏气现象。开始正式抽水后一般不应停抽。时抽时停，易堵塞滤网，也容易抽出土粒，使水混浊，并可能引起附近建筑物由于土粒流失而沉降开裂。抽水过程中应按时观测井中水位下降情况，并随时调节离心泵的出水阀，控制出水量，保持水位面稳定在要求位置。

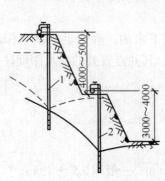

图1-26　二级轻型井点

1—第一层井点管；2—第二层井点管

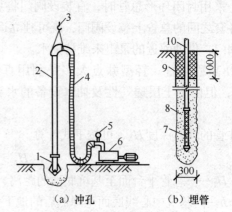

（a）冲孔　　　（b）埋管

图1-27　井点管的埋设

1—冲嘴；2—冲管；3—起重吊钩；4—胶皮管；

5—压力表；6—高压水泵；7—滤管；8—填砂；

9—黏土；10—井点管

真空泵的真空度是判断井点系统运转是否良好的尺度，必须经常观测。造成真空度不够的原因较多，但通常是由于管路系统漏气造成，应及时检查，采取措施。

井点管是否淤塞，一般可通过听管内有无水流声响、摸管壁有无振动感、是否冬暖夏凉或结露等简便方法检查。如发现淤塞井点管太多，严重影响降水效果时，应用高压水逐根进行反复冲洗，或拔出重埋。

井点降水时，还应对附近的建筑物进行沉降观测，如发现沉陷较大，应及时采取防护措施。

2. 喷射井点

当井坑开挖较深或降水深度超过6m，用多级轻型井点会增大基坑的挖土量、延长工期并增加设备数量，不够经济。当降水深度超过6m，土层渗透系数为0.1～2.0m/d的弱透水层时，采用喷射井点比较合适，其降水深度可达20m。

（1）喷射井点的主要设备及工作原理。喷射井点根据工作时使用液体或气体的不同，分为喷水井点和喷气井点两种。该设备主要由喷射井管、高压水泵（或空气压缩机）和管路系统组成，如图1-28（a）所示。喷射井管1由内管7和外管8组成，在内管下端装有升水装置喷射扬水器与滤管2相连，如图1-28（b）所示。在高压水泵5的作用下，具有一定压力水头（0.7～0.8MPa）的高压水经进水总管3进入井管的内外管之间的环形空间，并经扬水器的侧孔流向喷嘴9。由于喷嘴截面突然缩小，流速急剧增加，压力水由喷嘴以很高流速喷入混合室10，将喷嘴口周围的空气吸入，并被急速水流带走，致使该室压力下降而造成一定真空。此时，地下水被吸入喷嘴上面的混合室，与高压水汇合，流经扩散管11时，由于截面扩大，流速降低而转化为高压，沿内管上升并经排水总管排于集水池6内，此池内的水，一部分用水泵排走，另一部分供高压水泵压入井管用。如此循环不断，将地下水逐步抽出，降低了地下水位。高压水泵宜采用流量为50～80m³/h的多级高压水泵，每套能带动20～30根井管。

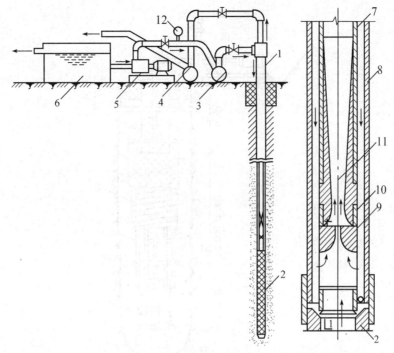

（a）喷射井点设备简图　　　　（b）喷射扬水器简图

图1-28　喷射井点设备

1—喷射井管；2—滤管；3—进水总管；4—排水总管；5—高压水泵；6—集水池；
7—内管；8—外管；9—喷嘴；10—混合室；11—扩散管；12—压力表

（2）喷射井点的平面布置。喷射井点管的布置与井点管的埋设方法和要求与轻型井点基本相同。基坑宽度小于10m时，用单排线状布置；基坑宽度大于10m时，用双排线状布置；基坑面积较大时，采用环形布置。喷射井点管间距一般为2～3m。采用环形布置，进出口（道路）处的井点间距为5～7m。冲孔直径为400～600mm，深度比滤管底深1m以上。

常用喷射井点管的规格直径为38mm、50mm、63mm、100mm和150mm。

3. 管井井点

管井井点就是沿基坑每隔一定距离设置一个管井，每个管井单独用一台水泵不断抽水，来降低地下水位。管井井点降水排水量大，较轻型井点降水具有更大的降水效果，可代替多组轻型井点作用，水泵设在地面上，易于维护。适用于渗透系数较大（20～200m/d）、地下水丰富的土层、砂层或用集水井排水法易造成土粒大量流失的情况，引起边坡塌方及用轻型井点难以满足要求的情况下使用。

管井的间距，一般为10～15m，管井的深度为8～15m。井内水位降低可达6～10m，两井中间水位则可降低3～5m。

管井井点设备由滤水井管、吸水管和抽水机械等组成，如图1-29所示。滤水井管的过滤部分，可采用钢筋焊接骨架外包孔眼为1～2mm、长2～3m的滤网，井管部分宜用直径为200mm以上的钢管、竹木、混凝土等其他管材。吸水管宜用直径为50～100mm的胶皮管或钢管，插入滤水井管内，其底端应插到管井抽吸时的最低水位以下，必要时装设逆止阀，上端装设一节带法兰盘的短钢管。抽水机械常用100～200mm的离心式水泵。

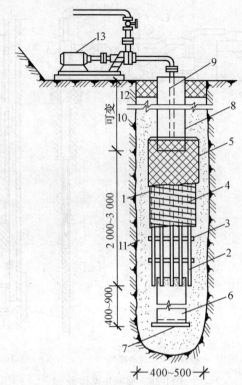

图1-29 管井井点

1—滤水井管；2—φ14钢筋焊接骨架；3—6×30铁环 φ250；4—10号铁丝垫筋 φ25焊于管架上；

5—孔眼为1～2mm铁丝网点焊于垫筋上；6—沉砂管；7—木塞；8—φ150～ φ250钢管；

9—吸水管；10—钻孔；11—填充砂砾；12—黏土；13—水泵

4. 深井井点

深井井点降水是在深基坑的周围埋置深于基底的井管，通过设置在井管内的潜水电泵将地下水抽出，使地下水位低于坑底。适用于抽水量大、较深的砂类土层，降水深度可达50m。

深井井点系统主要由井管和水泵组成。井管用钢管、塑料管或混凝土管制成。一般管井直径300mm，内径应大于水泵外径50mm。水泵采用潜水泵或深井泵。

施工程序：井点测量定位→挖井口→安护筒钻机就位—钻孔→回填井底砂垫层→吊放井管→回填井管与孔壁间的砾石过滤层→洗井→井管内下设水泵、安装抽水控制电路→试抽水降水井正常工作→降水完毕拔井管→封井

深井井点一般沿工程基坑周围离边坡上缘0.5～1.5m，呈环形布置。当基坑宽度较窄，也可在一侧呈直线布置；当为面积不大的独立的深基坑，也可采取点式布置。在一个基坑布置的井点，应尽可能地为附近工程基坑降水所利用，或上部二节尽可能回收利用。

5. 电渗井点

在饱和黏土中，特别是淤泥和淤泥质黏土中，由于土的渗透系数很小（小于0.1m/d），用一般喷射井点和轻型井点降水效果较差，此时宜增加电渗井点来配合轻型或喷射井点降水，以便对透水性较差的土起疏干作用，使水排出。比轻型井点增加的费用甚微。

电渗井点排水是利用井点管（轻型或喷射井点管）本身作阴极，沿基坑外围布置，以钢管

（$\phi50 \sim \phi75mm$）或钢筋（$\phi25mm$以上）作阳极，垂直埋设在井点内侧，阴阳极分别用电线连接成通路，并对阳极施加强直流电电流。应用电压比降使带负电的土粒向阳极移动（即电泳作用），带正电荷的孔隙水则向阴极方向集中产生电渗现象。在电渗与真空的双重作用下，强制黏土中的水在井点管附近积集，由井点管快速排出，使井点管连续抽水，地下水位逐渐降低。而电极间的土层，则形成电帷幕，由于电场作用，从而阻止地下水从四面流入坑内。

6. 降水对周围地面的影响及预防措施

降低地下水位时，由于土颗粒流失或土体压缩固结，易引起周围地面沉降。由于土层的不均匀性和形成的水位呈漏斗状，地面沉降多为不均匀沉降，可能导致周围的建筑物倾斜、下沉、道路开裂或管线断裂。因此，井点降水时，必须采取相应措施，以防造成危害。

（1）回灌井点法。该方法是在降水井点与需保护的建筑物、构筑物间设置一排回灌井点。在降水的同时，通过回灌井点向土层内灌入适量的水，使原建筑物下仍保持较高的地下水位，以减小其沉降程度。

为确保基坑施工安全和回灌效果，同层回灌井点与降水井点之间应保持小于6m的距离，且降水与回灌应同步进行。同时，在回灌井点两侧要设置水位观测井，监测水位变化，控制降水井点和回灌井点的运行以及回灌水量。回灌井点与降水井点应同时工作或同时停止。

（2）设置止水帷幕法。在降水井点区域与原建筑之间设置一道止水帷幕，使基坑外地下水的渗流路线延长，从而使原建筑物的地下水位基本保持不变。止水帷幕可结合挡土支护结构设置，也可单独设置。常用的止水帷幕的做法有深层搅拌法、压密注浆法、冻结法等。

（3）减缓降水速度法。减缓井点的降水速度，可防止土颗粒随水流带出，具体措施包括加长井点、调小水泵阀门、根据土颗粒的粒径选择适当的滤网，加大砂滤层厚度等。

学习单元四　土方机械施工

✏️ **知识目标**

（1）熟悉推土机的推土方法。

（2）熟悉铲运机的开行路线和作业方法。

（3）熟悉单斗挖土机的分类及施工方法。

📖 **技能目标**

（1）通过本单元的学习，能清楚常用土方机械的性能及适用范围，并能正确合理地选用。

（2）能组织推土机、铲运机和单斗挖土机进行土方机械化施工。

📖 **基础知识**

在土方施工中，人工开挖只适用于小型基坑（槽）、管沟及土方量少的场所，对大量土方一般均应采用机械化施工。土方工程的施工过程主要包括土方开挖、运输、填筑与压实等。

土方工程施工机械的种类很多，有推土机、铲运机、单斗挖土机、多斗挖土机和装载机等。而在房屋建筑工程施工中，尤以推土机、铲运机和单斗挖土机应用最广。施工时，应根据工程规模、地形条件、水文性质情况和工期要求正确选择土方施工机械。

一、推土机

推土机是土方工程施工的主要机械之一，是在拖拉机上安装推土板等工作装置而成的机械。目前，我国生产的推土机型号有T3-100、T-120、上海-120A、T-180、T-220、T-240和T-320等。推土板分钢丝绳操纵和油压操纵两种。推土机是在履带式拖拉机的前方安装推土铲刀（推土板）制成的。按铲刀的操纵机构不同，推土机分为索式和液压式两种，图1-30所示为推土机的外形。油压操纵推土板的推土机除了可以升调推土板外，还可调整推土板的角度，因此具有更大的灵活性。

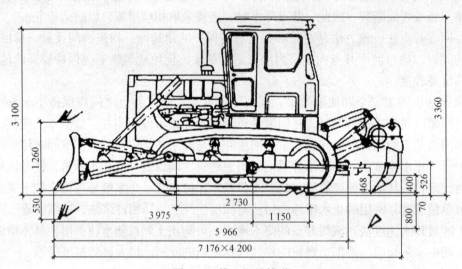

图1-30　推土机的外形

推土机操纵灵活，运转方便，所需工作面较小、行驶速度快、易于转移，能爬30°左右的缓坡，因此应用较广。多用于场地清理和平整、开挖深度1.5m以内的基坑、填平沟坑以及配合铲运机、挖土机工作等。此外，在推土机后面可安装松土装置，用于破、松硬土和冻土，也可拖挂羊足辗进行土方压实工作。推土机可以推挖一至三类土，经济运距100m以内的平土或移挖作填，尤其是运距为30～60m，效率最高。

1. 推土机作业方法

推土机可以完成三个工作行程和一个空载回驶行程。铲土时应根据土质情况，尽量采用最大切土深度在最短距离（6～10m）内完成，以便缩短低速运行时间，然后直接推送到预订地点。

小 提 示

推土机推运土方的运距一般不超过100m，运距过长，土将从铲刀两侧流失过多，影响其工作效率，经济运距一般为30～60m，铲刀刨土长度一般为6～10m。

推土机的生产率主要决定于推土刀推移土的体积及切土、推土、回程等工作的循环时间。为了提高推土机的工作效率，常用表1-19所示的几种作业方法。

表1-19　　　　　　　　　　　　　　推土机推土方法

作业名称	推土方法	适用范围
下坡推土法	在斜坡上，推土机顺下坡方向切土与堆运，借机械向下的重力作用切土，增大切土深度和运土数量，可提高生产率30%～40%，但坡度不宜超过15°，避免后退时爬坡困难。无自然坡度时，也可分段堆土，形成下坡送土条件。下坡推土有时与其他推土法结合使用	适用于半挖半填地区推土丘、回填沟、渠时使用
槽形挖土法	推土机多次重复在一条作业线上切土和推土，使地面逐渐形成一条浅槽，再反复在沟槽中进行推土，以减少土从铲刀两侧漏散，可增加10%～30%的推土量。槽的深度以1m左右为宜，槽与槽之间的土坑宽约50cm，当推出多条槽后，再从后面将土推入槽内，然后运出	适用于运距较远、土层较厚时使用
并列推土法	用2或3台推土机并列作业，以减少土体漏失。铲刀相距15～30cm，一般采用两机并列推土，可增大推土量15%～30%，三机并列可增大推土量30%～40%，但平均运距不宜超过50～75m，亦不宜小于20m	适用于大面积场地平整及运送土时采用
分堆集中，一次推送法	在硬质土中，切土深度不大，将土先积聚在一个或数个中间点，然后再整批推送到卸土区，使铲刀前保持满载。堆积距离不宜大于30m，推土高度以小于2m为宜。本法可使铲刀的推送数量增大，有效地缩短运输时间，能提高生产效率15%左右	适用于运送距离较远而土质又比较坚硬，或长距离分段送土时采用
斜角推土法	将铲刀斜装在支架上或水平位置，并与前进方向成一倾斜角度（松土为60°，坚实土为45°）进行推土。本法可减少机械来回行驶，提高效率，但推土阻力较大，需较大功率的推土机	适用于管沟推土回填、垂直方向无倒车余地或在坡脚及山坡下推土用
之字斜角推土法	推土机与回填的管沟或洼地边缘成"之"字或一定角度推土。本法可减少平均负荷距离和改善推集中土的条件，并可使推土机转角减少一半，可提高台班生产率，但需较宽运行场地	适用于回填基坑、槽、管沟时采用

2. 推土机生产率计算

（1）推土机小时生产率P_h按下式计算。

$$P_h = \frac{3600q}{t_v K_s}(\text{mm}^3/\text{h}) \qquad (1\text{-}31)$$

式中：t_v——从推土到将土送到填土地点的循环延续时间，s；

　　　q——推土机每次的推土量，由机械性能表查得，mm^3；

K_s——土的可松性系数（见表1-2）。

（2）推土机台班生产率P_d按下式计算。

$$P_d=8P_hK_B（mm^3/台班）\tag{1-32}$$

式中，K_B——时间利用系数，一般为0.72 ～ 0.75。

二、铲运机施工

铲运机是一种能综合完成挖土、运土、平土、填土等全部土方施工工序的机械，其优点是对行驶道路要求较低，操纵灵活，效率较高。铲运机按行走机构的不同可分为自行式铲运机和拖拉式铲运机两种，如图1-31和图1-32所示。按铲斗操纵方式的不同，又可分为索式和油压式两种。

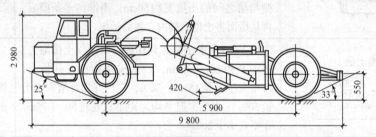

图1-31　CL7型自行式铲运机

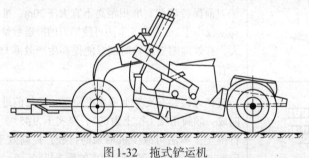

图1-32　拖式铲运机

铲运机在土方工程中常应用于大面积场地平整，开挖大基坑、沟槽以及填筑路基、堤坝等工程。适用于铲运含水量不大于27%的松土和普通土，不适于在砾石层、冻土地带及沼泽区工作。当铲运三类、四类较坚硬的土时，宜使用推土机助铲或用松土机配合将土翻松0.2 ～ 0.4m，以减少机械磨损，提高生产率。

在工业与民用建筑施工中，常用铲运机的斗容量为1.5 ～ 7m³。在选定铲运机斗容量之后，其生产率的高低主要取决于机械的开行路线和施工方法。

> **小技巧**
>
> 拖式铲运机的运距以不超过800m为宜，当运距在300m左右时效率最高；自行式铲运机的行驶速度快，可用于稍长距离的挖运，其经济运距为800 ～ 1 500m，但不宜超过3 500m。在规划铲运机的开行路线时，应力求符合经济运距的要求。

1. 铲运机的开行路线

铲运机的基本作业是铲土、运土、卸土三个工作行程和一个空载回驶行程。在施工中，由于挖填区的分布情况不同，为了提高生产效率，应根据不同施工条件（工程大小、运距长短、土的性质和地形条件等），选择合理的开行路线和施工方法。由于挖填区的分布不同，应根据具体情况选择开行路线，铲运机的开行路线种类如下。

（1）环形路线。地形起伏不大，施工地段较短时，多采用环形路线。图1-33（a）所示为小环形路线，这是一种既简单又常用的路线。从挖方到填方按环形路线回转，每循环一次完成一次铲土和卸土，挖填交替。当挖填之间的距离较短时可采用大环形路线，如图1-33（b）所示，一个循环可完成多次铲土和卸土，这样可减少铲运机的转弯次数，提高工作效率。作业时应时常按顺时针、逆时针方向交换行驶，以避免机械行驶部分单侧磨损。

（2）"8"字形路线。施工地段加长或地形起伏较大时，多采用"8"字形开行路线，如图1-33（c）所示。采用这种开行路线，铲运机在上下坡时是斜向行驶，受地形坡度限制小；一个循环中两次转弯的方向不同，可避免机械行驶的单侧磨损；一个循环完成两次铲土和卸土，减少了转弯次数及空车行驶距离，从而缩短了运行时间，提高生产率。

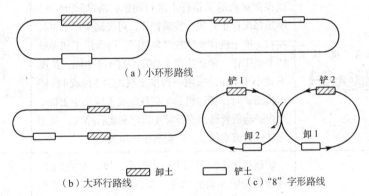

（a）小环形路线

（b）大环行路线　　卸土　　铲土　　（c）"8"字形路线

图1-33　铲运机运行路线

2. 作业方法

铲运机铲土作业方法如表1-20所示。

表1-20　　　　　　　　　　　　　　　铲运机铲土方法

作业名称	铲土方法	适用范围
下坡铲土法	铲运机顺地势（坡度一般为3°～9°）下坡铲土，借机械往下运行质量产生的附加牵引力来增加切土深度和充盈数量，可提高生产率25%左右，最大坡度不应超过20°，铲土厚度以20cm为宜，平坦地形可将取土地段的一端先铲低，保持一定坡度向后延伸，创造下坡铲土条件，一般保持铲满铲斗的工作距离为15～20cm。在大坡度上应放低铲斗，低速前进	适用于斜坡地形大面积场地平整或推土回填沟渠用

作业名称	铲土方法	适用范围
跨铲法	在较坚硬的地段挖土时，采取预留土埂间隔铲土。土埂两边沟槽深度以不大于0.3m、宽度在1.6m以内为宜。本法铲土埂时增加了两个自由面，阻力减小，可缩短铲土时间和减少向外撒土，比一般方法的效率高	适用于较坚硬的土、铲土回填或场地平整用
交错铲土法	铲运机开始铲土的宽度取大一些，随着铲土阻力增加，适当减少铲土宽度，使铲运机能很快装满土。当铲第一排时，相互之间相隔铲斗一半宽度，铲第二排土则退离第一排挖土长度的一半位置，与第一排所挖各条交错开，以下所挖各排均与第二排相同	适用于一般比较坚硬的土的场地平整用
助铲法 铲运机 推土机	在坚硬的土体中，自行铲运机再另配一台推土机在铲运机的后拖杆上进行顶推，协助铲土，可缩短每次铲土时间，装满铲斗，可提高生产率30%左右，推土机在助铲的空余时间，可作松土和零星的平整工作。助铲法取土场宽不宜小于20m，长度不宜小于40m，采用一台推土机配合3台或4台铲运机助铲时，铲运机的半周程距离不应小于250m。几台铲运机要适当安排铲土次序和运行路线，互相交叉进行流水作业，以提高推土机效率	适用于地势平坦、土质坚硬、宽度大、长度长的大型场地平整工程采用
双联铲运机	铲运机运土时所需牵引力较小，当下坡铲土时，可将两个铲斗前后串在一起，形成一起一落依次铲土、装土（称双联单铲）。当地面较平坦时，采取将两个铲斗串成同时起落的方法，同时进行铲土，又同时起斗运行（称为双联双铲）。前者可提高工效20%~30%，后者可提高工效约60%	适用于较松软的土，进行大面积场地平整及筑堤时采用

3. 铲运机生产率计算

① 铲运机小时生产率P_h按下式计算。

$$P_h = \frac{3600 \cdot q \cdot K_c}{t_c K_s}$$ （1-33）

式中，q——铲斗容量，mm^3；

K_c——铲斗装土的充盈系数（一般砂土为0.75；其他土为0.85~1.3）；

K_s——土的可松性系数（见表1-2）；

t_c——从挖土开始到卸土完毕，每循环延续的时间，s，可按下式计算。

$$t_c = t_1 + \frac{2l}{v_c} + t_2 + t_3$$

式中，t_1——装土时间，一般取60~90s；

l——平均运距，由开行路线定，m；

v_c——运土与回程的平均速度，一般取 $1 \sim 2\text{m/s}$；

t_2——卸土时间，一般取 $10 \sim 30\text{s}$；

t_3——换挡和调头时间，一般取30s。

② 铲运机台班产量 P_d 按下式计算。

$$P_d = 8 \cdot P_h \cdot K_B（\text{mm}^3/\text{台班}）\tag{1-34}$$

式中，K_B——时间利用系数（一般为 $0.7 \sim 0.9$）。

三、单斗挖土机

单斗挖土机是土方开挖的常用机械，种类很多。按行走装置的不同，分为履带式和轮胎式两类；按传动方式分为索具式和液压式两种；单斗挖土机还可根据工作的需要，更换其工作装置。根据工作装置分为正铲、反铲、拉铲和抓铲4种，如图1-34所示。使用单斗挖土机进行土方开挖作业时，一般需自卸汽车配合运土。

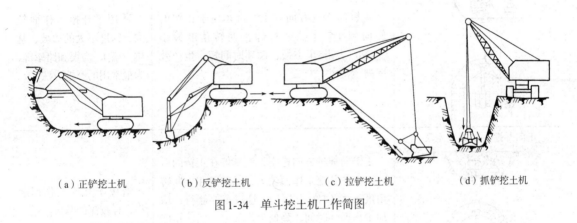

（a）正铲挖土机　　　（b）反铲挖土机　　　（c）拉铲挖土机　　　（d）抓铲挖土机

图1-34　单斗挖土机工作简图

1. 正铲挖土机施工

正铲挖土机挖掘能力大，生产率高，适用于开挖停机面以上的一至三类土，它与运土汽车配合能完成整个挖运任务，可用于开挖大型干燥基坑以及土丘等。

（1）正铲挖土机的开挖方式。正铲挖土机的挖土特点是"前进向上，强制切土"。根据开挖路线与运输汽车相对位置的不同，一般有以下两种。

① 正向开挖，侧向卸土。正铲向前进方向挖土，汽车位于正铲的侧向装土，如图1-35（a）所示。本法铲臂卸土回转角度最小，小于90°，装车方便，循环时间短，生产效率高，用于开挖工作面较大、深度不大的边坡、基坑（槽）、沟渠和路堑等，为最常用的开挖方法。

② 正向开挖，后方卸土。正铲向前进方向挖土，汽车停在正铲的后面，如图1-35（b）所示。本法开挖工作面较大，但铲臂卸土回转角度较大，约180°，且汽车要侧向行车，增加工作循环时间，生产效率降低（若回转角度为180°，效率约降低23%；若回转角度为130°，效率约降低13%），用于开挖工作面较小，且较深的基坑（槽）、管沟和路堑等。

（2）作业方法。正铲挖土机的作业方法如表1-21所示。

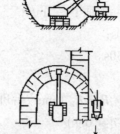
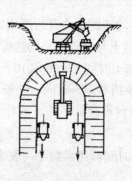

（a）正向开挖，侧向卸土　　　　　　（b）正向开挖，后方卸土

图1-35　正铲挖土机开挖方式

表1-21　　　　　　　　　　　　　正铲挖土机的作业方法

作业名称	开挖方法	适用范围
正向开挖，侧向装土法	正铲向前进方向挖土，汽车位于正铲的侧向装土。本法铲臂卸土回转角度最小（<90°），装车方便，循环时间短，生产效率高	适用于开挖工作面较大，深度不大的边坡、基坑（槽）、沟渠和路堑等，为最常用的开挖方法
正向开挖，后方装土法	正铲向前进方向挖土，汽车停在正铲的后面。本法开挖工作面较大，但铲臂卸土回转角度较大（180°左右），且汽车要侧行，增加工作循环时间，降低生产效率（回转角度180°，效率降低约23%；回转角度130°，效率降低约13%）	适用于开挖工作面狭小、且较深的基坑（槽）、管沟和路堑等
分层开挖法 (a) (b)	将开挖面按机械的合理高度分为多层开挖右侧的图（a）所示，当开挖面高度不为一次挖掘深度的整数倍时，则可在挖方的边缘或中部先开挖一条浅槽作为第一次挖土运输线路如左侧图（b）所示，然后再逐次开挖直至基坑底部	适用于开挖大型基坑或沟渠，工作面高度大于机械挖掘的合理高度时采用
上下轮换开挖法	先将土层上部1m以下土挖深30～40cm，然后再挖土层上部1m厚的土，如此上下轮换开挖。本法挖土阻力小，易装满铲斗，卸土容易	适用于土层较高，土质不太硬，铲斗挖掘距离很短时使用

续表

作业名称	开挖方法	适用范围
顺铲开挖法	铲斗从一侧向另一侧一斗挨一斗地按顺序开挖,使每次挖土增加一个自由面,阻力减小,易于挖掘。也可依据土质的坚硬程度每次只挖2～3个斗牙位置的土	适用于土质坚硬,挖土时不易装满铲斗,而且装土时间长时采用
间隔开挖法	在扇形工作面上第一铲与第二铲之间保留一定距离,使铲斗接触土体的摩擦面减少,两侧受力均匀,铲土速度加快,容易装满铲斗,生产效率高	适用于开挖土质不太硬、较宽的边坡或基坑、沟渠等
多层挖土法	开挖面按机械的合理开挖高度,分为多层同时开挖,以加快开挖速度,土方可以分层运出,也可分层递送,至最上层(或下层)用汽车运出,但两台挖土机沿前进方向,上层应先开挖保持30～50cm距离	适用于开挖高边坡或大型基坑
中心开挖法	正铲先在挖土区的中心开挖,当向前挖至回转角度超过90°时,则转向两侧开挖,运土汽车按"八"字形停放装土。本法开挖移位方便,回转角度小(＜90°)。挖土区宽度宜在40m以上,以便于汽车靠近正铲装车	适用于开挖较宽的山坡地段或基坑、沟渠等

49

2. 反铲挖土机施工

反铲挖土机的挖土特点是"后退向下,强制切土",随挖随行或后退。反铲挖土机的挖掘力比正铲小,适于开挖停机面以下的一至三类土的基坑、基槽或管沟,不需设置进出口通道,可挖水下淤泥质土,每层的开挖深度宜为1.5～3.0m。反铲挖土机作业方法如表1-22所示。

表1-22 反铲挖土机作业方法

作业名称	作业方法	适用范围
沟端开挖法	反铲停于沟端,后退挖土,同时往沟的一侧弃土或装汽车运走如左图(a)所示。挖掘宽度可不受机械最大挖掘半径限制,臂杆回转半径为45°～90°,同时可挖到最大深度。对较宽基坑可采用左图(b)的方法,其最大一次挖掘宽度为反铲有效挖掘半径的两倍,但汽车需停在机身后面装土,生产效率低	适用于一次成沟后退挖土,挖出土方随即运走时采用,或就地取土填筑路基或修筑堤坝时采用

续表

作业名称	作业方法	适用范围
沟侧开挖法	反铲停于沟侧沿沟边开挖,汽车停在机旁装土或往沟一侧卸土。本法铲臂回转角度小,能将土弃于距沟边较远的地方,但挖土宽度比挖掘半径小,边坡不好控制,同时机身靠沟边停放,稳定性较差	适用于横挖土体和需将土方甩到离沟边较远的距离时使用
沟角开挖法	反铲位于沟前端的边角上,随着沟槽的掘进,机身沿着沟边往后做"之"字形移动。臂杆回转角度平均在45°左右,机身稳定性好,可挖较硬土体,并能挖出一定的坡度	适用于开挖土质较硬、宽度较小的沟槽(坑)时采用
多层接力开挖法	将两台或多台挖土机设在不同作业高度上同时挖土,边挖土边向上传递到上层,由地表挖土机边挖土边装车。上部可用大型反铲,中、下层用大型或小型反铲,以便挖土和装车,均衡连续作业,一般两层挖土可挖深10m,三层可挖深15m左右。本法开挖较深基坑,可一次开挖到设计标高,一次完成,可避免汽车在坑下装运作业,提高生产效率,且不必设专用垫道	适用于开挖土质较好、深10m以上的大型基坑、沟槽和渠道

3. 拉铲挖土机施工

拉铲挖土机的挖土特点是"后退向下,自重切土"。拉铲挖土时,吊杆倾斜角度应在45°以上,先挖两侧然后挖中间,分层进行,保持边坡整齐,距边坡的安全距离应不小于2m。拉铲挖土机作业方法如表1-23所示。

表1-23   拉铲挖土机作业方法

作业名称	作业方法	适用范围
沟端开挖法	拉铲停在沟端,倒退着沿沟纵向开挖。开挖宽度可以是机械挖土半径的两倍,能两面出土,汽车停放在一侧或两侧,装车角度小,坡度较易控制,并能开挖较陡的坡	适用于就地取土、填筑路基及修筑堤坝等

续表

作业名称	作业方法	适用范围
沟侧开挖法	拉铲停在沟侧沿沟横向开挖，沿沟边与沟平行移动，如沟槽较宽，可在沟槽的两侧开挖。本法开挖宽度和深度均较小，一次开挖宽度约等于挖土半径，且开挖边坡不易控制	适用于开挖土方就地堆放的基坑、槽以及填筑路堤等工程采用
三角开挖法 A，B，C…拉铲停放位置： 1，2，3…开挖顺序	拉铲按"之"字形移位，与开挖沟槽的边缘成45°角左右。本法拉铲的回转角度小，效率高，而且边坡开挖整齐	适用于开挖宽度在8m左右的沟槽
分段挖土法	在第一段采取三角挖土，第二段机身沿犄犅线移动进行分段挖土。如沟底（或坑底）土质较硬，地下水位较低时，应使汽车停在沟下装土，铲斗装土后稍微提起即可装车，能缩短铲斗起落时间，又能减小臂杆的回转角度	适用于开挖宽度大的基坑、槽、沟渠工程
层层挖土法	拉铲按从左到右或从右到左顺序逐层挖土，直至全深。采用本法可以挖得平整，而且拉铲斗的时间可以缩短。当土装满铲斗后，可以从任何高度提起铲斗，运送土时的提升高度可减小到最低限度，但落斗时要注意将拉斗钢绳与落斗钢绳一起放松，使铲斗垂直下落	适用于开挖较深的基坑，特别是圆形或方形基坑
顺序挖土法	挖土时先挖两边，保持两边低中间高的地形，然后顺序向中间挖土。本法挖土只有两边遇到阻力，较省力，边坡可以挖得整齐，铲斗不会发生翻滚现象	适用于开挖土质较硬的基坑

作业名称	作业方法	适用范围
转圈挖土法 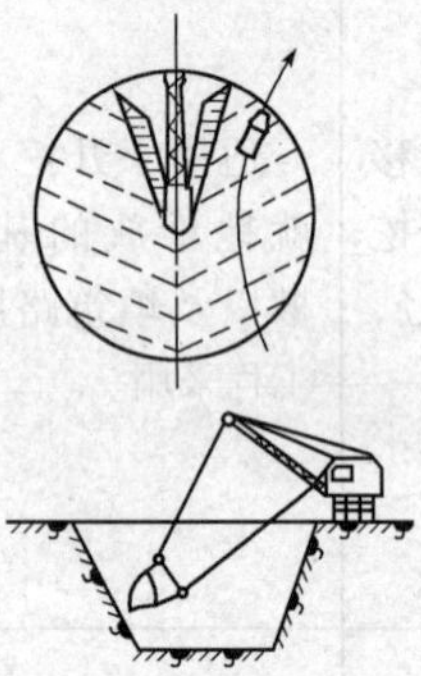	拉铲在边线外顺圆周转圈挖土，形成四周低中间高的地形，可防止铲斗翻滚。当挖到5m以下时，则需配合人工在坑内沿坑周边往下挖一条宽50cm、深40～50cm的槽，然后进行开挖，直至槽底平，接着再人工挖槽，用拉铲挖土，如此循环作业至设计标高为止	适用于开挖较大、较深圆形的基坑
扇形挖土法 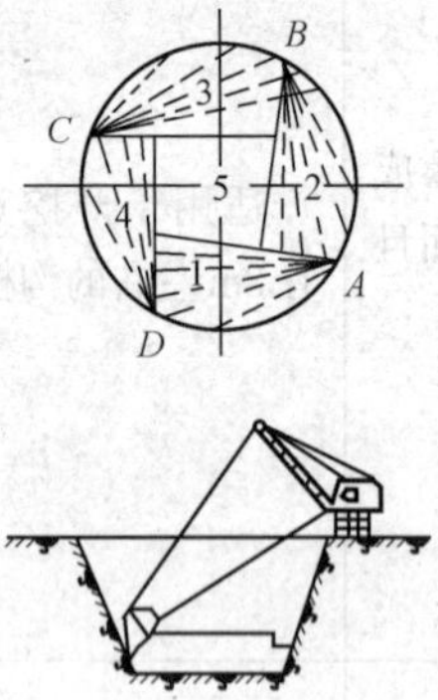	拉铲先在一端挖成一个锐角形，然后挖土机沿直线按扇形后退，直至挖土完成。本法挖土机移动次数少，汽车在一个部位循环，行走路程短，装车高度小	适用于挖直径和深度不大的圆形基坑或沟渠时采用

52

4. 抓铲挖土机

抓铲挖土机外形如图1-34（d）所示。其挖土特点是"直上直下，自重切土"，挖掘力较小。适用于开挖停机面以下的一、二类土，在软土地区常用于开挖基坑、沉井等。尤其适用于挖深而窄的基坑，疏通旧有渠道以及挖取水中淤泥、码头采砂等，或用于装载碎石、矿渣等松散料等。

四、压实机械

压实机械根据压实的原理不同，可分为冲击式、碾压式和振动压实三大类。

1. 冲击式压实机械

冲击式压实机械主要有蛙式打夯机和内燃式打夯机两类，其中，蛙式打夯机一般以电为动力。这两种打夯机适用于狭小的场地和沟槽作业，也可用于室内地面的夯实以及大型机械无法到达的边角的夯实。

2. 碾压式压实机械

碾压式压实机械按行走方式分自行式压路机和牵引式压路机两类。自行式压路机常用的有光轮压路机、轮胎压路机，自行式压路机主要用于土方、砾石、碎石的回填压实及沥青混凝土路面的施工；牵引式压路机的行走动力一般采用推土机（或拖拉机）牵引，常用的有光面碾、羊足碾，其中，光面碾用于土方的回填压实，而羊足碾适用于黏性土的回填压实，不能用在砂土和面层土的压实。

3. 振动压实机械

振动压实机械是利用机械的高频振动，通过把能量传给被压土，降低土颗粒间的摩擦力，在压实能量的作用下，达到较大的密实度。

振动压实机械按行走方式分为手扶平板式振动压实机和振动压路机两类。手扶平板式振动压实机主要用于小面积的地基夯实；振动压路机按行走方式分为自行式和牵引式两种，该压路机的生产率高，压实效果好，能压实多种性质的土，主要用在工程量大的大型土石方工程中。

五、土方挖运机械的选择和配套计算

1. 土方机械的选择

土方机械的选择，通常先根据工程特点和技术条件提出几种可行的方案，然后进行技术经济比较，选择效率高、费用低的机械进行施工，一般可选用土方单价最小的机械。现综合有关土方机械选择要点如下。

① 当地形起伏不大，坡度在20°以内，挖填平整土方的面积较大，土的含水量适当，平均运距短（一般在1km以内）时，采用铲运机较为合适。如果土质坚硬或冬季冻土层厚度超过100～150mm时，必须由其他机械辅助翻松再铲运。当一般土的含水量大于25%，或坚硬的黏土含水量超过30%时，铲运机要陷车，必须使水疏干后再施工。

② 在地形起伏较大的丘陵地带，一般挖土高度在3m以上，运输距离超过1km，工程量较大且又集中时，可采用下述三种方式进行挖土和运土。

（a）正铲挖土机配合自卸汽车进行施工，并在弃土区配备推土机平整土堆。选择铲斗容量时，应考虑到土质情况、工程量和工作面高度。当开挖普通土，集中工程量在1.5万 m³ 以下时，可采用0.5m³ 的铲斗；当开挖集中工程量为1.5万～5万 m³ 时，以选用1.0m³ 的铲斗为宜，此时，普通土和硬土都能开挖。

（b）用推土机将土推入漏斗，并用自卸汽车在漏斗下承土并运走。这种方法适用于挖土层厚度为5～6m以上的地段。漏斗上口尺寸为3m左右，由宽3.5m的框架支承。其位置应选择在挖土段的较低处，并预先挖平。漏斗左右及后侧土壁应予支撑。使用73.5kW的推土机两次可装满8t自卸汽车，效率较高。

（c）用推土机预先把土推成一堆，用装载机把土装到汽车上运走，效率也很高。

③ 开挖基坑时根据下述原则选择机械。

（a）土的含水量较小时，可结合运距长短、挖掘深浅，分别采用推土机、铲运机或正铲挖土机配合自卸汽车进行施工。当基坑深度在1～2m，基坑不太长时可采用推土机；深度在2m以内长度较大的线状基坑，宜用铲运机开挖；当基坑较大，工程量集中时，可选用正铲挖土机挖土。

（b）如地下水位较高，又不采用降水措施，或土质松软，可能造成正铲挖土机和铲运机陷车时，则采用反铲、拉铲或抓铲挖土机配合自卸汽车较为合适，挖掘深度见有关机械的性能表。

（c）移挖作填以及基坑和管沟的回填，运距在60～100m以内可用推土机。

2. 挖土机与运土车辆的配套计算

土方机械配套计算时，应先确定主导施工机械，其他机械应按主导机械的性能进行配套选用。当用挖土机挖土，汽车运土时，应以挖土机为主导机械。

（1）挖土机数量 N 的确定。挖土机数量应根据所选挖土机的台班生产率、工程量大小和工期要求进行计算。

挖土机台班产量 P_d 按下式计算。

$$P_d = \frac{8 \times 3600}{t_c} \cdot q \cdot \frac{K_c}{K_s} \cdot K_B (mm^3) \qquad (1-35)$$

式中，t_c——挖土机每次作业循环延续时间，s。它由机械性能定（如W1-100正铲挖土机为 25 ~ 40s，Wi-100拉铲挖土机为 45 ~ 60s）；

$\quad\quad q$——挖土机斗容量，m^3；

$\quad\quad K_c$——土斗的充盈系数，可取 0.8 ~ 1.1；

$\quad\quad K_s$——土的最初可松性系数（见表1-1）；

$\quad\quad K_B$——时间利用系数，一般取 0.6 ~ 0.8。

挖土机的数量 N 按下式计算。

$$N = \frac{Q}{P_d} \cdot \frac{1}{T \cdot C \cdot K} (台) \qquad (1-36)$$

式中，Q——工程量，m^3；

$\quad\quad T$——工期，d；

$\quad\quad C$——每天工作班数；

$\quad\quad K$——工作时间利用系数，取 0.8 ~ 0.9；

$\quad\quad P_d$——挖土机台班产量，m^3/台班。

（2）运输车辆计算。为了使挖土机充分发挥生产能力，运输车辆的大小和数量应根据挖土机数量配套选用。运输车辆的载重量应为挖土机铲斗土重的整倍数，一般为 3 ~ 5 倍。运输车辆过多，会使车辆窝工，道路堵塞；运输车辆过少，又会使挖土机等车停挖。为了保证都能正常工作，运输车辆数量 N' 按下式计算。

$$N' = \frac{T'}{t'} (台) \qquad (1-37)$$

式中，T'——运输车辆每装卸一车土循环作业所需时间，s；

$\quad\quad t'$——运输车辆装满一车土的时间，s。

学习单元五　土方的回填与压实

✐ 知识目标

（1）掌握填方土料的选择和填筑要求。

（2）掌握填土压实方法。

（3）掌握影响填土压实的因素。

📖 技能目标

（1）通过本单元的学习，能够清楚影响填土压实质量的因素。

（2）能选择填土压实的方法，并组织压实作业。

54

📖 **基础知识**

一、填方土料的选择和填筑要求

土方填筑前，应清除基底上的垃圾、树根等杂物，并抽除坑穴中的水、淤泥。在建筑物和构筑物地面或厚度小于0.5m场地的填方，应清除基底上的草皮、垃圾和软弱土层；在土质较好，地面坡度不陡于1/10的较平坦场地填方时，可不清除基底上的草皮，但应割除长草；在稳定山坡上填方，山坡坡度为1/10～1/5时，应清除基底上的草皮；坡度陡于1/5时，应将基底挖成阶梯形，阶宽应不小于1m；当填方基底为耕植土或松土时，应将基底碾压密实；在水田、沟渠或池塘上填方前，应根据实际情况采用排水疏干、挖除淤泥或抛填块石、砂砾、矿渣等方法处理后再进行填土；填土区如遇有地下水或滞水，必须设置排水措施，应保证施工顺利进行。

1. 填方土料的选用

填方土料应符合设计要求，保证填方的强度和稳定性，如无设计要求，应符合以下规定。

① 碎石类土、砂土和爆破石渣（粒径不大于每层铺土厚的2/3），可用于表层下的填料。

② 含水量符合压实要求的黏性土，可作各层填料。

③ 淤泥和淤泥质土一般不能用作填料，但在软土地区，经过处理含水量符合压实要求的，可用于填方中的次要部位。

④ 碎块草皮和有机质含量大于5%的土，只能用于无压实要求的情况下填方。

⑤ 在含有盐分的盐渍土中，一般仅中、弱两类盐渍土可以使用，但填料中不得含有盐晶、盐块或含盐植物的根茎。

⑥ 不得使用冻土、膨胀性土作填料。

2. 填土压实要求

① 密实度要求。填方的密实度和质量指标通常以压实系数λ_c表示，压实系数为土的控制干密度与最大干密度的比值。最大干密度是当为最优含水量时，通过标准的击实方法测定的。密实度要求一般由设计根据工程结构性质，使用要求以及土的性质确定。

② 一般要求。填方应尽量采用同类土质进行填筑，透水性不同的土料不得混杂使用，应按土料有规则地分层填筑，并将透水性较小的土料填在上层，边坡不得用透水性较小的土封闭，以免在填方时形成水囊或浸泡基础。

填方应从最低处开始，由下至上将整个宽度分层铺填碾压或夯实。

填方施工宜采用水平分层填土、分层压实，每层铺填的厚度应根据土料的种类及使用的压实机械而定。每层填土压实后，应检查压实质量，符合设计要求后，方能填筑上层。当填方位于倾斜的地面时，应先将斜坡挖成阶梯状，然后分层填筑，以防填土横向移动。

3. 含水量要求

① 土料含水量的大小，直接影响到夯实（碾压）质量，因此，在夯实（碾压）前应预试验，以得到符合密实度要求条件下的最优含水量和最少夯实（或碾压）遍数。含水量过小，夯压（碾压）不实；含水量过大，则易成橡皮土。

② 当填料为黏性土或排水不良的砂土时，其最优含水量与相应的最大干密度应用击实试

55

验测定。

③ 土料含水量一般以手握成团、落地开花现象为宜。若含水量过大，应采取翻松、晾干、风干、换土回填、掺入干土或其他吸水性材料等措施；若土料过干，则应预先洒水润湿，每1m³铺好的土层需要补充水量按下式计算。

$$V = \frac{\rho_{\mathrm{w}}}{1+W}(W_{\mathrm{OP}} - W) \qquad (1\text{-}38)$$

式中，V——单位体积内需要补充的水量，L；

$\quad$ W——土的天然含水量，%；

$\quad$ W_{OP}——土的最优含水量，%；

$\quad$ ρ_{w}——填土碾压前的密度，kg/m³。

在气候干燥时，需采取措施加速挖土、运土、平土和碾压过程，以减少土的水分散失。

④ 当填料为碎石类土（充填物为砂土）时，碾压前应充分洒水湿透，以提高压实效果。

二、填土压实方法

填土压实方法有碾压法、夯实法和振动压实法三种，如图1-36所示。此外，还可利用运土工具压实。

平整大面积场地填土时，多采用碾压法；小面积的填土工程多用夯实法；而振动压实法主要用于非黏性土的密实。

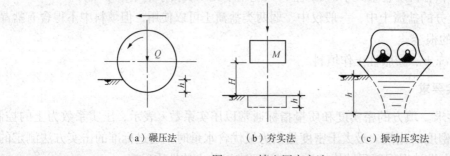

$\quad$（a）碾压法 $\qquad\qquad$ （b）夯实法 $\qquad\qquad$ （c）振动压实法

图1-36 填土压实方法

1. 碾压法

碾压法是利用机械滚轮的压力压实土壤，使之达到所需的密实度。碾压机械有平碾、羊足碾和气胎碾等。平碾又称光碾压路机，是一种以内燃机为动力的自行压路机，按重量等级分为轻型（30～50kN）、中型（60～90kN）和重型（100～140kN）三种，适于压实砂类土和黏性土。羊足碾需要较大的牵引力，靠拖拉机牵引，只适用于压实黏性土。羊足碾与土接触面积小，对单位面积的压力比较大，若在砂土中使用羊足碾，会使土颗粒受到较大的单位压力后向四周移动，从而使地面结构遭到破坏。气胎碾在工作时是弹性体，其压力均匀，填土质量较好。

还可利用运土机械进行碾压，也是较经济合理的压实方案。施工时，使运土机械行驶路线能大体均匀地分布在填土面积上，并达到一定的重复行驶遍数，使其满足填土压实的质量要求。

2. 夯实法

夯实法是利用夯锤自由下落的冲击力来夯实土，主要用于小面积回填。夯实法分人工夯实和机械夯实两种。

人工夯土用的工具有木夯、石夯等。夯实机械有夯锤、内燃夯土机和蛙式打夯机。夯锤是借助起重机悬挂重锤进行夯土的机械。锤底面积0.15～0.25m^2，重量1.5t以上，落距一般为2.5～4.5m，夯土影响深度大于1m，适用于夯实砂性土、湿陷性黄土、杂填土以及含有石块的土。蛙式打夯机是常用的小型夯实机械，轻便灵活，适用于小型土方工程的夯实工作，多用于夯打灰土和回填土。

3. 振动压实法

振动压实法是将振动压实机放在土层表面，借助振动机使压实机械发生振动，土颗粒发生相对位移从而达到紧密状态。这种方法主要用于非黏性土的压实。若使用振动碾压法进行碾压，可使土受到振动和碾压两种作用，碾压效率高，适用于大面积填方工程。对于密度要求不高的大面积填方，在缺乏碾压机械时，可采用推土机、拖拉机或铲运机结合行驶、推（运）土、平土来压实。

57

三、影响填土压实的因素

影响填土压实的因素较多，主要有压实功、土的含水量及压实厚度。

1. 压实功

填土压实后的密度与压实机械对填土所施加的功（即压实功）有很大关系。二者之间的关系如图1-37所示。从图中可以看出二者并不成正比关系，当土的含水量一定，在开始压实时，土的密度急剧增加，当接近土的最大密度时，压实功虽然增加许多，但土的密度却没有明显变化。在实际施工中，对于砂土只需碾压或夯击2～3遍；在对粉土只需碾压或夯击3～4遍；对粉质粘土或黏土只需碾压或夯击4～5遍。

2. 土的含水量

在同一压实功条件下，填土的含水量对压实质量有直接影响。较为干燥的土颗粒之间的摩阻力较大，因而不易压实。当含水量超过一定限度时，土颗粒之间的孔隙由水填充而呈饱和状态，也不能压实。当土的含水量适当时，水起润滑作用，土颗粒之间的摩阻力减小，压实效果最好。每种土都有其最佳含水量，土在这种含水量的条件下，使用同样的压实功进行压实，所得到的密度最大，如图1-38所示。各种土的最佳含水量和最大干密度如表1-24所示。在工地上，简单检验黏性土含水量的方法一般是用手握成团、落地开花为宜。

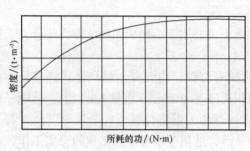

图1-37 土的密度与压实功的关系示意图

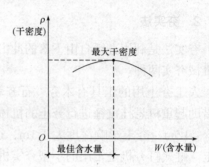

图1-38 土的干密度与含水量关系

表1-24 土的最佳含水量和最大干密度参考表

项次	土的种类	变动范围		项次	土的种类	变动范围	
		最佳含水量/%（质量比）	最大干密度/（g·cm⁻³）			最佳含水量/%（质量比）	最大干密度/（g·cm⁻³）
1	砂土	8～12	1.80～1.88	3	粉质黏土	12～15	1.85～1.95
2	黏土	19～23	1.58～1.70	4	粉土	16～22	1.61～1.80

小 技 巧

（1）表中土的最大干密度应以现场实际达到的数字为准。

（2）一般性的回填可不做此项测定。

为了保证填土在压实过程中处于最佳含水量状态，当土过湿时，应予翻松晾干，也可掺入同类干土或吸水性土料；当土过干时，则应预先洒水润湿。

3. 每层铺土厚度

每层铺土厚度对压实效果有明显的影响。在相同压实条件下（土质、湿度与功能不变），实测土层不同深度的密实度，密实度随深度递减，表层50mm最高，如图1-39所示。不同压实工具的有效压实深度有所差异，根据压实工具类型、土质及填方压实的基本要求，每层铺筑压实厚度有具体规定数值（见表1-25）。铺土过厚，下部土体所受压实作用力小于土体本身的黏结力和摩擦力，土颗粒不能相互移动，无论压实多少遍，下方填方也不能被压实；铺土过薄，则也要增加机械的总压实遍数。最优的铺土厚度应能使填方压实而机械的功耗费最小。

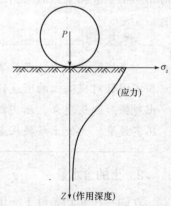

图1-39 压实作用沿深度的变化

表1-25　　　　　　　　　　　　　填方每层的铺土厚度和压实遍数

压实机具	每层铺土厚度/mm	每层压实遍数/遍
平碾	250～300	6～8
振动压实机	250～350	3或4
柴油打夯机	200～250	3或4
人工打夯	＜200	3或4

人工打夯时，土块粒径不应大于50mm。

上述三方面因素之间是互相影响的。为了保证压实质量，提高压实机械的生产率，重要工程应根据土质和所选用的压实机械在施工现场进行压实试验，以确定达到规定密实度所需的压实遍数、铺土厚度及最优含水量。

知识链接

橡皮土，含水量很大，趋于饱和的黏性土地基回填压实时，由于原状土被扰动，颗粒之间的毛细孔会遭到破坏，水分不易渗透和散发，当气温较高时夯击或碾压，表面会形成硬壳，更阻止了水分的渗透和散发，埋藏深的土水分散发慢，往往长时间不易消失，形成软塑状的橡皮土，踩上去会有颤动感觉。

混凝土拉毛，又叫混凝土凿毛、混凝土甩毛等，是用一种"斩斧"的工具，把已经完成的混凝土结构面凿出一条条凹痕。作用是使两个施工阶段的施工面黏结牢固。通常在现浇结构中，在现浇板浇注完毕后，要凿毛，进行下一层柱墙的浇注。让混凝土黏结牢固。

羊足碾，在滚筒上装置许多凸块的压路碾。由于凸块形似羊足故称羊足碾，亦称羊脚碾。凸块形状有羊足形、圆柱形及方柱形等。

学习案例

某工地在进行基础挖槽作业。由于未执行安全技术规范，当挖掘机挖深至2.5m左右时，长约20m的沟壁突然发生塌方，将当时正在槽底进行挡土板支撑作业的两名工人埋入土中。事故发生后，项目部立即组织人员抢救，经抢救一人脱险，一人死亡。

经事故调查，现场土质较差，土体非常松散。事故发生时槽边实际堆土高度接近2m，距离沟槽边仅有1.0m。施工开挖至2m后，才开始支撑挡板。

问题：

1. 请简要分析造成这起事故的原因。

2. 安全事故的主要诱因是什么？包括哪些行为？

3. 安全控制的主要对象是危险源，危险源辨别的程序是什么？

分析：

1. 造成这起事故的原因

（1）施工过程中，土方堆置没有按规范规定单侧堆土高度不得超过1.5m的要求进行，实际堆土高度接近2m，距离沟槽边仅有1.0m，这是造成本次事故的直接原因。

（2）施工人员安全意识淡薄，对安全教育重视不足，凭经验作业，站位不当，自我保护意识不强，逃生时晕头转向是造成本次事故的间接原因。

（3）现场土质较差，土体非常松散；违反规定，在挖深超过1.5m时，未及时加设可靠支撑，实际施工开挖至2m后，才开始支撑挡板也是造成本次事故的主要原因之一。

（4）施工现场安全技术措施实用性、针对性较差，管理不力，安全检查不到位。

2. 安全事故的主要诱因

（1）人的不安全行为。主要包括身体缺陷、错误行为、违纪违章等。

（2）物的不安全状态。主要包括设备、装置的缺陷，作业场所缺陷，物质与环境的危险源等。

（3）环境的不利因素。现场布置杂乱无序、视线不畅、沟渠纵横、交通阻塞、材料工器具乱堆、乱放以及机械无防护装置、电器无漏电保护、粉尘飞扬、噪声刺耳等使劳动者生理、心理难以承受，则必然诱发安全事故。

（4）管理上的缺陷。对物的管理失误，包括技术、设计以及结构上有缺陷，作业现场环境、有缺陷，防护用品有缺陷等；对人的管理失误，包括教育、培训、指示和对作业人员的安排等方面的缺陷；管理工作的失误，包括对作业程序、操作规程、工艺过程的管理失误以及对采购、安全监控、事故防范措施的管理失误。

3. 建筑工程施工危险源辨识的基本程序

首先按作业区、办公区、生活区、库房等划分区域进行，对于施工活动可以从分部到分项工程。再从分项工程的具体工艺流程中逐一辨识其对应的危险源。辨识时应充分考虑常规活动和非常规活动、所有进入作业场所人员的活动和生活起居安全、作业场所内的所有设备设施及所采购的劳动防护用品（包括相关方提供部分）的本质安全。

📖 知识拓展

土方明挖工程施工技术

一、施工方案

1. 施工程序

基坑开挖时，从上至下分层开挖。上、下游围堰形成之前进行前期基坑开挖，即立交地涵进口段高程4.0m以上的土方开挖。上、下游围堰形成后，即将基坑积水排出，通过降水井将地下水位降低，可进行基坑涵身段、翼墙、进口防冲护坦段等部位开挖；地涵基坑开挖后，等主体工程基本完工、围堰拆除、导航明渠封堵和运河通水通航后，最后将立交地涵进出口段土方开挖至设计高程。在进行立交地涵基坑开挖时，同时可进行上、下游堤地基清挖。立交地涵基坑全部挖到设计高程后，可进行上、下游河道整治施工。

2. 基坑降排水

为了防止地表水漫入基坑，在基坑外围设置排水沟；截住地表水，同时将地表水引入运河。立交地涵基坑采用降水井施工，降水井主要是降低地下承压水，进出口和上、下游泓道开挖采用排水沟和集水井降水，且将地下水降到开挖建基面0.5m以下。

二、施工方法

1. 立交地涵基坑开挖

立交地涵基坑开挖先用泥浆泵将淤泥抽到工程师指定地点，再将基坑四周降水井的位置挖出，便于降水井施工。开挖时挖成网状排水沟，以利排水，开挖采用PC300和WY160挖掘机直接挖装，用10t、15t自卸汽车运渣。分层开挖，一次挖装深度为3～4m，地涵基坑一般开挖深度为13.2m左右（齿槽最大开挖深度为15m），分4层施工（齿槽采用人工开挖）。为了保证立交地涵基底土不被扰动或被水浸泡，基坑开挖时预留30～50cm的基面保护层。基面保护层采用人工配合机械开挖，且在基础混凝土浇筑前突击挖除。为了保证开挖临时边坡的稳定，开挖临时边坡为1:2～1:2.5。

2. 堤防清基

采用D80推土机清除树根、杂草、垃圾、废渣等其他有碍物，如遇淤泥，要将其清除至排泥场，清基范围应超出设计边线，满足堤身设计要求；堤基如遇坟墓、房基、水井、泉眼等各类洞穴、地基深孔、竖井试坑及其他建筑物均应按设计要求加以彻底处理。堤基范围内的所有坑洼均应按堤身填筑要求分层填平。堤防清除弃料采用ZL50装载机装渣，使用15t自卸汽车运渣至弃土场。

3. 河道整治

河道整治范围分为京杭运河以西河道整治和京杭运河以东河道整治。其中，京杭运河以西河道整治范围：西以入海水道桩号26+800断面为界，东以淮河立交地涵进口段上断面为界，南北以入海水道南北堤内坡脚为界。京杭运河以东河道整治范围：东以入海水道桩号30+500断面为界，西以淮安立交地涵出口段下断面为界，南北以入海水道南北堤内坡脚线为界。整治方式为铲除地面表层土及地表附着物，现状整治范围内平均地面高程为7.0m，设计滩面高程为6.5m。施工时，采用推土机配合人工推土整平至高程6.5m，采用挖掘机反铲配合人工先开挖排水渠道和新开古盐河，形成排水沟，以利排水。开挖土料采用ZL50装载机装渣，10t自卸汽车运渣，将弃料运到弃土场。

学习情境小结

本学习情境包括土方工程概述、土方工程量的计算与调配、基坑（槽）施工、降水、土方机械施工、土方的回填与压实等内容。土方工程量计算及调配主要包括基坑（槽）土方量计算、场地平整土方量及调配等。土方工程施工时，做好排出地面水、降低地下水位、为土方开挖和基础施工提供良好的施工条件，这对加快使用进度、保证土方工程施工质量和安全，具有十分重要的作用。采用土方机械进行土方工程的挖、运、填、压施工中，重点是土方的回填与压实，要能正确选择地基填土的填土料及填筑压实方法；能分析影响填土压实的主要因素。

学习检测

一、选择题

1. 土的含水量是土中（　　）。
A. 水的质量与固体颗粒质量之比的百分率
B. 水与湿土的重量之比的百分率
C. 水与干土的重量之比
D. 水与干土的体积之比的百分数

2. 在场地平整的方格网上，各方格角点的施工高度为该角点的（　　）。
A. 自然地面标高与设计标高的差值　　　B. 挖土高度与设计标高的差值
C. 设计标高与自然地面标高的差值　　　D. 自然地面标高与填方高度的差值

3. 只有当所有的 λ_j（　　）时，该土方调配方案才为最优方案。
A. $\leqslant 0$　　　　　B. < 0　　　　　C. > 0　　　　　D. $\geqslant 0$

4. 明沟集水井排水法最不宜用于边坡为（　　）的工程。
A. 黏土层　　　　B. 砂卵石土层　　　　C. 粉细砂土层　　　　D. 粉土层

5. 当降水深度超过（　　）时，宜采用喷射井点。
A. 6m　　　　　B. 7m　　　　　C. 8m　　　　　D. 9m

6. 某基坑位于河岸，土层为砂卵石，需降水深度为3m，宜采用的降水井点是（　　）。
A. 轻型井点　　　B. 电渗井点　　　C. 喷射井点　　　D. 管井井点

7. 某沟槽宽度为10m，拟采用轻型井点降水，其平面布置宜采用（　　）形式。
A. 单排　　　　　B. 双排　　　　　C. 环形　　　　　D. U形

8. 由于构造简单、耗电少、成本低而采用的轻型井点抽水设备是（　　）。
A. 真空泵抽水设备　　　　　　　B. 射流泵抽水设备
C. 潜水泵抽水设备　　　　　　　D. 深井泵抽水设备

9. 某基坑深度大、土质差、地下水位高，宜采用（　　）作为土壁支护。
A. 横撑式支撑　　　　　　　　　B. H型钢桩
C. 混凝土护坡桩　　　　　　　　D. 地下连续墙

10. 以下挡土结构中，无止水作用的是（　　）。
A. 地下连续墙　　　　　　　　　B. H型钢桩加横挡板
C. 密排桩间加注浆桩　　　　　　D. 深层搅拌水泥土桩挡墙

11. 某场地平整工程，运距为100～400m，土质为松软土和普通土，地形起伏坡度为15°以内，适宜使用的机械为（　　）。
A. 正铲挖土机配合自卸汽车　　　B. 铲运机
C. 推土机　　　　　　　　　　　D. 装载机

12. 正铲挖土机适宜开挖（　　）。
A. 停机面以上的一至三类土　　　B. 独立柱基础的基坑
C. 停机面以下的一至三类土　　　D. 有地下水的基坑

13. 反铲挖土机的挖土特点是（　　）。
A. 后退向下，强制切土　　　　　B. 前进向下，强制切土

C. 后退向下，自重切土   D. 直上直下，自重切土

14. 在基坑（槽）的土方开挖时，不正确的说法是（   ）

A. 当边坡陡、基坑深、地质条件不好时，应采取加固措施

B. 当土质较差时，应采用"分层开挖、先挖后撑"的开挖原则

C. 应采取措施，防止扰动地基土

D. 在地下水位以下的土，应经降水后再开挖

15. 在填土工程中，以下说法正确的是（   ）。

A. 必须采用同类土填筑   B. 当天填筑，隔天压实

C. 应由下至上水平分层填筑   D. 基础墙两侧不宜同时填筑

二、填空题

1. 按照土的_____可将土分为八类。

2. 对于同一类土，孔隙率 e 越大，孔隙体积就越大，从而使土的压缩性和透水性都增大，土的强度_____。

3. 边坡坡度为_____与_____之比。

4. 土方开挖应遵循"_____、_____、_____、_____"的原则。

5. 边坡可以做成_____边坡、_____边坡及_____边坡。

6. 轻型井点设备由_____、_____、_____、_____组成。

7. 轻型井点抽水设备一般多采用_____泵和_____泵抽水设备组成。

8. 管井井点的设备主要由井管、吸水管及_____组成。

9. 铲运机的基本作业是_____、_____和_____三个工作行程。

10. 按行走机构可将铲运机分为_____和_____两种。

11. 填土压实方法有_____、_____和_____三种。

三、简答题

1. 土方工程的施工特点有哪些？

2. 土方调配应遵循哪些原则？调配区如何划分？

3. 试述流砂现象发生的原因及主要防治方法。

4. 地基验槽的方法有哪些？

5. 单斗挖土机按工作装置可分为哪几种类型？其各自特点及适用范围是什么？

6. 试述影响填土压实的主要因素。

学习情境二
地基处理与桩基础施工

✏️ 情境导入

某饭店塔楼地上37层，地下1层，高度110.75m，基底压力超过600kPa。地基软弱，无法采用天然地基浅基础。

设计单位采用筏基加桩基的方案。筏板厚度2.5m。桩基采用桥梁厂特制 ϕ550mm 离心管桩。经现场桩静载荷试验，极限荷载4 400kN，设计采用单桩承载力2 320kN，安全系数仅1.9。

施工单位开始打桩，当管桩桩尖到达桩端持力层泥质页岩和砂岩岩面时，发现桩端发生移滑。这一问题势必会降低单桩承载力数值，危及整个工程的安全。

🎓 案例导航

饭店地下基岩面严重倾斜，倾角超过30°。常规管桩桩尖构造为圆锥形，桩尖为一根粗的主筋。当桩尖到达基岩面后，继续打桩，主筋就沿严重倾斜面向低处移滑。

要使管桩接触基岩面不发生移滑，必须改变常规预制桩桩尖的构造。该工程设计单位设计了4种不同的桩尖新结构形式，经现场试验，确定最佳的方案为桩尖特制3块钢板，呈 Y 形的方案。当3块钢板任一边碰到岩石后，即会咬住岩石，继续打桩时，管桩竖直下沉不再移滑。

要了解桩基础施工方法，需要掌握的相关知识有：

（1）地基的加固方法、处理的方法。

（2）预制桩施工方法，打桩顺序及施工工艺。

（3）灌注桩的使用范围、施工工艺和施工要点。

学习单元一　地基处理

✏️ 知识目标

（1）了解地基的加固方法。

（2）掌握换填法、重锤夯实法、强夯法、振冲法、深层搅拌水泥土法进行地基处理的方法。

📖 技能目标

（1）通过本单元的学习，能够清楚地基的加固方法。

（2）能够依据地基的处理方法，进行常见质量缺陷的预防处理。

基础知识

地基是与建筑基础相接的那部分土层，称为持力层，直接承受建筑基础传来的荷载，并把受力分散到下部更深的土层中。一般把地层中承受建筑物全部荷载而引起的应力和变形不能忽略的那部分土层，称为建筑物的地基。地基土与建筑的安危有直接关系，因此，地基要有足够的强度来限制它的变形。地基问题处理恰当与否，不仅影响建（构）筑物的造价，而且直接影响建（构）筑物的安全。

如果地基上部的土层较好，足以满足强度和变形的要求，可以采用天然地基上的浅基础。如果地基表层土质较差，承载力弱，受荷载后变形过大，就要用加固的方法使其达到强度和变形的要求。

地基处理是指为了提高地基承载力，改善其变形性质或渗透性质而采取的人工处理地基的方法。地基处理不仅应满足工程设计要求，还应做到因地制宜、就地取材、保护环境和节约资源等。

地基处理的原理是："将土质由疏松变密实，使土的含水量由高变低"，以达到地基加固的目的。人工地基处理的方法有很多，常用的人工地基处理方法有换填法、重锤夯实法、强夯法、振冲法、砂桩挤密法、深层搅拌法、堆载预压法、化学加固法等。可以归纳为七个字："挖、填、换、夯、压、挤、拌"。

挖：向下寻求较好的承力土层。

填：在较软弱土层上填筑好土层，如三合土、好的粘土夯实、石粉灌水作业等。

换：土层置换。

夯：用夯土机具加速土的固结，增加密实度。

压：机具碾压，或堆载预压，结合土层排水措施。

挤：利用打入桩管进行填充，结合排水。

拌：旋喷或深层搅拌，利用化学作用凝固软弱土层，提高承载力。

一、换填地基

1. 灰土地基加固

（1）概念。当地基持力层松散软弱时，可用灰土，人工砂土垫层替换基础下方一定厚度的软弱土层，通过压（夯）实，起到提高基础下部地基承载力，以减少地基沉降，加速土层排水固结的作用，达到加固地基的目的。

灰土地基是将基础底面下要求范围内的软弱土层挖去，用一定比例的石灰与黏性土，在最优含水量情况下，充分拌合，分层回填夯实或压实而成。灰土地基具有一定的强度、水稳定性和抗渗性，施工工艺简单，取材容易，费用较低，是一种应用广泛、经济、实用的地基加固方法。适于加固深1～4m厚的软弱土、湿陷性黄土、杂填土等，还可用作结构的辅助防渗层。

（2）材料质量要求。

① 土料采用就地挖土的黏性土及塑性指数大于4的粉土，土内不得含有松软杂质和耕植土；土料应过筛，其颗粒不应大于15mm。

② 石灰应用Ⅲ级以上新鲜的块灰，含氧化钙、氧化镁越高越好，使用前1～2d消解并过

65

筛，其颗粒不得大于5mm，且不应夹有未熟化的生石灰块粒及其他杂质，也不得含有过多水分，灰土中石灰氧化物含量对强度的影响（见表2-1）。

表2-1　　　　　　　　　　灰土中石灰氧化物含量对强度的影响

活性氧化钙含量/%	81.74	74.59	69.49
相对强度	100	74	60

③ 灰土土质、配合比、龄期对强度的影响（见表2-2）。

表2-2　　　　　　　　　灰土土质、配合比、龄期对强度的影响　　　　　　　　　单位：MPa

龄期	灰土比　土种类	黏土	粉质黏土	粉土
7d	4：6	0.507	0.411	0.311
	3：7	0.669	0.533	0.284
	2：8	0.526	0.537	0.163

④ 水泥（代替石灰），可选用32.5级或42.5级普通硅酸盐水泥，安定性和强度应经复试合格。

（3）施工准备。

① 基坑（槽）在铺灰土前必须先进行钎探验槽，并按设计和勘探部门的要求处理完地基，办完隐检手续。

② 在基础外侧打灰土前，必须对基础、地下室墙、地下防水层和保护层进行检查，发现损坏时应及时修补处理，办完隐检手续；现浇的混凝土基础墙、地梁等均应达到规定的强度，不得碰坏损伤混凝土。

③ 当地下水位高于基坑（槽）底时，施工前应采取排水或降低地下水位的措施，使地下水位经常保持在施工面以下的0.5m高度左右。在3d内不得受水浸泡。

④ 施工前应根据工程特点、设计压实系数、土料种类、施工条件等，合理确定土料含水量控制范围、铺灰土的厚度和夯打遍数等参数。重要的灰土填方其参数应通过压实试验来确定。

⑤ 房心灰土和管沟灰土，应先完成上下水管道的安装或管沟墙间加固等措施后再进行。并且将管沟、槽内、地坪上的积水或杂物等清除干净。

⑥ 施工前，应做好水平高程的标志。例如，在基坑（槽）或管沟的边坡上每隔3m钉上灰土上平的木橛，在室内和散水的边墙上弹上水平线或在地坪上钉好标高控制的标准木桩。

（4）施工工艺流程。

① 检验土料和石灰粉的质量。首先检查土料种类以及石灰材料的质量是否符合标准的要求，然后分别过筛。如果是块灰闷制的熟石灰，要用6～10mm的筛子过筛，如果是生石灰粉则可直接使用；土料要用16～20mm的筛子过筛，均应确保粒径的要求。

② 灰土拌和。

（a）灰土的配合比应用体积比，除设计有特殊要求外，一般为2：8或3：7。基础垫层灰土必须过标准斗，严格控制配合比。拌合时必须均匀一致，至少翻拌两次，拌和好的灰土颜色应一致。

（b）灰土施工时，应适当控制含水量。工地检验方法：用手将灰土紧握成团，两指轻捏即碎为宜。如土料水分过大或不足时，应晾干或洒水润湿。

（c）槽底清理。对其槽（坑）应先验槽，消除松土，并打两遍底夯，要求平整干净。如果有积水、淤泥应晾干；局部有软弱土层或孔洞，应及时挖除后用灰土分层回填夯实。

（d）分层铺灰土。每层的灰土的铺摊厚度，可根据不同的施工方法选用，如表2-3所示。

表2-3　　　　　　　　　　　　　　灰土最大虚铺厚度

序号	夯实机具种类	重量/t	虚铺厚度/mm	备　注
1	石夯、木夯	0.04 ～ 0.08	200 ～ 250	人力送夯，落距400 ～ 500mm，一夯压半夯，夯实后约80 ～ 100mm厚
2	轻型夯实机械	0.12 ～ 0.4	200 ～ 250	蛙式夯机、柴油打夯机，夯实后约100 ～ 150mm厚
3	压路机	6 ～ 10	200 ～ 250	双轮

（e）夯打密实。夯打（压）的遍数应根据设计要求的干土质量密度或现场试验确定，一般不少于三遍。人工打夯应一夯压半夯，夯夯相接，行行相接，纵横交叉。

（f）找平验收。灰土最上一层完成后，应拉线或用靠尺检查标高和平整度，超高处用铁锹铲平；低洼处应及时补打灰土。

（5）施工要点。

① 灰土料的施工含水量应控制在最优含水量±2%的范围内，最优含水量可以通过击实实验确定，也可按当地经验取用。

② 灰土分段施工时，不得在墙角、柱基及承重窗间墙下接缝，上下两层的接缝距离不得小于500mm，接缝处应夯压密实，并作成直槎。

知识链接

当灰土地基高度不同时，应作成阶梯形，每阶宽不少于500mm；对作辅助防渗层的灰土，应将地下水位以下结构包围，并处理好接缝，同时注意接缝质量，每层虚土从留缝处往前延伸500mm，夯实时应夯过接缝300mm以上；接缝时，用铁锹在留缝处垂直切齐，再铺下段夯实。

---

③ 灰土应当日铺填夯压，入槽（坑）灰土不得隔日夯打。夯实后的灰土30d内不得受水浸泡，并及时进行基础施工与基坑回填，或在灰土表面作临时性覆盖，避免日晒雨淋。雨季施工时，应采取适当防雨、排水措施，以保证灰土在基槽（坑）内无积水的状态下进行。刚打完的灰土，如突然遇雨，应将松软灰土除去，并补填夯实；稍受湿的灰土可在晾干后补夯。

④ 冬季施工，必须在基层不冻的状态下进行，土料应覆盖保温，冻土及夹有冻块的土料不得使用；已熟化的石灰应在次日用完，以充分利用石灰熟化时的热量，当日拌合灰土应当日铺填夯完，表面应用塑料布及草袋覆盖保温，以防灰土垫层早期因受冻降低强度。

⑤ 施工时应注意妥善保护定位桩、轴线桩，防止碰撞位移，并应经常复测。

⑥ 对基础、基础墙或地下防水层、保护层以及从基础墙伸出的各种管线，均应妥善保护，防止回填灰土时碰撞或损坏。

⑦ 夜间施工时，应合理安排施工顺序，要配备有足够的照明设施，防止铺填超厚或配合比错误。

⑧ 灰土地基打完后，应及时进行基础的施工和地平面层的施工，否则应临时遮盖，以防止日晒雨淋。

⑨ 每一层铺筑完毕后，应进行质量检验并认真填写分层检测记录，当某一填层不符合质量要求时，应立即采取补救措施，进行整改。

（6）质量检查方法。灰土回填每层夯（压）实后，应根据相关规范、规定进行质量检验。达到设计要求时，才能进行上一层灰土的铺摊。检验方法主要有环刀取样法和贯入测定法两种。

① 环刀取样法。在压实后的垫层中，用容积不小于200cm³的环刀压入每层2/3的深度处取样，测定干密度，其值以不小于灰土料在中密状态的干密度值为合格。

② 贯入测定法。先将垫层表面3cm左右的填料刮去，然后用贯入仪、钢叉或钢筋以贯入度的大小来定性地检查垫层质量。应根据垫层的控制干密度，预先进行相关性试验，以确定贯入度值。

（a）钢筋贯入法。用直径20mm、长度1 250mm的平头钢筋，自700mm高处自由落下，插入深度以不大于根据该垫层的控制干密度测定的深度为合格。

（b）钢叉贯入法。将水撼法使用的钢叉，自500mm高处自由落下，插入深度以不大于根据该垫层的控制干密度测定的深度为合格。

小 提 示

检测的布置原则：采用贯入仪或钢筋检验垫层的质量时，检验点的间距应小于4m。当取样检验垫层的质量时，大基坑每50～100m²不应少于一个检验点；基槽每10～20m²不应少于一个检验点；每个单独柱基不应少于一个检验点。

2. 砂和砂石地基的加固

砂和砂石地基是用砂或砂砾石（碎石）混合物，经分层夯实，作为地基的持力层，可提高基础下部地基强度，并通过垫层的压力扩散作用，降低地基的压应力，减少变形量，同时，垫层可起排水作用，地基土中孔隙水可通过垫层快速地排出，能加速下部土层的沉降和固结。

砂和砂石地基具有应用范围广泛，适于处理3.0m以内的软弱、透水性强的黏性土地基；不宜用于加固湿陷性黄土地基及渗透系数小的黏性土地基。

（1）材料质量要求。

① 砂宜用颗粒级配良好、质地坚硬的中砂或粗砂，当用细砂、粉砂时应掺加粒径20～50mm卵石（或碎石），但要分布均匀。砂中不得含有杂草、树根等有机物。用作排水固结的地基材料，含泥量宜小于3%。

② 采用工业废粒料作为地基材料，应符合如表2-4所示的技术条件。

表2-4　　干渣技术条件

序号	项目	质量检验
1	稳定性	合格
2	松散重度/（kN·m⁻³）	＞11
3	泥土和有机杂质含量	＜5%

干渣有分级干渣、混合干渣和原状干渣。小面积垫层用8～40mm与40～60mm的分级干渣或0～60mm的混合干渣；大面积铺填时，可采用混合干渣或原状干渣，原状干渣最大粒径不大于200mm，或不大于碾压分层虚铺厚度的1/3。

③ 砂石。用自然级配的砂石（或卵石、碎石）混合物，粒级应在50mm以下，其含量应在50%以内，不得含有植物残体、垃圾等杂物，含泥量小于5%。

（2）施工准备。

① 设置控制铺筑厚度的标志，例如，水平标准木桩或标高桩，或在固定的建筑物墙上、槽和沟的边坡上弹上水平标高线或钉上水平标高木橛。

② 在地下水位高于基坑（槽）底面的工程中施工时，应采取排水或降低地下水位的措施，使基坑（槽）保持无水状态。

③ 铺筑前，应组织有关单位共同验槽，包括轴线尺寸、水平标高并查看地质情况，如有无孔洞、沟、井、墓穴等。应在未做地基前处理完毕并办理隐检手续。

④ 检查基槽（坑）、管沟的边坡是否稳定，并清除基底上的浮土和积水。

（3）施工工艺流程。

① 检验砂石质量。对级配砂石进行技术鉴定，如果是人工级配砂石，应将砂石拌和均匀，其质量均应达到设计要求或规范的规定。

② 分层铺筑砂石。

（a）铺筑砂石的每层厚度，一般为15～20cm，不宜超过30cm，分层厚度可用样桩控制。视不同条件，可选用夯实或压实的方法。大面积的砂石垫层，铺筑厚度可达35cm，宜采用6～10t的压路机碾压。

（b）砂和砂石地基底面宜铺设在同一标高上，如深度不同时，基土面应挖成踏步和斜坡形，搭槎处应注意压（夯）实。施工应按先深后浅的顺序进行。

（c）分段施工时，接槎处做成斜坡，每层接岔处的水平距离应错开0.5～1.0m，并应充分压（夯）实。

（d）铺筑的砂石应级配均匀。如果发现砂窝或石子成堆现象，应将该处砂子或石子挖出，重新填入级配好的砂石。

（e）砂和砂石地基的压实，可采用平振法、插振法、水撼法、夯实法及碾压法。各种施工方法的每层铺筑厚度及最优含水量，如表2-5所示。

表2-5　　　　　施工方法的铺筑厚度积含水量表

施工方法	每层铺设厚度/mm	施工时最优含水量/%	要求	备注
平振法	200～250	15～20	（1）用平板式振捣器往复振捣，往复次数以简易测定密实度合格为准 （2）振捣器移动时，每行应搭接1/3，以防振动面积不搭接	不宜使用干细砂或含泥量较大的砂铺筑砂垫层
插振法	振捣器插入深度	饱和	（1）用插入式振捣器 （2）插入间距可根据机械振捣大小决定 （3）不用插至下卧黏性土层 （4）插入振捣完毕，所留的孔洞应用砂填实 （5）应有控制地注水和排水	不宜使用干细砂或含泥量较大砂铺筑砂垫层

施工方法	每层铺设厚度/mm	施工时最优含水量/%	要求	备注
水撼法	250	饱和	（1）注水高度略超过铺设面层 （2）用钢叉摇撼捣实，插入点间距100mm左右 （3）有控制地注水和排水 （4）钢叉分四齿，齿的间距30mm，长300mm，木柄长900mm	湿陷性黄土、膨胀土、基上不得使用
夯实法	150～200	8～12	（1）用木夯或机械夯 （2）木夯重40kg，落距400～500mm （3）一夯压半夯，全面夯实	适用于砂石垫层
碾压法	150～350	8～12	（1）6～10t压路机往复碾压 （2）碾压次数以达到要求密实度为准，一般不少于4遍，用振动压路机械，振动3～5min	适用于大面积的砂石垫层，不宜用于地下水位以下的砂垫层；在地下水位以下的地基其最下层的铺筑厚度可比上表增加50mm

③ 洒水。铺筑级配砂石在夯实碾压前，应根据其干湿程度和气候条件，适当地洒水以保持砂石的最佳含水量，一般为8%～12%。

④ 夯实或碾压。夯实或碾压的遍数，由现场试验确定。

知识链接

用木夯或蛙式打夯机时，应保持落距为400～500mm，要一夯压半夯，行行相接，全面夯实，一般不少于3遍。

采用压路机往复碾压，一般碾压不少于4遍，其轮距搭接不小于50cm。边缘和转角处应用人工或蛙式打夯机补夯密实。

---

⑤ 找平验收。

（a）施工时应分层找平，夯压密实，并应设置纯砂检查点，用200cm³的环刀取样，测定干砂的质量密度。当下层密实度合格后，方可进行上层施工。用贯入法测定质量时，用贯入仪、钢筋或钢叉等以贯入度进行检查，小于试验所确定的贯入度为合格。

（b）最后一层压（夯）完成后，表面应拉线找平，并且要符合设计规定的标高。

（4）施工要点。

① 铺设垫层前应验槽，将基底表面浮土、淤泥、杂物清除干净，两侧应设一定坡度，防止振捣时塌方。

② 垫层底面标高不同时，土面应挖成阶梯或斜坡搭接，并按先深后浅的顺序施工，搭接处应夯压密实。分层铺设时，接头应作成斜坡或阶梯形搭接，每层错开0.5～1.0m，并注意充分捣实。

③ 人工级配的砂砾石，应先将砂、卵石拌和均匀，再铺夯压实。

④ 垫层铺设时，严禁扰动垫层下卧层及侧壁的软弱土层，防止被践踏、受冻或浸泡，降低其强度。如果垫层下有厚度较小的淤泥或淤泥质土层，在碾压荷载下抛石能挤入该层底面时，可采取挤淤处理。先在软弱土面上堆填块石、片石等，然后将其压入以置换和挤出软弱土，再作垫层。

⑤ 垫层应分层铺设，分层夯或压实，基坑内预先安好5m×5m网格标桩，控制每层砂垫层的铺设厚度。振夯压要做到交叉重叠1/3，防止漏振、漏压。夯实、碾压遍数以及振实时间应通过试验确定。用细砂作垫层材料时，不宜使用振捣法或水撼法，以免产生液化现象。

⑥ 当地下水位较高或在饱和的软弱地基上进行铺设垫层时，应加强基坑内及外侧四周的排水工作，防止砂垫层泡水引起砂的流失，破坏基坑边坡稳定；或采取降低地下水位措施，使地下水位降低到基坑底500mm以下。

⑦ 当采用水撼法或插振法施工时，以振捣棒振幅半径的1.75倍为间距（一般为400～500mm）插入振捣，依次振实，以不再冒气泡为准，直至完成；同时应采取措施做到可控制注水和排水。垫层接头应重复振捣，插入式振动棒振完所留孔洞后应用砂填实；在振动首层的垫层时，不得将振动棒插入原土层或基槽边部，以避免使泥土混入砂垫层而降低砂垫层的强度。

⑧ 垫层铺设完毕，应立即进行下道工序施工，严禁小车及人在砂层上面行走，必要时应在垫层上铺板行走。

⑨ 回填砂石时，应注意保护好现场轴线桩、标准高程桩，防止碰撞位移，并应经常复测。

⑩ 夜间施工时，应合理安排施工顺序，要配备足够的照明设施，防止级配砂石不准或铺筑超厚。

⑪ 级配砂石完成后，应连续进行上部施工，否则应经常适当洒水润湿。

小 提 示

在捣实后的砂垫层中，用容积不小于200cm³的环刀取样，测定其干密度，以不小于通过试验所确定的该砂料在中密状态时的干密度数值为合格。如果是砂石垫层，可在垫层中设置纯砂检查点，在同样施工条件下取样检查。

（5）质量验收及标准。

① 质量检验必须分层进行，只有每层的分层厚度、分段施工时搭接部分的压实情况、加水量、压实遍数、压实系数均符合设计要求后，才能铺填上层土。

② 换填用的原材料质量、配合比必须符合设计要求，且应拌和均匀。

③ 施工结束后应检验换填地基承载力。

二、强夯地基

强夯法是利用起重设备将重量为8～40t的夯锤吊起，从6～30m的高处自由落下，对土体进行强力夯实的处理方法。强夯法属高能量夯击，其用巨大的冲击能，使土中出现冲击波和很大的应力，迫使土颗粒重新排列，排除孔隙中的气和水，从而提高地基强度，降低其压缩性，改善砂性土抵抗振动液化的能力。强夯法适用于碎石土、砂土、非饱和的黏性土、湿陷性黄土及杂填土地基的深层加固。地基经强夯加固后，承载能力可以提高2～5倍；压缩性可降低200%～1 000%；其影响深度在10m以上，在国外这种加固方法影响深度已达40m。强夯法的优点是效果好、速度快、节省材料、施工简便；其缺点是施工时噪声和振动很大，离建筑物不足10m时，应挖防振沟，地基加固方法沟深要超过建筑物基础深。

1. 施工机具

（1）起重设备。起重机是强夯法的主要设备，施工时宜选用起重能力大于100kN的履带式起重机，为了防止起重机起吊夯锤时倾翻和弥补起重量的不足，也可在起重机臂杆的端部设置辅助门架。

（2）夯锤。夯锤的形状有方形、圆柱形和圆台形（见图2-1）。夯锤是用整个铸钢（或铸铁）制成的，或在钢板壳内填筑混凝土制成，夯锤的质量为8～40t。夯锤的作用面积取决于表面土层，对于砂石、碎石以及黄土，一般面积为2～4m²；对黏性土，一般面积为3～4m²；对淤泥质土，一般面积为4～6m²。为消除作业时夯坑对夯锤的气垫作用，夯锤上应对称设置4～6个直径为250～300mm的上、下贯通的排气孔。

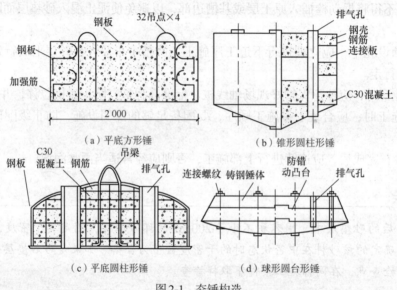

图2-1 夯锤构造

2. 强夯施工方法

① 施工前场地应进行地质勘探，通过现场试验，确定强夯施工技术参数（试夯区尺寸不小于20m×20m）。

② 强夯前应平整场地，周围做好排水沟，按夯点布置测量放线，确定夯位。地下水位较高时，应在表面铺0.5～2.0m中（粗）砂或砂石垫层，以防设备下陷和便于消散强夯产生的孔隙水压，或采取降低地下水位后再强夯。

③ 强夯应分段进行。顺序是从边缘夯向中央。对于厂房柱基也可一排一排夯，吊车直线行驶，从一边向另一边进行，每夯完一遍，用推土机整平场地，放线定位，即可接着进行下一遍夯击。

④ 夯击时，落锤应保持平稳，夯位应准确，夯击坑内积水时，应及时排除。坑底土含水量过大时，可铺垫砂石后再进行夯击。离建筑物小于10m时，应挖防震沟。

⑤ 夯击前后应对地基土进行原位测试，包括室内土分析试验、野外标准贯入、静力（轻

便）触探、旁压仪（或野外荷载试验），测定有关数据，以确定地基的影响深度。检查点数，每个建筑物的地基不少于3处，检测深度和位置应按设计要求确定，同时，现场测定夯击点每遍夯击后的地基平均变形值，以检验强夯效果。

3. 强夯的适用范围

该方法适用于加固软弱土、碎石土、砂土、黏性土、湿陷性黄土、高填土及杂填土等地基，也可用于防止粉土及粉砂的液化，对于淤泥与饱和软黏土，如采取一定措施也可以采用。但当强夯所产生的震动对周围建筑物设备有一定影响时，一般不得采用，必要时，应采取防震措施。

> **小 提 示**
>
> 强夯施工设备简单，适用土质范围广，加固效果好（一般地基强度可提高2～5倍，压缩性可降低2～10倍，加固影响深度可达6～10m）；工效高，施工速度快（一台设备每月可加固5 000～10 000m² 地基）；节约原材料，节省投资，与预制桩基相比，可节省投资50%～75%，与砂桩相比，可节省投资40%～50%。

4. 强夯施工技术参数

（1）锤重和落距。锤重 G（t）与落距 h 是影响夯击能和加固深度的重要因素。

锤重一般不宜小于8t，常用的为8t、11t、13t、15t、17t、18t、25t。

落距一般不小于6m，多采用8m、10m、11m、13m、15m、17m、18m、20m、25m等。

（2）夯击能和平均夯击能。锤重 G 与落距 h 的乘积称为夯击能 E，一般取600～500kJ。

夯击能的总和（由锤重、落距、夯击坑数和每一夯击点的夯击次数算得）除以施工面积称为平均夯击能，一般对砂质土取500～1 000kJ/m²；对黏性土取1 500～3 000kJ/m²。夯击能过小，加固效果差；夯击能过大，对于饱和黏土，会破坏土体形成橡皮土，降低强度。

（3）夯击点布置及间距。夯击点布置对大面积地基，一般采用梅花形或正方形网格排列；对条形基础夯点可成行布置；对工业厂房独立柱基础，可按柱网设置单夯点。

夯击点间距取夯锤直径的3倍，一般为5～15m，一般，第一遍夯点的间距宜大，以便夯击能向深部传递。

（4）夯击遍数与击数。一般为2～5遍，前2～3遍为"间夯"，最后一遍以低能量（为前几遍能量的1/4～1/5）进行"满夯"（即锤印彼此搭接），以加固前几遍夯点之间的黏土和被振松的表土层，每个夯击点的夯击数，以使土体竖向压缩量最大而侧向移动最小或最后两击沉降量之差小于试夯确定的数值为准，一般软土控制瞬时沉降量为5～8cm，废渣填石地基控制的最后两击下沉量之差为2～4cm。每夯击点之夯击数一般为3～10击，开始两遍夯击数宜多些，随后各遍击数逐渐减小、最后一遍只夯1～2击。

（5）两遍夯击之间的间隔时间。通常待土层内超孔隙水压力大部分消散，地基稳定后再夯下一遍，一般时间间隔为1～4周。对黏土或冲积土常为3周，若无地下水或地下水位在5m以下，含水量较少的碎石类填土或透水性强的砂性土，可采取间隔1～2d或采用连续夯击，而不需要间歇。

（6）强夯加固范围。对于重要工程应比设计地基长（L）、宽（B）各大出一个加固深度（H），即（$L+H$）×（$B+H$）；对于一般建筑物，在离地基轴线以外3m布置一圈夯击点即可。

（7）加固影响深度。加固影响深度 H（m）与强夯工艺有密切关系，一般按梅那氏（法）公式估算。

$$H=K\sqrt{Gh} \tag{2-1}$$

式中，G——夯锤重，t；

h——落距，m；

K——经验系数，饱和软土为 0.45～0.50；饱和砂土为 0.5～0.6；填土为 0.6～0.8；黄土为 0.4～0.5。

5. 夯点布置及施工数据

（1）夯点布置。夯点布置如图2-2所示。

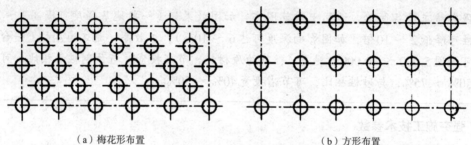

（a）梅花形布置　　　　　　　　（b）方形布置

图2-2　夯点布置

（2）重锤夯实地基施工有关数据如表2-6～表2-8所示。

表2-6　　　　　　　　　　重锤夯实地基施工有关数据

序号	项目		参考数据	
1	锤重/t		1.5～3.0	
2	落距/m		2.5～4.5	
3	锤底静压力/kPa		15～20	
4	加固深度/m		1.2～2.0	
5	最后下沉量/cm	黏土及湿陷性黄土	10～20	
		砂土	5～10	
6	夯击遍数/遍		8～12	

知 识 链 接

（1）最后下沉量是指最后两击平均每击的土面下沉量。

（2）夯击遍数应按试夯确定的最少遍数增加1～2遍。

（3）适用于地下水位0.8m以上、稍湿的黏性土、砂土、饱和度≤60的湿陷性黄土、杂填土以及分层填土地基的加固。

表2-7 　　　　　　　　　　强夯加固法有关施工数据

序号	项目	参考数据
1	锤重/t	≥8
2	落距/m	≥6
3	锤底静压力/kPa	25～40
4	夯击点间距/m	5～15
5	每夯击点击数/次	3～10
6	夯击遍数/遍	2～5
7	两遍之间间歇时间/周	1～4
8	夯击点距已有建筑物距离/m	≥15

小 提 示

　　强夯法适于加固碎石土、砂土、低饱和度粉土、黏性土、湿陷性黄土、高填土、杂填土、工业废渣、垃圾地基等的处理。

　　强夯地基加固质量验收及标准：

① 施工前应检查夯锤重量、尺寸、落距控制手段，排水设施及被夯地基的土质。

② 施工中应检查落距、夯击遍数、夯点位置及夯击范围。

③ 施工结束后，应检查被夯地基的强度并进行承载力检验。

表2-8 　　　　　　　　　　强夯法的有效加固深度　　　　　　　　　　（单位：m）

单击夯击能/（kN·m）	碎石土、砂土等	粉土、粉性土、湿陷性黄土等
1 000	5～6	4～5
2 000	6～7	5～6
3 000	7～8	6～7
4 000	8～9	7～8
5 000	9～9.5	8～8.5
6 000	9.5～10	8.5～9

　　强夯法的有效加固深度应从起夯面算起。

三、预压法

1. 适用范围

　　预压法适用于淤泥质土、淤泥和充填土等饱和黏性土地基。预压法包括堆载预压法和真空预压法。

2. 材料要求

① 普通砂井用中粗砂，含泥量不大于3%。

② 袋装砂井用的装砂袋，要有良好的透气、透水性，有足够的抗拉强度和一定的抗老化、耐腐蚀性能。常用的有玻璃丝纤维布、聚丙烯编织布、黄麻布、再生布等。

③ 钢管（打砂井用，直径略大于砂井）。

④ 塑料排水板。

⑤ 真空预压密封膜。

⑥ 堆载用散料（如土、砂、石子、石块、砖等）。

3. 主要机具设备

① 砂井成孔钻机。

② 插扳机。

③ 射流真空泵及管路连接系统。

4. 作业条件

① 认真熟悉图纸和施工技术规范，编制施工方案并进行技术交底。

② 搜集详细的工程地质、水文地质资料、邻近建筑物和地下设施的类型及分布和结构质量等情况。

③ 施工前应进行工艺设计，包括管网平面布置，排水管泵及电器线路布置，真空度探头位置、沉降观测点布置以及有特殊要求的其他设施的布置等。

④ 测量基准点复测及办理书面移交手续。

5. 施工工艺

① 真空预压法施工工艺流程：平整场地→铺设水平排水垫层→打设竖向排水体→埋设排水滤管→挖封闭沟→铺设密封膜→安装抽真空设备→抽真空及真空维持→真空预压卸荷→验收。

② 堆载预压法施工工艺流程：平整场地→施工定位→铺设水平排水垫层→打设竖向排水体→堆载预压→加载过程监测→卸载→质量检测→工程验收，如图2-3～图2-5所示。

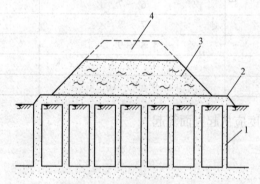

图 2-3 典型的砂井地基剖面

1—砂井；2—砂垫层；3—永久性填土；4—临时超载填土

6. 施工要点

（1）真空预压法施工要点。

① 真空分布管的距离要适当，使真空度分布均匀，管外滤膜渗透系数不应小于10^{-2}cm/s。

② 泵及膜下真空度应达到96kPa和60kPa以上的技术要求。真空预压的真空度可一次抽气至最大，当连续5d实测沉降小于2mm/d或固结度大于等于80%，或符合设计要求时，可停止抽气。

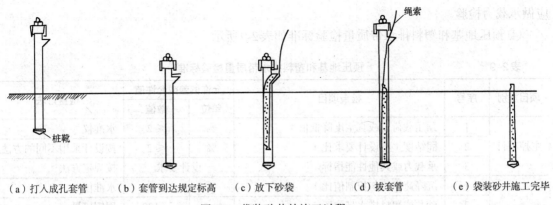

| （a）打入成孔套管 | （b）套管到达规定标高 | （c）放下砂袋 | （d）拔套管 | （e）袋装砂井施工完毕 |

图2-4 袋装砂井的施工过程

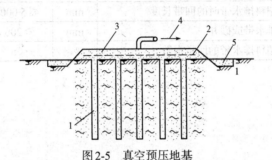

图2-5 真空预压地基

1—砂井；2—砂垫层；3—薄膜；4—抽水和空气；5—黏土

③ 塑料膜下料时应根据不同季节预留伸缩量，夏季或冬季施工时，应采取防晒、防冻措施。

（2）堆载预压法施工要点。

① 施工前，在地下应预埋孔隙水压，用来计测定孔隙水压的变化；在堆载区周边的地表应设置位移观测桩，用精密测量仪器观测水平和垂直位移；在堆载区周边的地下可安装钻孔倾斜仪或其他观测地下土体位移的仪器，测量地基土的水平位移和垂直位移。

② 预压期间应及时整理变形与时间、孔隙水压力与时间等关系曲线，推算地基的最终固结变形量、不同时间的固结度和相应的变形量，以便分析地基处理的效果并为确定卸载时间提供依据。

③ 预压后的地基应进行十字板抗剪强度试验及室内土工试验等，以便检验处理效果。

④ 对于以抗滑稳定控制的重要工程，应在预压区内选择代表性地点预留孔位，在加载不同阶段进行不同深度的十字板抗剪试验和取土进行室内试验，以验算地基的抗滑稳定性，并检验地基的处理效果。

7. 质量验收及标准

① 施工前应检查施工监测措施，沉降、孔隙水压力等原始数据，排水措施，砂井（包括袋装砂井）、塑料排水带等位置。塑料排水带的质量标准应符合《建筑地基基础工程施工质量验收规范》附录B的规定。

② 堆载施工应检查堆载高度、沉降速率。真空预压施工应检查密封膜的密封性能、真空表读数等。

③ 施工结束后，应检查地基土的强度及要求达到的其他物理力学指标，重要建筑物地基

应做承载力检验。

④ 预压地基和塑料排水带质量检验标准如表2-9所示。

表2-9　　　　　　　　　　　　预压地基和塑料排水带质量检验标准

项目类别	序号	检查项目	允许偏差或允许值		检查方法
			单位	数值	
主控项目	1	预压载荷（或真空度降低值）	%	≤2	水准仪
	2	固结度（与设计要求比）	%	≤2	按设计采用不同的方法
	3	承载力或其他性能指标	设计要求		按规定方法
一般项目	1	沉降速率（与控制值比）	%	±10	水准仪
	2	砂井或塑料排水带位置	mm	±100	用钢尺量
	3	砂井或塑料排水带插入深度	mm	±200	插入时用经纬仪检查
	4	插入塑料排水带时的回带长度	mm	≤5 000	用钢尺量
	5	塑料排水带或砂井	mm	≥200	用钢尺量
	6	插入塑料排水带的回带根数	%	<5	目测

四、振冲法

1. 适用范围

振冲法适用于处理砂土、粉土、粉质黏土、素填土和杂填土等地基。对于处理不排水抗剪强度不小于20kPa的饱和黏性土和饱和黄土地基，应在施工前通过现场试验确定其适用性。不加填料振冲加密适用于处理黏粒含量不大于10%的中砂、粗砂地基。

2. 材料要求

① 桩体材料。可用含泥量不大于5%的碎石、卵石、矿渣或其他性能稳定的硬质材料，不宜使用风化易碎的石料。常用的填料粒径为：30kW振冲器20～80mm；55kW振冲器30～100mm；75kW振冲器40～150mm。

② 褥垫层材料。宜用碎石，级配良好，最大粒径不大于50mm。

3. 主要机具设备

① 振冲器。目前常用的有30kW、75kW两类振冲器。

② 起吊机具。汽车吊车、履带吊车或自行井架式专用车。

③ 填料机具。装载机或人工手推车。用装载机时，30kW振冲器宜配0.5m³以上的装载机，75kW振冲器宜配1m³以上的装载机。

④ 电器控制设备。手控式或自控式控制箱。为保证施工质量不受人为因素影响，宜选用自控式控制箱。

⑤ 其他设备。供水泵（要求压力0.5～1.0MPa，供水量20～40m³/h）、排浆泵、电缆、胶管、水管、修理机具等。

4. 作业条件

① 施工图纸已通过审查，施工场地"三通一平"已完成，人员、设备已到位。

② 施工所用石子已送试验室复试，保证所进石子符合设计与规范要求。

③ 已对施工人员进行了全面的安全技术交底，并对设备进行了安全可靠性及完好状态检查，确保施工设备完好。

④ 施工现场已做好材料、设备机具摆放规划，以使材料运输距离最短。

⑤ 开挖泥浆沉淀池，泥浆池个数、大小依据实际排放量进行设置；设立泥浆排放系统，保证泥浆排放畅通，或组织运浆车将泥浆运到预定地点，不得通过公共排水系统直接排放。

⑥ 查清施工场地及临近区域内的地下及地上障碍物的分布情况并加以处理。

5. 施工工艺

振冲法施工工艺流程：平整场地→布置桩位→桩机定位→开启供水泵和振冲器→造孔至设计深度→清孔→分层填料制桩→控制密实电流和留振时间→控制桩顶标高→关闭振冲器和水泵→移至下一桩位。

6. 施工要点

① 对于大型的、重要的或场地地层复杂的工程来讲，在正式施工前应通过现场试验确定其处理效果。

② 每根桩的填料总量和密实度必须符合设计要求或施工规范和规定。一般每米桩体直径达0.8m以上所需碎石量为0.6～0.7m³。

③ 振冲施工对原土结构造成扰动，强度降低。因此，施工结束后，除砂土地基外，其余的应间隔一定时间方可进行质量检验。对黏性土地基，间隔时间这3～4周；对粉土、杂填土地基为2～3周。

④ 造孔过程中若遇坚硬土层，可用加大水压的办法解决。

⑤ 若桩位周围土质有差别或振冲器垂直度控制不好时，会造成孔位偏移，此时可调整振冲器造孔位置，在偏移一侧倒入适量填料或调整振冲器垂直度，特别注意减震部位垂直度。

⑥ 若遇到强透水性砂层或孔内有堵塞的情况，会出现孔口返水少的现象，此时可加大供水量或清孔，增大孔径，清除堵塞。

⑦ 若出现填料不畅的现象时，可能是因为孔口窄小，可用振冲器扩孔口，铲去孔口泥土；若孔中有堵塞，可能是石料粒径过大，可换用粒径小的石料；若填料过快、过多，会把振冲器导管卡住，填料下不去，此时可暂停填料，慢慢上下活动振冲器直到消除石料卡堵导管的情况，然后再继续施工。

⑧ 若振冲器密实电流上升慢，可能是因为土质软，填料不足，此种情况下可加大水压，继续填料。

⑨ 若振冲器密实电流过大，可能是遇到硬质土质，此时可加大水压，减慢填料速度，放慢振冲器下降速度。

⑩ 若出现串桩现象（即已经成桩的碎石进入正在施工桩孔中），要及时查明原因，随时处理。常见原因有土质松软或桩距过小或成桩直径过大，可采用跳打、加大桩距或减小桩径的方法解决。被串桩应重新施工，施工深度应超过串桩深度。当不能贯入重新施工时，可在旁边补桩，补桩长度应超过串桩深度，补桩方案必须经设计人员同意。

⑪ 冬期施工时，应采取防冻技术措施，每个作业班施工完毕后，应及时将供水管和振冲器水管内积水排净，以免冻结，影响施工作业。

7．质量验收及标准

① 施工前应检查振冲器的性能，电流表、电压表的准确度及填料的性能。

② 施工中应检查密实电流、供水压力、供水量、填料量、孔底留振时间、振冲点位置、振冲器施工参数等（施工参数由振冲试验或设计确定）。

③ 施工结束后，应在有代表性的地段做地基强度或地基承载力检验。除砂土地基外，应间隔一定时间后进行质量检验。对粉质黏土地基间隔时间可取21～28d，对粉土地基间隔时间可取14～21d。

④ 振冲地基质量检验标准如表2-10所示。

表2-10　　　　　　　　　　　　振冲地基质量检验标准

项目	序号	检查项目	允许偏差或允许值		检查方法
			单位	数值	
主控项目	1	填料粒径	设计要求		抽样检查
	2	密实电流（黏性土）	A	50～55	电流表读数
		（以上为功率30kW振冲器）密实电流（砂性土或粉土）	A	40～50	电流表读数
		密实电流（其他类型振冲器）	A	1.5～2.0	电流表读数为空振电流
	3	地基承载力	设计要求		按规定方法
一般项目	1	填料含泥量	%	＜5	抽样检查
	2	振冲器喷水中心与孔径中心偏差	mm	≤50	用钢直尺量
	3	成孔中心与设计孔位中心偏差	mm	≤100	用钢直尺量
	4	桩体直径	mm	≤50	用钢直尺量
	5	孔深	mm	±200	量钻杆或重锤测

五、水泥粉煤灰碎石挤密桩法

1．适用范围

水泥粉煤灰碎石桩（CFG桩）施工工艺适用于处理粘性土、粉土、砂土和已自重固结的素填土等地基。对淤泥质土应按地区经验或通过现场试验确定其适用性。

2．材料要求

① 水泥。宜选用32.5级普通硅酸盐水泥或矿渣硅酸盐水泥。

② 砂。中砂或粗砂，含泥量不大于5%，且泥块含量不大于2%。

③ 石子。卵石或碎石，粒径5～20mm，含泥量不大于2%。

④ 粉煤灰。宜选用Ⅰ级或Ⅱ级粉煤灰，细度分别不大于12%和20%。

⑤ 外掺剂。泵送剂、早强剂、减水剂等，根据施工需要通过试验确定。

3．主要机具设备

① 主要设备。长螺旋钻机、强制式搅拌机、混凝土输送泵和高强输送管。

② 辅助设备。溜槽或导管、手推车或机动小翻斗车、磅秤和盘秤等。

4. 作业条件

① 施工图纸已通过审查，施工场地"三通一平"已完成，人员、设备已到位。

② 水泥、砂、石子、粉煤灰、外掺剂等已送实验室复试，同时进行配合比试验。

③ 已对施工人员进行全面的安全技术交底，并对设备进行了安全可靠性检查，确保设备完好。

④ 施工现场已做好材料、机具摆放规划，使混合料输送距离最短，且输送管铺设时拐弯最少。

5. 施工工艺

水泥粉煤灰碎石桩（CFG桩）施工工艺工艺流程：场地平整→钻机安装、调试→桩位对中→钻孔至桩底标高→边提钻边投混合料→压灌混合料至设计标高→清理桩间土、提升钻杆→成桩验收→凿桩头、铺设褥垫层，如图2-6所示。

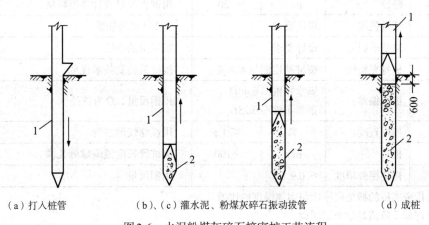

（a）打入桩管　　　（b）、（c）灌水泥、粉煤灰碎石振动拔管　　　（d）成桩

图2-6　水泥粉煤灰碎石挤密桩工艺流程

1—桩管；2—水泥、粉煤灰、碎石桩

6. 施工要点

① 混合料下到孔底后，每打泵一次提升200～250mm，均匀提钻并保证钻头始终埋在混合料中。

② 施工中应避免出现混合料搅拌不均、混合料坍落度小、成桩时间过长、混合料初凝、水泥或粗骨料不合格、外加剂与水泥配比性不好等现象，以免发生混凝土堵管事故。

③ 当遇到饱和粉细砂及其他软土地基，且桩间距小于1.3m时，宜采取跳打的方法，以避免发生串桩现象。

④ 施工中应控制提钻速度，避免提钻速度过快而发生钻尖不能埋入混合料中的现象，从而导致缩颈夹泥现象。

⑤ 施工时，若出现成桩中断时间超过1h或混合料产生离析现象，应重新钻孔成桩。

⑥ 如果采用现场搅拌，要计量准确，保证搅拌时间不少于规定时间，以保证混合料的和易性、混合料坍落度满足设计要求。

⑦ 若采用沉管方法成孔，应注意新施工桩对已成桩的影响，避免挤桩。

7. 质量验收及标准

① 水泥、粉煤灰、砂及碎石等原材料应符合设计要求。

② 施工中应检查桩身混合料的配合比、坍落度和提拔钻杆速度（或提拔套管速度）、成孔深度、混合料灌入量等。

③ 施工结束后，应对桩顶标高、桩位、桩体质量、地基承载力以及褥垫层的质量进行检查。

④ 水泥粉煤灰碎石桩复合地基质量检验标准如表2-11所示。

表2-11　　　　　　　　水泥粉煤灰碎石桩复合地基质量检验标准

项目类别	序号	检查项目	允许偏差或允许值		检查方法
			单位	数值	
主控项目	1	原材料	设计要求		查产品合格证书或抽样送检
	2	桩径	mm	-20	用钢直尺量或计算填料量
	3	桩身强度	设计要求		查28d试块强度
	4	地基承载力	设计要求		按规定的办法
一般项目	1	桩身完整性	按桩基检测技术规范		按桩基检测技术规范
	2	桩位偏差	满堂布桩≤0.40D 条基布桩≤0.25D		用钢尺量，D为桩径
	3	桩垂直度	%	≤1.5	用经纬仪测桩管
	4	桩长	mm	+100	测桩管长度或垂球测孔深
	5	褥垫层夯填度	≤0.9		用钢尺量

注：1. 夯填度指夯实后的褥垫层厚度与虚体厚度的比值。

　　2. 桩径允许偏差负值是指个别断面。

六、水泥土搅拌法

1. 适用范围

水泥土搅拌法施工工艺分为深层搅拌法（简称湿法）和粉体喷搅法（简称干法）。水泥土搅拌法适用于处理正常固结的淤泥与淤泥质土、粉土、饱和黄土、素填土、黏性土以及无流动地下水的饱和松散砂土等地基。当地基土的天然含水量小于30%（黄土含水量小于25%）、大于70%或地下水的pH小于4时不宜采用干法。冬期施工时，应注意负温对处理效果的影响。

2. 材料要求

① 水泥。采用强度等级为32.5级的普通硅酸盐水泥，要求无结块。

② 砂子。用中砂或粗砂，含泥量小于5%。

③ 外加剂。塑化剂采用木质素磺酸钙，促凝剂采用硫酸钠、石膏，应有产品出厂合格证，掺量通过试验确定。

3. 主要机具

① 主要设备。深层搅拌机、起重机、灰浆搅拌机、灰浆泵和冷却泵。

② 辅助设备。机动翻斗车、导向架、集料斗、磅秤、提速测定仪、电气控制柜、铁锹和手推车等。

4. 作业条件

① 施工图纸已通过审查，施工场地"三通一平"已完成，人员、设备已到位。

② 桩位处地上、地下障碍物已清除，场地低洼处已用黏性土料回填并夯实。

③ 设备已检修、调试，桩机运行良好、输料管完好畅通。

④ 水泥及外加剂已复验合格，各种计量设备完好（主要是水泥浆流量计和其他计量装置）。

5. 施工工艺

水泥土搅拌桩施工工艺流程：地上（下）清障→深层搅拌机定位、调平→预搅下沉至设计加固深度→配制水泥浆（粉）→边喷浆（粉）边搅拌提升至预定的停浆（灰）面→重复搅拌下沉至设计加固深度→根据设计要求，喷浆（粉）或仅搅拌提升至预定的停浆（灰）面→关闭搅拌机、清洗→移至下一根桩，如图2-7所示。

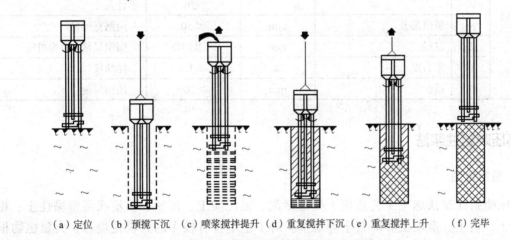

（a）定位　（b）预搅下沉　（c）喷浆搅拌提升　（d）重复搅拌下沉　（e）重复搅拌上升　（f）完毕

图2-7　水泥深层搅拌法施工工艺流程

6. 施工要点

① 搅拌机预搅下沉时，不宜冲水，当遇到较硬土层下沉太慢时，方可适量冲水，但应考虑冲水成桩对桩身强度造成的影响。

② 深层搅拌桩的深度、截面尺寸、搭接情况、整体稳定和桩身强度必须符合设计要求，检验方法是在成桩后3d内用轻便触探仪检查桩均匀程度和用对比法判断桩身强度。

③ 场地复杂或施工有问题的桩应进行单桩荷载试验，检验其承载力，试验所得承载力应符合设计要求。

7. 质量标准

① 施工前，应检查水泥及外掺剂的质量、桩位、搅拌机工作性能及各种计量设备完好程度（主要是水泥浆流量计及其他计量装置）。

83

②施工中应检查机头提升速度、水泥浆或水泥注入量、搅拌桩的长度和标高。

③施工结束后，应检验桩体强度、桩体直径和地基承载力。

④进行强度检验时，对承重水泥土搅拌桩应取90d后的试件，对支护水泥土搅拌桩应取28d后的试件。

⑤水泥土搅拌桩地基质量检验标准如表2-12所示。

表2-12　　　　　　　　　水泥土搅拌桩地基质量检验标准

项目类别	序号	检查项目	允许偏差或允许值		检查方法
			单位	数值	
主控项目	1	水泥及外掺剂质量	设计要求		查产品证书或抽样送检
	2	水泥用量	参考指标		查看流量计
	3	桩体强度	设计要求		按规定办法
	4	地基承载力	设计要求		按规定办法
一般项目	1	机头提升速度	m/min	≤0.5	量机头上升距离及时间
	2	桩底标高	mm	±200	量机头深度
	3	桩顶标高	mm	+100 −50	水准仪（最上部500mm）不计入
	4	桩位偏差	mm	＜50	用钢直尺量
	5	桩径	mm	＜0.04D	用钢尺量，D为桩径
	6	垂直度	%	≤1.5	经纬仪
	7	搭接	mm	＞200	用钢尺量

七、高压喷射注浆法

1. 适用范围

高压喷射注浆法施工工艺适用于处理淤泥、淤泥质土、流塑、软塑或可塑黏性土、粉土、砂土、黄土、素填土和碎石土等地基。对于土中含有较多的大粒径块石、大量植物根茎、较高的有机质以及地下水流速过大和已涌水的工程情况，应根据现场试验结果确定其适用性。

高压喷射注浆法可用于既有建筑和新建建筑的地基处理，深基坑侧壁挡土或挡水，基坑底部加固防止管涌与隆起，坝的加固与防水帷幕等工程。

2. 材料要求

① 水泥。宜采用强度等级为32.5级以上的普通硅酸盐水泥，并应按有关规定对水泥进行质量抽样检测。

② 水。搅拌水泥浆所用的水须符合《混凝土拌合用水标准》（JGJ63—1989）的规定。

③ 外加剂。包括速凝剂、早强剂（如氯化钙、水玻璃、三乙醇胺等）、扩散剂（NNO、三乙醇胺、亚硝酸钠、硅酸钠等）、填充剂（粉煤灰、矿渣等）、抗冻剂（如沸石粉、NNO、三乙醇胺和亚硝酸钠）、抗渗剂（水玻璃）。外加剂的使用必须按照设计要求，经复试合格后方可使用，使用量必须按试验资料或已有工程经验确定。

3. 主要机具设备

① 主要设备。钻机、高压泥浆泵、高压清水泵和空压机。

② 辅助设备。浆液搅拌机、真空泵与超声波传感器等。

4. 作业条件

① 场地应具备"三通一平"条件，旋喷钻机行走范围内无地表障碍物。

② 按有关要求铺设各种管线（施工电线、输浆、输水、输气管），开挖储浆池及排浆沟（槽）。

③ 已对施工人员进行全面的安全技术交底，并对设备进行了安全可靠性及完好状态检查，确保施工设备的完好。

④ 按基础平面图测设轴线及桩位，并经技术负责人、质检员、班组长等共同验收合格后，报甲方或监理办理完预检签字手续。

5. 施工工艺

高压喷射注浆法施工工艺流程：场地平整→机具就位→贯入喷射管、试喷射→喷射注浆→拔管及冲洗→移至下一桩位。

6. 施工要点

① 施工前应复核高压喷射注浆的孔位。

② 单管法、双管法喷射高压水泥浆的压力不应低于20MPa。

③ 三管法喷射清水的压力也不应低于20MPa。

④ 喷射孔与高压注浆泵的距离不宜大于50m。

⑤ 分段提升喷射搭接长度不得小于100mm。

⑥ 单孔注浆体应在其初凝前连续完成施工，不得中断。由于特殊原因中断后，应采用复喷技术进行接头处理。

⑦ 单管法、双管法的水泥浆水灰比应按工程要求确定，一般采用0.8～1.5，常用1.0。

⑧ 水泥浆必须随搅随用，当水泥浆放置时间超过初凝时间后，不得再用于喷射施工。

⑨ 高压喷射用浆液必须搅拌均匀，每罐搅拌时间不得少于3min。浆液使用过程中应对浆液进行不间断的轻微搅拌，避免浆液沉淀。

⑩ 水泥浆液应经过筛网过滤，避免喷嘴堵塞。

⑪ 当须局部增大桩体直径和提高桩体强度时，可采用复喷。

⑫ 当处理既有建筑地基时，应采取速凝浆液或大间距隔孔旋喷和冒浆回灌等工艺。

7. 质量标准

① 施工前应检查水泥、外掺剂等的质量，桩位，压力表、流量表的精度和灵敏度，高压喷射设备的性能等。

② 施工中应检查施工参数（压力、水泥浆量、提升速度、旋转速度等）及施工程序。

③ 施工结束后，应检验桩体强度、桩体平均直径、桩身中心位置、桩体质量及承载力等。桩体质量及承载力检验应在施工结束后28d进行。

④ 高压喷射注浆地基质量检验标准如表2-13所示。

表2-13 高压喷射注浆地基质量检验标准

项目类别	序号	检查项目	允许偏差或允许值		检查方法
			单位	数值	
主控项目	1	水泥及外掺剂质量	符合出厂要求		查产品合格证书和抽样送检
	2	水泥用量	设计要求		查看流量表及水泥浆水灰比
	3	桩体强度或完整性检验	设计要求		按规定方法
	4	地基承载力	设计要求		按规定方法
一般项目	1	钻孔位置	mm	≤50	用钢尺量
	2	钻孔垂直度	%	≤1.5	经纬仪测钻杆或实测
	3	孔深	mm	±200	用钢尺量
	4	注浆压力	按设定参数指标		查看压力表
	5	桩体搭接	mm	＞200	用钢尺量
	6	桩体直径	mm	≤50	开挖后用钢尺量

学习单元二　桩基础施工

📝 知识目标

（1）了解预制桩的施工方法。

（2）掌握打桩顺序及施工工艺。

（3）掌握干作业成孔灌注桩、泥浆护壁成孔灌注桩、套管成孔灌注桩和人工挖孔灌注桩的施工工艺和施工要点。

📖 技能目标

（1）通过本单元的学习，能够进行钢筋预制桩的制作、起吊、运输和堆放。

（2）能够处理钢筋混凝土预制桩和混凝土灌注桩施工中常出现的一些质量问题。

📚 基础知识

桩基础是常用的一种基础形式，是深基础的一种。当天然地基上的浅基础沉降量过大或地基稳定性不能满足建筑物的要求时，常采用桩基础。

采用钢筋混凝土、钢管、H型钢等材料作为受力的支撑杆件打入土中，称为单桩。许多单桩打入地基中，并能达到需要的设计深度，称为群桩；在群桩顶部用钢筋混凝土连成整体，称为承台。基桩和连接于桩顶的承台共同作为上部结构的桩基础，如图2-8所示。采用一根桩（通常为大直径桩）以承受和传递上部结构（通常为柱）荷载的独立基础，称为单桩基础；由两根以上基桩组成的桩基础，称为群桩基础。

小提示

桩基础的作用是将上部结构的荷载通过较弱地层或水传递到深部较坚硬的、压缩性小的土层或岩层上。因而其具有承载力高、沉降量小、沉降速率低且均匀的特点，能承受竖向荷载、水平荷载、土拔力及由机器产生的振动和动力作用等。

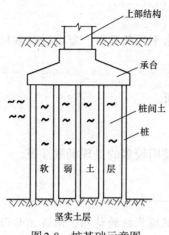

图2-8　桩基础示意图

一、桩的分类

1. 按桩的受力特点分类

① 摩擦桩。指桩顶荷载全部或主要由桩侧阻力承担的桩。根据桩侧阻力承担荷载的分额，摩擦桩又分为纯摩擦桩和端承摩擦桩，如图2-9（a）所示。

② 端承桩。指桩顶荷载全部由桩端阻力承担的桩。根据桩端阻力承担荷载的份额，端承桩又分为纯端承装和摩擦端承桩，如图2-9（b）所示。

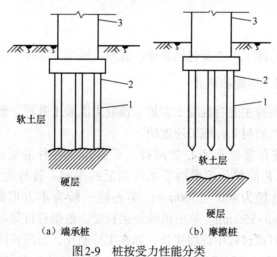

（a）端承桩　　　　　（b）摩擦桩

图2-9　桩按受力性能分类

1—桩；2—承台；3—上部结构

2. 按成桩方法分类

①非挤土桩。如干作业法桩，泥浆护壁法桩、套管护壁法桩、人工挖孔桩等。

②部分挤土桩。如部分挤土灌注桩、预钻孔打入式预制桩等。

③挤土桩。如挤土灌注桩、挤土预制桩。

3. 按桩的使用功能分类

竖向抗压桩、竖向抗拔桩、水平受荷载桩、复合受荷载桩。

4. 按桩身材料分类

混凝土桩、钢桩、组合材料桩。

5. 按桩制作工艺分类

预制桩和现场灌注桩，现在使用较多的是现场灌注桩。

小 提 示

桩基础施工前的准备。根据桩基础的特点，准备工作做得好坏，对成桩质量有十分重要的影响。要做好如下的准备工作。

（1）熟悉设计图纸，充分了解设计意图。

（2）弄清场地情况，上部如地形、地貌、四邻、空中的情况以及供水、供电的条件；下部如水文、地质、管线、旧基础的情况。

（3）有针对性地制订施工方案，如确定适宜的施工方法、选择适当的机械设备、合理安排施工顺序、妥善做好整体布局、拟定可靠的安全措施等。

（4）确定测量控制网，如水准点、定位轴线；掌握四邻建筑物的结构现状和沉降观测的原始资料。混凝土预制桩因具有承载效率高，且桩的制作和沉桩工艺简单、施工速度快、不受地下水位影响等特点而得到广泛的应用。

二、预制桩施工

钢筋混凝土预制桩的施工，主要包括制作、起吊、运输、堆放、沉桩等过程。

1. 桩的制作、起吊、运输和堆放

（1）桩的制作。预制桩主要有混凝土方桩、预应力混凝土管桩、钢管和型钢钢桩等，预制桩能承受较大的荷载，坚固耐久，施工速度快。

钢筋混凝土预制桩有管桩和实心桩两种，可制作成各种需要的断面及长度，承载能力较大，制作及沉桩工艺简单，不受地下水位高低的影响。管桩为空心桩，由预制厂用离心法生产，管桩截面外径为400～500mm；实心桩一般为正方形断面，常用断面边长为200mm×200mm～550mm×550mm。单根桩的最大长度，根据打桩架的高度确定。30m以上的桩可将桩制成几段，在打桩过程中逐段接长；如在工厂制作，每段长度不宜超过12m。

钢筋混凝土预制桩可在工厂或施工现场预制。一般较长的桩在打桩现场或附近场地预制，较短的桩多在预制厂生产。

钢筋混凝土预制桩制作程序：现场制作场地压实、整平→场地地坪作三七灰土或浇筑混凝土→支模→绑扎钢筋骨架、安设吊环→浇筑混凝土→养护至30%强度拆模→支间隔端头模板、刷隔离剂、绑钢筋→浇筑间隔桩混凝土→同法间隔重叠制作第二层桩→养护至70%强度起吊→达100%强度后运输、堆放。

钢筋混凝土预制桩制作方法如下。

① 混凝土预制桩可在工厂或施工现场预制。现场预制多采用工具式木模板或钢模板，支在坚实平整的地坪上，模板应平整牢靠，尺寸准确。用间隔重叠法生产，桩头部分使用钢模堵头板，并与两侧模板相互垂直，桩与桩间用塑料薄膜、油毡、水泥袋纸或刷废机油、滑石粉隔离剂隔开，邻桩与上层桩的混凝土须待邻桩或下层桩的混凝土达到设计强度的30%以后进行，重叠层数一般不宜超过四层。混凝土空心管桩采用成套钢管模胎在工厂用离心法制成。

② 长桩可分节制作，单节长度应满足桩架的有效高度、制作场地条件、运输与装卸能力等方面的要求，并应避免在桩尖接近硬持力层或桩尖处于硬持力层中接桩。

③ 桩中的钢筋应严格保证位置的正确，桩尖应对准纵轴线，钢筋骨架主筋连接宜采用对焊或电弧焊，主筋接头配置在同一截面内的数量不得超过50%；相邻两根主筋接头截面的距离应不大于$35d_g$（d_g为主筋直径），且不小于500mm。桩顶1m范围内不应有接头。桩顶钢筋网的位置要准确，纵向钢筋顶部保护层不应过厚，钢筋网格的距离应正确，以防锤击时打碎桩头，同时桩顶面和接头端面应平整，桩顶平面与桩纵轴线倾斜不应大于3mm。

④ 混凝土强度等级应不低于C30，粗骨料用5～40mm碎石或卵石，用机械拌制混凝土，坍落度不大于6cm，混凝土浇筑应由桩顶向桩尖方向连续浇筑，不得中断，并应防止另一端的砂浆积聚过多，并用振捣器仔细捣实。接桩的接头处要平整，使上下桩能互相贴合对准。浇筑完毕应护盖洒水养护不少于7d，如用蒸汽养护，在蒸养后，尚应适当自然养护，30d方可使用。

知识链接

桩的制作质量除应符合有关规定的允许偏差规定外，还应符合下列要求。

（1）桩的表面应平整、密实、掉角的深度不应超过10mm，且局部蜂窝和掉角的缺损总面积不得超过该桩表面全部面积的0.5%，并不得过分集中。

（2）混凝土收缩产生的裂缝深度不得大于20mm，宽度不得大于0.25mm；横向裂缝长度不得超过50%的边长（圆桩或多边形桩不得超过直径或对角线的1/2）。

（3）桩顶和桩尖处不得有蜂窝、麻面、裂缝和掉角。

（2）桩的起吊、运输和堆放。

① 桩的起吊。预制桩在混凝土达到设计强度的70%后方可起吊，如需提前吊运和沉桩，则必须采取措施并经强度和抗裂度验算合格后方可进行。桩在起吊和搬运时，必须做到平稳，并不得损坏棱角，吊点应符合设计要求。如无吊环，设计又未作规定，可按吊点间的跨中弯矩与吊点处的负弯矩相等的原则来确定吊点位置。常见的几种吊点的合理位置，如图2-10所示。在吊索与桩间应加衬垫，起吊应平稳提升，采取措施保护桩身质量，防止撞击和受振动。

② 桩的运输。桩在运输时的强度应达到设计强度标准值的100%。长桩运输时，可采用平板拖车、平台挂车或汽车后挂小炮车运输；短桩运输亦可采用载重汽车，现场运距较近，亦可采用轻轨平板车运输。装载时，桩支承应按设计吊钩位置或接近设计吊钩位置叠放平稳并垫实，支撑或绑扎牢固，以防运输中晃动或滑动；长桩采用挂车或炮车运输时，桩不宜设活动支座，行车应平稳，并掌握好行驶速度，防止任何碰撞和冲击。严禁在现场以直接拖拉桩体方式代替装车运输。

③ 桩的堆放。堆放场地应平整坚实，排水良好。桩应按规格、桩号分层叠置，支承点应设在吊点或近旁处保持在同一横断平面上，各层垫木应上下对齐，并支承平稳，堆放层数不宜

超过4层。运到打桩位置堆放，应布置在打桩架附设的起重钩工作半径范围内，并考虑到起吊方向，尽量避免转向。

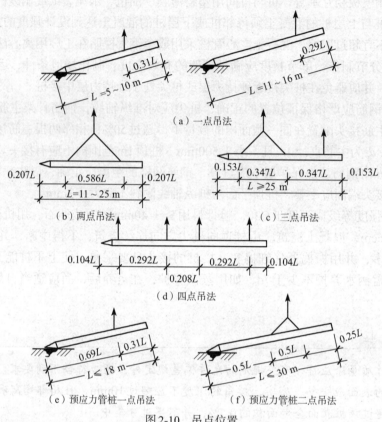

图2-10　吊点位置

2. 锤击沉桩（打入桩）施工

锤击沉桩（打入桩）施工是利用桩锤的冲击能量，将桩沉入土中。锤击沉桩是钢筋混凝土预制桩最常见的沉桩方法。

（1）施工前的准备工作。

① 整平场地，清除桩基范围内的高空、地面、地下的障碍物；架空高压线，距打桩机不得小于10m；修设打桩机进出、行走道路，做好排水措施。

② 按图样布置进行测量放线，定出桩基轴线。先定出中心，再引出两侧，并将桩的准确位置测设到地面，每一个桩位打一个小木桩；测出每个桩位的实际标高，场地外设2或3个水准点，以便随时检查之用。

③ 检查桩的质量，将需用的桩按平面布置图堆放在打桩机附近，不合格的桩不能运至打桩现场。

④ 检查打桩机设备及起重工具；铺设水电管网，进行设备架立、组装和试打桩；在桩架上设置标尺或在桩的侧面画上标尺，以便能观测桩身入土深度。

⑤ 打桩场地建（构）筑物有防振要求时，应采取必要的防护措施。

⑥ 学习、熟悉桩基施工图样，并进行会审；做好技术交底，特别是地质情况、设计要求、操作规程和安全措施的交底。

⑦ 准备好桩基工程沉桩记录和隐蔽工程验收记录表格，并安排好记录和监理人员等。

（2）打桩设备及选择。打桩设备包括桩锤、桩架和动力装置。

① 桩锤。桩锤是对桩施加冲击力，将桩打入土中的主要机具。施工中常用的桩锤有落锤、单动汽锤、双动汽锤、柴油桩锤、振动桩锤和液压桩锤，桩锤适用范围如表2-14所示。用锤击法沉桩时，选择桩锤是关键，应根据施工条件首先确定桩锤的类型，然后再确定桩锤的重量，桩锤的重量应不小于桩重。打桩时宜"重锤低击"，即锤的重量大而落距小。这样，桩锤不易回跳，桩头不容易损坏，而且桩容易打入土中。

表2-14　　　　　　　　　　　　　桩锤适用范围

桩锤种类	适用范围	优缺点	备注
落锤	（1）宜打各种桩 （2）土、含砾石的土和一般土层均可使用	构造简单，使用方便，冲击力大，能随意调整落距；但锤击速度慢，效率较低	桩锤用人力或机械拉升，然后自由落下，利用自重夯击桩顶
单动汽锤	适宜打各种桩	构造简单，落距短，对设备和桩头不宜损坏，打桩速度及冲击力较落锤大，效率较高	利用蒸汽或压缩空气的压力将锤头上举，然后由锤头的自重向下冲击沉桩
双动汽锤	（1）宜打各种桩，便于打料桩 （2）用压缩空气时，可在水下打桩 （3）可用于拔桩	冲击次数多，冲击力大，工作效率高，可不用桩架打桩；但设备笨重，移动较困难	利用蒸汽锤或压缩空气的压力将锤头上举及下冲，增加夯击能量
柴油桩锤	（1）适宜于打木桩、钢筋混凝土桩、钢板桩 （2）适宜于在过硬或过软的土层中打桩	附有桩架、动力等设备，机架轻、移动便利，打桩快，燃料消耗少，重量轻，不需要外部能源；但在软弱土层中，起锤困难，噪声和振动大，存在油烟污染公害	利用燃油爆炸，推动活塞，引起锤头跳动
振动桩锤	（1）适宜于打钢板桩、钢管桩、钢筋混凝土桩和木桩 （2）适宜于砂土、塑性黏土及松软砂黏土 （3）在卵石夹砂及紧密黏土中效果较差	沉桩速度快，适应性大，施工操作简易、安全，能打各种桩并帮助卷扬机拔桩	利用偏心轮引起激振，通过刚性连接的桩帽传到桩上
液压桩锤	（1）适宜于打各种直桩和斜桩 （2）适用于拔桩和水下打桩 （3）适宜于打各种桩	不需外部能源，工作可靠，操作方便，可随时调节锤击力大小，效率高，不损坏桩头，低噪声，低振动，无废气公害；但构造复杂，造价高	一种新型打桩设备、冲击缸体由液压油提升和降落，并且在冲击缸体下部充满氧气，用以延长对桩施加压力的过程获得更大的贯入度

② 桩架。桩架的作用是将桩吊引导到打桩位置，并在打桩过程中保证桩的方向不发生偏移，保证桩锤能沿要求的方向冲击的装置。桩架的种类和高度，应根据桩锤的种类、桩的长度、施工地点的条件等，综合考虑确定。桩架目前应用最多的是轨道式桩架、步履式桩架和悬挂式桩架，如图2-11所示。

91

（a）轨道式桩架。其主要包括底盘、导向杆、斜撑、滑轮组和动力设备等，如图2-11（a）所示。其适应性和机动性较大，在水平方向可作360°回转，导架可伸缩和前后倾斜。底盘上的轨道轮可沿着轨道行走。这种桩架可用于各种预制桩和灌注桩的施工，缺点是机构比较庞大，现场组装和拆卸、转运较困难。

（b）步履式桩架。步履式打桩机以步履方式移动桩位和回转，不需枕木和钢轨，机动灵活，移动方便，打桩效率高，如图2-11（b）所示。

（c）悬挂式桩架。其以履带式起重机为底盘，增加了立柱、斜撑、导杆等，如图2-11（c）所示。此种桩架性能灵活、移动方便，可用于各种预制桩和灌注桩的施工。

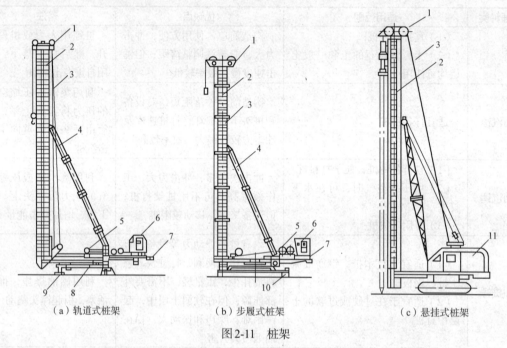

（a）轨道式桩架　　　　　　（b）步履式桩架　　　　　　（c）悬挂式桩架

图2-11　桩架

1—滑轮组；2—立柱；3—钢丝绳；4—斜撑；5—卷扬机；6—操作室；

7—配重；8—底盘；9—轨道；10—步履式底盘；11—履带式起重机

③ 动力装置。动力装置的配置根据所选的桩锤性质决定，当选用蒸汽锤时，需配备蒸汽锅炉和卷扬机。

（3）打桩施工。

① 确定打桩顺序。打桩顺序直接影响打桩工程质量和施工进度。在确定打桩顺序时，应综合考虑桩基础的平面布置、桩的密集程度、桩的规格和桩架移动方便等因素。当基坑不大时，打桩顺序一般分为自中间向两侧对称施打、自中间向四周施打、由一侧向单一方向逐排施打。自中间向两侧对称施打和自中间向四周施打这两种打桩顺序，适于桩较密集、桩距≤4d（桩径）时的打桩施工，如图2-12（a）和图2-12（b）所示，打桩时土由中央向两侧或四周挤压，易于保证打桩工程质量。由一侧向单一方向逐排施打，适于桩不太密集，桩距＞4d（桩径）时的打桩施工，如图2-12（c）所示，打桩时桩架单向移动，打桩效率高，但这种打法会使土向一个方向挤压，地基土挤压不均匀，导致后面桩的打入深度逐渐减小，最终引起建筑物的不均匀沉降。当基坑较大时，应将基坑分为数段，并在各段内分别进行。

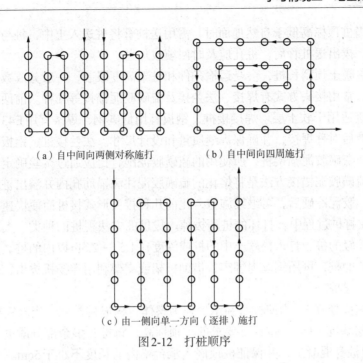

（a）自中间向两侧对称施打　　　（b）自中间向四周施打

（c）由一侧向单一方向（逐排）施打

图2-12　打桩顺序

对于密集群桩，应自中间向两个方向或向四周对称施打，当一侧毗邻建筑物时，由毗邻建筑物处向另一方向施打。当基坑较大时，应将基坑分为数段，而后在各段范围内分别进行，但打桩应避免自外向内、从周边向中间进行，以避免中间土体被挤密，桩难以打入，或虽勉强打入，但使邻桩侧移或上冒。

对基础标高不一的桩，宜先深后浅，对不同规格的桩，宜先大后小，先长后短，可使土层挤密均匀，以防止位移或偏斜；在粉质黏土及黏土地区，应避免按着一个方向进行，使土体一边挤压，造成入土深度不一，会造成土体挤密程度不均，从而导致不均匀沉降。若桩距大于或等于4倍桩直径，则与打桩顺序无关。

小 提 示

当桩规格、埋深、长度不同时，打桩顺序宜先大后小、先深后浅、先长后短；当一侧毗邻建筑物时，应由毗邻建筑物一侧向另一方向施打；当桩头高出地面时，宜采取后退施打。

② 确定打桩的施工工艺。打入桩的施工程序包括：桩机就位、吊装、打桩、送桩、接桩、拔桩、截桩等。

（a）桩机就位。就位时桩架应垂直、平稳，导杆中心线与打桩方向一致，并检查桩位是否正确。

（b）吊装。桩基就位后，将桩运至桩架下，用桩架上的滑轮组将桩提升就位（吊桩）。吊桩时吊点的位置和数量与桩预制起吊时相同。当桩送至导杆内时，校正桩的垂直度，其偏差不得超过0.5%，然后固定桩帽和桩锤，使桩帽和桩锤在同一铅垂线上，确保桩的垂直下沉。

（c）打桩。打桩开始时，锤的落距不宜过大，当桩入土一定深度且稳定后，桩尖不易发生偏移时，可适当增大落距，并逐渐提高到规定的数值。打桩宜"重锤低击"，这样，桩锤对桩头的冲击小，回弹也小，桩头不易损坏，大部分的能量用于克服桩身与土的摩阻力和桩尖阻力，桩能较快地沉入土中。

93

（d）送桩。当桩顶标高低于自然地面时，需用送桩管将桩送入土中，桩与送桩管的纵轴线应在同一直线上，拔出送桩管后，桩孔应及时回填或加盖。

（e）接桩。混凝土预制长桩，会受运输条件和桩架高度限制，一般分成数节制作，分节打入，在现场接桩。常用接头方式有焊接、法兰接及硫磺胶泥锚接等几种。前两种可用于各类土层；硫磺胶泥锚接适用于软土层。焊接接桩，钢板宜用低碳钢，焊条宜用E43，焊接时应先将四角点焊固定，然后对称焊接，并确保焊缝质量和设计尺寸。法兰接桩，钢板和螺栓也宜用低碳钢并紧固牢靠。硫磺胶泥锚接桩，所使用的硫磺胶泥配合比应通过试验确定，其物理力学性能应符合要求。硫磺胶泥锚接方法是将熔化的硫磺胶泥注满锚筋孔内并溢出桩面，然后迅速将上段桩对准落下，胶泥冷硬后，可继续施打，比前几种接头形式接桩简便快速。

（f）拔桩。在打桩过程中，打坏的桩须拔掉。拔桩的方法视桩的种类、大小和打入土中的深度而定。一般较轻的桩、打入松软土中的桩或深度在1.5～2.5m以内的桩，可以用一根圆木杠杆来拔出；较长的桩，可用钢丝绳绑牢，借助桩架或支架利用卷扬机拔出，也可用千斤顶或专门的拔桩机进行拔桩。

（g）截桩（桩头处理）。为使桩身和承台连为整体，构成桩基础，当打完桩后经过有关人员验收，即应开挖基坑（槽），按设计要求的桩顶标高，将桩头多余部分凿去（可人工或用风镐），但不得打裂桩身混凝土，并保证桩顶嵌入承台梁内的长度不小于5cm。当桩主要承受水平力时，不小于10cm，主筋上粘的碎块混凝土要清除干净。

当桩顶标高低于设计标高时，应将桩顶周围的土挖成喇叭口，把桩头表面凿毛，剥出主筋并焊接接长，与承台主筋绑扎在一起，然后与承台一起浇筑混凝土。

③打桩质量控制。

（a）桩端（指桩的全截面）位于一般土层时，以控制桩端设计标高为主，贯入度可作参考。

（b）桩端达到坚硬、硬塑的黏性土，中密以上粉土、砂土、碎石类土、风化岩时，以贯入度控制为主，桩端标高可作参考。

（c）当贯入度已达到，而桩端标高未达到时，应继续锤击3阵，按每阵10击的贯入度不大于设计规定的数值加以确认。

（d）振动法沉桩是以振动箱代替桩锤，其质量控制是以最后3次振动（加压），每次10min或5min，测出每分钟的平均贯入度，以不大于设计规定的数值为合格，而摩擦桩则以沉到符合设计要求深度为合格的。

知 识 链 接

常见的质量问题如下。

（1）桩顶位移或上升涌起（在沉桩过程中，相邻的桩产生横向位移或桩身上涌）。产生原因：遇到障碍物；接桩不在同一轴线上；钻孔倾斜过大；沉桩次序不当；遇流砂；桩间距过小。

（2）桩身倾斜（桩身垂直偏差过大）。产生原因：场地不平，打桩和导杆不直；稳桩时桩不垂直，桩顶不平，桩帽、桩锤及桩不在同一直线上；桩制作时桩身夸曲超过规定，桩顶、桩帽倾斜。

（3）桩头击碎（打桩时，桩顶出现混凝土掉角，碎裂，坍塌或被打坏；桩顶钢筋局部或全部外露）。产生原因：桩顶的混凝土强度等级设计偏低，钢筋网片不足，造成强度不够；混凝土未达到设计要求；桩制作外形不合要求；施工机具选择不当；桩顶局部应力集中；沉桩时未加缓冲桩或桩垫不合要求；施工中落锤过高或遇坚硬砂土夹层、大块石等。

（4）桩身断裂。产生原因：桩身弯曲过大、强度不足、地下有障碍物，或桩在堆放、起吊、运输的过程中发生断裂却没有发现。

（5）桩身倾斜。产生原因：场地不平整，打桩机底盘不水平，稳桩不垂直或桩尖在地下遇坚硬障碍物等。

（6）接桩处拉脱开裂。产生原因：连接处表面不干净，连接钢件不平整，焊接质量不符合要求，接桩的上、下中心线不在同一条线上等。

3. 振动沉桩

振动沉桩与锤击沉桩的施工方法基本相同，不同之处是用振动桩机代替桩锤。其施工原理是利用固定在桩头上的振动箱所产生的振动力，通过桩身使土体强迫振动，减小土对桩的阻力，使桩在自重和振动力作用下较快沉入土中（见图2-13）。该法适用于砂土、塑性黏土、松散砂黏土、黄土和软土打桩。

4. 静力压桩

静力压桩是利用压桩机桩架自重和配重的静压力，将预制桩压入土中的沉桩方法。它适用于软土、淤泥质土中桩截面面积小于400mm×400mm、桩长30～35m的钢筋混凝土桩或空心桩，特别适合于在城市中施工。采用这种方法施工虽然存在挤土效应，但具有无噪声、无振动、无冲击力、施工应力小等特点，可以减少打桩振动对地基和邻近建筑物的影响，桩顶不易损坏，不易产生偏心沉桩，可节约制桩材料和降低工程成本，且能在沉桩施工中测定沉桩阻力，为设计、施工提供参数，并预估和验证桩的承载能力。当存在厚度大于2m的中密以上砂夹层时，不宜采用静力压桩。

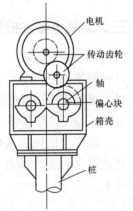

图2-13　振动沉桩

95

静压预制桩的施工，一般都采取分段压入，逐段接长的方法。其施工程序：测量定位→压桩机就位→吊桩、插桩→桩身对中调直→静压沉桩→接桩→再静压沉桩→送桩→终止压桩→切割桩头。静压预制桩施工前的准备工作、桩的制作、起吊、运输、堆放、施工流水、测量放线、定位等均同锤击法打（沉）预制桩。

静力压桩机有机械式和液压式之分，根据顶压桩的部位，又分为在桩顶顶压的顶压式压桩机以及在桩身抱压的抱压式压桩机。

5. 打桩对周围环境的影响及预防措施

（1）对环境的影响。打桩由于巨大体积的桩体在冲击作用下于短时间内沉入土中，会对周围环境带来下述危害。

① 挤土。是由于桩体入土后挤压周围土层造成的。

② 振动。打桩过程中在桩锤冲击下，桩体产生振动，使振动波向四周传播，会给周围的设施造成危害。

③ 超静水压力。土壤中含的水分在桩体挤压下会产生很高的压力，此压力的水向四周渗透时，会给周围设施带来危害。

④ 噪声。桩锤对桩体冲击产生的噪声，达到一定分贝时，会对周围居民的生活和工作带来不利影响。

（2）预防措施。为避免和减轻上述打桩产生的危害，根据过去的经验总结，可采取下述措施。

① 限速。即控制单位时间内（如1d）打桩的数量，可避免产生严重的挤土和超静水压力。

② 确定好打桩顺序。一般在打桩的推进方向挤土较严重，因此，宜背向保护对象向前推进打设。

③ 挖应力释放沟（或防振沟）。在打桩区与被保护对象之间挖沟（深2m左右），此沟可隔断浅层内的振动波，对防振有益。在沟底再钻孔排土，则可减轻挤土影响和超静水压力。

④ 埋设塑料排水板或袋装砂井。可人为造成竖向排水通道，易于排除高压力的地下水，使土中水压力降低。

⑤ 钻孔植桩打设。在浅层土中钻孔（桩长的1/3左右），可大大减轻浅层挤土的现象。

三、混凝土灌注桩施工

钢筋混凝土灌注桩是直接在施工现场桩位上采用机械或人工等方法成孔，然后在孔内安放钢筋笼，浇筑混凝土而成的桩。与预制桩相比，具有低噪声、低振动、挤土影响小、节约材料、无须接桩和截桩且桩端能可靠地进入持力层、单桩承载力大等优点。但灌注桩成桩工艺较复杂，施工速度较慢，施工操作要求严格，成桩质量与施工好坏关系密切。

混凝土灌注桩按成孔方法的不同，可分为干作业成孔灌注桩、泥浆护壁成孔灌注桩、套管成孔灌注桩、爆扩成孔灌注桩和人工挖孔灌注桩等。不同桩型适用的地质条件如表2-15所示。

表2-15　　　　　　　　　　　　　　　　灌注桩适用范围

项目		适用范围
干作业成孔	人工手摇钻	地下水位以上的黏性土、黄土及人工填土
	螺旋钻	地下水位以上的黏性土、砂土及人工填土
	螺旋钻孔扩底	地下水位以上的坚硬、硬塑的黏性土及中密以上的砂土
泥浆护壁成孔	冲抓冲击回转钻	碎石土、砂土、黏性土及风化岩
	潜水钻	黏性土、淤泥、淤泥质土及砂土
套管成孔	锤击振动	可塑、软塑、流塑的黏性土，稍密及松散的砂土
爆扩成孔		地下水位以上的黏性土、黄土、碎石土及风化岩

1. 灌注桩的施工准备

（1）定桩位和确定成孔顺序。灌注桩定位放线和预制桩定位放线基本相同。确定桩的成孔顺序应注意下列各点。

① 机械钻孔灌注桩、干作业成孔灌注桩等，成孔时对土没有挤密作用，一般按现场条件

和桩机行走最方便的原则确定成孔顺序。

②冲孔灌注桩、振动灌注桩、爆扩桩等，成孔时对土有挤密作用，一般可结合现场施工条件，采用下列方法确定成孔顺序。

（a）间隔1～2个桩位成孔。

（b）在邻桩混凝土初凝前或终凝后再成孔。

（c）5根单桩以上的群桩基础，位于中间的桩先成孔，周围的桩后成孔。

（d）同一个承台下的爆扩桩，可根据不同的桩距采用单爆或联爆法成孔。

（2）制作钢筋笼。

①钢筋笼宜在平整的地面钢筋圈制台上制作。制作质量必须符合设计和有关规范要求，钢筋净距必须大于混凝土粗骨料粒径3倍以上。加劲箍设在主筋外侧，钢筋笼的内径应比导管接头处外径大100mm以上，钢筋外径应比钻孔设计直径小140mm。

②分段制作钢筋笼，以保证钢筋笼在吊装时不变形为原则。两段钢筋笼搭接符合相关规范要求，其接头应互相错开，35倍钢筋直径区段范围内的接头数不得超过钢筋总数的一半。

③在钢筋笼主筋外侧设置定位钢筋环、砂浆垫块，其间距竖向为2m，横向圆周不得少于4处，并均匀布置。钢筋笼顶端应设置吊环。

④钢筋笼可用吊车或钻机吊装，吊装时应防止钢筋笼变形，安装时要对准孔位，吊直扶稳，缓慢下沉，避免碰撞孔壁。钢筋笼下放到设计位置后立即固定，防止移动。

（3）混凝土配制。混凝土配制时，应选用合适的石子粒径和混凝土坍落度。石子粒径要求：卵石不宜大于50mm，碎石不宜大于40mm，配筋的桩不宜大于30mm，石子最大粒径不得大于钢筋净距的1/3。坍落度要求：水下灌注的混凝土宜为16～22mm；干作业成孔的混凝土宜为8～10mm；套管成孔的混凝土宜为6～8mm。

灌注桩的混凝土浇筑应连续进行。水下浇筑混凝土时，钢筋笼放入泥浆后4h内必须浇筑混凝土，并做好施工记录。

2. 干作业成孔灌注桩

干作业成孔灌注桩是先用钻机在桩位处进行钻孔，然后将钢筋骨架放入桩孔内，再浇筑混凝土而成的桩，其施工过程如图2-14所示。干作业成孔灌注桩适用于地下水位以上的填土层、黏性土层、粉土层、砂土层和粒径不大的砂砾层，施工中不需设置护壁而可以直接钻孔取土形成桩孔。

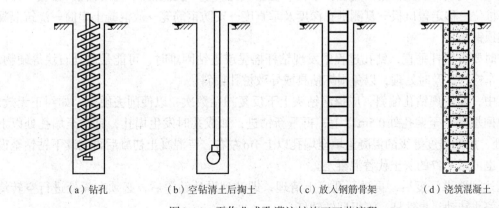

（a）钻孔　　　　（b）空钻清土后掏土　　　（c）放入钢筋骨架　　　（d）浇筑混凝土

图2-14　干作业成孔灌注桩施工工艺流程

（1）螺旋成孔机灌注桩。螺旋成孔机如图2-15所示，该成孔机的原理是利用动力旋转钻杆，钻杆带动钻头上的螺旋叶片旋转切削土层，土渣沿螺旋叶片上升排出孔外。螺旋成孔机成孔直径一般为300～600mm，钻孔深度一般为8～12m。

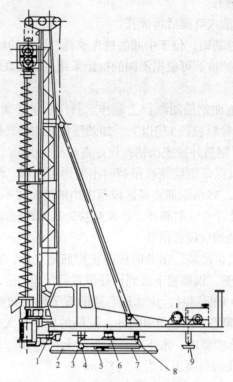

图2-15　步履式全螺旋成孔机

1—上盘；2—下盘；3—回转滚轮；4—行走滚轮；5—钢丝滑轮；
6—旋转中心轴；7—行走油缸；8—中盘；9—支腿

钻杆按叶片螺距的不同，可分为密螺纹叶片和疏螺纹叶片。密螺纹叶片适用于可塑或硬塑黏土或含水量较小的砂土，钻进时速度缓慢而均匀；疏螺纹叶片适用于含水量大的软塑土层，由于钻杆在相同转速时，疏螺纹叶片较密螺纹叶片土渣向上推进快，所以可取得较快的钻进速度。

螺旋成孔机成孔灌注桩施工流程：钻孔→检查成孔质量→孔底清理→盖好孔口盖板→移桩机至下一桩位→移走盖口板→复测桩孔深度及垂直度→安防钢筋笼→放混凝土串筒→浇筑混凝土→插桩顶钢筋。

钻进时要求钻杆垂直，钻孔过程中发现钻杆摇晃或进钻困难时，可能是遇到石块等硬物，应立即停车检查，及时处理，以免损坏钻具或导致桩孔偏斜。

施工中，如发现钻孔偏斜，应提起钻头上下反复扫钻数次，以便削去硬土。如纠正无效，应在孔中回填黏土至偏孔处0.5m以上，再重新钻进；如成孔时发生塌孔，宜钻至塌孔处以下1～2m处，用低强度等级的混凝土填至塌孔以上1m左右，待混凝土初凝后再继续下钻钻至设计深度，也可用3：7的灰土代替混凝土。

钻孔达到要求深度后，再进行孔底土清理，即钻到设计钻深后，必须在深处进行空转清土，然后停止转动，提钻杆，不得回转钻杆。

提钻后应检查成孔质量：用测绳（锤）或手提灯测量孔深垂直度及虚土厚度。虚土厚度等于测量深度与钻孔深的差值，虚土厚度一般不应超过100mm。清孔时，若少量浮土泥浆不易清除，可投入25～60mm厚的卵石或碎石插捣，以挤密土体；也可用夯锤夯击孔底虚土或用压力在孔底灌入水泥浆，以减少桩的沉降和提高其承载力。

钻孔完成后，应尽快吊放钢筋笼并浇筑混凝土。混凝土应分层浇筑，每层高度不得大于1.5m，混凝土的坍落度在一般黏性土中为50～70mm，砂类土中为70～90mm。

（2）螺旋钻孔压浆成桩法。螺旋钻孔压浆成桩是用螺旋钻杆钻到预定的深度后，通过钻杆芯管底部的喷嘴，自孔底由下而上向孔内高压喷射以水泥浆为主剂的浆液，使液面升至地下水位或无塌孔危险的位置以上；提起钻杆后，在孔内安放钢筋笼并在孔口通过漏斗投放集料；最后，再自孔底向上多次高压补浆即成。

> **小技巧**
>
> 　　此法的施工特点是连续一次成孔，多次自下而上高压注浆成桩，既具有无噪声、无振动、无排污的优点，又能在流砂、卵石、地下水、易塌孔等复杂地质条件下顺利成桩，而且由于其扩散渗透的水泥浆而大大提高了桩体的质量，其承载力为一般灌注桩的1.5～2倍，在国内很多工程中已经得到成功应用。

施工流程如下。

① 钻机就位。

② 钻至设计深度空钻清底。

③ 一次压浆：把高压胶管一头接在钻杆顶部的导流器预留管口，另一头接在压浆泵上，将配制好的水泥浆由下而上边提钻边压浆。

④ 提钻：压浆到塌孔地层500mm以上后提出钻杆。

⑤ 下钢筋笼：将塑料压浆管固定在制作好的钢筋笼上，使用钻机的吊装设备吊起钢筋笼，对准孔位，垂直缓慢放入孔内，下到设计标高，固定钢筋笼。

⑥ 下碎石：碎石通过孔口漏斗倒入孔内，用铁棍捣实。

⑦ 二次补浆：与第一次压浆的间隔不得超过45min，利用固定在钢筋笼上的塑料管进行第二次压浆，压浆完后立即拔管，洗净备用。

3. 泥浆护壁成孔灌注桩

泥浆护壁成孔灌柱桩施工工艺流程如图2-16所示。

（1）成孔。

① 机具就位平整、垂直，护筒埋设牢固并且垂直，保证桩孔成孔的垂直。

② 要控制孔内的水位高于地下水位1.0m左右，防止地下水位过高后引起坍孔。

③ 发现轻微坍孔的现象时，应及时调整泥浆的相对密度和孔内水头。泥浆的相对密度因土质情况的不同而不同，一般控制在1.1～1.5的范围内。成孔的快慢与土质有关，应灵活掌握钻进的速度。

④ 成孔时发现难以钻进或遇到硬土、石块等，应及时检查，以防桩孔出现严重的偏斜、位移等。

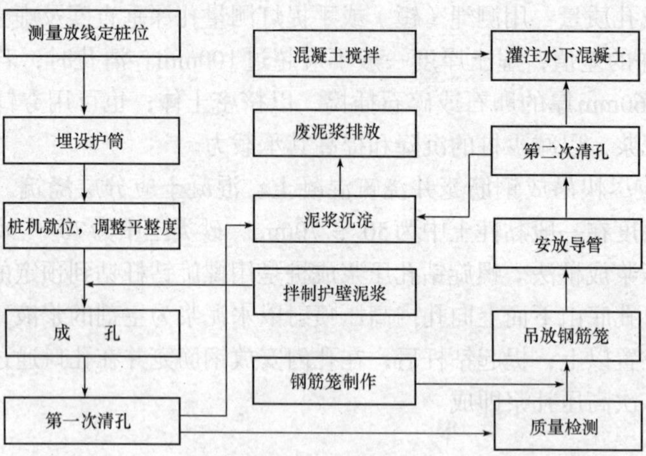

图2-16 泥浆护壁成孔灌注桩施工工艺流程图

（2）护筒埋设。护筒的作用是固定桩孔位置，防止地面水流入，保护孔口，增高桩孔内水压力，防止塌孔，成孔时引导钻头方向。护筒一般用4～8mm厚的钢板卷制而成。护筒的顶部应开设溢浆口，并高出地面200mm。

①护筒内径应大于钻头直径，用回转钻时宜大于100mm；用冲击钻时宜大于200mm。

②护筒位置应埋设正确和稳定，护筒与坑壁之间应用黏土填实，护筒中心与桩位中心线偏差不得大于20mm。

③护筒埋设深度：在黏性土中不宜小于1m，在砂土中不宜小于1.5m，并应保持孔内泥浆面高出地下水位1m以上。

④护筒埋设可采用打入法或挖埋法。前者适用于钢护筒，后者适用于混凝土护筒。护筒口一般高出地面30～40cm，或高于地下水位1.5m以上。

（3）护壁泥浆与清孔。泥浆的作用是护壁、携砂排土、切土润滑、冷却钻头等，其中以护壁作用为主。根据场地情况合理规划布置泥浆池、沉淀池、循环槽等泥浆循环系统。泥浆池的容积为钻孔容积的1.2～1.5倍，一般不宜小于8m³。沉淀池一般设2个，可串联使用，每个沉淀池体积不宜小于6m³，循环槽应能保证冲洗液正常循环而不外溢。

泥浆制备方法应根据土质条件确定：在黏性土层中成孔的泥浆，可在原土注入清水造浆。在砂土中成孔的泥浆，应先在泥浆池中投入高塑性黏土或膨润土造浆。

以原土造浆的循环泥浆比重应控制在1.1～1.3；以高塑性黏土或膨润土造浆的循环泥浆比重在砂土层中控制在1.2～1.3，在砂卵石层或容易塌孔的土层应加大至1.3～1.5。泥浆的控制指标：黏度18～22S；含砂率不大于8%；胶体率不小于90%。

为了提高泥浆质量可加入外掺料，如增重剂、增黏剂、分散剂等。施工中废弃的泥浆、泥渣应按环保的有关规定处理。

进行清孔时应注意以下几点。

①孔壁土质较好不易塌孔时可用空气吸泥机清孔。

②用原土造浆的孔，清孔后泥浆的相对密度应控制在1.1左右。

③当钻孔达到设计要求深度并经检查合格后，应立即进行清孔，目的是清除孔底沉渣以减少桩基的沉降量，提高承载能力，确保桩基质量。清孔方法有真空吸泥渣法、射水抽渣法、换浆法和掏渣法。孔壁土质较差时，宜用泥浆循环清孔。清孔后的泥浆相对密度应控制在

1.15～1.25。泥浆取样应选在距孔口20～50cm处。

④ 第一次清孔在提钻前，第二次清孔在沉放钢筋笼、下导管以后。

⑤ 浇筑混凝土前，桩孔沉渣允许厚度为：以摩擦力为主时，允许厚度不得大于150mm；以端承力为主时，允许厚度不得大于50mm。以套管成孔的灌注桩不得有沉渣。

（4）钢筋骨架制作与安装。

① 钢筋骨架的制作应符合设计与规范的要求。

② 长桩骨架宜分段制作，分段长度应根据吊装条件和总长度计算确定，并应确保钢筋骨架在移动、起吊时不变形，相邻两段钢筋骨架的接头需按有关规范要求错开。

③ 应在钢筋骨架外侧设置控制保护层厚度的垫块，可采用与桩身混凝土等强度的混凝土垫块或用钢筋焊在竖向主筋上，其竖向间距为2m，横向圆周不得少于4处，且均匀布置。骨架顶端应设置吊环。

④ 大直径钢筋骨架制作完成后，应在内部加强箍上设置十字撑或三角撑，确保钢筋骨架在存放、移动、吊装过程中不变形。

⑤ 骨架入孔一般用吊车，对于小直径桩，无吊车时可采用钻机钻架、灌注塔架等。起吊应按骨架长度的编号入孔，起吊过程中应采取措施，确保骨架不变形。

⑥ 钢筋骨架的制作和吊放的允许偏差为：主筋间距±10mm；箍筋间距±20mm；骨架外径±10mm；骨架长度±50mm；骨架倾斜度±0.5%；骨架保护层厚度水下灌注±20mm，非水下灌注±10mm；骨架中心平面位置±20mm；骨架顶端高程±20mm；骨架底面高程±50mm。钢筋笼除应符合设计要求外，还应符合下列规定。

（a）分段制作的钢筋笼，其接头宜采用焊接并应遵守《混凝土结构工程施工质量验收规范（2011修订年版）》（GB 50204—2002）的规定。

（b）主筋净距必须大于混凝土粗集料粒径3倍以上。

（c）加劲箍宜设在主筋外侧，主筋一般不设弯钩，根据施工工艺要求，所设弯钩不得向内圆伸露，以免妨碍导管工作。

（d）钢筋笼的内径应比导管接头处外径大100mm以上。

⑦ 搬运和吊装时应防止变形，安放要对准孔位，避免碰撞孔壁，就位后应立即固定。钢筋骨架吊放入孔时应居中，防止碰撞孔壁；钢筋骨架吊放入孔后，应采用钢丝绳或钢筋固定，使其位置符合设计及规范要求，并保证在安放导管、清孔及灌注混凝土过程中不发生位移。

（5）混凝土浇筑。

① 混凝土开始灌注时，漏斗下的封水塞可采用预制混凝土塞、木塞或充气球胆。

② 混凝土运至灌注地点时，应检查其均匀性和坍落度。如果不符合要求，应进行第二次拌和。二次拌和后仍不符合要求时，不得使用。

③ 第二次清孔完毕，检查合格后应立即进行水下混凝土灌注，其时间间隔不宜大于30min。

④ 首批混凝土灌注后，应连续灌注，严禁中途停止。

⑤ 在灌注过程中，应经常测探井孔内混凝土面的位置，及时调整导管埋深，导管埋深宜控制在2～6m。严禁导管提出混凝土面，要有专人测量导管埋深及管内外混凝土面的高差，并填写水下混凝土灌注记录。

⑥ 在灌注过程中，应时刻注意观察孔内泥浆返出情况，仔细听导管内混凝土的下落声音，如果有异常，必须采取相应的处理措施。

⑦ 在灌注过程中，宜使导管在一定范围内上下窜动，增加灌注速度，防止混凝土凝固。

⑧ 为了防止钢筋骨架上浮，当灌注的混凝土顶面距钢筋骨架底部1m左右时，应降低混凝土的灌注速度。当混凝土拌合物上升到骨架底口4m以上时，应提升导管，使其底口高于骨架底部2m以上，这时即可恢复正常灌注速度。

⑨ 灌注的桩顶标高应比设计标高高出0.5～1.0m，以保证桩头混凝土强度，多余部分接桩前必须凿除，桩头应无松散层。

⑩ 在灌注将近结束时，应核对混凝土的灌入数量，以确保所测混凝土的灌注高度正确。开始灌注时，应先搅拌0.5～1.0m³与混凝土强度等级相同的水泥砂浆，放在斗的底部。

小技巧

施工中常见的问题和处理方法如下。

（1）护筒冒水。护筒外壁冒水如不及时处理，严重者会造成护筒倾斜和位移、桩孔偏斜，甚至无法施工。冒水原因为埋设护筒时周围填土不密实，或者由于起落钻头时碰动了护筒。处理办法：如果初发现护筒冒水，可用黏土在护筒四周填实加固；如果护筒严重下沉或位移，则返工重埋。

（2）孔壁坍塌。在钻孔过程中，若在排出的泥浆中不断有气泡，有时护筒内的水位突然下降，应是塌孔的迹象。其原因是土质松散、泥浆护壁不好、护筒水位不高等。处理办法：如果在钻孔过程中出现缩颈、塌孔，应保持孔内水位，并加大泥浆相对密度，以稳定孔壁；如果缩颈、塌孔严重或泥浆突然漏失，应立即回填黏土，待孔壁稳定后，再进行钻孔。

（3）钻孔偏斜。造成钻孔偏斜的原因是钻杆不垂直、钻头导向部分太短、导向性差、土质软硬不一，或遇上孤石等。处理办法：减慢钻速，并提起钻头，上下反复扫钻几次，以便削去硬层，转入正常钻孔状态。如果在孔口不深处遇孤石，可用炸药炸除。

（4）不进尺。造成不进尺的原因有：钻头粘满黏土块（糊钻头），排渣不畅，钻头周围堆积土块；钻头合金刀具安装角度不适当，刀具切土过浅，泥浆密度过大，钻头配重过轻。处理办法：加强排渣，重新安装刀具角度、形状、排列方向；降低泥浆密度，加大配重糊钻时，可提出钻头，清除泥块后，再施钻。

（5）钻孔漏浆。遇到透水性强或有地下水流动的土层；护筒埋设过浅，回填土不密实或护筒接缝不严密，在护筒及脚或接缝处漏浆；水头过高使孔壁渗透。处理办法：适当加稠泥浆或倒入黏土慢速转动，或在回填土内掺片石，卵石，反复冲击，增强护壁、护筒周围及底部接缝，用土回填密实，适当控制孔内水头高度，不要使压力过大。

（6）钢筋笼偏位、变形、上浮。钢筋笼过长，未设加劲箍，刚度不够，造成变形；钢筋笼上未设垫块或耳环控制保护层厚度，或桩孔本身偏斜或偏位；钢筋笼吊放未垂直缓慢放下，而是斜插入孔内；孔底沉渣未清理干净，使钢筋笼达不到设计强度；当混凝土面至钢筋笼底时，混凝土导管理深不够，混凝土冲击力使钢筋笼被顶托上浮。处理办法：钢筋过长，应分2～3节制作，分段吊放，分段焊接或设加劲箍加强；在钢筋笼部分主筋上，应每隔一定距离设置混凝土垫块或焊耳环控制保护层厚度，桩孔本身偏斜、偏位应在下钢筋笼前往复扫孔纠正，孔底沉渣应置换清水或适当密度泥浆清除；浇灌混凝土时，应将钢筋笼固定在孔壁上或压住；混凝土导管应埋入钢筋笼底面以下1.5m以上。

4. 套管成孔灌注桩

套管成孔灌注桩是指用锤击或振动的方法，将带有预制混凝土桩尖或钢活瓣桩尖的钢套管沉入土中，到达规定的深度后，立即在管内浇筑混凝土或管内放入钢筋笼后，再浇筑混凝土，随后拔出钢套管，并利用拔管时的冲击或振动，使混凝土捣实而形成的桩，故又称沉管或打拔管灌注桩。

套管成孔灌注桩具有施工设备较简单，桩长可随实际地质条件确定，经济效果好，尤其在有地下水、流砂、淤泥的情况下可使施工大大简化等优点。但其单桩承载能力低，在软土中易于产生颈缩，且施工过程中仍有挤土、振动和噪声，造成对邻近建筑物的危害影响等缺点，故除了尚在少数小型工程中使用外，现已较少采用该法施工。

套管成孔灌注桩按沉管的方法不同，又分为振动沉管灌注桩和锤击沉管灌注桩两种。套管成孔灌注桩适用于一般黏性土、淤泥质土、砂土、人工填土及中密碎石土地基的沉桩。

（1）振动沉管灌注桩。

① 振动沉管灌注桩的施工工艺流程如图2-17所示。

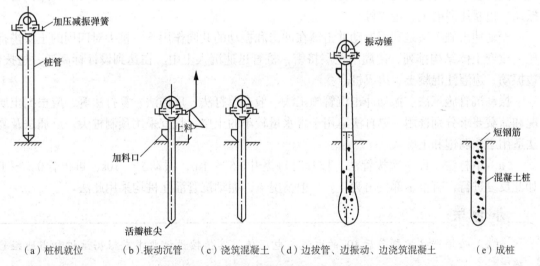

（a）桩机就位　　（b）振动沉管　　（c）浇筑混凝土　（d）边拔管、边振动、边浇筑混凝土　　　（e）成桩

图2-17　振动沉管灌注桩施工工艺流程

（a）桩机就位。施工前，应根据土质情况选择适用的振动打桩机，桩尖采用活瓣式。施工时，先安装好桩机，将桩管对准桩位中心，桩尖活瓣合拢，放松卷扬机钢丝绳，利用振动机及桩管自重，把桩尖压入土中，勿使其偏斜，这样即可启动振动箱沉管。

（b）振动沉管。沉管过程中，应经常探测管内有无地下水或泥浆。如果发现水或泥浆较多，应拔出桩管，检查活瓣桩尖缝隙是否过疏而漏进泥水。如过疏应加以修理，并用砂回填桩孔后重新沉管，如仍发现有少量水，一般可在沉入前先灌入0.1m³左右的混凝土或砂浆，封堵活瓣桩尖缝隙，再继续沉入。

沉管时，为了适应不同土质条件，常用加压的方法来调整土的自振频率。桩尖压力改变可利用卷扬机滑轮钢丝绳，把桩架部分的重量传到桩管上，并根据钢管沉入速度随时调整离合器，防止桩架抬起，发生事故。

（c）浇筑混凝土。桩管沉到设计位置后停止振动，用上料斗将混凝土灌入桩管内，一般应灌满或略高于地面。

（d）边拔管、边振动、边浇筑混凝土。开始拔管时，先启动振动箱片刻后再拔管，并用吊砣探测确定桩尖活瓣已张开，混凝土已从桩管中流出以后，方可继续抽拔桩管，边拔边振。拔管速度，活瓣桩尖不宜大于2.5m/min；预制钢筋混凝土桩尖不宜大于4m/min。拔管方法一般宜采用单打法，每拔起0.5～1.0m时应停拔，振动5～10s；再拔管0.5～1.0m，振动5～10s，如此反复进行，直至全部拔出。在拔管过程中，桩管内应至少保持2m以上高度的混凝土或不低于地面，可用吊砣探测，不足时要及时补灌，以防混凝土中断，形成缩颈。

振动灌注桩的中心距不宜小于桩管外径的4倍，相邻桩施工时，其间隔时间不得超过水泥的初凝时间。中间需停顿时，应将桩管在停歇前先沉入土中。

（e）安放钢筋笼或插筋。第一次浇筑至笼底标高，然后安放钢筋笼，再灌注混凝土至设计标高。

② 施工要点。振动沉管施工法是在振动锤竖直方向往复振动作用下，桩管也以一定的频率和振幅产生竖向往复振动，可减小桩管与周围土体间的摩阻力。当强迫振动频率与土体的自振频率相同时（砂土自振频率为900～1 200Hz，黏性土自振频率为600～700Hz），土体结构因共振而破坏。与此同时，桩管受加压作用而沉入土中。在达到设计要求深度后，边拔管、边振动、边灌注混凝土、边成桩。

振动冲击施工法是利用振动冲击锤在冲击和振动的共同作用下，桩尖对四周的土层进行挤压，改变土体结构排列，使周围土层挤密，桩管迅速沉入土中。在达到设计标高后，边拔管、边振动、边灌注混凝土、边成桩。

振动沉管施工法、振动冲击沉管施工法一般有单打法、反插法、复打法等，应根据土质情况和荷载要求分别选用。单打法适用于含水量较小的土层，且宜采用预制桩尖；反插法及复打法适用于软弱饱和土层。

（a）单打法。即一次拔管法，拔管时每提升0.5～1m，振动5～10s，再拔管0.5～1m，如此反复进行，直至全部拔出为止。一般情况下，振动沉管灌注桩均采用此法。

小提示

（1）必须严格控制最后30s的电流、电压值，其值按设计要求或根据试桩和当地经验确定。

（2）桩管内灌满混凝土后，先振动5～10s，再开始拔管，应边振边拔，每拔0.5～1.0m停拔振动5～10s，如此反复，直至桩管全部拔出。

（3）在一般土层内，拔管速度宜为1.2～1.5m/min；用活瓣桩尖时宜慢；用预制桩尖时适当加快；在软弱土层中，宜控制在0.6～0.8m/min。

（b）复打法。在同一桩孔内进行两次单打，即按单打法制成桩后再在混凝土桩内成孔并灌注混凝土。采用此法可扩大桩径，大大提高桩的承载力。

小提示

（1）第一次灌注混凝土应达到自然地面。
（2）应随拔管随清除粘在管壁上和散落在地面上的泥土。
（3）前后两次沉管的轴线要重合。
（4）复打施工必须在第一次灌注的混凝土初凝前完成。

（c）反插法。先振动再拔管，每提升0.5～1.0m，再把桩管下沉0.3～0.5m（且不宜大于活瓣桩尖长度的2/3），在拔管过程中分段添加混凝土，使管内混凝土面始终不低于地表面，或高于地下水位1.0～1.5m以上，如此反复进行直至地面。反插次数按设计要求进行，并应严格控制拔管速度不得大于0.5m/min。在桩尖的1.5m范围内，宜多次反插以扩大端部截面。

小提示

（1）桩管灌满混凝土之后，先振动再拔管，每次拔管高度为0.5～1.0m，反插深度为0.3～0.5m；在拔管过程中，应分段添加混凝土，保持管内混凝土面始终不低于地表面或高于地下水位1.0～1.5m，拔管速度应小于0.5m/min。

（2）在桩尖处的1.5m范围内宜多次反插，以扩大桩的端部断面。

（3）穿过淤泥夹层时，应当放慢拔管速度，并减小拔管高度和反插深度，在流动性淤泥中不宜使用反插法。

（4）振动灌筑桩的中心距不宜小于桩管外径的4倍，相邻的桩施工时，其间隔时间不得超过水泥的初凝时间，中途停顿时，应将桩管在停顿前先沉入土中，或待已完成的邻桩混凝土达到设计强度等级的50%方可施工；桩距小于3.5d（d—桩直径）时，应跳打施工。

施工中常见的问题和处理方法如下。

① 缩颈。浇筑混凝土后的桩身局部直径小于设计尺寸。在地下水位以下或饱和淤泥或淤泥质土中沉桩管时，土受强制扰动挤压，土中水和空气未能很快扩散，局部产生孔隙压力，当套管拔出时，混凝土强度尚低，会把部分桩体挤成缩颈。在流塑淤泥质土中，由于下套管产生的振动作用，使混凝土不能顺利地灌入，被淤泥质土填充进来，而造成缩颈。桩身间距过小，施工时受邻桩挤压。拔管速度过快，混凝土来不及下落，而被泥土填充。混凝土过于干硬或和易性差，拔管时对混凝土产生摩擦力或管内混凝土量过少，混凝土出管的扩散性差，而造成缩颈。处理办法：施工时每次向桩管内尽量多装混凝土，借其自重抵消桩身所受的孔隙水压力，一般使管内混凝土高于地面或地下水位1.0～1.5m，使之有一定的扩散力；桩间距过小，宜用跳打法施工；沉桩应采取"慢抽密击（振）"；桩拔管速度不得大于0.8～1.0m/min；桩身混凝土应用和易性好的低流动性混凝土浇筑桩轻度缩颈，可采用反插法，每次拔管高度以1.0m为宜；局部缩颈宜采用半复打法；桩身多段缩颈宜采用复打法施工。

② 断桩、桩身混凝土坍塌。桩下部遇软弱土层，桩成型后，还未达到初凝强度时，在软硬不同的两层土中振动下沉套管，由于振动对两层土的波速不一样，产生了剪切力把桩剪断；拔管时速度过快，混凝土尚未流出套管，而周围的土迅速回缩，就会形成断桩；在流态的淤泥质土中，孔壁不能自立，浇筑混凝土时，混凝土密度大于流态淤泥质土，造成混凝土在该层中坍塌；桩中心距过近，打邻桩时受挤压（水平力及抽管上拔力）断裂，混凝土终凝不久，受振动和外力扰动。处理办法：采用跳打法施工，跳打应在相邻成形的桩达到设计强度的60%以上进行；认真控制拔管速度，一般以1.2～1.5m/min为宜；对于松散性和流态淤泥质土，不宜多振，以边振边拔为宜。已出现断桩的情况，采用复打法解决；在流态的淤泥质土中出现桩身混凝土坍塌时，尽可能不采用套管护壁灌筑桩；控制桩中心距大于3.5倍桩直径；混凝土终凝不久避免振动和扰动；桩中心过近，可采用跳打或控制时间的方法。

③ 桩尖进水、进泥砂。套管活瓣处涌水或泥砂进入桩管内。地下涌水量大，水压大；沉桩时间过长；桩尖活瓣缝隙大或桩尖被打坏。处理办法：当地下涌水量大时，桩管应用0.5m

高水泥砂浆封底，再灌1m高混凝土，然后沉入；少量进水（＜20cm）可在灌第一槽混凝土酌减用水量处理；沉桩时间不要过长；桩尖损坏，不密合，可将桩管拔出，桩尖活瓣修复改正后，将孔回填，重新沉入。

④ 吊脚桩。桩下部混凝土不密实或脱空，会形成空腔。桩尖活瓣受土压实，抽管至一定高度后才张开；混凝土干硬，和易性差，下落不密实，形成空隙；预制桩尖被打碎缩入桩管内，泥砂与水挤入管中。处理办法：为防止活瓣不张开，可采取"密振慢抽"方法，开始拔管50cm，可将桩管反插几下，然后再正常拔管；混凝土应保持良好和易性，坍落度应不小于5～7cm；严格检查预制桩尖的强度和规格，防止桩尖打碎或压入桩管。

（2）锤击沉管灌注桩。

① 锤击沉管灌注桩的施工工艺流程如图2-18所示。

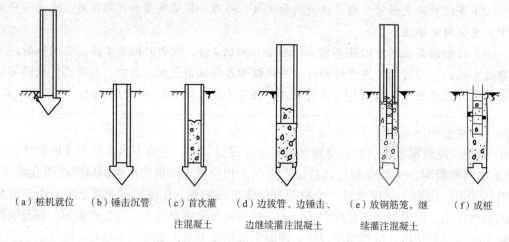

（a）桩机就位　（b）锤击沉管　（c）首次灌　（d）边拔管、边锤击、（e）放钢筋笼，继　（f）成桩
　　　　　　　　　　　　　　　注混凝土　　边继续灌注混凝土　续灌注混凝土

图2-18　锤击沉管灌注桩施工程序示意图

（a）桩机就位。将桩管对预先埋设在桩位上的预制桩对准桩尖或将桩管对准桩位中心，使它们三点合一线，然后把桩尖活瓣合拢，放松卷扬机钢丝绳，利用桩机和桩管自重，把桩尖打入土中。

（b）锤击沉管。在检查桩管与桩锤、桩架等是否在一条垂直线上之后，看桩管垂直度偏差是否小于或等于5%，可用桩锤先低锤轻击桩管，观察偏差是否在容许范围内，再正式施打，直至将桩管打入至设计标高或要求的贯入度。

（c）首次灌注混凝土。沉管至设计标高后，应立即灌注混凝土，尽量减少间隔时间；在灌注混凝土前，必须用吊砣检查桩管内无泥浆或无渗水后，再用吊斗将混凝土通过灌注漏斗灌入桩管内。

（d）边拔管、边锤击、边继续灌注混凝土。当混凝土灌满桩管后，便可开始拔管，一边拔管，一边锤击。拔管的速度要均匀，对一般土层以1m/min为宜，在软弱土层和软硬土层交界处，宜控制在0.3～0.8m/min；采用倒打拔管的打击次数，单动汽锤不得少于50次/min，自由落锤轻击（小落距锤击）不得少于40次/min；在管底未拔至桩顶设计标高前，倒打和轻击不得中断。在拔管过程中应向桩管内继续灌入混凝土，以满足灌注量的要求。

（e）放钢筋笼，继续灌注混凝土。当桩身配钢筋笼时，第一次灌注混凝土应先灌至笼底标高，然后放置钢筋笼，再灌混凝土至桩顶标高。第一次拔管高度应以能容纳第二次所需灌入的混凝土量为限，不宜拔得过高。在拔管过程中应有专用测锤或浮标，检查混凝土面的下降情况。

② 施工要点。锤击沉管施工法是利用桩锤将桩管和预制桩尖（桩靴）打入土中，边拔管、边振动、边灌注混凝土、边成桩，在拔管过程中，由于保持对桩管进行连续低锤密击，使钢管不断受到冲击振动，从而密实混凝土。锤击沉管灌注桩的施工应该根据土质情况和荷载要求，分别选用单打法、复打法。

锤击沉管成桩宜按桩基施工顺序依次退打，桩中心距在4倍桩管外径以内或小于2m时均应跳打，中间空出的桩，须待邻桩混凝土达到设计强度的50%以后，方可施打。

当采用单打法工艺时，预制桩尖直径、桩管外径和成桩直径的配套选用如表2-16所示。

表2-16 单打法工艺预制桩尖直径、桩管外径和成桩直径关系表

预制桩尖直径/mm	桩管外径/mm	成桩直径/mm
340	273	300
370	325	350
420	377	400
480	426	450
520	480	500

知 识 链 接

（1）群桩基础和桩中心距小于4倍桩径的桩基，应有保证相邻桩桩身质量的技术措施。

（2）混凝土预制桩尖或钢桩尖的加工质量和埋设位置应与设计相符，桩管与桩尖的接触应有良好的密封性。

（3）沉管全过程必须有专职记录员做好施工记录；每根桩的施工记录均应包括每米的锤击数和最后1m的锤击数；必须准确测量最后3阵，每阵10锤的贯入度及落锤高度。

（4）混凝土的充盈系数不得小于1.0；对于混凝土充盈系数小于1.0的桩，宜全长复打；对可能有断桩和缩颈桩的，应采取局部复打的措施。成桩后的桩身混凝土顶面标高应不低于设计标高500mm。全长复打桩的入土深度宜接近原桩长，局部复打应超过断桩或缩颈区1m以上。

（5）全长复打桩施工时应遵守下列规定。

① 第一次灌注混凝土应达到自然地面。

② 应随拔管随清除粘在管壁上和散落在地面上的泥土。

③ 前后两次沉管的轴线应重合。

④ 复打施工必须在第一次灌注的混凝土初凝前完成。

施工中常见的问题和处理方法同振动沉管灌注桩。

5. 人工挖孔灌注桩

在高层建筑和重型构筑物中，因荷载集中、基底压力大，对单桩承载力要求很高，故常采用大直径的挖孔灌注桩。这种桩是以硬土层作持力层、以端承力为主的一种基础形式，其直径可达1～3.5m，桩深60～80m，每根桩的承载力高达6 000～10 000kN。大直径挖孔灌注桩，可以采用人工或机械成孔。如果桩底部再进行扩大，则称"大直径扩底灌注桩"。

（1）人工挖孔桩施工与设计特点。人工挖孔灌注桩（简称人工挖孔桩）是指桩孔采用人工挖掘方法进行成孔，然后安放钢筋笼，并浇筑混凝土而形成的桩。人工挖孔桩结构上的特

点：单桩的承载能力高，受力性能好，既能承受垂直荷载，又能承受水平荷载。其在施工上的特点：①设备简单；②无噪声、无振动、不污染环境，对施工现场周围原有建筑物的危害影响小；③施工速度快，可按施工进度要求，决定同时开挖桩孔的数量，必要时各桩同时施工；④土层情况明确，可直接观察到地质变化的情况；⑤桩底沉渣能清理干净；⑥施工质量可靠，造价较低。尤其当高层建筑选用大直径的灌注桩，而其施工现场又在狭窄的市区时，采用人工挖孔比机械挖孔具有更大的适应性；但其缺点是人工耗量大、开挖效率低、安全操作条件差等。

人工挖孔桩必须考虑防止土体坍塌的支护措施，以确保施工过程中的安全。常用的护壁方法有现浇混凝土护圈、沉井护圈和钢套管护圈三种，如图2-19所示。

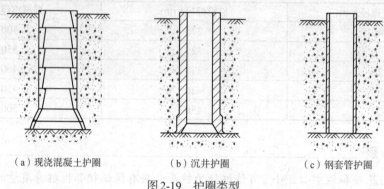

（a）现浇混凝土护圈　　（b）沉井护圈　　（c）钢套管护圈

图2-19　护圈类型

人工挖孔桩的构造如图2-20所示。对于土质较好的地层，护壁可用素混凝土，土质较差地段应增加少量钢筋（环筋 $\phi10\sim\phi12$mm，间距200mm；竖筋 $\phi10\sim\phi12$mm，间距400mm）。

（2）施工机具。

① 挖土工具。铁镐、铁锹、钢钎、铁锤、风镐等。

② 出土工具。电动葫芦或手摇辘轳和提土桶。

③ 降水工具。潜水泵，用于抽出桩孔内的积水。

④ 通风工具。常用的通风工具为1.5kW的鼓风机，配以直径为100mm的薄膜塑料送风管，用于向桩孔内强制送入风量不小于25L/s的新鲜空气。

⑤ 通信工具。摇铃、电铃、对讲机等。

⑥ 护壁模板。常用的有木结构式和钢结构式两种。

（3）施工工艺。

① 测量放线、定桩位。

② 桩孔内土方开挖。采取分段开挖，每段开挖深度取决于土的直立能力，一般0.5～1.0m为一施工段，开挖范围为设计桩径加护壁厚度。

③ 支护壁模板。常在井外预拼成4～8块工具式模板。

④ 浇筑护壁混凝土。护壁起着防止土壁坍塌与防水的双重作用，因此护壁混凝土要捣实，第一节护壁厚宜增加100～150mm，上、下节用钢筋拉结。

⑤ 拆模，继续下一节的施工。护壁混凝土强度达到1MPa（常

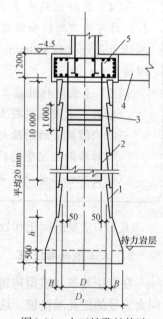

图2-20　人工挖孔桩构造
1—护壁；2—主筋；3—箍筋
4—地梁；5—桩帽

温下约24h）方可拆模，拆模后开挖下一节的土方，再支模浇筑护壁混凝土，如此循环，直至挖到设计深度。

⑥浇筑桩身混凝土。排除桩底积水后，浇筑桩身混凝土至钢筋笼底面设计标高，安放钢筋笼，再继续浇筑混凝土。混凝土浇筑时应用溜槽或串筒，用插入式振动器捣实。

知识链接

（1）开挖前，桩位定位应准确，在桩位外设置龙门桩，安装护壁模板时，须用桩心点校正模板位置，并由专人负责。

（2）保证桩孔的平面位置和垂直度。桩孔中心线的平面位置偏差不宜超过50mm，桩的垂直度偏差不得超过0.5%，桩径不得小于设计直径。为保证桩孔平面位置和垂直度符合要求，每开挖一段，安装护圈楔板时，可用十字架放在孔口上方，对准预先标定的轴线标记，在十字架交叉点悬吊垂球对中，务必使每一段护壁符合轴线要求，以保证桩身的垂直度。

（3）防止土壁坍落及流砂。在开挖过程中，遇有特别松散的土层或流砂层时，为防止土壁坍落及流砂，可采用钢套管护圈或沉井护圈作为护壁；或将混凝土护圈的高度减小到300～500mm。流砂现象严重时，可采用井点降水法降低地下水位，以确保施工安全和工程质量。

（4）人工挖孔桩混凝土护壁厚度不宜小于100mm，混凝土强度等级不得低于桩身混凝土强度等级。采用多节护壁时，应用钢筋拉结起来。第一节井圈顶面应比场地高出150～200mm，壁厚比下面井壁厚度增加100～150mm。

（5）浇筑桩身混凝土时，应及时清孔及排除井底积水。桩身混凝土宜一次连续浇筑完毕，不留施工缝。浇筑前，应认真清除孔底的浮土、石渣。在浇筑过程中，要防止地下水流入，保证浇筑层表面无积水层。当地下水穿过护壁流入量较大、无法抽干时，应采用导管法进行浇筑。

课堂案例

某综合楼建筑面积3 000m²，是一栋7层L形平面建筑，底层营业厅，2层以上为住宅。底层层高3.5m，2层以上层高3.0m，总高21.5m，基础为混凝土灌注桩基，上部为现浇钢筋混凝土梁、板、柱的框架结构，主体结构采用C20混凝土，砖砌填充墙。施工单位按照经监理单位批准的施工方案组织施工，于2004年8月7日完工，经竣工验收后，发现未达到质量合格标准。

问题：

1. 工程达到什么条件时，方可进行竣工验收？
2. 简述竣工验收的程序和组织。
3. 质量验收的基本要求。
4. 工程验收时质量不符合要求应如何处理？

分析：

1. 竣工验收的条件

（1）完成建设工程设计和合同规定的内容。

（2）有完整的技术档案和施工管理资料。

（3）有工程使用的主要建筑材料、建筑构配件和设备的进场试验报告。

（4）有勘查、设计、施工、工程监理等单位分别签署的质量合格文件。

（5）按设计内容完成，工程质量和使用功能符合规范规定的设计要求，并按合同规定完成协议内容。

2. 竣工验收的程序和组织

工程完工后，施工单位应自行组织有关人员进行检查评定，并向建设单位提交工程验收报告；建设单位收到工程验收报告后，应由建设单位（项目）负责人组织施工（含分包单位）、设计、监理等单位（项目）负责人进行单位工程验收；分包单位对所承包工程项目检查评定，总包派人参加，分包完成后，将资料交给总包；当参加验收各方对工程质量验收不一致时，可请当地建设行政主管部门或工程质量监督机构协调处理；单位工程质量验收合格后，建设单位应在规定时间内将工程竣工验收报告和有关文件，报建设行政管理部门予以备案。

3. 工程质量验收的基本要求

（1）质量应符合统一标准和相关验收规范的规定。

（2）应符合工程勘察、设计文件的要求。

（3）参加验收的各方人员应具备规定的资格。

（4）质量验收应在施工单位自行检查评定的基础上进行。

（5）隐蔽工程在隐蔽前应由施工单位通知有关单位进行验收，并形成验收文件。

（6）涉及结构安全的试块、试件以及有关材料，应按规定进行见证取样检测。

（7）检验批的质量应按主控项目和一般项目验收。

（8）对于涉及结构安全和使用功能的重要分部工程应进行抽样检测。

（9）承担见证取样检测及有关结构安全检测的单位应具有相应资质。

（10）工程的观感质量应由验收人员通过现场检查，并应共同确认。

4. 工程验收时质量不符合要求的处理

（1）经返工重做，应重新进行验收。

（2）经有资质的检测单位检测鉴定能够达到设计要求的检验批，应予以验收。

（3）经有资质的检测单位检测鉴定达不到设计要求，但经原设计单位核算认可能够满足结构安全和使用功能的检验批，可予以验收。

（4）经返修或加固处理的分项、分部工程，虽然改变外形尺寸但仍能满足安全使用要求，可按技术处理方案和协商文件进行验收。

（5）通过返修或加固处理仍不能满足安全使用要求的分部工程、单位（子单位）工程，严禁验收。

学习案例

某会议中心新建会议楼，建筑面积 20 600m²，混凝土现浇结构，筏板基础，地下 2 层，地上 10 层，基础埋深 132m。

工程所在地区地势北高南低，地下水流从北向南，施工单位的降水方案计划在基坑南边布置单排轻型井点。基坑开挖到设计标高后，施工单位和监理单位对基坑进行了验槽，并对基底进行了钎探，发现地基东南角有约 290m³ 软土区，监理工程师随即指令施工单位进行换填处理。工程主体结构施工时，4 层现浇钢筋混凝土阳台根部发生断裂，经检查发现是由于施工人员将受力主筋位置布置错误造成的。

事故发生后，业主立即组织了质量大检查，发现一层大厅梁柱节点处有露筋，已绑扎完成的楼板钢筋位置与设计图纸不符，施工人员对钢筋绑扎规范要求不清楚。工程进入外墙面装修阶段后，施工单位按原设计完成了 879m³ 的外墙贴面砖工作，业主认为原设计贴面砖与周边环境不协调，要求更换为大理石贴面，施工单位按业主的要求进行了更换。

问题：

1. 该工程基坑开挖降水方案是否可行？说明理由。

2. 施工单位和监理单位两家单位共同进行工程验槽的做法是否妥当？说明理由。

3. 发现基坑基底软土区后应按什么工作程序进行基坑处理？

4. 工程质量事故和业主检查出的问题反映出施工单位质量管理中存在哪些主要问题？

分析：

1. 该工程基坑开挖降水方案不可行。

理由：单排轻型井点应布置在地下水位的上游一侧，即应该在基坑北边布置单排轻型井点。

2. 施工单位和监理单位两家单位共同进行工程验槽的做法不妥。

理由：工程验槽应由建设单位、监理单位、施工单位、勘查单位和设计单位五方共同进行。

3. 发现基坑基底软土区后的处理程序为：

（1）建设单位应要求勘查单位对软土区进行地质勘查。

（2）建设单位应要求设计单位根据勘察结果对软土区地基做设计变更。

（3）建设单位或授权监理单位研究设计单位所提交的设计变更方案，并就设计变更实施后的费用与工期和施工单位达成一致后，由建设单位对设计变更做出决定。

（4）由总监理工程师签发工程变更单，指示承包单位按变更的决定组织地基处理。

4. 主要问题包括：

（1）施工单位现场钢筋工人员素质差。

（2）技术交底制度薄弱。

（3）没有严格执行按图施工。

（4）重要的分部分项工程保证质量施工措施考虑不周。

✿ 知识拓展

桩基础的检测和验收

1. 桩基础施工质量监测评价的意义

桩基础施工是一项分项工程，也是一项隐蔽工程，只有验收合格后，才能进行下一个分项工程（承台和地梁）；未经验收或验收不合格，都不允许继续往下施工。桩基础施工质量的好坏十分重要，关系到整幢建筑物的安危。桩基础施工质量的好坏，不能用肉眼来鉴别，如果把不合格的桩误判为合格，等到上部结构做好了才发现有问题，是很难处理的。

2. 桩基础施工质量的合格标准

下列四项标准必须同时达到才算合格。
（1）桩的平面位置、垂直度、标高应符合设计要求。
（2）桩长、桩端深入持力层的位置应符合设计要求。
（3）桩身质量完整（包括预制桩节的接头），混凝土强度达到设计要求。
（4）单桩承载力应达到设计要求。

3. 桩基检测问题的实质

一个工程打桩的数量往往很多，如果对每一根桩都进行检测，不但费工费时，而且费用巨大，现实是行不通的。这就需要用适当的程序、方法，选择一部分桩来检测，根据这部分桩的检测结果，来判定全部工程桩是否合格，做到"有效概率"要相当的高，或"失效概率"要相当低。

4. 检测方法

（1）动测法。对被检测桩头施加一个撞击力，使桩产生弹性振动，通过记录仪和分析弹性波动的波形，可以判定桩身混凝土施工质量是否合格，较简单快捷和便宜。动测法分两类：大应变动测法和小应变动测法。

① 大应变动测法。用一个几吨重的锤，落距2～3m，给桩头施加撞击力，记录和分析弹性波动的波形，可以判定桩身混凝土施工质量是否合格，还可以大致估计单桩极限承载力，此法大约每根桩几千元的代价，数小时可完成。大应变动测法的仪器设备装置组成，如图2-21所示。

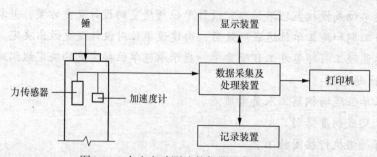

图2-21 大应变动测法的仪器设备装置组成

② 小应变动测法。用一个手锤来撞击桩头，记录和分析弹性波动的波形，只能判定桩身混凝土施工质量是否完整，此法每根桩几百元的代价，约20min可完成。小应变动测法的仪器设备装置组成如图2-22所示。

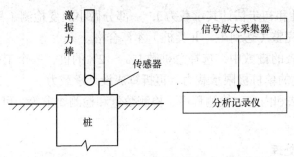

图 2-22　小应变动测法的仪器设备装置组成

（2）静载法。对被检测的桩逐渐施加桩顶荷载，如图 2-23 所示，同时记录每级荷载下桩顶的位移，画出相应的荷载位移曲线（见图 2-24），继续加大荷载至规范设定的某种极限状态为止（一般加载至单桩设计承载力的 2 倍及以上），从而确定单桩的极限承载力，再折算出单桩的设计承载力。这种方法最实用、准确，但麻烦，时间长（一般一周左右）、费用大（每吨加载 70 ～ 80 元，一根桩 1 ～ 2 万元）。

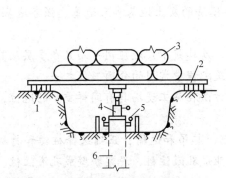

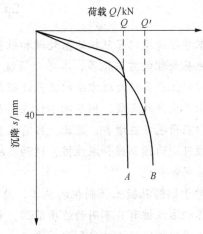

图 2-23　静载试验示意图

1—支墩；2—钢横梁；3—压重；4—油压千斤顶；

5—百分表；6—试验桩

图 2-24　静载试验位移曲线

（3）钻芯法。用岩钻在桩身某个位置上钻取整段混凝土桩芯做试样测试，可以检查混凝土沿桩长度上的质量分布情况，确定桩尖与持力层相接处是否接触良好。这种方法较直观，但时间长费用大（与静载法相当），一般只用于在大直径灌注桩检查上，抽芯后其孔洞应注入水泥浆填塞。

5. 验桩的基本规定

对工程桩的检查测试，按我国相关规范，要经过查、抽、试几个步骤。

① 查。全面检查整个施工过程的记录资料，从中选择一些地质条件较差、地位较特殊（指受荷载大或位置重要），施工过程不太顺利，有可能质量会比较差的桩，或荷载和土层都较有代表性的桩，来进入第二步的测试。

② 抽。随机抽取总桩数 10% ～ 20% 的桩，第一步核查时，画定的应优先列入，做动测试验，以判定这批桩桩身质量的完整性和初步估计其承载能力；一部分做大应变检测（可以同时

测定桩身质量的完整性和初步估计其承载力），一部分做小应变检测（只能测定桩身质量的完整性）。凡完整或基本完整（达到Ⅰ、Ⅱ类桩）才算合格。

③ 试。在上述抽查的桩数中，选择总桩数1%～2%的桩，一个工程不少于5根，做现场静荷载试验，以测定它的单桩极限承载力，再折算成设计承载力。

④ 详细的检测方法和内容、检测程序、检测数量和检测要求等，可参照JGJ 106-2003《建筑基桩检测技术规范》。

6. 对不合格桩的处理

（1）对检查出来属于不合格的桩必须先进行处理，处理的总原则是：区别情况，分别处理，能补救的尽量采取加固处理措施，确实不能补救的，经过设计计算，重新补桩和修改桩承台。

（2）处理方案由设计单位出图、审核，施工企业按图施工，监理实行全过程跟踪。处理完成，经过共同验收合格后，可以继续施工。

学习情境小结

本学习情境内容包括地基处理和桩基础施工。

地基处理的方法很多，本学习情境主要介绍了换填法的灰土地基和砂地基、强夯地基等，学习时应注意各种处理方法的工艺过程与适用范围。

由于生产的发展，桩基础不仅在高层建筑和工业厂房建筑中广泛应用，而且在多层及其他建筑中应用也日益增多，因此，目前桩基础已成为建筑工程中常用的分项工程之一。

桩可分为预制桩和灌注桩，这两类桩基础的施工方法在施工现场具有同样重要的地位，学习时应同等重视。

对于钢筋混凝土预制桩的施工，应掌握桩的预制、起吊和运输，正确选择桩锤和打桩方法。各种灌注桩有其不同的适用范围，重点掌握干作业成孔灌注桩、泥浆护壁成孔灌注桩、套管成孔灌注桩的施工工艺和施工要点。

学习检测

一、选择题

1. 桩在堆放时，允许的最多堆放层数为（　　　）。

A. 一层　　　　　　B. 三层　　　　　　C. 四层　　　　　　D. 五层

2. 预制混凝土桩的表面应平整、密实，掉角深度及混凝土裂缝深度应小于（　　　）mm。

A. 10，30　　　　　B. 15，20　　　　　C. 15，30　　　　　D. 10，20

3. 对于预制桩的起吊点，设计未作规定时，应遵循的原则是（　　　）。

A. 吊点均分桩长

B. 吊点位于中心处

C. 跨中正弯矩最大

D. 吊点间跨中正弯矩与吊点处负弯矩相等

4. 对打桩桩锤的选择影响最大的因素是（　　　）。

A. 地质条件 　　　　　　　　　　 B. 桩的类型

C. 桩的密集程度 　　　　　　　　 D. 单桩极限承载力

5. 可用于打各种桩、斜桩，还可拔桩的桩锤是（　　　）。

A. 双动汽锤 　　　　　　　　　　 B. 筒式柴油锤

C. 导杆式柴油锤 　　　　　　　　 D. 单动汽锤

6. 当预制桩顶设计标高接近地面标高时，只能采用的打桩方法是（　　　）。

A. 顶打法 　　　　　　　　　　　 B. 先顶后退法

C. 先退后顶法 　　　　　　　　　 D. 退打法

7. 桩的断面边长为30cm，群桩桩距为100cm，打桩的顺序应为（　　　）。

A. 从一侧向另一侧顺序进行 　　　 B. 从中间向两侧对称进行

C. 按施工方便的顺序进行 　　　　 D. 从四周向中间环绕进行

8. 以下沉桩方法中，适用在城市中软土地基施工的是（　　　）。

A. 锤击沉桩 　　　　　　　　　　 B. 振动沉桩

C. 射水沉桩 　　　　　　　　　　 D. 静力压桩

9. 在地下水位以上的黏性土、填土、中密以上砂土及风化岩等土层中的桩基成孔，常用方法是（　　　）。

A. 干作业成孔 　　B. 沉管成孔 　　　　C. 人工挖孔 　　　　D. 泥浆护壁成孔

10. 干作业成孔灌注桩采用的钻孔机具是（　　　）。

A. 螺旋钻 　　　B. 潜水钻 　　　　　C. 回转钻 　　　　　D. 冲击钻

11. 若在流动性淤泥土层中的桩可能有颈缩现象时，可行又经济的施工方法是（　　　）。

A. 反插法 　　B. 复打法 　　　C. 单打法 　　　　D. A和B都行

12. 最适用于在狭窄的现场施工的成孔方式是（　　　）。

A. 沉管成孔 　　B. 泥浆护壁成孔 　　C. 人工挖孔 　　　D. 螺旋钻成孔

13. 人工挖孔灌注桩施工时，其护壁应（　　　）。

A. 与地面平齐 　　　　　　　　　 B. 低于地面100m

C. 高于地面150～200mm 　　　　 D. 高于地面300mm

二、填空题

1. 重锤夯实法是利用起重机械，将＿＿＿提升到一定高度自由下落，重复夯打击实地基。

2. 强夯法的主要机具和设备有＿＿＿＿与＿＿＿＿。

3. 钢筋混凝土预制桩有＿＿＿和＿＿＿两种。

4. 预制桩应在混凝土达到设计强度的＿＿＿后方可起吊，达到设计强度的＿＿＿＿后，才可运输和沉桩。

5. 桩的表面应＿＿＿、＿＿＿＿，掉角的深度不应超过＿＿＿。

6. 预制桩吊点的位置可按＿＿＿与＿＿＿的原则来确定。

7. 桩的堆放场地应平整坚实，堆放层数不宜超过＿＿＿层，不同规格的应＿＿＿堆放。

8. 打桩设备包括＿＿＿、＿＿＿和＿＿＿。

9. 施工中常用的桩锤有落锤＿＿＿＿、＿＿＿＿、＿＿＿＿、＿＿＿＿和＿＿＿。

10. 当桩规格、埋深、长度不同时，打桩顺序由＿＿＿＿，＿＿＿＿，进行＿＿＿＿。

11. 常见的接桩方法有＿＿＿＿＿＿、＿＿＿＿＿＿和＿＿＿＿＿＿。

12. 清孔的目的是清除孔底的沉渣和淤泥，以减少桩基的沉降量，从而提高＿＿＿＿。

三、简答题

1. 地基处理方法一般有哪些？各有什么特点？

2. 试述换填法的施工要点与质量检查。

3. 什么是重锤夯实法？什么是强夯法？

4. 打桩前要做哪些准备工作？打桩设备应如何选用？

5. 如何确定打桩顺序？

6. 泥浆护壁成孔灌注桩施工中常见的问题有哪些？如何处理？

7. 简述振动沉管灌注桩的施工工艺。

8. 人工挖孔灌注桩施工时应注意哪些事项？

学习情境三

砌筑工程

情境导入

某工程为地上7层、地下1层的钢筋混凝土框架结构。该工程在进行上部结构施工时，某一天安全员检查巡视正在搭设的扣件式钢管脚手架，发现部分脚手架钢管表面锈蚀严重，经了解是因为现场所堆材料缺乏标志，架子工误将堆放在现场内的报废脚手架钢管用到施工中。

案例导航

上述脚手架工程施工中存在事故隐患。为防止安全事故的发生，脚手架事故隐患的处理方式：停止使用报废钢管，将报废钢管集中堆放到指定地点封存，安排运出施工现场；指定专人进行整改以达到规定要求；进行返工，用合适脚手架钢管置换报废钢管；对随意堆放、挪用报废钢管的人员进行教育或处罚；对不安全生产过程进行检查和改正。

要了解脚手架工程的施工内容，需要掌握的相关知识有：

（1）垂直运输设施的选用。

（2）砌砖施工、砌石施工的工艺流程。

（3）砌筑工程冬、雨期施工方法。

（4）掌握砌筑工程冬期施工的一般要求。

学习单元一　脚手架工程及垂直运输设施

知识目标

（1）了解脚手架的类型、构造及砌筑脚手架的要求。

（2）掌握脚手架的搭设要点和顺序。

（3）掌握垂直运输设施的选用。

技能目标

（1）通过本单元的学习，能够清楚脚手架的类型、构造及砌筑脚手架的要求。

（2）能够根据脚手架的搭设要点和顺序，对脚手架的搭设进行检查指导。

（3）能够正确选用垂直运输设施。

基础知识

砌筑工程一般是指砖、石和各类砌块的砌筑。即用砌筑砂浆，采用一定的工艺方法将砖、石及各种砌块砌筑成各种砌体。随着时代的发展，人们越来越重视环境保护，如今在进一步开发应用新型墙体材料、改善砌体砌筑工艺。

砌筑工程是一个综合的施工过程，主要包括砂浆制备、材料运输、脚手架搭设及砌体砌筑等。

砌筑工程中，脚手架的搭设和垂直运输设施的选择是重要的一个环节，它直接影响到施工的质量、安全、进度和工程成本，必须予以高度重视。

一、脚手架工程

砌筑工程中，脚手架的搭设是重要的一个环节，它直接影响到施工的质量、安全、进度和工程成本，必须予以高度重视。

脚手架是砌筑过程中堆放材料和工人进行操作的临时设施。当砌体砌到一定高度时（即可砌高度或一步架高度，一般为1.2m），砌筑质量和效率将受到影响，这就需要搭设脚手架。

砌筑用脚手架必须满足以下基本要求：脚手架的宽度应满足工人操作、材料堆放及运输要求，一般为2m，且不得小于1.5m；脚手架结构应有足够的强度、刚度和稳定性，保证在施工期间的各种荷载作用下，脚手架不变形、不摇晃、不倾斜；构造简单，便于装拆、搬运，并能多次周转使用；过高的外脚手架应有接地和避雷装置。

脚手架的种类很多，按其搭设位置分为外脚手架和里脚手架两大类；按其所用材料分为木脚手架、竹脚手架和钢管脚手架；按其构造形式分为多立杆式、门式、悬挑式及吊脚手架等。目前，脚手架的发展趋势是采用高强度金属制作、具有多种功用的组合式脚手架，可以适应不同情况作业的要求。

1. 外脚手架

外脚手架是沿建筑物外围搭设的一种脚手架，用于外墙砌筑和外墙装饰。常用的外脚手架有多立杆式脚手架和门式钢管脚手架。多立杆式脚手架可用木、竹和钢管等搭设，目前主要采用钢管脚手架，虽然其一次性投资较大，但可多次周转、摊销费用低、装拆方便、搭设高度大，且能适应建筑物平立面的变化。多立杆式钢管脚手架有扣件式和碗扣式两种。

（1）扣件式钢管脚手架。

① 扣件式钢管脚手架的构造。扣件式钢管脚手架由钢管、扣件、脚手架底座组成，如图3-1所示。扣件为钢管与钢管之间的连接件，其基本形式有三种——直角扣件、旋转扣件和对接扣件，如图3-2所示。直角扣件，用于连接和扣紧两根互相垂直相交的钢管；旋转扣件，用于连接和扣紧两根任意角度相交的钢管，但两根垂直相交的钢管的连接和扣紧宜用直角扣件；对接扣件，用于钢管的对接接长。

立杆底端立于底座上。脚手板铺在脚手架的小横杆上，可采用竹脚手板、木脚手板、钢木脚手板和冲压钢脚手板等，直接承受施工荷载。

小 提 示

> 扣件式钢管脚手架的主要构件有立杆、大横杆、小横杆及支撑杆（包括剪刀撑、横向支撑、水平支撑等），一般均采用外径48mm、壁厚3.5mm的焊接钢管。立杆、大横杆、斜杆的钢管长度为4.0～6.5m，小横杆的钢管长度为2.1～2.3m。

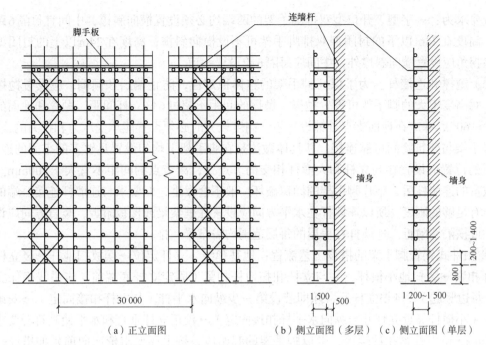

（a）正立面图　　　　　（b）侧立面图（多层）　（c）侧立面图（单层）

图3-1　扣件式钢管脚手架

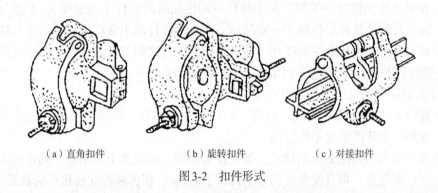

（a）直角扣件　　　　（b）旋转扣件　　　　（c）对接扣件

图3-2　扣件形式

扣件式钢管脚手架的构造形式有双排和单排两种。单排脚手架仅在脚手架外侧设一排立杆，其小横杆的一端与大横杆连接，另一端支撑在墙上。双排脚手架在脚手架的里外侧均设有立杆、稳定性较好，但较单排脚手架费工费料。单排脚手架节约材料，但稳定性较差，搭设高度不超过30m，不宜用于半砖墙、轻质空心砖墙和砌块墙体。

脚手架的支撑体是包括纵向支撑（剪刀撑）、横向支撑、水平支撑和抛撑。设置支撑体系的目的是使脚手架成为一个几何稳定的构架。

（a）纵向支撑（剪刀撑）。纵向支撑是指沿脚手架纵向外侧隔一定距离由下而上连续设置的剪刀撑。具体布置要求为：每道剪刀撑跨越立杆的根数应不大于7根，不少于5根，且每道剪刀撑宽度不应小于4跨，不大于6跨，并且不应小于6m，斜杆与地面的倾角宜在45°～60°；高度在24m以下的脚手架，均必须在脚手架的两端和转角处各设置一道剪刀撑，并应由底至顶连续设置，中间各道剪刀撑之间的净距不应大于15m；高度在24m以上的脚手架应在外侧立面整个长度和高度上连续设置剪刀撑。

（b）横向支撑。横向支撑是指横向构架内从底到顶沿全高呈之字形设置的连续的斜撑。具体设置要求为：一字型、开口型双排脚手架的两端均必须设置横向斜撑，中间宜每隔6跨设置一道；高度在24m以下的封闭型双排脚手架可不设横向斜撑；高度在24m以上的封闭型脚手架，除拐角应设置横向斜撑外，中间应每隔6跨设置一道。

（c）抛撑和连墙杆。为了保证脚手架的整体稳定性，防止偏斜和倾倒，应设置抛撑和连墙杆：对高度不大的脚手架可设置抛撑，抛撑的间距不超过6倍立杆间距，抛撑和地面的夹角为45°～60°，并应在地面支点处铺设垫板；高度较大时必须设置能承受压力和拉力的连墙杆，以使脚手架与建筑物间可靠连接，其具体做法是在脚手架上均匀设置足够多的牢固的连墙点，连墙点的位置应设置在与立杆和大横杆相交的节点处，离节点的间距不宜大于300mm。设置一定数量的连墙杆后，整片脚手架的倾覆破坏一般不会发生，但要求与连墙杆连接一端的墙体本身要有足够的刚度，所以连墙杆在水平方向应设置在框架梁或楼板附近，竖直方向应设置在框架柱或横隔墙附近。连墙杆在房屋的每层范围均需布置一排。

② 扣件式钢管脚手架的搭设工艺流程：地基弹线、立杆定位→摆放扫地杆→竖立杆并与扫地杆扣紧→装扫地小横杆，并与立杆和扫地杆扣紧（固定立杆底端前，应吊线确保立杆垂直）→每边竖起3～4根立杆后，随即装设第一步纵向水平杆（与立杆扣接固定）→安第一步小横杆（小横杆靠近立杆并与纵向水平杆扣接固定）→校正立杆垂直和水平使其符合要求，按40～60N·m力拧紧扣件螺栓，形成脚手架的起始段，按上述要求依次向前延伸搭设，直至第一步架交圈完成。交圈后，再全面检查一遍脚手架质量和地基情况，严格确保设计要求和脚手架质量→安第二步大横杆→安第二步小横杆→加设临时斜撑杆（加抛撑），上端与第二步大横杆扣紧（装设与柱连接杆后拆除）→安第三、四步大横杆和小横杆→安装二层与柱拉杆→接立杆→加设剪力撑→装设作业层间横杆（在脚手架横向杆之间架设的、用于缩小铺饭支撑跨度的横杆）→铺设脚手板，绑扎防护及挡脚板，立挂安全网。

③ 扣件式钢管脚手架的架设要点有以下几点。

（a）在搭设脚手架前，对底座、钢管、扣件要进行检查，钢管要平直，扣件和螺栓要光洁、灵敏，变形、损坏严重者不得使用。

（b）搭设范围内的地基要夯实整平，做好排水处理，如地基土质不好，则在底座下垫以木板或垫块。立杆要竖直，垂直度允许偏差不得大于1/200。相邻两根立杆接头应错开50cm。

（c）大横杆在每一面脚手架范围内的纵向水平高低差，不宜超过1皮砖的厚度。同一步内外两根大横杆的接头，应相互错开，不宜在同一跨度内。在垂直方向相邻的两根大横杆的接头也应错开，其水平距离不宜小于50cm。

（d）小横杆可紧固于大横杆上，靠近立杆的小横杆可紧固于立杆上。双排脚手架小横杆靠墙的一端应离开墙面5～15cm。

（e）各杆件相交伸出的端头，均应大于10cm，以防滑脱。

（f）扣件连接杆件时，螺栓的松紧程度必须适度。如用测力扳手校核操作人员的手劲，以扭力矩控制在40～50N·m为宜，最大不超过60N·m。

（g）为保证架子的整体性，应沿架子纵向每隔30m设一组剪刀撑，两根剪刀撑斜杆分别扣在立杆与大横杆上或扣在小横杆的伸出部分上。斜杆两端扣件与立杆接点（即立杆与横杆的交点）的距离不宜大于20cm，最下面的斜杆与立杆的连接点离地面不宜大于50cm。

（h）为了防止脚手架向外倾倒，每隔3步架高、5跨间隔，应设置连墙杆，其连接形式如图3-3所示。

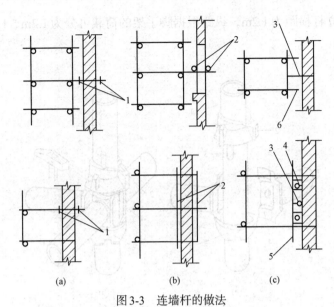

图3-3 连墙杆的做法

1—两只扣件；2—两根短管；3—拉结铅丝；4—木楔；5—短管；6—横杆

（i）拆除扣件式钢管脚手架时，应按照自上而下的顺序，逐根往下传递，不要乱扔。当拆至脚手架下部最后一节立杆时，应先架临时抛撑加固，后拆固定件。拆下的钢管和扣件应分类整理存放，损坏的要进行整修。钢管应每年刷一次漆，防止生锈。

> **小 提 示**
>
> 连墙杆拆除后在墙上留下的孔洞俗称脚手眼，削弱了墙体的强度和刚度。作为连墙杆的支点，不得在下列墙体或部位设置脚手眼。
> ① 120墙。
> ② 过梁上与过梁成60º的三角形范围及过梁净跨度1/2的高度范围内。
> ③ 宽度小于1m的窗间墙。
> ④ 砌体门窗洞口两侧200mm和转角处450mm范围内。
> ⑤ 梁或梁垫下及其左右500mm范围内。
> ⑥ 设计不允许留置脚手眼的部位。

（2）碗扣式钢管脚手架。碗扣式钢管脚手架又称多功能碗扣型脚手架，其基本构造和搭设要求与扣件式钢管脚手架类似，不同之处在于其杆件接头处采用碗扣连接。由于碗扣是固定在钢管上的，因此连接可靠，组成的脚手架整体性好，也不存在扣件丢失问题。

碗扣式接头由上、下碗扣，横杆接头及限位销等组成，如图3-4所示。上、下碗扣和限位销按600mm间距设置在钢管立杆上，其中，下碗扣和限位销直接焊接在立杆上，搭设时将上碗扣的缺口对准限位销后，即可将上碗扣向上拉起（沿立杆向上滑动），然后将横杆接头插入下碗扣圆槽内，再将上碗扣沿限位销滑下，并顺时针旋转扣紧，用小锤轻击几下即可完成接点的连接。立杆连接处外套管与立杆间隙不得大于2mm，外套长度不得小于160mm，外伸长度不得小于110mm。

碗扣式脚手架立杆横距为1.2m，纵距根据脚手架的荷载可分为1.2m、1.5m、1.8m和2.4m，步距为1.8m或2.4m。

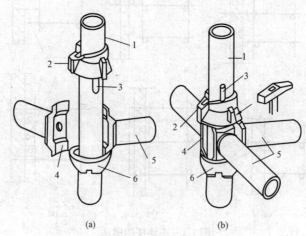

图3-4 碗扣接头

1—立杆；2—上碗扣；3—限位销；4—横杆接头；5—横杆；6—下碗扣

小 提 示

碗扣式接头可以同时连接4根横杆，横杆可相互垂直或偏转一定的角度，因而可以搭设各种形式，特别是曲线形的脚手架，还可作为模板的支撑。模板支撑架应根据所受的荷载选择立杆的间距和步距，底层纵、横向水平杆作为扫地杆，距地面高度不得大于350mm，立杆底部应设置可调底座或固定底座；立杆上端（包括可调螺杆）伸出顶层水平钢的长度不得大于0.7m。

（3）门式脚手架。门式脚手架又称为多功能门形脚手架，是目前国际上应用较为普遍的脚手架之一。门式脚手架有多种用途，除可用于搭设外脚手架外，还可用于搭设里脚手架、施工操作平台或用于模板支架等。

① 门式脚手架的构造。门式脚手架的基本结构由门架、交叉支撑、连接棒、挂扣式脚手板或水平架、锁臂等组成，再设置水平加固杆、剪刀撑、扫地杆、封口杆、托座与底座，并采用连墙件与建筑物主体结构相连，是一种标准化钢管脚手架，又称多功能门式脚手架。门式钢管脚手架基本单元由一副门式框架、两副剪刀撑、一副水平梁架和四个连接器组合而成。若干基本单元通过连接器在竖向叠加，扣上臂扣，组成了一个多层框架。在水平方向，用加固杆和水平梁架使相邻单元连成整体，加上斜梯、栏杆柱和横杆，组成上下不相通的外脚手架，即构成整片脚手架，如图3-5所示。

门式脚手架的主要特点是组装方便，装拆时间约为扣件式钢管脚手架的1/3，特别适用于使用周期短或频繁周转的脚手架；承载性能好，安全可靠，其使用强度为扣件式钢管脚手架的3倍；使用寿命长，经济效益好，扣件式钢管脚手架一般使用8～10年，而门式脚手架可使用10～15年。

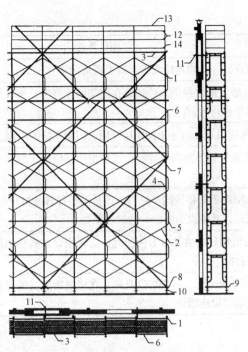

图3-5　门式钢管脚手架的构造

1—门架；2—交叉支撑；3—挂扣式脚手板；4—连接棒；5—锁臂；6—水平加固杆；7—剪刀撑；

8—纵向扫地杆；9—横向扫地杆；10—底座；11—连墙件；12—栏杆；13—扶手；14—挡脚板

小 提 示

高层脚手架应增加连墙点的布设密度。脚手架在转角处必须做好连接和与墙拉结，并利用钢管和旋转扣件把处于相交方向的门架连接起来。由于组装件接头大部分不是螺栓紧固性的连接，而是插销或扣搭形式的连接，若搭设高度较大或荷载较重，必须附加钢管拉结紧固，否则会摇晃、不稳。

② 门式钢管脚手架的搭设工艺流程：铺放垫木→拉线放底座→自一端立门架，并随即装剪刀撑→装水平梁架（或脚手板）→装梯子→装通长的大横杆（一般用48mm脚手架钢管）→装设连墙杆→插上连接棒→安装上一步门架→装上锁臂→照上述步骤逐层向上安装→装加强整体刚度的长剪刀撑→装设顶部栏杆。

③ 门式钢管脚手架的搭设要点如表3-1所示。

表3-1　　　　　　　　　　　　　　　　　　　塔设要点

序号	项目要点
1	交叉支撑、水平架、脚手板、连接棒和锁臂的设置应符合规范要求；不配套的门架配件不得混合使用于同一整片脚手架
2	门架安装应自一端向另一端延伸，并逐层改变搭设方向，不得相对进行；搭完一步架后，应按规范要求检查并调整其水平度与垂直度
3	交叉支撑、水平架或脚手板应紧随门架的安装及时设置，连接门架与配件的锁臂、搭钩必须处于锁住状态

序号	项目要点
4	水平架或脚手板应在同一步内连续设置，脚手板应满铺
5	底层钢梯的底部应加设钢管并用扣件扣紧在门架的立杆上，钢梯的两侧均应设置扶手，每段梯可跨越两步或三步门架再行转折
6	栏板（杆）、挡脚板应设置在脚手架操作层外侧、门架立杆的内侧
7	加固杆、剪刀撑必须与脚手架同步搭设；水平加固杆应设于门架立杆内侧，剪刀撑应设于门架立杆外侧并连接牢固
8	连墙件的搭设必须随脚手架搭设同步进行，严禁滞后设置或搭设完毕后补做；连墙件应连于上、下两榀门架的接头附近，且垂直于墙面、锚固可靠
9	当脚手架操作层高出相邻连墙件以上两步时，应采用确保脚手架稳定的临时拉结措施，直到连墙件搭设完毕后方可拆除
10	脚手架应沿建筑物周围连续、同步搭设升高，在建筑物周围形成封闭结构；如不能封闭，在脚手架两端应按规范要求增设连墙件

2. 里脚手架

里脚手架是搭设在施工对象内部的脚手架，主要用于在楼层上砌墙和进行内部装修等施工作业。由于建筑内部施工作业量大，平面分布十分复杂，要求里脚手架频繁搬移和装拆，因此，里脚手架必须轻便灵活、稳固可靠，搬移和装拆方便。常用的里脚手架有以下两种。

（1）折叠式里脚手架。折叠式里脚手架可用角钢、钢筋、钢管等材料焊接制作，角钢折叠式里脚手架如图3-6所示。架设间距：砌墙时宜为1.0～2.0m，内部装修时宜为2.2～2.5m。

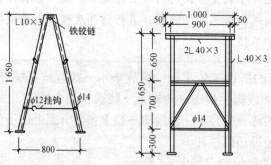

图3-6 角钢折叠式里脚手架

（2）支柱式里脚手架。支柱式里脚手架由支柱及横杆组成，上铺脚手板。搭设间距：砌墙时宜为2.0m，内部装修时不超过2.5m。

① 套管式支柱。搭设时插管插入立杆中，以销孔间距调节高度，插管顶端的U形支托搁置方木横杆用于铺设脚手板，如图3-7所示。架设高度为1.57～2.17m，每个支柱重14kg。

② 承插式钢管支柱。架设高度为1.2m、1.6m、1.9m，搭设第三步时要加销钉以确保安全，如图3-8所示。每个支柱重13.7kg，横杆重5.6kg。

里脚手架除了采用上述金属工具式脚手架外，还可以就地取材，用竹、木等制作"马凳"，作为脚手板的支架。

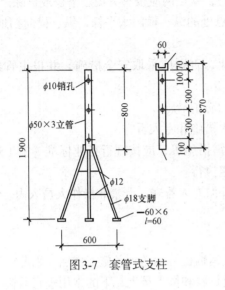

图 3-7　套管式支柱

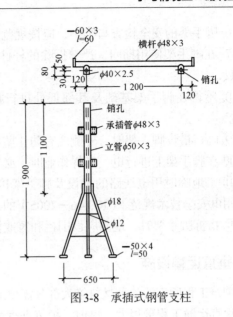

图 3-8　承插式钢管支柱

3. 脚手架的安全防护

为了确保脚手架的安全，脚手架应具备足够的强度、刚度和稳定性。对多立杆式外脚手架，施工均布活荷载标准规定：维修脚手架为 $1kN/m^2$，装饰脚手架为 $2kN/m^2$，结构脚手架为 $3kN/m^2$；如超载，则应采取相应措施并进行验算。

当外墙砌砖高度超过 4m 或立体交叉作业时，必须设置安全网，以防材料下落伤人和高空操作人员坠落。安全网一般是用直径 9mm 的麻绳、棕绳或尼龙绳编织而成的，一般规格为宽 3m、长 6m、网眼 80mm 左右。每块织好的安全网应能承受不小于 1.6kN 的冲击荷载。

架设安全网时，其伸出墙面宽度应不小于 2m，外口要高于里口 500mm，两网搭接应扎接牢固，每隔一定距离应用拉绳将斜杆与地面锚桩拉牢。在无窗口的山墙上，可在墙角设立柱来挂安全网；也可在墙体内预埋钢筋环以支撑斜杆；还可用短钢管穿墙，用旋转扣件来支设斜杆。

当用里脚手架施工外墙时，要沿墙外架设安全网；多层建筑用外脚手架时，也需在脚手架外侧设安全网。安全网要随楼层施工进度逐层上升。多层建筑除一道逐步上升的安全网外，尚应在第二层和每隔 3 ～ 4 层加设固定的安全网。

4. 脚手架的安全管理

① 按照相关的法律和法规的要求，脚手架属于危险性较大的分部分项工程，应编制专项施工方案，并经公司总工批准，经监理单位审核后实施。在实施前要向工人交底，并严格按方案实施。

② 搭设脚手架人员必须戴安全帽，系安全带，穿防滑鞋。

③ 搭设脚手架的构配件质量与搭设质量，应按规范规定进行检查验收，合格后方准使用。

④ 作业层上的施工荷载应符合设计要求，不得超载。不得将模板支架、缆风绳、泵送混凝土和砂浆的输送管等固定在脚手架上；严禁悬挂起重设备。

⑤ 当有六级及六级以上大风和雾、雨、雪天气时应停止脚手架搭设与拆除作业。雨、雪后上架作业应有防滑措施，并应扫除积雪。

⑥ 脚手架的安全检查与维护，应按规范规定进行；安全网应按有关规定搭设或拆除。

⑦ 在脚手架使用期间，严禁拆除的杆件有主节点处的纵、横向水平杆，纵、横向扫地杆；连墙件。

⑧ 不得在脚手架基础及其邻近处进行挖掘作业，否则应采取安全措施，并报主管部门批准。

⑨ 临街搭设脚手架时，外侧应有防止坠物伤人的防护措施。

⑩ 在脚手架上进行电、气焊作业时，必须有防火措施和专人看守。

⑪ 工地临时用电线路的架设及脚手架接地、避雷措施等，应按现行行业标准《施工现场临时用电安全技术规范》（JGJ 46—2005）的有关规定执行。

⑫ 搭拆脚手架时，地面应设围栏和警戒标志，并派专人看守，严禁非操作人员入内。

二、垂直运输设施

砌筑工程所需的各种材料绝大部分需要通过垂直运输机械运送到各施工楼层，因此，砌筑工程垂直运输工程量很大。目前，担负垂直运输建筑材料和供人员上、下的常用垂直运输设备有井架、龙门架、施工升降机等。

1. 井架

井架是施工中最常用、也是最简便的垂直运输设施，稳定性好，运输量大。除用型钢或钢管加工的定型井字架之外，还可以用多种脚手架材料现场搭设而成。井架内设有吊篮，一般的井架多为单孔井架，但也可构成双孔或多孔井架，以满足同时运输多种材料的需要。上部还可设小型拔杆，供吊运长度较大的构件，其起重量一般为 0.5 ～ 1.5t，回转半径可达 10m。井架起重能力一般为 1 ～ 3t，提升高度一般在 60m 以内，在采取措施后，亦可搭设得更高，如图 3-9、图 3-10 所示。为保证井架的稳定性，必须设置缆风绳或附墙拉结。

2. 龙门架

龙门架是由支架和横梁组成的门型架。在门型架上加装滑轮、导轨、吊篮、安全装置、起重锁、缆风绳等部件就可构成一个完整的龙门架运输设备。龙门架的基本构造如图 3-11 所示。

龙门架搭设高度一般为 10 ～ 30m，起重量为 0.5 ～ 1.2t。按规定，龙门架高度在 12m 以内者，设缆风绳一道；高度在 12m 以上者，每增高 5 ～ 6m 增设一道缆风绳，每道不少于 6 根。龙门架塔高度可达 20 ～ 35m。

> **小 提 示**
>
> 龙门架不能用于水平运输。如果选用龙门架来实施垂直运输方案，则也要考虑地面或楼层面上的水平运输设备。

3. 卷扬机

卷扬机是一种牵引机械，龙门架、井架一般都用卷扬机牵引钢丝绳来提升吊盘。卷扬机有快速和慢速两种。快速卷扬机有单筒、双筒两种，用于垂直、水平运输及打桩作业。慢速卷扬机为单筒式，用于吊装结构、冷拉钢筋和张拉预应力筋。卷扬机使用时必须予以固定，以防工作时产生滑动或倾覆。

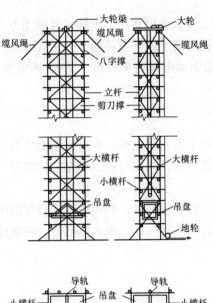

图3-9　井架

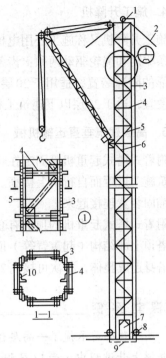

图3-10　型钢井架

1—天轮；2—缆风绳；3—立柱；4—平撑；

5—斜撑；6—钢丝绳；7—吊盘；8—地轮；

9—垫木；10—导轨

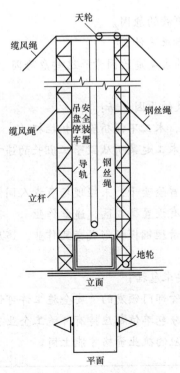

图3-11　龙门架的基本构造

4. 施工升降机

施工升降机又称施工外用电梯，多数为人货两用，少数专供货用。电梯按其驱动方式可分为齿条驱动和绳轮驱动两种：齿条驱动电梯又有单吊箱（笼）式和双吊箱（笼）式两种，并装有可靠的限速装置，适用于20层以上建筑工程；绳轮驱动电梯为单吊箱（笼），无限速装置，轻巧便宜，适于20层以下建筑工程。

5. 高层建筑垂直运输机械

附着式塔式起重机是固定在建筑物近旁混凝土基础上的起重机械，它可以借助顶升系统随着建筑施工进度而自行向上接高。为了减少塔身的计算高度，规定每隔20m左右将塔身与建筑物用锚固装置连接起来。

附着式塔式起重机的顶部有套架和液压顶升装置，需要接高时，利用塔顶的行程液压千斤顶将塔顶上部结构（起重臂等）顶高，用定位销固定；千斤顶回油，推入标准节，用螺栓与下面的塔身连成整体，每次可接高2.5m。

课 堂 案 例

某建筑公司承揽了一高层住宅小区2号楼的施工任务。2009年2月20日，双笼外用施工电梯上升过程中，受13层阳台伸出的一根防护栏杆的影响而不能正常运行，架子工班长让在脚手架上进行阳台支模的木工赵某立即拆除该防护栏杆，木工随即进行拆除，不慎失手将钢管坠落，恰好击中正在下方清理钢模板的工人钱某的头部，击破安全帽，造成脑外伤，经抢救无效死亡。经事故调查，该项目部安全管理工作一贯涣散，监督检查工作不力，安全知识教育培训力度不够。

问题：

1. 请简要分析造成这起事故的原因。

2. 施工安全控制的基本要求是什么？

3. 请列举建筑企业常见的主要危险因素。这些危险因素可导致何种事故？

分析：

1. 造成这起物体打击事故的原因包括：

（1）架子工班长违章指挥，木工不能拆除防护栏杆。

（2）安全管理工作混乱，木工赵某听从架子工班长的违章指挥，造成混岗作业，埋下事故隐患。

（3）工人缺乏安全知识，冒险蛮干，未经现场负责人同意，随意拆除防护栏杆，并且没有采取任何防护措施，也没有设置警戒区，违章作业。

（4）拆除防护栏杆与下方清理钢模板形成交叉作业，违反了在拆除脚手架工作区域的下方不得有人的规定。

2. 施工安全控制的基本要求包括：

（1）必须取得安全行政主管部门颁发的《安全施工许可证》后才可开工。

（2）总承包单位和每一个分包单位都应持有《施工企业安全资格审查认可证》。

（3）各类人员必须具备相应的执业资格才能上岗。

（4）所有新员工必须经过三级安全教育。

（5）特殊工种作业人员必须持有特种作业操作证，并严格按规定定期进行复查。

（6）对查出的安全隐患要做到"五定"，即定整改责任人、定整改措施、定整改完成时间、定整改完成人和定整改验收人。

（7）必须把好安全生产"六关"，即措施关、交底关、教育关、防护关、检查关和改进关。

（8）施工现场安全设施齐全，符合国家及地方有关规定。

（9）施工机械（特别是现场安设的起重设备等）必须经安全检查合格后方可使用。

3. 建筑企业常见的主要危险因素有：

（1）洞口防护不到位、其他安全防护缺陷和工人违章操作，可导致高处坠落、物体打击等事故。

（2）电危害（物理性危险因素）和人违章操作（行为性危险因素），可导致触电、火灾等事故。

（3）大模板不按规范正确存放等违章作业，可导致物体打击等事故。

（4）化学危险品未按规定正确存放等违章作业，可导致火灾、爆炸等事故。

（5）架子搭设作业不规范，可导致高处坠落、物体打击等事故。

（6）现场料架不规范，可导致物体打击等事故。

学习单元二　砌筑施工工艺

📝 知识目标

（1）掌握砌砖施工、砌石施工的工艺流程。

（2）了解砌筑工程冬、雨期的施工方法。

（3）掌握砌筑工程冬期施工的一般要求。

📖 技能目标

（1）通过本单元的学习，能够具有组织砌砖施工、砌石施工的能力。

（2）能够清楚砌筑工程冬、雨期的施工方法。

📖 基础知识

一、砌筑材料

砌筑工程所用的主要材料是砖、石、各种砌块和砌筑砂浆。

1. 砖

（1）烧结普通砖。烧结普通砖是指以黏土、页岩、煤矸石和粉煤灰为主要原料，经过焙烧而成的实心或孔洞率不大于15%、且外形尺寸符合一定要求的砖。

① 烧结普通砖的种类。烧结普通砖按主要原料分为黏土砖、页岩砖、煤矸石砖和粉煤灰

砖。根据抗压强度分为MU30、MU25、MU20、MU15、MU10五个强度等级。根据尺寸偏差、外观质量、泛霜和石灰爆裂分为优等品、一等品、合格品三个等级。

②烧结普通砖的规格。烧结普通砖规格为240mm×115mm×53mm，习惯称为标准砖。

③烧结普通砖的适用范围。优等品适用于清水墙，一等品、合格品可用于混水墙。中等泛霜的砖不能用于潮湿部位。

（2）烧结多孔砖。烧结多孔砖是以黏土、页岩、煤矸石为主要原料，经焙烧而成的承重多孔砖。其孔洞率不小于25%，孔洞小而多，简称多孔砖。多孔砖具有自重轻，保温隔热性能好，节约原料和能源等多项优点。

①烧结多孔砖的种类。烧结多孔砖按主要原料分为黏土多孔砖、页岩多孔砖、煤矸石多孔砖和粉煤灰多孔砖。根据抗压强度分为MU30、MU25、MU20、MU15、MU10五个强度等级。强度和抗风化性能合格的多孔砖，根据尺寸偏差、外观质量、强度等级、孔型及空洞排列、抗风化性能、烧结多孔砖尺寸偏差、外观质量、强度等级和物理性能分为优等品、一等品、合格品三个等级。

②烧结多孔砖的规格。烧结多孔砖的长度、宽度、高度尺寸应符合下列要求：长度可为290mm、240mm、190mm或180mm；宽度可为175mm、140mm、115mm；高度为90mm。常用的尺寸规格为240mm×115mm×90mm砖。

③烧结多孔砖的适用范围。烧结多孔砖多用于多层房屋的承重墙体。

（3）烧结空心砖。烧结空心砖是以黏土、页岩、煤矸石等为主要原料，经焙烧而成的空心砖。

烧结空心砖的长度、宽度、高度应符合下列要求：长度可为290mm、240mm、190mm；宽度可为240mm、190mm、180mm、175mm、140mm、115mm；高度为90mm。烧结空心砖在与砂浆的接合面上应设增加结合力的、深度1mm以上的凹线槽。

烧结空心砖根据密度分为800、900、1100三个密度级别。每个密度级根据孔洞及其排数、尺寸偏差、外观质量、强度等级和物理性能分为优等品、一等品和合格品三个等级。

（4）煤渣砖。煤渣砖是以煤渣为主要原料，掺入适量石灰、石膏，经混合、压制成型、蒸养或蒸压而成的实心砖。

煤渣砖规格为240mm×115mm×53mm。

煤渣砖根据抗压强度和抗折强度分为MU20、MU15、MU10、MU7.5四个强度等级。

煤渣砖根据尺寸偏差、外观质量和强度等级分为优等品、一等品、合格品三个等级。

（5）蒸压灰砂空心砖。蒸压灰砂空心砖是以石灰、砂为主要原料，经坯料制备、压制成型和蒸压养护而制成的、孔洞率小于15%的空心砖。

蒸压灰砂空心砖根据抗压强度分为MU25、MU20、MU15、MU10、MU7.5五个强度等级。

蒸压灰砂空心根据强度等级、尺寸允许偏差和外观质量分为优等品、一等品、合格品三个等级。

砖要按规定及时进场，按砖的强度等级、外观和几何尺寸进行验收，并检查合格证。在常温下，黏土砖应提前1～2d浇水湿润，不得随浇随砌；烧结普通砖、多孔砖含水率宜为10%～15%；灰砂砖、粉煤灰砖含水率宜为8%～12%。现场检验砖含水率的简易方法采用断砖法，当砖截面四周融水深度为15～20mm时，视为符合要求的适宜含水率。

2. 石

砌筑用石有毛石和料石两类，所选石材应质地坚实，无风化剥落和裂纹。用于清水墙、柱表面的石材，尚应色泽均匀。

毛石分为乱毛石和平毛石：乱毛石是指形状不规则的石块；平毛石是指形状不规则，但有两个平面大致平行的石块。毛石应呈块状，其中部厚度不宜小于150mm。

料石按其加工面的平整程度分为细料石、粗料石和毛料石三种。料石的宽度、厚度均不宜小于200mm，长度不宜大于厚度的4倍。根据抗压强度分为MU100、MU80、MU60、MU50、MU40、MU30、MU20、MU15、MU10九个强度等级。

3. 砌块

砌块一般是以混凝土或工业废料作原料制成的实心或空心的块材，它具有自重轻、机械化和工业化程度高、施工速度快、生产工艺和施工方法简单以及可大量利用工业废料等优点。因此，用砌块代替普通黏土砖是墙体改革的重要途径。

砌块的种类较多，按形状分为实心砌块和空心砌块。按规格可分为小型砌块（高度为180～350mm）和中型砌块（高度为360～900mm）。常用的砌块有普通混凝土小型空心砌块、轻集料混凝土小型空心砌块、蒸压加气混凝土砌块和粉煤灰砌块。

① 普通混凝土小型空心砌块。普通混凝土小型空心砌块以水泥、砂、碎石或卵石加水预制而成。其主规格尺寸为390mm×190mm×190mm，有两个方形孔，空心率不小于25%。根据抗压强度分为MU20、MU15、MU10、MU7.5、MU5、MU3.5六个强度等级。

② 轻集料混凝土小型空心砌块。轻集料混凝土小型空心砌块以水泥、砂、轻集料加水预制而成。其主规格尺寸为390mm×190mm×190mm。按其孔的排数分为单排孔、双排孔、三排孔和四排孔四类。根据抗压强度分为MU10、MU7.5、MU5、MU3.5、MU2.5、MU1.5六个强度等级。

③ 蒸压加气混凝土砌块。蒸压加气混凝土砌块是以水泥、矿渣、砂、石灰等为主要原料，加入发气剂，经搅拌成型、蒸压养护而成的实心砌块。其主规格尺寸为600mm×250mm×250mm，根据抗压强度分为A10、A7.5、A5、A3.5、A2.5、A2、A1七个强度等级。

④ 粉煤灰砌块。粉煤灰砌块是以粉煤灰、石灰、石膏和轻集料为原料，加水搅拌，振动成型，蒸汽养护而成的密实砌块，其主规格尺寸为880mm×380mm×240mm。砌块端面应加灌浆槽，坐浆面宜设抗剪槽。根据抗压强度分为MU13、MU10两个强度等级。

4. 砌筑砂浆

砂浆是砖砌体的胶结材料，它的制备质量直接影响操作和砌体的整体强度。而砂浆的制备质量主要由原材料的质量和拌合质量共同保障。

砂浆由胶结材料（水泥、石灰、黏土）和填充材料（砂、石屑、矿渣、粉煤灰）用水搅拌而成。当前我们常用的有水泥砂浆、混合砂浆和石灰砂浆，水泥砂浆的强度和防潮性能最好，用于潮湿环境和强度要求高的砌体；混合砂浆主要用于地面以上强度要求较高的砌体；石灰砂浆主要用于砌筑干燥环境中以及强度要求不高的砌体。

水泥的强度等级应根据设计要求进行选择。水泥砂浆采用的水泥，其强度等级不宜大于32.5级；混合砂浆采用的水泥，其强度等级不宜大于42.5级。

水泥进场使用前，应分批对其强度、安定性进行复验。检验批次应以同一生产厂家、同一编号为一批次。当在使用中对水泥质量有怀疑或水泥出厂超过三个月（快硬硅酸盐水泥超过一个月）时，应复查试验，并按其结果使用。不同品种的水泥，不得混合使用。砂宜用中砂，并应过筛，其中毛石砌体宜用粗砂。砂的含泥量：对水泥砂浆和强度等级不小于M5的混合砂浆不应超过5%；强度等级小于M5的混合砂浆，不应超过10%。生石灰熟化成石灰膏时，应用孔径不大于3mm×3mm的网过滤，熟化时间不得少于7d；磨细生石灰粉的熟化时间不得少于2d。沉淀池中储存的石灰膏，应采取防止干燥、冻结和污染的措施。凡在砂浆中掺入有机塑化剂、早强剂、缓凝剂、防冻剂等，应经检验和试配符合要求后，方可使用。有机塑化剂应有砌体强度的形式检验报告。

砌筑砂浆应通过试配确定配合比，各组分材料应采用重量计量。砌筑砂浆应采用砂浆搅拌机进行拌制。自投料完算起，搅拌时间应符合下列规定：水泥砂浆和混合砂浆不得少于2min；掺用外加剂的砂浆不得少于3min；掺用有机塑化剂的砂浆，应为3～5min。掺用外加剂时，应先将外加剂按规定浓度溶于水中，在拌和水时投入外加剂溶液。外加剂不得直接投入拌制的砂浆中。施工中当采用水泥砂浆代替水泥混合砂浆时，应重新确定砂浆强度等级。

砂浆应随拌随用，水泥砂浆和水泥混合砂浆应分别在3h和4h内使用完毕。当施工期间最高气温超过30℃时，应分别在2h和3h内使用完毕。

砂浆的等级是以标准养护龄期28d的抗压强度来进行划分的，从高到低依次为M15、M10、M7.5、M5和M2.5。

对选用的砂浆应做强度检验。制作试块的砂浆，应在现场取样，每一楼层或250m³砌体中的各种强度等级的砂浆，每台搅拌机应至少检查一次，每次至少留一组试块（每组6块），其标准养护龄期28d的抗压强度应满足设计要求。

二、砌筑施工

砌体可分为：砖砌体，主要有墙和柱；砌块砌体，多用于定型设计的民用房屋及工业厂房的墙体；石材砌体，多用于带形基础、挡土墙及某些墙体结构；配筋砌体，在砌体水平灰缝中配置钢筋网片或在砌体外部的预留槽沟内设置竖向粗钢筋的组合砌体。

砌体除应采用符合质量要求的原材料外，还必须有良好的砌筑质量，以使砌体有良好的整体性、稳定性和良好的受力性能。一般要求：灰缝横平竖直，砂浆饱满，厚薄均匀，砌块应上下错缝，内外搭砌，接槎牢固，墙面垂直；要预防不均匀沉降引起开裂；要注意施工中墙、柱的稳定性；冬期施工时还要采取相应的措施。

1. 砖基础施工

砖基础下部通常扩大，称为大放脚。大放脚有等高式和不等高式两种（见图3-12）。等高式大放脚是两皮一收，即每砌两皮砖，两边各收进1/4砖长；不等高式大放脚是两皮一收与一皮一收相间隔，即砌两皮砖，收进1/4砖长，再砌一皮砖，收进1/4砖长，如此往复。在相同底宽的情况下，后者可减小基础高度，但为保证基础的强度，底层需用两皮一收砌筑。大放脚的底宽应根据计算而定，各层大放脚的宽度应为半砖长的整倍数（包括灰缝）。

在大放脚下面为基础地基，地基一般用灰土、碎砖三合土或混凝土等。在墙基顶面应设防潮层，防潮层宜用1：2.5水泥砂浆加适量的防水剂铺设，其厚度一般为20mm，位置在底层室内地面以下一皮处，即离底层室内地面下60mm处。

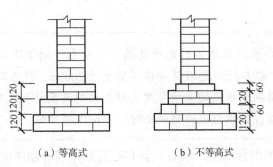

（a）等高式　　　　　（b）不等高式

图3-12　基础大放脚形式

砖基础施工要点有以下几点。

① 砌筑前，应将地基表面的浮土及垃圾清除干净。

② 基础施工前，应在主要轴线部位设置引桩，以控制基础、墙身的轴线位置，并从中引出墙身轴线，而后向两边放出大放脚的底边线。在地基转角、交接及高低踏步处预先立好基础皮数杆。

③ 砌筑时，可依皮数杆先在转角及交接处砌几皮砖，然后在其间拉准线砌中间部分。内外墙砖基础应同时砌起，如不能同时砌筑时应留置斜槎，斜槎长度不应小于斜槎高度。

④ 基础底标高不同时，应从低处砌起，并由高处向低处搭接。如设计无要求，搭接长度不应小于基础底的高差，搭接长度范围内下层基础应扩大砌筑。

⑤ 大放脚部分一般采用一顺一丁砌筑形式。水平灰缝及竖向灰缝的宽度应控制在10mm左右，水平灰缝的砂浆饱满度不得小于80%，竖缝要错开。要注意丁字及十字接头处砖块的搭接，在这些交接处，纵横墙要隔皮砌通。大放脚的最下一皮及每层的最上一皮应以丁砌为主。

⑥ 基础砌完验收合格后，应及时回填。回填土要在基础两侧同时进行并分层。

2. 石基础施工

（1）毛石砌块。砌筑毛石基础的第一皮石块应坐浆，并将石块的大面向下。毛石基础的转角处与交接处应用较大的平毛石砌筑。

毛石基础的扩大部分如做成阶梯形，上级阶梯的石块应至少压砌下级阶梯石块的1/2，相邻阶梯的毛石应相互错缝搭砌，如图3-13所示。

毛石基础必须设置拉结石。拉结石应均匀分布，且在毛石基础同皮内每隔2m左右设置一块。拉结石的长度：如基础宽度小于或等于400mm，应与基础宽度相等；如基础宽度大于400mm，可用两块拉结石内外搭接，搭接长度不应小于150mm，且其中一块拉结石的长度不应小于基础宽度的2/3。

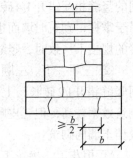

图3-13　阶梯形毛石基础

（2）料石砌块。料石基础砌体的第一皮应用丁砌层坐浆砌筑，料石砌体也应上下错缝搭砌。砌体厚度不小于两块料石宽度时，如同皮内全部采用顺砌，每砌两皮后，应砌一皮丁砌层；如同皮内采用丁顺组砌，丁砌石应交错设置，其中距不应大于2m。

料石砌体灰浆的厚度，根据石料的种类确定：细石料砌体不宜大于5mm；半细石料砌体不宜大于10mm；粗石料和毛石料砌体不宜大于20mm。料石砌体砌筑时，应放置平稳。砂浆铺设厚度应略高于规定的灰缝厚度。砂浆的饱满度应大于80%。料石砌体转角处及交接处也应同时砌筑，必须留设临时间断时，应砌成踏步槎。

用料石和毛石或砖的组合墙中，料石砌体和毛石砌休或砖砌体应同时砌筑，并每隔2或3皮料石层用丁砌层与毛石砌体或砖砌体拉结砌合。丁砌料石的长度宜与组合墙厚度相同。

毛石基础的转角处和交接处应同时砌筑。如不能同时砌筑又必须留槎时，应砌成斜槎。基础每天可砌高度应不超过1.2m。

3. 砖砌筑

（1）砖砌体的组砌形式。砖砌体的组砌要上下错缝，内外搭接，以保证砌体的整体性；同时组砌要有规律，少砍砖，以提高砌筑效率、节约材料。实心砖墙常用的厚度有半砖、一砖、一砖半、两砖等。常用的砌体的组砌形式有一顺一丁、三顺一丁、梅花丁、全顺、两平一侧和全丁等，如图3-14所示。

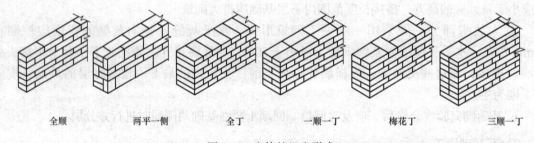

全顺　　　　两平一侧　　　　全丁　　　　一顺一丁　　　　梅花丁　　　　三顺一丁

图3-14　砌体的组砌形式

① 一顺一丁。一顺一丁砌法是一皮中全部顺砖与一皮中全部丁砖相互间隔砌筑、上下皮间的竖缝相互错开1/4砖长。这种砌法各皮间错缝搭接牢靠，墙体整体性较好，操作中变化小，易于掌握，砌筑时墙面也容易控制平直，多用于一砖厚墙体的砌筑。这种砌法效率较高，但当砖的规格不一致时，竖缝就难以整齐。

② 三顺一丁。三顺一丁砌法是三皮中全部顺砖与一皮中全部丁砖间隔砌筑，上下皮顺砖间竖缝错开1/2砖长；上下皮顺砖与丁砖间竖缝错开1/4砖长。这种砌筑方法，由于顺砖较多，砌筑效率较高，但三皮顺砖内部纵向有通缝，整体性较差，适用于一砖和一砖以上的墙体砌筑或挡土墙的砌筑。

③ 梅花丁。梅花丁又称沙包式、十字式。梅花丁砌法是每皮中丁砖与顺砖相隔，上皮丁砖坐中于下皮顺砖，上下皮间竖缝相互错开1/4砖长。这种砌法内外竖缝每皮都能错开，故整体性较好，灰缝整齐，比较美观，但砌筑效率较低。砌筑清水墙或当砖规格不一致时，采用这种砌法较好。

④ 全丁砌法。全丁砌法就是全部用丁砖砌筑，上下皮竖缝相互错开1/4砖长，此法仅适用于圆弧形砌体，如水池、烟囱、水塔等。

⑤ 全顺砌法（条砌法）。全顺砌法是每皮砖全部用顺砖砌筑，两皮间竖缝瘘接1/2砖长。此种砌法仅用于半砖隔断墙。

⑥ 两平一侧砌法（18cm墙）。两平一侧砌法是两皮平砌的顺砖旁砌一皮侧砖，其厚度为18cm。两平砌层间竖缝应错开1/2砖长；平砌层与侧砌层间竖缝可错开1/4或1/2砖长。此种砌法比较费工，墙体的抗震性能较差。但能节约用砖量。

为了使砖墙的转角处各皮间竖缝相互错开，必须在外角处砌七分头砖（即3/4砖长）。当采用一顺一丁组砌时，七分头的顺面方向依次砌顺砖，丁面方向依次砌丁砖，如图3-15（a）所示。

砖墙的丁字接头处，应分皮相互砌通，内角相交处竖缝应错开1/4砖长，并在横墙端头处加砌七分头砖，如图3-15（b）所示。

砖墙的十字接头处，应分皮相互砌通，交角处的竖缝相互错开1/4砖长，如图3-15（c）所示。

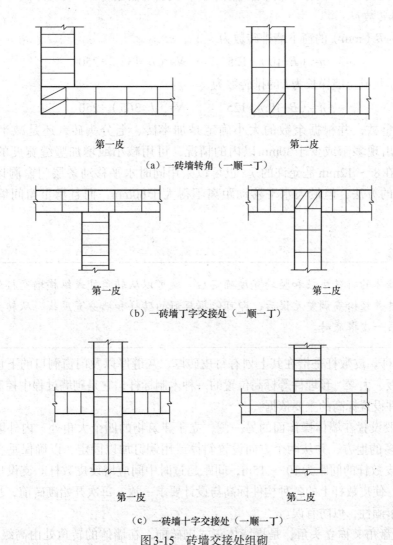

第一皮　　　　　　　　　　第二皮

（a）一砖墙转角（一顺一丁）

第一皮　　　　　　　　　　第二皮

（b）一砖墙丁字交接处（一顺一丁）

第一皮　　　　　　　　　　第二皮

（c）一砖墙十字交接处（一顺一丁）

图3-15　砖墙交接处组砌

（2）砖砌体的施工工艺。砌砖施工过程通常包括找平、放线、摆砖样、立皮数杆、盘角、挂线、砌筑、刮缝、清理等工序。

① 找平、放线。砌砖墙前，应在基础防潮层或楼层上定出各层的设计标高，并用M7.5的水泥砂浆或C10的细石混凝土找平，使各段墙体的底部标高均在同一水平标高上，以有利于墙体交接处的搭接施工和确保施工质量。外墙找平时，应采用分层逐渐找平的方法，确保上下两层外墙之间不出现明显的接缝。

根据龙门板上给定的定位轴线或基础外侧的定位轴线桩，将墙体轴线、墙体宽度线、门窗洞口线等引测至基础顶面或楼板上，并弹出墨线。二楼以上各层的轴线可用经纬仪或垂球（线坠）引测。

② 摆砖样。摆砖样是在放线的基础顶面或楼板上，按选定的组砌形式进行干砖试摆，应做到灰缝均匀、门窗洞口两侧的墙面对称，并尽量使门窗洞口之间或与墙垛之间的各段墙长为1/4砖长的整数倍，以便减少砍砖、节约材料、提高工效和施工质量。摆砖用的第一皮摺底砖的组砌一般采用横丁纵顺形式，即横墙均摆丁砖，纵墙均摆顺砖，并可按下式计算丁砖层排砖数n和顺砖层排砖数N。

窗口宽度为B（mm）的窗下墙排砖数为

$$n=（B-10）÷125 \qquad N=（B-135）÷250 \qquad (3-1)$$

两洞口间净长或至墙垛长为L的排砖数为

$$n=（B+10）÷125 \qquad N=（L-365）÷250 \qquad (3-2)$$

计算时取整数，并根据余数的大小确定是加半砖、七分头砖，还是减半砖并加七分头砖。如果还出现多于或少于30mm以内的情况，可用减小或增加竖缝宽度的方法加以调整（灰缝宽度在8～12mm是允许的）。也可以采用同时水平移动各层门窗洞口的位置，使之满足砖模数的方法，但最大水平移动距离不得大于60mm，而且承重窗间墙的长度不应减少。

136

小 提 示

　　每一段墙体的排砖块数和竖缝宽度确定后，就可以从转角处或纵横墙交接处向两边排放砖，排完砖并经检查调整无误后，即可依据摆好的砖样和墙身宽度线，从转角处或交接处依次砌筑第一皮摺底砖。

③ 立皮数杆。皮数杆是指在其上划有每皮砖厚、灰缝厚以及门窗洞口的下口、窗台、过梁、圈梁、楼板、大梁、预埋件等标高位置的一种木制标杆，它是砌墙过程中控制砌体竖向尺寸和各种构配件设置标高的主要依据。

皮数杆一般设置在墙体操作面的另一侧，立于建筑物的四个大角处、内外墙交接处、楼梯间及洞口较多的地方，并从两个方向设置斜撑或用铆钉加以固定，以确保垂直和牢固，如图3-16所示。皮数杆的间距为10～15m，间距超过时中间应增设皮数杆。支设皮数杆时，要统一进行找平，使皮数杆上的各种构件标高与设计要求一致。每次开始砌砖前，均应检查皮数杆的垂直度和牢固性，以防有误。

④ 盘角。盘角又称立头角，是指墙体正式砌砖前，在墙体的转角处由高级瓦工先砌起，并始终高于周围墙面4～6皮砖，作为整片墙体控制垂直度和标高的依据。盘角的质量直接影响墙体施工质量，因此必须严格按皮数杆标高控制每一皮墙面高度和灰缝厚度，做到墙角方

正、墙面顺直、方位准确、每皮砖的顶面近似水平，并要"三皮一靠，五皮一吊"，确保盘角质量。

⑤ 挂线。挂线是指以盘角的墙体为依据，在两个盘角中间的墙外侧挂通线。挂线应用尼龙线或棉线绳拴砖坠重拉紧，使线绳水平、无下垂。墙身过长时，在中间除设置皮数杆外，还应砌一块"腰线砖"或再加一个细铁丝揽线棍，用以固定挂通的准线，使之不下垂和内外移动。盘角处的通线是靠墙角的灰缝卡挂的，为避免通线陷入水平灰缝内，应采用不超过1mm厚的小别棍（用小竹片或包装用薄铁皮片）别在盘角处墙面与通线之间。一般二四墙可单面挂线，三七墙及以上的墙则应双面挂线。

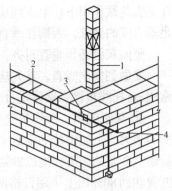

图3-16 皮数杆设置示意图
1—皮数杆；2—准线；
3—竹片；4—圆铁钉

⑥ 砌筑。砌筑砖墙通常采用"三一"法或铺灰挤砌法，并要求砖外侧的上楞线与准线平行、水平且离准线1mm，不得冲（顶）线，砖外侧的下楞线与已砌好的下皮砖外侧的上楞线平行并在同一垂直面上，俗称"上跟线、下靠楞"；同时，还要做到砖平位正、挤揉适度、灰缝均匀、砂浆饱满。

"三一"砌砖法，即一块砖、一铲灰、一揉压，并随手将挤出的砂浆刮去的砌筑方法。这种砌法的优点是灰缝容易饱满、黏结力好且墙面整洁。

铺灰挤砌法即用灰勺、大铲或铺灰器在墙顶上铺一段砂浆，然后双手拿砖或单手拿砖，用砖挤入砂浆中一定厚度之后把砖放平，达到下齐边、上齐线、横平竖直的要求。这种砌法的优点是：可以连续挤砌几块砖，减少烦琐的动作；平推平挤可使灰缝饱满；效率高；保证砌筑质量。

⑦ 勾缝、清理。清水墙砌完一段高度后，要及时进行刮缝和清扫墙面，以利于墙面勾缝和整洁、干净。用砂浆随砌随勾缝，叫做原浆勾缝；也可砌完墙后再用1∶1.5水泥砂浆或加色砂浆勾缝，称为加浆勾缝。勾缝具有保护墙面和增加墙面美观的作用。为了确保勾缝质量，勾缝前应清除墙面黏结的砂浆和杂物，并洒水润湿；在砌完墙后，应画出1cm的灰槽，灰缝可勾成凹、平、斜或凸形状。勾缝完后尚应清扫墙面。刮砖缝可采用1mm厚的钢板制作的凸形刮板，刮板突出部分的长度为10～12mm，宽为8mm。清水外墙面一般采用加浆勾缝，用1∶1.5的细砂水泥砂浆勾成凹进墙面4～5mm的凹缝或平缝；清水内墙面一般采用原浆勾缝，所以不用刮板刮缝，而是随砌随用钢溜子勾缝。下班前，应将施工操作面的落地灰和杂物清理干净。

（3）各层标高的控制。各层标高除立皮数杆控制外，还可弹出室内水平线进行控制。底层砌到一定高度后，在各层的里墙角，用水准仪根据龙门板上的±0.000标高，引出统一标高的测量点（一般比室内地坪高出200～500mm），然后在墙角两点弹出水平线，依次控制底层过梁、圈梁和楼板板底标高。当第二层墙身砌到一定高度后，先从底层水平线用钢尺往上量第二层水平线的第一个标志，然后以此标志为准，用水准仪定出各墙面的水平线，以此控制第二层标高。

（4）砖墙砌体的质量要求及保证措施。砌体的质量应符合施工验收规范和操作规程的要求，应做到横平竖直、灰浆饱满、错缝搭砌、接搓可靠，以保证墙体有足够的强度和稳定性。

① 横平竖直。砌体的灰缝应横平竖直，厚薄均匀。水平灰缝应满足平直度的要求，否则

在垂直荷载作用下，上下两层将产生剪力使砂浆与砌块分离，从而引起砌体破坏；砌体必须满足垂直度的要求，否则在垂直荷载作用下将产生附加弯矩而降低砌体承载力。

竖向灰缝必须垂直对齐，对不齐而错位，称为"游丁走缝"，影响墙体外观质量。

要做到横平竖直，首先应将基础找平，砌筑时严格按皮数杆拉线，将每皮砖砌平，同时经常用2m托线板检查墙体垂直度，发现问题及时纠正。

② 灰浆饱满。砌体灰缝砂浆的饱满程度对砌体的传力均匀、砌体之间的黏结和砌体强度影响很大。上层砌体的重量主要通过砌体之间的水平灰缝传递到下层，灰浆不饱满，会使砖块折断。砂浆的饱满程度以砂浆饱满度来表示。砌体水平灰缝要砂浆饱满，厚薄均匀，砂浆饱满度要达到80%以上（用百格网检查），这样可以满足砌体抗压强度要求。水平灰缝的厚度宜为10mm，不应小于8mm，也不应大于12mm；竖直灰缝亦应控制厚度保证黏结，不得出现透明缝、瞎缝和假缝，以避免透风漏雨，影响保温性能。

③ 错缝搭砌。为了保证墙体的整体性和传力效果，砖块排列的方式应遵循内外搭接、上下错缝的原则。错缝是指砌体相邻两层砖的竖缝错开，砖块的错缝搭接长度不应小于1/4砖长，避免出现垂直通缝，确保砌筑质量。搭接是同层的里外砖块通过相邻上下层的砖块搭砌而使得砖砌体黏结牢固。

④ 接搓可靠。整个房屋的纵横墙应相互连接牢固，以增加房屋的强度和稳定性。砖砌体的转角处和交接处应同时砌筑，严禁无可靠措施的内外墙分砌施工。接搓是相邻砌体不能同时砌筑而又必须设置的临时间断，以便于先、后砌筑的砌体之间接合。

砖墙的转角处和交接处一般应同时砌筑，对不能同时砌筑而又必须留置的临时间断处应留成斜搓。实心墙的斜搓长度不应小于高度的2/3，如图3-17（a）所示；非抗震设防及抗震设防烈度为6度、7度地区的临时间断处，当不能留斜搓时，除转角处外可留直搓，但必须做成凸搓，并加设拉结筋。拉结筋的数量为每120mm墙厚放置1×ϕ6mm的拉结钢筋（120mm厚墙放置2×ϕ6mm的拉结钢筋），间距沿墙高不应超过500mm，埋入长度从留搓处算起每边均不应小于500mm，对抗震设防烈度为6度、7度的地区，不应小于1 000mm。末端应有90°弯钩，如图3-17（b）所示。另外，尚未安装楼板或屋面板的墙和柱，有可能遇到大风时，其允许自由高度不得超出规定要求，否则应采取必要的临时加固措施。

（5）砖砌体砌筑的技术要求。

① 全部砖墙应平行砌起，砖层必须水平，砖层正确位置用皮数杆控制，基础和每楼层砌完后必须校对一次水平、轴线和标高，在允许偏差范围内，其偏差值应在基础或楼板顶面调整。

② 砖墙的水平灰缝和竖向灰缝宽度一般为10mm，但不小于8mm，也不应大于12mm。水平灰缝的砂浆饱满度不得低于80%，竖向灰缝宜采用挤浆或加浆办法，使其砂浆饱满，严禁用水冲浆灌缝。

③ 因砖墙留搓处得灰浆不易饱满，应少留搓。砖墙接搓时，必须将接搓处的表面清理干净，浇水润湿，并应填实砂浆，保持灰缝平直。

④ 每层承重墙的最上一皮砖、梁或梁垫的下面及挑檐、腰线等处，应是整砖丁砌。

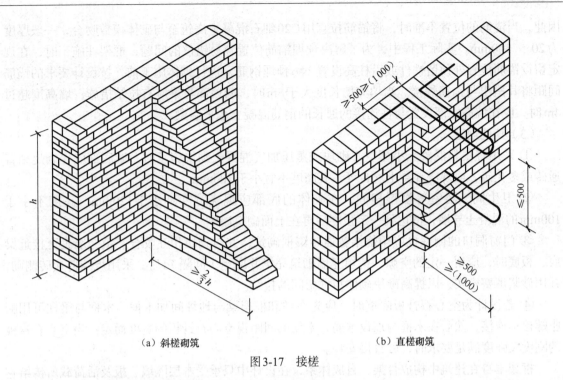

（a）斜槎砌筑　　　　　　　　　　　（b）直槎砌筑

图3-17　接槎

⑤ 砖墙中留置临时施工洞口时，其侧边离交接处的墙面不应小于500mm，洞口净宽度不应超过1m。

⑥ 沉降不均匀将导致墙体开裂，对结构危害很大，砌筑施工中要严加注意。砖墙相邻工作段的高度差，不得超过一个楼层的高度，也不宜大于4m。工作段的分段位置应设在伸缩缝、沉降缝、防震缝或门窗洞口处。砖墙临时间断处的高度差，不得超过一步脚手架的高度。砖墙每天砌筑高度以不超过1.8m为宜。雨天施工不宜超过1.2m。

4．框架填充墙施工

（1）基本规定。

① 填充墙采用烧结多孔砖、烧结空心砖进行砌筑时，应提前2d浇水湿润。采用蒸压加气混凝土砌块砌筑时，应向砌筑面浇适量的水。

② 墙体的灰缝应横平竖直、厚薄均匀，并应填满砂浆，竖缝不得出现透明缝、瞎缝。

③ 多孔砖应采用一顺一丁或梅花丁的组砌形式。多孔砖的孔洞应垂直面受压，砌筑前应先进行试摆。

（2）填充墙拉结筋的设置。在框架结构的建筑中，墙体一般只起围护与分隔的作用，常用体轻、保温性能好的烧结空心砖或小型空心砌块砌筑。框架柱和梁施工完后，就应按设计砌筑内外墙体，墙体应与框架柱进行锚固，锚固拉结筋的规格、数量、间距和长度应符合设计要求。当设计无规定时，一般应在框架柱施工时预埋锚筋，锚筋的设置规定如下：沿柱高每500mm配置2ϕ6钢筋伸入墙内，一二级框架宜沿墙全长设置，三四级框架不应小于墙长的1/5，且不应小于700mm，锚筋的位置必须准确。砌体施工时，将锚筋凿出并拉直砌在砌体的水平砌缝中，确保墙体与框架柱的连接。有的锚筋由于在框架柱内伸出的位置不准，施工中把锚筋打弯甚至扭转，使之伸入墙身内，从而失去了锚筋的作用，会使墙身与框架间出现裂缝。

因此，当锚筋的位置不准时，将锚筋拉直用C20细石混凝土浇筑至与砌体模数吻合，一般厚度为20～500mm。实际工程中，为了解决预埋锚筋位置容易错位的问题，框架柱施工时，在规定留设锚筋位置处预留铁件或沿柱高设置2φ6预埋钢筋，进行砌体施工前，按设计要求的锚筋间距将其凿出与锚筋焊接。当填充墙长度大于5m时，墙顶部与梁应有拉结措施；墙高度超过4m时，应在墙高中部设置与柱连接的通长的钢筋混凝土水平墙梁。

（3）其他规定。

① 采用轻集料混凝土小型空心砌块或蒸压加气混凝土砌块施工时，墙底部应先砌烧结普通砖或多孔砖，或现浇混凝土坎台等，其高度不宜小于200mm。

② 卫生间、浴室等潮湿房间，在砌体的底部应现浇宽度不小于120mm、高度不小于100mm的混凝土导墙，待达到一定强度后再在上面砌筑墙体。

③ 门窗洞口的侧壁也应用烧结普通砖镶框砌筑，并与砌块相互咬合。填充墙砌至接近梁底、板底时，应留一定的空隙，待填充墙砌筑完毕并应至少间隔7d后，采用烧结普通砖侧砌，并用砂浆填塞密实，以提高砌块砌体与框架间的拉结。

④ 若设计为空心石膏板隔墙时，应先在柱和框架梁与地坪间加木框，木框与梁柱可用膨胀螺栓等连接，然后在木框内加设木筋，木筋的间距视空心石膏板的宽度而定。当空心石膏板的刚度及强度满足要求时，可直接安装。

框架本身在建筑中构成骨架，自成体系，在设计中只承受本层隔墙、板及活荷载所传给它的压力，故施工时不能先砌墙，后浇筑框架梁，这样会使框架梁失去作用，并增加底层框架梁的应力，甚至发生事故。

5. 钢筋混凝土构造柱、芯柱施工

（1）钢筋混凝土构造柱的施工。

① 构造柱简介。

构造柱的截面尺寸一般为240mm×180mm或240mm×240mm；竖向受力钢筋常采用4根φ12mm的HPB300级钢筋；箍筋直径采用6mm，其间距不大于250mm，且在柱上下端适当加密。

砖墙与构造柱应沿墙高每隔500mm设置2φ6的水平拉结钢筋，两边伸入墙内不宜小于1m；若外墙为一砖半墙，则水平拉结钢筋应用3根，如图3-18和图3-19所示。

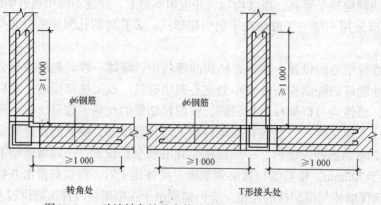

图3-18　一砖墙转角处及交接处构造柱水平拉结钢筋布置

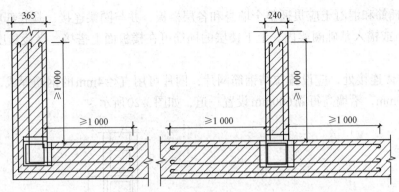

图3-19　一砖半墙转角处及交接处构造柱水平拉结钢筋布置

小 提 示

　　砖墙与构造柱相接处，砖墙应砌成马牙槎，从每层柱脚开始，先退后进；每个马牙槎沿高度方向的尺寸不宜超过300mm（或5皮砖高）；每个马牙槎退进应不小于60mm。

　　构造柱必须与圈梁连接。其根部可与基础圈梁连接；无基础圈梁时，可增设厚度不小于120mm的混凝土底脚，深度从室外地坪以下不应小于500mm。

　　②钢筋混凝土构造柱施工要点如下。

　　（a）构造柱的施工程序为绑扎钢筋、砌砖墙、支模、浇筑混凝土柱。

　　（b）构造柱钢筋的规格、数量和位置必须正确，绑扎前必须进行除锈和调直处理。

　　（c）构造柱从基础到顶层必须垂直，对准轴线，在逐层安装模板前，必须根据柱轴线随时校正竖筋的位置和垂直度。

　　（d）构造柱的模板可用木模或钢模，在每层砖墙砌好后，立即支模。模板必须与所在墙的两侧严密贴紧，支撑牢靠，防止板缝漏浆。

　　（e）在浇筑构造柱混凝土前，必须将砖砌体和模板洒水湿润，并将模板内的落地灰、砖渣和其他杂物清除干净。

　　（f）构造柱的混凝土坍落度宜为50～70mm，以保证浇捣密实；亦可根据施工条件、季节不同，在保证浇捣密实的条件下加以调整。

　　（g）构造柱的混凝土浇筑可分段进行，每段高度不宜大于2m。在施工条件较好并能确保浇筑密实时，也可每层一次浇筑完毕。

　　（h）浇捣构造柱混凝土时，宜用插入式振捣棒，分层捣实。振捣棒随振随拔，每次振捣层的厚度不应超过振捣棒长度的1.25倍。振捣时，振捣棒应避免直接碰触砖墙，并严禁通过砖墙传振。

　　（i）构造柱混凝土保护层厚度宜为20mm，且不小于15mm。

　　（j）在砌完一层墙后和浇筑该层柱混凝土前，应及时对已砌好的独立墙加稳定支撑，只有在该层柱混凝土浇完后，才能进行上一层的施工。

　　（2）钢筋混凝土芯柱的施工。

　　①芯柱的主要构造。钢筋混凝土芯柱是按设计要求设置在小型混凝土空心砌块墙的转角处和交接处，在这些部位的砌块孔洞中插入钢筋，并浇筑混凝土而形成的。

　　芯柱所用插筋不应少于1根直径为12mm的HPB300级钢筋，所用混凝土强度不应低于

C15。芯柱的插筋和混凝土应贯通整个墙身和各层楼板，并与圈梁连接，其底部应伸入室外地坪以下500mm或锚入基础圈梁内。上下楼层的插筋可在楼板面上搭接，搭接长度不小于40倍插筋直径。

芯柱与墙体连接处，应设置拉结钢筋网片，网片可用直径4mm的钢筋焊成，每边伸入墙内不宜小于10mm，沿墙高每隔600mm设置一道，如图3-20所示。

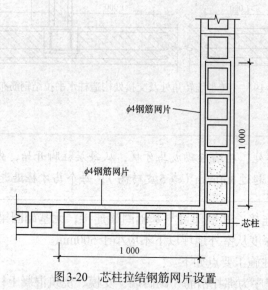

图3-20　芯柱拉结钢筋网片设置

对于非抗震设防地区的混凝土空心砌块房屋，芯柱中的插筋直径不应小于10mm，与墙体连接的钢筋网片，每边伸入墙内不小于600mm。其余构造与前述相似。

② 钢筋混凝土芯柱施工要点如下。

（a）芯柱部位宜采用不封底的通孔小砌块，当采用半封底小砌块时，砌筑前必须打掉孔洞毛边。

（b）在楼（地）面砌筑第一皮小砌块时，在芯柱部位，应用开口砌块（或U形砌块）砌出操作孔，在操作孔侧面宜预留连通孔；必须清除芯柱孔洞内的杂物并削掉孔内凸出的砂浆，用水冲洗干净；校正钢筋位置并绑扎或焊接固定后，方可浇筑混凝土。

（c）检查竖筋安放位置及其接头连接质量，芯柱钢筋应与基础或基础梁中的预埋钢筋连接，上下楼层的钢筋可在楼板面上搭接，搭接长度不应小于40d（d为钢筋直径）。

（d）砌筑砂浆必须达到一定强度后（大于1.0MPa），方可浇筑芯柱混凝土。

（e）砌完一个楼层高度后，应连续浇筑芯柱混凝土，每浇筑400～500mm高度捣实一次，或边浇筑边捣实。浇筑混凝土前，先注入适量水泥浆，严禁筑满一个楼层后再捣实，宜采用机械捣实，混凝土坍落度不应小于50mm。

（f）芯柱混凝土在预制楼板处应贯通，不得削弱芯柱断面尺寸；可采用设置现浇钢筋混凝土板带的方法或预制楼板预留缺口（板端外伸钢筋插入芯柱）的方法，实施芯柱贯通措施。

三、砌筑工程冬、雨期施工

1. 砌筑工程冬期施工的一般要求

① 当室外日平均气温连续5d稳定低于5℃时，砌体工程应采取冬期施工措施。需要注意

的是：气温根据当地气象资料确定；冬期施工期限以外，当日最低气温低于0℃时，也应按规定执行。

② 冬期施工的砌体工程质量验收除应符合本地区要求外，尚应符合现行行业标准《建筑工程冬期施工规程》（JGJ/T 104—2011）的有关规定。

③ 砌体工程冬期施工应有完整的冬期施工方案。

④ 冬期施工所用材料应符合下列规定。

（a）石灰膏、电石膏等应采取防冻措施，如果遭冻结，应经融化后使用。

（b）拌制砂浆用砂，不得含有冰块和大于10mm的冻结块。

（c）砌体用块体不得遭水浸冻。

⑤ 冬期施工砂浆试块的留置，除应按常温规定要求外，尚应增加1组与砌体同条件养护的试块，用于检验转入常温28d的强度。如果有特殊需要，可另外增加相应龄期的同条件养护试块。

⑥ 地基土有冻胀性时，应在未冻的地基上砌筑，并应防止在施工期间和回填土前地基受冻。

⑦ 冬期施工中，砖、小砌块浇（喷）水湿润应符合下列规定。

（a）烧结普通砖、烧结多孔砖、蒸压灰砂砖、蒸压粉煤灰砖、烧结空心砖及吸水率较大的轻集料混凝土小型空心砌块在气温高于0℃条件下砌筑时，应浇水湿润；在气温不高于0℃条件下砌筑时，可不浇水，但必须增大砂浆稠度。

（b）普通混凝土小型空心砌块、混凝土多孔砖、混凝土实心砖及采用薄灰砌筑法的蒸压加气混凝土砌块施工时，不应对其浇（喷）水湿润。

（c）抗震设防烈度为9度的建筑物，当烧结普通砖、烧结多孔砖、蒸压粉煤灰砖及烧结空心砖无法浇水湿润时，如无特殊措施不得砌筑。

⑧ 拌合砂浆时水的温度不得超过80℃，砂的温度不得超过40℃。

⑨ 采用砂浆掺外加剂法、暖棚法施工时，砂浆使用温度不应低于5℃。

⑩ 采用暖棚法施工，块体在砌筑时的温度不应低于5℃，距离所砌的结构底面0.5m处的棚内温度也不应低于5℃。

⑪ 在暖棚内的砌体养护时间应根据暖棚内温度按表3-2所示的数值确定。

表3-2 暖棚法砌体的养护时间

暖棚的温度/℃	5	10	15	20
养护时间/d	≥6	≥5	≥4	≥3

⑫ 采用外加剂法配制的砌筑砂浆，当设计无要求、且最低气温等于或低于-15℃时，砂浆强度等级应较常温施工提高一级。

⑬ 配筋砌体不得采用掺氯盐的砂浆施工。

2. 砌体工程冬期施工常用方法

砌体工程冬期施工常用的方法有掺盐砂浆法、冻结法和暖棚法。

（1）掺盐砂浆法。掺盐砂浆法是在砂浆中掺入一定数量的氯化钠（单盐）或氯化钠加氯化钙（双盐），以降低冰点，使砂浆中的水分在低于0℃一定范围内不冻结。这种方法施工简便、经济、可靠，是砌体工程冬期施工广泛采用的方法。掺盐砂浆的掺盐量应符合规定。当设计无要求且最低气温≤-15℃时，砌筑承重砌体砂浆强度等级应按常温施工提高一级。配筋砌体不得采用掺盐砂浆法施工。

（2）冻结法。冻结法是采用不掺外加剂的水泥砂浆或水泥混合砂浆砌筑砌体，允许砂浆遭受冻结。砂浆解冻时，当气温回升至0℃以上后，砂浆继续硬化，但此时的砂浆经过冻结、融化、再硬化以后，其强度及与砌体的黏结力都有不同程度的下降，且砌体在解冻时变形大，对于空斗墙、毛石墙、承受侧压力的砌体、在解冻期间可能受到振动或动力荷载的砌体、在解冻期间不允许发生沉降的砌体（如筒拱支座），不得采用冻结法。冻结法施工，当设计无要求且日最低气温＞-25℃时，砌筑承重砌体砂浆强度等级应按常温施工提高一级；当日最低气温≤-25℃时，应提高二级。砂浆强度等级不得小于M2.5，重要结构砂浆强度等级不得小于M5。

小 提 示

为保证砌体在解冻时正常沉降，尚应符合下列规定：每日砌筑高度及临时间断的高度差，均不得大于1.2m；门窗框的上部应留出不小于5mm的缝隙；砌体水平灰缝厚度不宜大于10mm。留置在砌体中的洞口和沟槽等，宜在解冻前填砌完毕；解冻前应清除结构的临时荷载。

在冻结法施工的解冻期间，应经常对砌体进行观测和检查；如发现裂缝、不均匀沉降等情况，应立即采取加固措施。

（3）暖棚法。暖棚法是利用简易结构和廉价的保温材料，将需要砌筑的砌体和工作面临时封闭起来，棚内加热，使之在正温条件下砌筑和养护。暖棚法费用高、热效低且劳动效率不高，因此宜少采用。一般而言，地下工程、基础工程以及量小又急需使用的砌体，可考虑采用暖棚法施工。

采用暖棚法施工，块材在砌筑时的温度不应低于+5℃，距离所砌的结构底面0.5m处的棚内温度也不应低于+5℃。

3. 砌筑工程雨期施工

（1）砌体工程雨期施工要求。

① 砖在雨期必须集中堆放，以便用塑料薄膜、竹席等覆盖，且不宜浇水。砌墙时，要求干湿砖块合理搭配。砖湿度过大时不可上墙，砌筑高度不宜超过1.2m。

② 雨期遇大雨必须停工。砌砖收工时应在砖墙顶盖一层干砖，避免大雨冲刷灰浆。搅拌砂浆宜用中粗砂，因为中粗砂拌制的砂浆收缩变形小。另外，要减少砂浆用水量，防止砂浆使用中变稀。大雨过后受雨冲刷过的新砌墙体应翻动最上面两皮砖。

③ 稳定性较差的窗间墙、独立砖柱，应加设临时支撑或及时浇筑圈梁，以增加砌体的稳定性。

④ 砌体施工时，内外墙要尽量同时砌筑，并注意转角及丁字墙间的连接要跟上，同时要适当缩小砌体的水平灰缝、减小砌体的压缩变形，其水平灰缝宜控制在8mm左右。遇台风时，应在与风向相反的方向加临时支撑，以保证墙体的稳定。

⑤ 雨后继续施工，必须复核已完工砌体的垂直度和标高。

（2）雨期施工工艺。砌筑方法宜采用"三一"法，每天的砌筑高度应限制在1.2m以内，以减小砌体倾斜的可能性。必要时，可将墙体两面用夹板支撑加固。

根据雨期长短及工程实际情况，可搭活动的防雨棚，随砌筑位置变动而搬动。若为小雨，可不采取此措施。收工时，在墙上盖一层砖，并用草帘加以覆盖，以免雨水将砂浆冲掉。

（3）雨期施工安全措施。雨期施工时脚手架等应增设防滑设施。金属脚手架和高耸设备，应有防雷接地设施。在梅雨期，露天施工人员易受寒，要备好姜汤和药物。

学习案例

某工程项目，采用钢筋混凝土剪力墙结构，施工顺序划分为基础工程、主体结构工程、机电安装工程和装饰工程四个施工阶段。

施工承包单位对该工程的施工方法进行了选择，拟采用以下施工方案。

1. 土石方工程采用人工挖土方，放坡系数为1∶0.5。待挖土至设计标高进行验槽，验槽合格后进行下道工序。

2. 砌筑工程的墙身用皮数杆控制，先砌外墙后砌内墙，370mm墙采用单面挂线，以保证墙体平整。

3. 屋面防水分项工程的防水材料进场后，检查出厂合格证后即可使用。

4. 扣件式钢管脚手架的作业层非主节点处的横向水平杆的最大间距不应大于纵距的3/4。

问题：

1. 施工承包单位采用的施工方案有何不妥？请指出并改正。

2. 针对砌筑工程在选择施工方案时的主要内容包括哪些？

3. 扣件式钢管脚手架的作业层上非主节点处的横向水平杆宜根据什么来设置间距？

分析：

1. 施工承包单位采用的施工方案的不妥之处

（1）不妥之处：先砌外墙后砌内墙。

正确做法：内外墙同时砌筑。

（2）不妥之处：370mm墙采用单面挂线。

正确做法：370mm墙采用双面挂线。

（3）不妥之外：防水材料进场后，检查出厂合格证后即可使用。

正确做法：防水材料进场后，要检查出厂合格证和试验室的复试报告，试验合格后方可使用。

（4）不妥之处：扣件式钢管脚手架的作业层非主节点处的横向水平杆的最大间距不应大于纵距的3/4。

正确做法：作业层非主节点处的横向水平杆的最大间距不应大于纵距的1/2。

2. 砌筑工程在选择施工方案时的主要内容

（1）砌体的组砌方法和质量要求。

（2）弹性及皮数杆的控制要求。

（3）确定脚手架搭设方法及安全网的挂设方法。

3. 扣件式钢管脚手架作业层上非主节点处的横向水平杆，宜根据支撑脚手板的需要间距设置。

🖼 知识拓展

砌筑工程的质量与安全

1. 砌筑工程的质量要求

① 石材、砖、砌块的尺寸、外观质量、强度等级应符合设计要求。

② 砌筑砂浆的品种、配合比、强度等级和稠度应符合设计要求。

③ 砌体应做到横平竖直、砂浆饱满、错缝搭接和接槎可靠。

④ 填充墙砌体的尺寸允许偏差、填充墙砌体的砂浆饱满度应符合规范规定。

2. 砌筑工程的安全技术

① 操作之前必须检查操作环境是否符合安全要求，道路是否畅通，机具是否完好，安全防护设施是否齐全，确认符合安全要求后方可施工。

② 在基坑内砌筑时应注意检查坑壁土质变化情况，砌块应离开坑槽边堆放。

③ 建筑工人砌筑墙体，一般站在混凝土楼面内进行施工，砌筑高度超过1.20m时，应搭设楼层内的临时脚手架。

④ 严禁站在已砌墙体上操作；不准用不稳定的工具或物体垫高来作业。

⑤ 需要砍砖时应面向墙面进行，砍完后应即时清理碎块，防止掉落伤人。

⑥ 每天限砌高度。砖砌体1.8m内；小砌块砌体190mm厚1.8m内，90mm厚1.4m内；加气混凝土砌块1.5m内。

⑦ 下雨时不应砌筑，砌好的墙体应加遮盖保护防止雨淋。

⑧ 运送砖和砂浆的垂直运输机具应经常检查，保证正常运行，不得超载。

学习情境小结

本学习情境所述内容包括脚手架及垂直运输设施、砌筑施工两部分内容。首先对脚手架及垂直运输设施等进行了讲解，重点讲解了脚手架的类型、构造及砌筑脚手架的要求等；随后对砌砖施工、砌石施工等进行了讲解，重点讲解了每种砌体的施工工艺。

砌筑工程所需的各种材料绝大部分需要通过垂直运输机械运送到各施工楼层。目前，担负垂直运输建筑材料和供人员上、下的常用垂直运输设备有井架、龙门架、施工升降机等。

石砌体包括有毛石砌块和料石砌块。关于毛石砌块，砌筑毛石基础的第一皮石块应坐浆，并将石块的大面向下；毛石基础的扩大部分应做成阶梯形；毛石基础必须设置拉结石，拉结石应均匀分布。料石砌块，料石基础砌体的第一皮应用丁砌层坐浆砌筑，料石砌体亦应上下错缝搭砌，砌体厚度不小于两块料石宽度；料石砌体灰浆的厚度，根据石料的种类确定；料石砌体转角处及交接处也应同时砌筑，必须留设临时间断。

学习检测

一、选择题

1. 砌筑工程用的块材不包括（　　　）。
   A. 烧结普通砖
   B. 炉渣砖
   C. 陶粒混凝土砌块
   D. 玻璃砖

2. 生石灰熟化成石膏时，熟化时间不得少于（　　　）。
   A. 3d
   B. 5d
   C. 7d
   D. 14d

3. 下列垂直运输机械中，既可以运输材料和工具，又可以运输工作人员的是（　　　）。
   A. 塔式起重机
   B. 井架
   C. 龙门架
   D. 施工电梯

4. 既可以进行垂直运输，又能完成一定水平运输的机械是（　　　）。
   A. 塔式起重机
   B. 井架
   C. 龙门架
   D. 施工电梯

5. 砖砌体水平灰缝的砂浆饱满度不得低于（　　　）。
   A. 60%
   B. 70%
   C. 80%
   D. 90%

6. 砌筑砖墙留直槎时，需沿墙高每500mm设置一道拉结筋，对120mm厚砖墙，每道应为（　　　）。
   A. 1φ4
   B. 2φ4
   C. 2φ6
   D. 1φ6

7. 砌筑370mm厚砖墙留直槎时，应架设（　　　）拉结钢筋。
   A. 1φ6
   B. 2φ4
   C. 2φ5
   D. 3φ6

8. 皮数杆的间距为（　　　）m，间距超过时中间应增设皮数杆。
   A. 10～15
   B. 10～12
   C. 15～20
   D. 10～20

9. 小型砌块墙体临时间断处应砌成斜槎，斜槎长度不应小于高度的（　　　）。
   A. 2/3
   B. 1/3
   C. 1/2
   D. 3/4

10. 内墙砌筑用的角钢折叠式脚手架，其水平方向架设间距一般不超过（　　　）。
   A. 1m
   B. 1.5m
   C. 3m
   D. 2m

二、填空题

1. 砌筑工程所用的主要材料是_____、_____和_____。

2. 砌筑砂浆按组成材料不同，分为_____、_____与_____三种。

3. 普通混凝土小型空心砌块主要规格尺寸为_____。

4. 砌筑用水泥砂浆采用的水泥，其强度等级不宜大于_____。

5. 拌制水泥混合砂浆时，生石灰熟化时间不得少于_____d，磨细生石灰粉的熟化时间不得少于_____d。

6. 砖墙水平灰缝的砂浆饱满度不得低于_____；砖柱水平灰缝和竖向灰缝饱满度不得低于_____。

7. 常用的砌体的组砌形式有_____、_____、_____、_____。

8. 毛石基础必须设置拉结石，拉结石应均匀分布，且在毛石基础同皮内每隔_____左右设置一块。

9. 普通混凝土小砌块的搭接长度不应小于_____，轻集料混凝土小砌块的搭接长度不应小于_____。

三、简答题

1. 砌筑施工常用的工具有哪些？
2. 试述扣件式钢管脚手架的构造及搭接要点。
3. 碗扣式钢管脚手架与扣件式钢管脚手架在构造上有什么区别？
4. 试述门式脚手架的构造及搭接要点。
5. 试述砖砌体的砌筑工艺。
6. 砖砌体的质量要求有哪些？

学习情境四
混凝土结构工程

情境导入

工程有两块厚2.5m，平面尺寸分别为27.2m×34.5m和29.2m×34.5m的板。设计中规定把上述大块板分成小块（每大块分成6小块），间歇施工。混凝土所用材料为42.5级普通硅酸盐水泥、中砂和花岗岩碎石；混凝土强度等级为C20。施工完成后大部分板的表面都发现不同程度的裂缝，裂缝宽度为0.1～0.25mm，长度从几cm到100多cm，裂缝出现时间是拆模后1～2d。

案例导航

上述案例中裂缝事故发生的原因分析：由于该工程属于大体积混凝土工程，水泥水化热大，裂缝多是在拆模后1～2d出现，根据这些情况判定，裂缝的出现可能是由于混凝土内外温差太大、表面温度突然降低、干缩等原因引起的。

此类工程中混凝土的养护方法分为保温法和保湿法两种。为了确保新浇筑混凝土有适宜的硬化条件，防止在早期由于干缩而产生裂缝，大体积混凝土浇筑完毕后，应在12h内加以覆盖和浇水。普通硅酸盐水泥拌制的混凝土养护时间不得少于14d；矿渣水泥、火山灰水泥等拌制的混凝土养护时间不得少于21d。

要了解混凝土的养护方法和养护时间，需要掌握的相关知识有：

（1）模板的分类，组合钢模板和木模板的构造要求以及安装、拆除的方法。

（2）钢筋的分类及堆放，钢筋冷拉、冷拔及连接方法。

（3）混凝土原材料的选用。

（4）混凝土冬期施工方法和相关规定。

混凝土工程是房屋建筑工程中应用最广泛的结构形式。它由模板工程、钢筋工程、混凝土工程等多个分项工程组成。由于施工过程繁多，所以必须加强施工管理、统筹安排、合理组织，以保证质量、缩短工期和降低造价。

学习单元一　模板工程

知识目标

（1）了解模板的分类。

（2）掌握组合钢模板和木模板的构造要求以及安装、拆除的方法。

技能目标

（1）通过本单元的学习，能够清楚模板的要求。

（2）能够组织与管理模板工程的施工，即模板的安装、拆除。

基础知识

模板的施工工艺包括模板的选材、选型、设计、制作、安装、拆除和周转等过程。混凝土结构的模板工程，是混凝土构件成型的一个十分重要的组成部分。现浇混凝土结构使用的模板工程的造价约占钢筋混凝土工程总造价的30%，总用工量的50%。因此，采用先进的模板技术，对于提高工程质量、加快施工速度、提高劳动生产率、降低工程成本和实现文明施工，都具有十分重要的意义。

模板工程量大，材料和劳动力消耗多，正确选择其材料、型式和合理组织施工，对加速混凝土工程施工和降低造价有显著效果。模板系统包括模板、支架和紧固件三个部分，是保证混凝土在浇筑过程中保持正确的形状和尺寸，以及在混凝土硬化过程中进行防护和养护的工具。为此，模板和支架必须符合下列要求。

（1）保证结构和构件各部分的形状、尺寸和相互间的准确性。

（2）具有足够的强度、刚度和稳定性，能可靠承受本身的自重及钢筋、新浇混凝土的质量和侧压力，以及施工过程中产生的其他荷载。

（3）构造简单、装拆方便，能多次周转使用，并便于满足钢筋的绑扎与安装和混凝土的浇筑与养护等工艺的要求。

（4）拼缝应严密、不漏浆。

（5）支架安装在坚实的地基上，并有足够的支撑面积，保证所浇筑的结构不致发生下沉。

一、模板的分类

1. 按材料性质分类

模板的种类很多。按材料的性质可分为木模板、钢模板、塑料模板及其他模板等。

（1）木模板。混凝土工程开始出现时，都是使用木材来做模板。木材先被加工成木板或木方，而后被组合成构件所需的模板。

（2）钢模板。国内使用的钢模板大致可分为两类：一类为小块钢模板，是以一定尺寸模数做成不同大小的单块钢模板，最大尺寸是300mm×1 500mm×50mm，在施工时拼装成构件所需的尺寸，也称为小块组合钢模板，组合拼装时采用U形卡将板缝卡紧形成一体；另一类是大模板，用于墙体的支模，多用在剪力墙结构中，模板的大小按设计的墙身大小而定型制作。其形式如图4-1所示。

（3）塑料模板。塑料模板是随着钢筋混凝土预应力现浇密肋楼盖的出现而创制出来的。其形状如一个方形的大盆，支模时倒扣在支架上，底面朝上，称为塑壳定型模板。在壳模四侧形成十字交叉的楼盖肋梁。这种模板的优点是拆模块时容易周转；其不足之处是仅能用在钢筋混凝土结构的楼盖施工中。

（4）其他模板。20世纪80年代中期以来，现浇结构模板趋向多样化，发展更为迅速。主要有玻璃钢模板、压型钢模板、钢木（竹）组合模板、装饰混凝土模板及复合材料模板等。

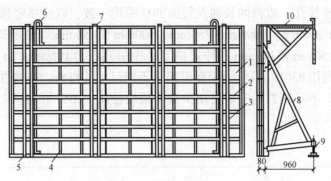

图 4-1 大模板构造

1—面板；2—横肋；3—竖肋；4—小肋；5—穿墙螺栓；6—吊环；

7—上口卡座；8—支撑架；9—地脚螺栓；10—操作平台

2. 按施工工艺条件分类

模板按施工工艺条件分类，可分为现浇混凝土模板、预组装模板、大模板、跃升模板、水平滑动的隧道工模板和垂直滑动的模板等。

（1）现浇混凝土模板。根据混凝土结构形状不同就地形成的模板，多用于基础、梁、板等现浇混凝土工程。模板支撑体系多通过支于地面或基坑侧壁以及对拉的螺栓承受混凝土的竖向和侧向压力。这种模板适应性强，但周转较慢。

（2）预组装模板。由定型模板分段预组装成较大面积的模板及其支撑体系，用起重设备吊运到混凝土浇筑位置，多用于大体积混凝土工程。

（3）大模板。由固定单元形成的固定标准系列的模板，多用于高层建筑的墙板体系。

（4）跃升模板。由两段以上固定形状的模板，通过埋设于混凝土中的固定件，形成模板支撑条件承受混凝土施工荷载，当混凝土达到一定强度时，拆模上翻，形成新的模板体系，多用于变直径的双曲线冷却塔、水工结构以及设有滑升设备的高耸混凝土结构工程。

（5）水平滑动的隧道工模板。由短段标准模板组成的整体模板，通过滑道或轨道支于地面、沿结构纵向平行移动的模板体系，多用于地下直行结构，如隧道、地沟、封闭顶面的混凝土结构。

（6）垂直滑动的模板。由小段固定形状的模板、提升设备及操作平台组成的可沿混凝土成型方向平行移动的模板体系，适用于高耸的框架、烟囱、圆形料仓等钢筋混凝土结构。根据提升设备的不同，垂直滑动的模板又可分为液压滑模、螺旋丝杠滑模及拉力滑模等。

二、组合钢模板

组合钢模板是一种工具式模板，由钢模板和配件两大部分组成，可以拼成不同尺寸、不同形状的模板，以适应基础、柱、梁、板、墙等施工的需要。组合钢模板尺寸适中，轻便灵活，装拆方便。

1. 钢模板

钢模板分为平模板和角模板，如图4-2所示。平模板由面板、边框、纵横肋构成。边框与面板常用2.5～3.0mm厚钢板一次轧成，纵横肋用3mm厚扁钢与面板及边框焊成。为便于连接，边框上有连接孔，边框的长向及短向的孔距均一致，以便横竖都能拼接。平模板的长度有1 500mm、1 200mm、900mm、750mm、600mm和450mm六种规格，宽度有300mm、250mm、200mm、150mm和100mm五种规格（平模板用符号P表示，如宽为300mm、长为1 500mm的平模板则用P3015表示），因而可组成不同尺寸的模板。在构件接头处（如柱与梁接头）等特殊部位，不足模数的空缺可用少量木模板补缺，用钉子或螺栓将方木与平模板边框孔洞连接起来。

> **小 提 示**
>
> 角模板又分为阴角模板、阳角模板及连接角模板，阴角模板、阳角模板用以成型混凝土结构的阴角、阳角，连接角模板用作两块平模板拼成90°的连接件。

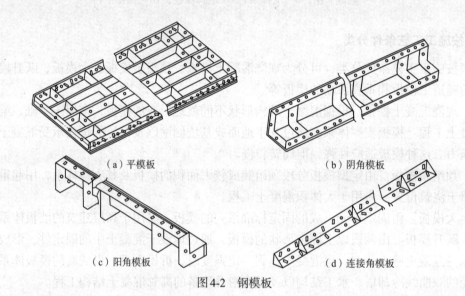

（a）平模板　　　　　　　　（b）阴角模板

（c）阳角模板　　　　　　　　（d）连接角模板

图4-2　钢模板

2. 钢模板连接配件

组合钢模板连接配件包括U形卡、L形插销、钩头螺栓、对拉螺栓、紧固螺栓和扣件等。

（1）U形卡。用于钢模板与钢模板间的拼接，其安装间距一般不大于300mm，即每隔一孔卡插一个，安装方向一顺一倒相互错开，如图4-3所示。

（2）L形插销。用于两个钢模板端肋相互连接，可增加模板接头处的刚度，保证板面平整，如图4-4所示。

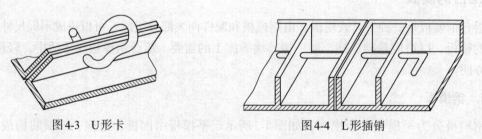

图4-3　U形卡　　　　　　　　　图4-4　L形插销

（3）钩头螺栓及"3"形扣件、蝶形扣件。用于连接钢楞（圆形钢管、矩形钢管、内卷边槽钢等）与钢模板，如图4-5所示。

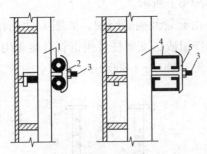

图4-5　钩头螺栓

1—圆形钢管；2—"3"形扣件；3—钩头螺栓；4—内卷边槽钢；5—蝶形扣件

（4）对拉螺栓。用于连接竖向构件（墙、柱、墩等）的两对侧模板，如图4-6所示。

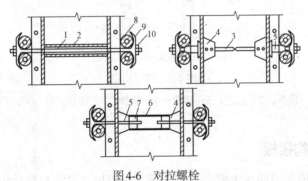

图4-6　对拉螺栓

1—钢拉杆；2—塑料套管；3—内拉杆；4—顶帽；5—外拉杆；6—2～4根钢筋；

7—螺母；8—钢楞；9—扣件；10—螺母

3. 组合钢模板的支撑件

组合钢模板的支撑件包括柱箍、梁托架、支托桁架、钢管顶撑及钢管支架。

（1）柱箍。柱箍可用角钢、槽钢制作，也可采用钢管及扣件制作。

（2）梁托架。梁托架可用来支托梁底模和夹模，如图4-7（a）所示。梁托架可用钢管或角钢制作，其高度为500～800mm，宽度达600mm，可根据梁的截面尺寸进行调整。高度较大的梁，可用对拉螺栓或斜撑固定两边侧模。

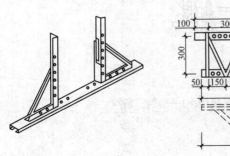

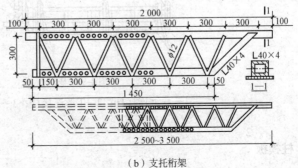

（a）梁托架　　　　　　　　　　　　　（b）支托桁架

图4-7　梁托架及支托桁架

（3）支托桁架。支托桁架有整体式和拼接式两种。拼接式桁架可由两个半榀桁架拼接，以适应不同跨度的需要，如图4-7（b）所示。

（4）钢管顶撑。钢管顶撑由套管及插管组成，如图4-8所示。其高度可借插销粗调，借螺旋微调。钢管支架由钢管及扣件组成，支架柱可用钢管对接（用对接扣连接）或搭接（用回转扣连接）接长。支架横杆步距为1 000～1 800mm。

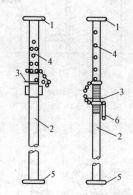

（a）对接扣连接 （b）回转扣连接

图4-8 钢管顶撑

1—顶板；2—套管；3—转盘；4—插管；5—底板；6—转动手柄

三、现浇混凝土结构模板

现浇混凝土结构模板的形式主要有基础模板、柱模板、梁模板及楼板模板。

1. 基础模板

现浇混凝土结构基础模板的构造如图4-9所示。基础阶梯的高度不符合钢模板宽度的模数时，可加镶木板。对杯形基础，在模板的顶部中间装杯芯模板。

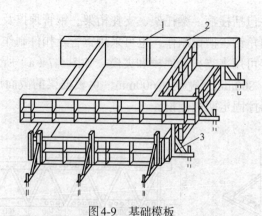

图4-9 基础模板

1—扁钢连接杆；2—T形连接杆；3—角钢三角撑

2. 柱模板

柱子的断面尺寸不大但比较高。因此，柱子模板的构造和安装主要考虑保证垂直度及抵抗新浇混凝土的侧压力；同时，也要便于浇筑混凝土、清理垃圾与钢筋绑扎等。

柱模板由两块相对的内拼板夹在两块外拼板之间组成，如图4-10（a）所示；也可用短横板（门子板）代替外拼板钉在内拼板上，如图4-10（b）所示。有些短横板可先不钉上，作为混凝土的浇筑孔，待混凝土浇至其下口时再钉上。

知识链接

柱模板支设安装的程序：在基础顶面弹出柱的中心线和边线→根据柱边线设置模板定位框→根据定位框位置竖立内外拼板，并用斜撑临时固定→由顶部用垂球校正模板中心线，使其垂直→模板垂直度检查无误后，即用斜撑钉牢固定。

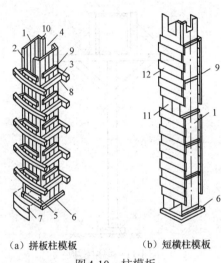

（a）拼板柱模板　　　　（b）短横柱模板

图4-10　柱模板

1—内拼板；2—外拼板；3—柱箍；4—梁缺口；5—清理孔；6—木框；

7—盖板；8—拉紧螺栓；9—拼条；10—三角木条；11—浇筑孔；12—短横板

柱模板底部开有清理孔，沿高度每隔2m开有浇筑孔。柱底部一般有一钉在底部混凝土上的木框，用来固定柱模板的位置。为承受混凝土侧压力，拼板外要设柱箍，柱箍可为木制、钢制或钢木制。柱箍间距与混凝土侧压力大小、拼板厚度有关，由于侧压力是下大上小，因而柱模板下部柱箍较密。柱模板顶部根据需要开有与梁模板连接的缺口。

小技巧

安装柱模板前，应先绑扎好钢筋，测出标高并标在钢筋上，同时在已浇筑的基础顶面或楼面上固定好柱模板底部的木框，在内外拼板上弹出中心线，根据柱边线及木框位置竖立内外拼板，并用斜撑临时固定，然后由顶部用锤球校正，使其垂直。检查无误后，即用斜撑钉牢固定。同在一条轴线上的柱，应先校正两端的柱模板，再从柱模板上口中心线拉一铁丝来校正中间的柱模板。柱模板之间还要用水平撑及剪刀撑相互拉结。

3. 梁模板

梁的跨度较大而宽度不大。梁底一般是架空的，混凝土对梁侧模板有水平侧压力，对梁底模板有垂直压力，因此，梁模板及其支架必须能承受这些荷载而不致发生超过规范允许的过大变形。

如图4-11所示，梁模板主要由底模、侧模、夹木及其支架系统组成。底模板承受垂直荷载，一般较厚，下面每隔一定间距（800～1 200mm）有顶撑支撑。顶撑可用圆木、方木或钢管制成。顶撑底应加垫一对木楔块以调整标高。为使顶撑传递下来的集中荷载均匀地传递给地面，在顶撑底加铺垫板。多层建筑施工中，应使上、下层的顶撑在一条竖向直线上。侧模板承受混凝土侧压力，应包在模板的外侧，底部用夹木固定，上部用斜撑和水平拉条固定。

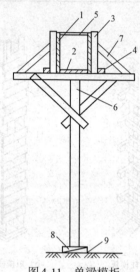

图4-11　单梁模板

1—侧模板；2—底模板；3—侧模拼条；4—夹木；5—水平拉条；
6—顶撑（支架）；7—斜撑；8—木楔；9—木垫板

如果梁跨度大于或等于4m，应使梁底模起拱，防止新浇筑混凝土的荷载使跨中模板下挠。设计无规定时，起拱高度宜为全跨长度的1/1 000～3/1 000。

梁模板支设安装的程序：在梁模板下方楼地面上铺垫板→在柱模缺口处钉上衬口档，把底模板搁置在衬口档上→立起靠近柱或墙的顶撑，再将梁长度等分→立中间部分顶撑，在顶撑底下打入木楔并检查调整标高→把侧模板放上，两头钉于衬口档上→在侧板底外侧铺钉夹木，再钉上斜撑、水平拉条。

4. 楼板模板

楼板的面积大而厚度比较薄，侧压力小。楼板模板及其支架系统主要承受钢筋混凝土的自重及其施工荷载，保证模板不变形。如图4-12所示，楼板模板的底模用木板条或用定型模板或用胶合板拼成，铺设在楞木上。楞木搁置在梁模板外侧托木上，若楞木面不平，可以加木楔调平。当楞木的跨度较大时，中间应加设立柱。立柱上钉通长的杠木。底模板应垂直于楞木方向铺钉，并适当调整楞木间距来适应定型模板的规格。

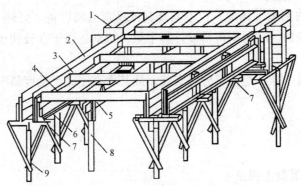

图 4-12　有梁楼板模板

1—楼板模板；2—梁侧模板；3—楞木；4—托木；5—杠木；

6—夹木；7—短撑木；8—立柱；9—顶撑

楼板模板支设安装程序：主、次梁模板安装→在梁侧模板上安装楞木→在楞木上安装托木→在托木上安装楼板底模→在大跨度楞木中间加设支柱→在支柱上钉通长的杠木。

5. 大模板

大模板是一种大型的定型模板，可以用来浇筑混凝土墙体和楼板，模板尺寸一般与楼层高度和开间尺寸相适应。采用大模板，并配以相应的机械化施工，通过合理的施工组织，以工业化生产方式在现场浇筑钢筋混凝土墙体。

大模板主要是由板面系统、支撑系统、操作平台和附件组成。

墙体大模板施工工艺流程：楼层放线→架设外墙大模板架子→门窗口模板清理组合→刷隔离剂→粘贴大模板地面海绵条→粘贴外墙楼层接槎橡胶带、海绵条→固定门窗模具→粘贴门窗口模板海绵条→焊接、绑扎大模板定位筋→外墙模板吊装→内墙模板吊装→穿入并粗略紧固所有的螺栓→各模板交接处封堵海绵条→大模板校正→紧固螺栓。

四、其他模板

1. 滑升模板

滑升模板是现浇混凝土结构工程施工中机械化程度较高的一种工具式模板，这种模板已广泛用于贮仓、水塔、烟囱、桥墩、竖井壁、框架柱等竖向结构的施工，而且也开始用于高层和超高层民用建筑的竖向结构施工。

2. 台模

台模是一种由平台板、梁、支架、支撑、调节支腿及配件组成的工具式模板，适用于大柱网、大空间的现浇钢筋混凝土楼盖施工，尤其适用于无柱帽的无梁楼盖结构，即大柱网板柱结构的楼盖施工。

3. 爬升模板

爬升模板是综合大模板与滑升模板的工艺及特点的一种模板工艺，具有大模板和滑升模板共同的优点。

爬升模板与滑升模板一样，在结构施工阶段依附在建筑结构上，随着结构施工而逐层上升,这样,模板既不占用施工场地,也不需要其他垂直运输设备。另外,它装有操作脚手架,施工时有可靠的安全围护,故可不再搭设外脚手架,特别适用于在较狭小的场地上建造多层或高层建筑。

爬升模板与大模板一样,是逐层分块安装,故其垂直度和平整度易于调整和控制,可避免施工误差的积累。

五、模板的拆除

1. 拆除模板时的混凝土强度

现浇结构的模板及其支架拆除时的混凝土强度应符合设计要求,当设计无具体要求时,应满足下列要求:在混凝土强度能保证其表面及棱角不因拆除模板而受损坏后,侧模方可拆除;在混凝土强度符合表4-1所示规定后,底模方可拆除。

表4-1 底模拆模时所需混凝土强度

结构类型	结构跨度/m	按设计的混凝土立方体桩压强度标准值的百分率/%
板	≤2	≥50
	>2, ≤8	≥75
	>8	≥100
梁、拱、壳	>8	≥75
悬臂构件	—	≥100

已拆除模板及其支架的结构,在混凝土强度符合设计的混凝土强度等级的要求后,方可承受全部使用荷载;当施工荷载所产生的效应比使用荷载的效应更为不利时,必须经过核算,加设临时支撑。

2. 拆除模板顺序及注意事项

① 拆模时不要用力过猛,拆下来的模板要及时运走、整理、堆放以利再用。

② 拆模程序一般应是后支的先拆,先支的后拆,先拆除非承重部分后拆除承重部分,一般是谁安谁拆。重大复杂的模板拆除,事先应制订拆除方案。

③ 拆除框架结构模板的顺序,首先是柱模,然后是楼板底板,最后梁底板模板。拆除跨度较大的梁下支柱时,应先从跨中开始,分别拆向两端。

④ 拆除悬臂梁支撑时,应先从悬臂梁端部开始到悬臂梁根部;有边梁时,应先拆除边梁,再拆悬臂梁。

⑤ 多层楼板模板支柱的拆除,应按下列要求进行:上层楼板正在浇筑混凝土时,下一层楼板的模板的模支柱不得拆除,再一层楼板的支柱,仅可拆除一部分;跨度4m及4m以上的梁下均应保留支柱,其间距不得大于3m。

⑥ 拆模时,应尽量避免混凝土表面或模板受到损坏,注意模板整块下落时伤人。

⑦ 拆模前,必须对工人进行安全技术交底,并要有拆模的专用平台或经架子工安装的临时脚手架,且经检查满足拆模要求,方可操作。严禁随意搭设支架,以防出现垮塌伤人事故。

⑧ 已拆除模板及其支架的结构，应在混凝土强度达到设计强度等级后，才允许承受全荷载。当承受的施工荷载大于计算荷载时，必须经过核算，加设临时支撑。

⑨ 拆模中如发现砼结构有严重的缺陷，应立即停止拆除工作，恢复原支撑，并向工地相关负责人报告，以便进行技术处理，处理后方可继续拆除。

拆除模板尚应注意下列各点。

① 柱模。单块组拼的应先拆除钢楞、柱箍和对拉螺栓等连接件、支撑件，再由上而下逐步拆除；预组拼的则应先拆除两个对角的卡件，并做临时支撑后，再拆除另两个对角的卡件，待吊钩挂好，拆除临时支撑，方能脱模起吊。

② 墙模。单块组拼的在拆除对拉螺栓、大小钢楞和连接件后，自上而下逐步水平拆除；预组拼的应在挂好吊钩，检查所有连接件都拆除后，方能拆除临时支撑，脱模起吊。

③ 梁、楼板模板。应先拆梁侧模，再拆楼板底模，最后拆除梁底模。拆除跨度较大的梁下支柱时，应先从跨中开始分别拆向两端。多层楼板模板支柱的拆除，应按下列要求进行：上层楼板正在浇筑混凝土时，下一层楼板的模板支柱不得拆除，再下一层楼板模板的支柱，仅可拆除一部分；跨度4m及4m以下的梁下均应保留支柱，其间距不得大于3m。

知 识 链 接

拆模注意事项：

（1）拆模时，操作人员应站在安全处，以免发生安全事故。

（2）拆模时，尽量不要用力过猛、过急，严禁用大锤和撬棍硬砸、硬撬，以避免混凝土表面或模板受到损坏。

（3）拆下的模板及配件，严禁抛扔，要有人接应传递，按指定地点堆放；并做到及时清理、维修和涂刷好隔离剂，以备待用。在拆除模板过程中，如发现混凝土有影响结构安全的质量问题时，应暂停拆除，经过处理后，方可继续拆除。

159

六、模板设计

模板设计的内容主要包括选型、选材、配卡、荷载计算、结构设计和绘制模板施工图等。各项设计的内容和详尽程度，可根据工程的具体情况和施工条件确定。

模板设计要求包括以下内容。

① 模板及其支架应根据工程结构形式、荷载大小、地基土类、施工设备、材料供应等条件进行设计，模板及其支撑系统必须具有足够的强度、刚度和稳定性，其支撑系统的支撑部分必须有足够的支撑面积，能可靠地承受浇筑混凝土的重量侧压力以及施工荷载。

② 模板工程应依据设计图纸编制施工方案，进行模板设计，并根据施工条件确定的荷载对模板及支撑体系进行验算，必要时应进行有关试验。在浇筑混凝土之前，应对模板工程进行验收。

③ 模板安装和浇筑混凝土时，应对模板及其支架进行观察和维护。发生异常情况时，应按施工技术方案及时进行处理。

④ 对模板工程所用的材料必须认真检查、选取，不得使用不符合质量要求的材料。模板工程施工应具备制作简单、操作方便、牢固耐用、运输及整修容易等特点。

七、现浇结构模板安装质量验收

现浇结构模板安装必须符合《混凝土结构工程工质量验收规范》（GB 50204—2002）及其他相关规范要求。"模板及其支架应具有足够的承载能力、刚度和稳定性，能可靠地承受浇筑混凝土的重量、侧压力以及施工荷载"。

1. 现浇结构模板安装检验批质量验收内容

（1）主控项目。

① 安装现浇结构的上层模板及其支架时，下层楼板应具有承受上层荷载的承载能力，或加设支架；上、下层支架的立柱应对准，并铺设垫板。

② 在涂刷模板隔离剂时，不得污染钢筋和混凝土接槎处。

（2）一般项目。

① 模板安装应满足的要求：模板的接缝不应漏浆；在浇筑混凝土前，木模板应浇水湿润，但模板内不应有积水；模板与混凝土的接触面应清理干净并涂刷隔离剂，但不得采用影响结构性能或妨碍装饰工程施工的隔离剂；浇筑混凝土前，模板内的杂物应清理干净；对清水混凝土工程及装饰混凝土工程，应使用能达到设计效果的模板。

② 用作模板的地坪、胎模等应平整光洁，不得产生影响构件质量的下沉、裂缝、起砂或起鼓。

③ 对跨度不小于4m的现浇钢筋混凝土梁板模板应按设计起拱；当设计无具体要求时，起拱高度为跨度的1‰ ～ 3‰。

④ 固定在模板上的预埋件、预留孔和预留洞均不得遗漏且安装牢固。

检查数量：在同一检验批内，对梁、柱和独立基础，应抽查构件数量的10%，且不少于3件；对墙和板，应按有代表性的自然间抽查10%，且不少于3间；对大空间结构，墙可按相邻轴线间高度5m左右划分检查面，板可按纵横轴线划分检查面，抽查10%，且均不少于3面。

2. 其他注意事项

在模板工程施工过程中，应严格按照模板工程质量控制程序施工。另外，对于一些质量通病应制订预防措施，防患于未然，以保证模板工程的施工质量。严格执行交底制度，操作前必须有单项的施工方案和给施工队伍的书面形式的技术交底、安全交底。

学习单元二　钢筋工程

📝 **知识目标**

（1）掌握钢筋冷拉、冷拔及连接方法。

（2）了解钢筋安装的基本工作内容。

📖 **技能目标**

（1）通过本单元的学习，能够组织与管理钢筋工程的施工。

（2）能够进行钢筋的冷加工、钢筋的焊接。

 基础知识

一、钢筋加工

1. 钢筋的分类

混凝土结构和预应力混凝土结构应用的钢筋有热轧钢筋、预应力钢绞线、钢丝和热处理钢筋。后三种用作预应力钢筋。

热轧钢筋分为：HPB300（Q300），$d=8\sim20mm$；HRB335（20MnSi），$d=6\sim50mm$；HRB400（20MnSiV，20MnSiNb，20MnTi），$d=6\sim50mm$ 和 RRB400（K20MnSi），$d=8\sim40mm$ 四种。使用时宜首先选用 HRB400 级和 HRB335 级钢筋。HPB300 为光圆钢筋，其他为带肋钢筋。

2. 钢筋的验收

钢筋混凝土结构中所用的钢筋，都应有出厂质量证明书或试验报告单，每捆（盘）钢筋均应有标牌。钢筋进场时应按批号及直径分批验收。验收的内容包括查对标牌、外观检查，并按有关标准的规定抽取试样做力学性能试验，合格后方可使用。

（1）热轧钢筋验收。外观检查要求钢筋表面不得有裂缝、结疤和折叠，钢筋表面允许有凸块，但不得超过横肋的最大高度。钢筋的外形尺寸应符合规定。

力学性能检验以同规格、同炉罐（批）号的不超过 60t 的钢筋为一批，每批钢筋中任选两根，每根取两个试样分别进行拉力试验（测定屈服点、抗拉强度和伸长率三项指标）和冷弯试验（以规定弯心直径和弯曲角度检查冷弯性能）。如果有一项试验结果不符合规定，则从同一批中另取双倍数量的试样重做各项试验。如果仍有一个试样不合格，则该批钢筋为不合格品，应降级使用。

其他说明：在使用过程中，对热轧钢筋的质量有疑问或类别不明时，使用前应做拉力和冷弯试验（抽样数量应根据实际情况确定），根据试验结果确定钢筋的类别后，才允许使用。热轧钢筋在加工过程中发现脆断、焊接性能不良或力学性能显著不正常等现象时，应进行化学成分分析或其他专项检验。出现上述情况的钢筋不宜用于主要承重结构的重要部位。

（2）冷拉钢筋与冷拔钢丝验收。冷拉钢筋以不超过 20t 的同级别、同直径的冷拉钢筋为一批，从每批中抽取两根钢筋，每根截取两个试样分别进行拉力和冷弯试验。冷拉钢筋的外观不得有裂纹和局部缩颈。

冷拔钢丝分甲级钢丝和乙级钢丝两种。甲级钢丝逐盘检验，从每盘钢丝上任一端截去不少于 500mm 后再取两个试样，分别做拉力和冷弯试验。乙级钢丝可分批抽样检验，以同一直径的钢丝 5 盘为一批，从中任取 3 盘，每盘各截取两个试样，分别做拉力和冷弯试验。钢丝外观不得有裂纹和机械损伤。

（3）冷轧带肋钢筋验收。冷轧带肋钢筋以不大于 50t 的同级别、同一牌号、同一规格为一批。每批抽取 5%（但不少于 5 盘）进行外形尺寸、表面质量和重量偏差的检查，如果其中有一盘不合格，则应对该批钢筋逐盘检查。力学性能应逐盘检验，从每盘任一端截去 500mm 后取两个试样分别做拉力和冷弯试验，如果有一项指标不合格，则该盘钢筋判为不合格。

对有抗震要求的框架结构纵向受力钢筋进行检验，所得的实测值应符合下列要求：钢筋的

抗拉强度实测值与屈服强度实测值的比值不应小于1.25；钢筋的屈服强度实测值与钢筋强度标准值的比值，当按一级抗震设计时，不应大于1.25；当按二级抗震设计时，不应大于1.4。

3. 钢筋的存放

当钢筋运进施工现场后，必须严格按批分等级、牌号、直径、长度挂牌存放，并注明数量，不得混淆。钢筋应尽量堆入仓库或料棚内。条件不具备时，应选择地势较高、土质坚实、较为平坦的露天场地存放。在仓库或场地周围挖排水沟，以利泄水。堆放时钢筋下面要加垫木，离地不宜少于200mm，以防钢筋锈蚀和污染。钢筋成品要分工程名称和构件名称，按号码顺序存放。同一项工程与同一构件的钢筋要存放在一起，按号挂牌排列，牌上注明构件名称、部位、钢筋类型、尺寸、牌号、直径及根数，不能将几项工程的钢筋混放在一起。同时不要靠近产生有害气体的车间，以免污染和腐蚀钢筋。

4. 钢筋的冷加工

为了充分发挥钢材的性能，提高钢筋的强度，节约钢材和满足预应力钢筋的要求，通常对钢筋进行加工处理。钢筋加工的方法有冷拉、冷拔、除锈、调直、切断、弯曲成型等。通过加工提高钢筋的强度，是节约钢筋和提高钢筋混凝土结构构件强度和耐久性的一项重要技术措施。

钢筋的冷加工有冷拉、冷拔和冷轧，用以提高钢筋强度设计值，能节约钢材，满足预应力钢筋的需要。

（1）钢筋冷拉。

① 冷拉原理。钢筋的冷拉原理是将钢筋在常温下进行强力拉伸，使拉力超过屈服点b，达到图4-13所示的c点后卸荷，由于钢筋产生塑性变形，变形不能恢复，应力—应变曲线沿cO_1变化，cO_1大致与aO平行，OO_1即为塑性变形。如果卸载后立即再加载，曲线沿$O_1c'd'e'$变化，并在c'点出现新的屈服点，这个屈服点明显高于冷拉前的屈服点。这是因为在冷拉过程中，钢筋内部的晶体沿着结合力最差的结晶面产生相对滑移，使滑移面上的晶格变形，晶格遭到破碎，构成滑移面的凸凹不平，阻碍晶体的继续滑移，使钢筋内部组织产生变化，从而使得钢筋的屈服点得以提高，这种现象称为"变形硬化"（冷硬）。

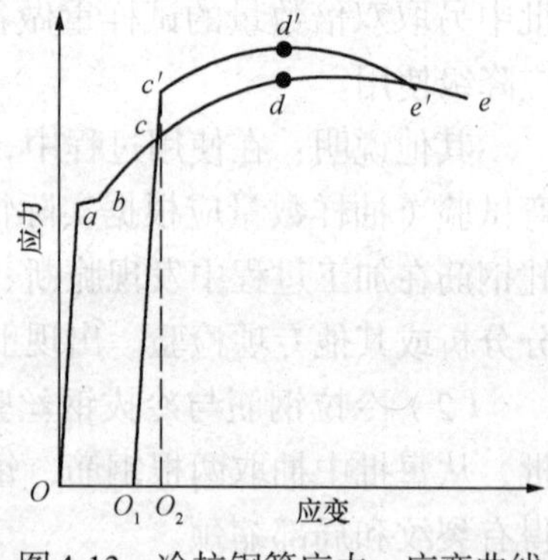

冷拉后钢筋有内应力存在，内应力会促进钢筋内的晶体组织调整，经过调整，屈服强度又进一步提高。该晶体组织

图4-13　冷拉钢筋应力—应变曲线

调整过程称为"时效"。钢筋经冷拉和时效后的拉伸特性曲线即为$o_1c'd'e'$。HPB300、HRB335钢筋的时效过程在常温下需15～20h（称自然时效），但温度在100℃时只需2h即完成，因而为加速时效可利用蒸汽、电热等手段进行人工时效。HRB400、RRB8400钢筋在自然条件下一般达不到时效的效果，宜用人工时效（一般通电加热至150℃～200℃，保持20min左右即可）。

② 冷拉控制方法。冷拉钢筋的控制方法有控制应力和控制冷拉率两种方法。

冷拉率是指钢筋冷拉伸长值与钢筋冷拉前长度的比值。采用控制冷拉率的方法冷拉钢筋时，其冷拉控制应力及最大冷拉率应符合表4-2所示的规定。

表4-2　　　　　　　　　　　　　　　　冷拉控制应力及最大冷拉率

钢筋牌号	钢筋直径/mm	冷拉控制应力/（N·mm^{-2}）	最大冷拉率/%
HPB300	≤12	280	10.0
HRB335	≤25	450	5.5
	28～40	430	
HRB400	8～40	500	5.0
HRB500	10～28	700	4.0

（a）控制应力法。采用控制应力法冷拉钢筋时，其冷拉控制应力及该应力下的最大冷拉率应符合表4-2所示的规定。冷拉时应检查钢筋达到控制应力时的冷拉率，若超过表4-2所示的规定，应进行力学性能检验，符合规定者才可使用。

用控制应力冷拉钢筋时，其冷拉力P（kN）为

$$P=\sigma_g \times A_g \qquad (4-1)$$

式中，σ_g——钢筋冷拉时的控制应力，MPa；

A_g——钢筋冷拉前的截面面积，mm^2。

控制应力法的优点是：钢筋冷拉后的屈服点较为稳定，不合格的钢筋易于被发现和剔除；对预应力混凝土构件中用作预应力筋的钢筋冷拉，多采用此方法。

（b）控制冷拉率法。控制冷拉率时，只需将钢筋拉长到一定的长度即可。冷拉率须先由试验确定，测定同批钢筋冷拉率的冷拉应力，应符合表4-2所示的规定，其试样不少于4个，并取其平均值作为该批钢筋实际采用的冷拉率。当钢筋平均冷拉率低于1%时，仍按1%进行冷拉。HPB300级钢筋一般不做试验，可选用8%的冷拉率。测定冷拉率时，钢筋的冷拉应力应符合表4-3所示的规定。冷拉多根连接的钢筋，冷拉率可按总长计，但每根钢筋的冷拉率应符合表4-2的规定。对于测定的冷拉率不足1%时，仍按1%冷拉率时测定钢筋的冷拉应力计。

冷拉率确定后，便可根据钢筋的长度求出冷拉时的拉长值。

表4-3　　　　　　　　　　　　　　　测定冷拉率时钢筋的冷拉应力

项次	钢筋级别	冷拉应力/（N·mm^{-2}）	项次	钢筋级别	冷拉应力/（N·mm^{-2}）
1	HPB300	310	3	HRB400、RRB400	530
2	HRB335	480	4	HRB500	730

小提示

若钢筋已达到表中的最大冷拉率，而冷拉应力未达到表中的控制应力，则认为不合格。故不能分清炉批号的热轧钢筋，不应采取控制冷拉率法。

无论采用哪种控制方法，冷拉钢筋的张拉速度都不宜过快。待张拉到规定的控制应力或冷拉率后，须稍停歇（1～2min），然后再放松。

（2）钢筋冷拔。钢筋冷拔是在常温下通过特质的钨合金拔丝模，将直径为6～10mm的HPB300级钢筋多次用强力拉拔成比原钢筋直径小的钢丝，使钢筋产生塑性变形。

钢筋经过冷拔后，横向压缩、纵向拉伸，钢筋内部晶格产生滑移，抗拉强度标准值可提高

50% ～ 90%，但塑性降低，硬度提高。这种经冷拔加工的钢筋称为冷拔低碳钢丝。冷拔低碳钢丝分为甲、乙级，甲级钢丝主要用作预应力混凝土构件的预应力筋；乙级钢丝用于焊接网片和焊接骨架、架立筋、箍筋和构造钢筋。钢筋冷拔的工艺过程：轧头→剥皮→通过润滑剂→进入拔丝模。如果钢筋需要连接时，则应在冷拔前进行对焊连接。

冷拔总压缩率和冷拔次数对钢丝质量和生产效率都有很大的影响。总压缩率越大，抗拉强度提高越多，但塑性降低也越多。

冷拔钢丝一般要经过多次冷拔才能达到预定的总压缩率。但冷拔次数过多，易使钢丝变脆，且降低生产效率；冷拔次数过少，易将钢丝拔断，且易损坏拔丝模。冷拔速度也要控制适当，过快易造成断丝。

冷拔设备由拔丝机、拔丝模、剥皮装置、轧头机等组成。常用拔丝机有立式和卧式两种。

冷拔低碳钢丝的质量要求：表面不得有裂纹和机械损伤，并应按施工规范要求进行拉力试验和反复弯曲试验，甲级钢丝应逐盘取样检查，乙级钢丝可以分批抽样检查，其力学性能应符合《混凝土结构工程施工质量验收规范》（GB 50204—2002（2011版））的规定。

二、钢筋连接

钢筋连接方式有绑扎、焊接和机械连接三种。

1. 钢筋绑扎连接

钢筋绑扎连接是利用混凝土的黏结锚固作用，实现两根锚固钢筋的应力传递。为保证钢筋的应力能充分传递，必须满足施工规范规定的最小搭接长度的要求，且应将接头位置设在受力较小处。

钢筋绑扎应符合下列要求。

① 纵向受力钢筋的连接方式应符合设计要求。

② 钢筋接头宜设置在受力较小处。同一纵向受力钢筋不宜设置两个或两个以上接头。接头末端至钢筋弯起点的距离不应小于钢筋直径的10倍。

③ 钢筋绑扎搭接接头连接区段及接头面积百分率应符合要求。

④ 纵向受力钢筋绑扎搭接接头的最小搭接长度应符合下列规定。

（a）当纵向受拉钢筋的绑扎搭接接头面积百分率不大于25%时，其最小搭接长度应符合表4-4所示的规定。

表4-4		纵向受拉钢筋的最小搭接长度			单位：mm
钢筋类型		混凝土强度等级			
		C15	C20 ～ C25	C30 ～ C35	≥C40
光圆钢筋	HPB300级	45d	35d	30d	20d
带肋钢筋	HRB335级	55d	45d	35d	25d
	HRB400、RRB400级	—	55d	40d	30d

（b）当纵向受拉钢筋搭接接头面积百分率大于25%，但不大于50%时，其最小搭接长度应按表4-4所示的数值乘以系数1.2取用；当接头面积百分率大于50%时，应按表4-4所示的数值乘以系数1.35取用。

（c）当符合下列条件时，纵向受拉钢筋的最小搭接长度应根据上述两条确定后，按下列规定进行修正，如表4-5所示。

表4-5　　　　　　　　　　　　　最小搭接长度修正表

项次	如何修正
1	当带肋钢筋的直径大于25mm时，其最小搭接长度应按相应数值乘以系数1.1取用
2	对具有环氧树脂涂层的带肋钢筋，其最小搭接长度应按相应数值乘以系数1.25取用
3	当在混凝土凝固过程中受力钢筋易受拉动（如滑模施工）时，其最小搭接长度应按相应数值乘以系数1.1取用
4	对末端采用机械锚固措施的带肋钢筋，其最小搭接长度可按相应数值乘以系数0.7取用
5	当带肋钢筋的混凝土保护层厚度大于搭接钢筋直径的3倍且配有箍筋时，其最小搭接长度可按相应数值乘以系数0.8取用
6	对有抗震设防要求的结构构件，其受力钢筋的最小搭接长度对一、二级抗震等级应按相应数值乘以系数1.15取用；对三级抗震等级应按相应数值乘以系数1.05取用。在任何情况下，受拉钢筋的搭接长度不应小于300mm

（d）纵向受压钢筋搭接时，其最小搭接长度应根据以上三条的规定确定相应数值后，乘以系数0.7取用。在任何情况下，受压钢筋的搭接长度不应小于200mm。

⑤ 两根直径不同钢筋的搭接长度，以较细钢筋的直径计算。

2. 钢筋焊接连接

钢筋焊接方法有闪光对焊、电弧焊、电渣压力焊和电阻点焊。此外，还有预埋件钢筋和钢板的埋弧压力焊及钢筋气压焊。

受力钢筋采用焊接接头时，设置在同一构件内的焊接接头应相互错开。在任一焊接接头中心至长度为钢筋直径d的35倍、且不小于500mm的区段内，同一根钢筋不得有两个接头；在该区段内有接头的受力钢筋截面面积占受力钢筋总截面面积的百分率，应符合下列规定。

① 非预应力筋、受拉区不宜超过50%；受压区和装配式构件连接处不限制。

② 预应力筋受拉区不宜超过25%，当有可靠保证措施时，可放宽至50%；受压区和后张法螺丝端杆不受此限制。

（1）闪光对焊。闪光对焊广泛用于钢筋纵向连接及预应力钢筋与螺丝端杆的焊接。热轧钢筋的焊接宜优先用闪光对焊，不可能时才用电弧焊。

钢筋闪光对焊的原理（见图4-14）是利用对焊机使两段钢筋接触，通过低电压的强电流，待钢筋被加热到一定温度变软后，进行轴向加压顶锻，形成对焊接头。

钢筋闪光对焊工艺常用的有连续闪光焊、预热闪光焊和闪光—预热闪光焊。对RRB400钢筋有时在焊接后还进行通电热处理。

① 连续闪光焊。这种焊接的工艺过程是待钢筋夹紧在电极钳口上后，闭合电源，使两钢筋端面轻微接触，由于钢筋端部不平，开始只有一点

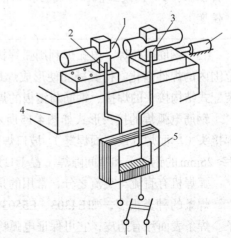

图4-14　钢筋闪光对焊的原理

1—焊接的钢筋；2—固定电极；3—可动电极；

4—机座；5—变压器；6—手动顶压机构

165

或数点接触，接触面小而电流密度和接触电阻很大，接触点很快熔化并产生金属蒸气飞溅，形成闪光现象。闪光一开始就徐徐移动钢筋，使形成连续闪光过程，同时接头也被加热。待接头烧平、闪去杂质和氧化膜、白热熔化时，随即施加轴向压力迅速进行顶锻，使两根钢筋焊牢。

连续闪光焊适宜焊接直径25mm以内的HPB300 ~ HRB400级钢筋。焊接直径较小的钢筋最适宜。

连续闪光焊的工艺参数为调伸长度、烧化留量、顶锻留量及变压器级数等。

② 预热闪光焊。预热闪光焊与连续闪光焊的不同之处在于，它前面增加了一个预热时间，先使大直径钢筋预热后再连续闪光烧化进行加压顶锻。钢筋直径较大，端面比较平整时宜用预热闪光焊。

③ 闪光—预热闪光焊。端面不平整的大直径钢筋连接采用半自动或自动的150型对焊机，这种焊接的工艺过程是进行连续闪光，使钢筋端部烧化平整；再使接头处电路周期性闭合和断开，形成断续闪光使钢筋加热；接着再是连续闪光，最后进行加压顶锻。焊接大直径钢筋宜采用闪光—预热闪光焊。

闪光—预热闪光焊的工艺参数为调伸长度、一次烧化留量、预热留量和预热时间、二次烧化留量、顶锻留量及变压器级数等。

对于RRB400钢筋，因碳、锰、硅含量较高和钛、钒的存在，对氧化、淬火、过热比较敏感，易产生氧化缺陷和脆性组织。为此，应掌握焊接温度，并使热量扩散区加长，以防接头局部过热造成脆断。RRB400钢筋中可焊性差的高强钢筋，宜用强电流进行焊接，焊后再进行通电热处理。通电热处理的目的，是对焊接接头进行一次退火或高温回火处理，以消除热影响区产生的脆性组织，改善接头的塑性。

小 提 示

钢筋闪光对焊后，应对接头进行外观检查，必须满足：无裂纹和烧伤；接头弯折不大于4°；接头轴线偏移不大于1/10的钢筋直径，也不大于2mm；另外，还应按同规格接头6%的比例，做三根拉伸试验和三根冷弯试验，其抗拉强度实测值不应小于母材的抗拉强度。

（2）钢筋电弧焊。电弧焊利用弧焊机使焊条与焊件之间产生高温电弧，使焊条和电弧燃烧范围内的焊件熔化，待其凝固便形成焊缝或接头。电弧焊广泛用于钢筋接头、钢筋骨架焊接、装配式结构接头的焊接、钢筋与钢板的焊接及各种钢结构焊接。

钢筋电弧焊的接头形式如图4-15所示，它包括搭接焊接头（单面焊缝或双面焊缝）、帮条焊接头（单面焊缝或双面焊缝）、坡口焊接头（平焊或立焊）、熔槽帮条焊接头（用于安装焊接 $d \geqslant 25mm$ 的钢筋）和窄间隙焊（置于U形铜模内）。

弧焊机有直流与交流之分，常用的是交流弧焊机。

焊条的种类很多，如E4303、E5503等，钢筋焊接应根据钢材等级和焊接接头形式选择焊条。焊条表面涂有药皮，它可保证电弧稳定，使焊缝免致氧化，并产生熔渣覆盖焊缝以减缓冷却速度，对熔池脱氧和加入合金元素，以保证焊缝金属的化学成分和力学性能。焊接电流和焊条直径根据钢筋类别、直径、接头形式和焊接位置进行选择。

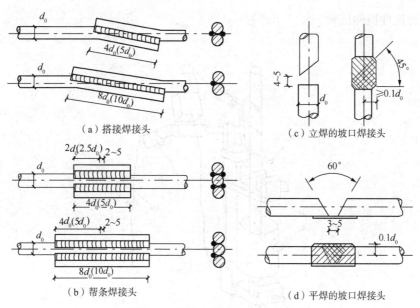

图4-15　钢筋电弧焊的接头形式

搭接接头的长度、帮条的长度、焊缝的长度和高度等，规程都有明确规定。采用帮条或搭接焊时，焊缝长度不应小于帮条或搭接长度，焊缝高度 $h \geqslant 0.3d$ 并不得小于4mm，焊缝宽度 $b \geqslant 0.7d$ 并不得小于10mm。电弧焊一般要求焊缝表面平整，无裂纹，无较大凹陷、焊瘤，无明显咬边、气孔、夹渣等缺陷。在现场安装条件下，每一层楼以300个同类型接头为一批，每一批选取3个接头进行拉伸试验。如有一个不合格，取双倍试件复验；再有一个不合格，则该批接头不合格。如果对焊接质量有怀疑或发现异常情况，还可进行非破损方式（X射线、γ射线、超声波探伤等）检验。

（3）钢筋电渣压力焊。钢筋电渣压力焊是将两钢筋安放成竖向对接形式，利用焊接电流通过两钢筋端面间隙，在焊剂层下形成电弧过程和电渣过程，产生电弧热和电阻热，熔化钢筋，加压完成连接的一种焊接方法。其具有操作方便、效率高、成本低、工作条件好等特点，适用于高层建筑现浇混凝土结构施工中直径为14 ～ 40mm的热轧HPB300级、HRB335级钢筋的竖向或斜向（倾斜度在4：1范围内）连接，但不得在竖向焊接之后将其再横置于梁、板等构件中作水平钢筋之用。

进行电渣压力焊宜选用合适的变压器。夹具（见图4-16）需灵巧、上下钳口同心，保证上下钢筋的轴线应尽量一致，其最大偏移不得超过 $0.1d$，同时也不得大于2mm。

钢筋电渣压力焊具有电弧焊、电渣焊和压力焊共同的特点。焊接时，先将钢筋端部约120mm范围内的铁锈除尽，将夹具夹牢在下部钢筋上，并将上部钢筋扶直夹牢于活动电极中，自动电渣压力焊还在上下钢筋间放引弧用的钢丝圈等。再装上药盒和装满焊药，接通电路，用手柄使电弧引燃（引弧），然后稳定一定时间，使之形成渣池并使钢筋熔化（稳弧）；随着钢筋的熔化，用手柄使上部钢筋缓缓下送，当稳弧达到规定时间后，在断电同时用手柄进行加压顶锻（顶锻），以排除夹渣和气泡，形成接头。待冷却一定时间后，即拆除药盒、回收焊药、拆除夹具和清除焊渣。引弧、稳弧、顶锻三个过程应连续进行。

电渣压力焊的工艺参数为焊接电流、渣池电压和通电时间，应根据钢筋直径选择。钢筋直径不同时，根据较小直径的钢筋选择参数和电渣压力焊的接头，也应按规程规定的方法检查外观质量和进行试件拉伸试验。

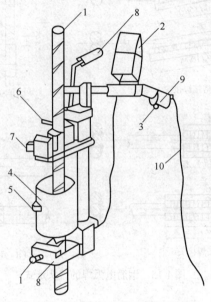

图4-16 电渣压力焊构造原理图

1—钢筋；2—监控仪表；3—电源开关；4—焊剂盒；5—焊剂盒扣环；6—电缆插座；

7—活动夹具；8—固定夹具；9—操作手柄；10—控制电缆

（4）钢筋点焊。钢筋骨架或钢筋网中交叉钢筋的焊接宜采用电阻点焊。电阻点焊所适用的钢筋直径和种类：直径为6～15mm的热轧HPB300级、HRB335级钢筋，直径为3～5mm的冷拔低碳钢丝和直径为4～12mm的冷轧带肋钢筋。

电阻点焊的工作原理：当钢筋交叉点焊时，接触点只有一点，且接触电阻较大，在接触的瞬间，电流产生的全部热量都集中在一点上，因而使金属受热而熔化，同时在电极加压下使焊点金属得到焊合。

常用的点焊机有单点点焊机、多头点焊机（一次可焊数点，用于焊接宽大的钢筋网）、悬挂式点焊机（可焊钢筋骨架或钢筋网）和手提式点焊机（用于施工现场）。

电阻点焊的主要工艺参数为变压器级数、通电时间和电极压力。在焊接过程中应保持一定的预压和锻压时间。

通电时间根据钢筋直径和变压器级数而定。电极压力则根据钢筋级别和直径选择。

焊点应有一定的压入深度。点焊热轧钢筋时，压入深度为较小钢筋直径的30%～45%；点焊冷拔低碳钢丝时，压入深度为较小钢丝直径的30%～35%。

电阻点焊不同直径钢筋时，如果较小钢筋的直径小于10mm，大小钢筋直径之比不宜大于3；如果较小钢筋的直径为12mm或14mm时，大小钢筋直径之比则不宜大于2。应根据较小直径的钢筋选择焊接工艺参数。

（5）钢筋气压焊。气压焊连接钢筋是利用乙炔—氧混合气体燃烧的高温火焰对已有初始压力的两根钢筋端面接合处加热，使钢筋端部产生塑性变形，并促使钢筋端面的金属原子互相扩散，当钢筋加热到1 250℃～1 350℃（相当于钢材熔点的0.80～0.90，此时钢筋加热部位呈橘黄色，有白亮闪光出现）时进行加压顶锻，使钢筋内的原子得以再结晶而焊接在一起。

钢筋气压焊接属于热压焊。在焊接加热过程中，加热温度只为钢材熔点的0.8～0.9，钢材未呈熔化液态，且加热时间较短，钢筋的热输入量较少，所以不会出现钢筋材质劣化倾向。另外，它设备轻巧、使用灵活、效率高、节省电能、焊接成本低，可进行全方位（竖向、水平和斜向）焊接，所以在我国逐步得到推广。

气压焊接设备主要包括加热系统与加压系统两部分，如图4-17所示。

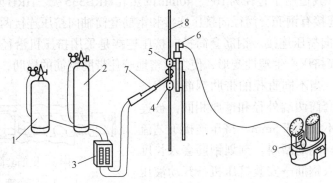

图4-17　气压焊接设备示意图

1—乙炔；2—氧气；3—流量计；4—固定卡具；5—活动卡具；6—压接器；
7—加热器与焊炬；8—被焊接的钢筋；9—电动油泵

加热系统中的加热能源是氧和乙炔。氧的纯度宜为99.5%，工作压力为0.6 ~ 0.7MPa；乙炔的纯度宜为98.0%，工作压力为0.06MPa。流量计用来控制氧和乙炔的输入量。焊接不同直径的钢筋要求不同的流量。加热器用来将氧和乙炔混合后，从喷火嘴喷出火焰加热钢筋，要求火焰能均匀加热钢筋，有足够的温度和功率并安全可靠。

加压系统中的压力源为电动油泵（也有手揿油泵），使加压顶锻时压力平稳。压接器是气压焊的主要设备之一，要求它能准确、方便地将两根钢筋固定在同一轴线上，并将油泵产生的压力均匀地传递给钢筋以达到焊接的目的。施工时压接器需反复装拆，因而要求它重量轻、构造简单和装拆方便。

气压焊接的钢筋要用砂轮切割机断料，不能用钢筋切断机切断，要求端面与钢筋轴线垂直。焊接前应打磨钢筋端面，清除氧化层和污物，使之现出金属光泽，并即喷涂一薄层焊接活化剂保护端面不再氧化。

钢筋加热前先对钢筋施加30 ~ 40MPa的初始压力，使钢筋端面贴合。当加热到缝隙密合后，上下摆动加热器适当增大钢筋加热范围，促使钢筋端面金属原子互相渗透，也便于加压顶锻。加压顶锻时的压应力为34 ~ 40MPa，使焊接部位产生塑性变形。直径小于22mm的钢筋可以一次顶锻成形，大直径钢筋可以进行二次顶锻。

> **小 提 示**
>
> 气压焊的适用范围：直径为14 ~ 40mm的HPB300级、HRB335级和HRB400级钢筋（25MnSi除外）。当不同直径钢筋焊接时，两钢筋直径差不得大于7mm。

3. 钢筋机械连接

钢筋机械连接是通过连接件的机械咬合作用或钢筋端面的承压作用，将一根钢筋中的力传递至另一根钢筋的连接方法。其具有施工简便、工艺性能良好、接头质量可靠、不受钢筋焊接

169

性的制约、可全天候施工、节约钢材和能源等优点。常用的机械连接有套筒挤压连接、锥螺纹套筒连接等。

（1）钢筋套筒挤压连接。钢筋套筒挤压连接是将需要连接的带肋钢筋插于特制的钢套筒内，利用挤压机压缩套筒，使之产生塑性变形，靠变形后的钢套筒与带肋钢筋之间的紧密咬合来实现钢筋的连接。其适用于直径为16～40mm的热轧HRB335级、HRB400级带肋钢筋的连接。钢筋套筒挤压连接有钢筋套筒径向挤压连接和钢筋套筒轴向挤压连接两种形式。

① 钢筋套筒径向挤压连接。钢筋套筒径向挤压连接是采用挤压机沿径向（即与套筒轴线垂直方向）将钢套筒挤压产生塑性变形，使之紧密地咬住带肋钢筋的横肋，实现两根钢筋的连接，如图4-18所示。当不同直径的带肋钢筋采用挤压接头连接时，若套筒两端外径和壁厚相同，被连接钢筋的直径相差不应大于5mm。挤压连接工艺流程：钢筋套筒检验→钢筋断料，刻划钢筋套入长度定出标记→套筒套入钢筋→安装挤压机→开动液压泵→逐渐加压套筒至接头成型→卸下挤压机→接头外形检查。

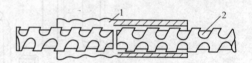

图4-18　钢筋套筒径向挤压连接
1—钢套管；2—钢筋

② 钢筋套筒轴向挤压连接。钢筋轴向挤压连接，是采用挤压机和压模对钢套筒及插入的两根对接钢筋，沿其轴向方向进行挤压，使套筒咬合到带肋钢筋的肋间，从而使其结合成一体，如图4-19所示。

（2）钢筋锥螺纹套筒连接。钢筋锥螺纹套筒连接是利用锥形螺纹能承受轴向力和水平力以及密封性能较好的原理，依靠机械力将钢筋连接在一起。操作时，先用专用套丝机将钢筋的待连接端加工成锥形外螺纹；然后，通过带锥形内螺纹的钢套筒将两根待接钢筋连接；最后，利用力矩扳手按规定的力矩值使钢筋和连接钢套筒拧紧在一起，如图4-20所示。

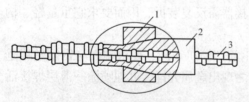

图4-19　钢筋套筒轴向挤压连接
1—压模；2—钢套管；3—钢筋

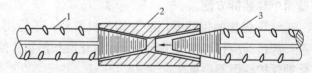

图4-20　钢筋锥螺纹套筒连接
1—已连接的钢筋；2—锥螺纹套筒；3—未连接的钢筋

这种接头工艺简便，能在施工现场连接直径为16～40mm的热轧HRB335级、HRB400级同径和异径的竖向或水平钢筋，且不受钢筋是否带肋和含碳量的限制。其适用于按一、二级抗震等级设施的工业和民用建筑钢筋混凝土结构的热轧HRB335级、HRB400级钢筋的连接施工，但不得用于预应力钢筋的连接。对于直接承受动荷载的结构构件，其接头还应满足抗疲劳性能等设计要求。锥螺纹连接套筒的材料宜采用45号优质碳素结构钢或其他经试验确认符合要求的钢材制成，其抗拉承载力不应小于被连接钢筋受拉承载力标准值的1.1倍。

① 钢筋锥螺纹的加工要求如下。

（a）钢筋应先调直再下料。钢筋下料可用钢筋切断机或砂轮锯，但不得用气割下料。下料时，要求切口端面与钢筋轴线垂直，端头不得挠曲或出现马蹄形。

（b）加工好的钢筋锥螺纹丝头的锥度、牙形、螺距等必须与连接套的锥度、牙形、螺距一致，并应进行质量检验。检验内容包括锥螺纹丝头牙形检验和锥螺纹丝头锥度与小端直径检验。

（c）加工工艺：下料→套丝→用牙形规和卡规（或环规）逐个检查钢筋套丝质量→质量合格的丝头用塑料保护帽盖封，待查待用。

钢筋锥螺纹的完整牙数，不得小于表4-6所示的规定值。

表4-6　　　　　　　　　　　　钢筋锥螺纹完整牙数

钢筋直径/mm	16～18	20～22	25～28	32	36	40
完整牙数	5	7	8	10	11	12

（d）钢筋经检验合格后，方可在套丝机上加工锥螺纹。为确保钢筋的套丝质量，操作人员必须遵守持证上岗制度。操作前应先调整好定位尺，并按钢筋规格配置相对应的加工导向套。对于大直径钢筋，要分次加工到规定的尺寸，以保证螺纹的精度和避免损坏梳刀。

（e）钢筋套丝时，必须采用水溶性切削冷却润滑液。当气温低于0℃时，应掺入15%～20%亚硝酸钠，不得采用机油作冷却润滑液。

② 钢筋连接。连接钢筋之前，先回收钢筋待连接端的保护帽和连接套上的密封盖，并检查钢筋规格是否与连接套规格相同，检查锥螺纹丝头是否完好无损、有无杂质。

连接钢筋时，应先把已拧好连接套的一端钢筋对正轴线拧到被连接的钢筋上，然后用力矩扳手按规定的力矩值把钢筋接头拧紧，不得超拧，以防止损坏接头丝扣。拧紧后的接头应画上油漆标记，以防有的钢筋接头漏拧。锥螺纹钢筋连接方法如图4-21所示。

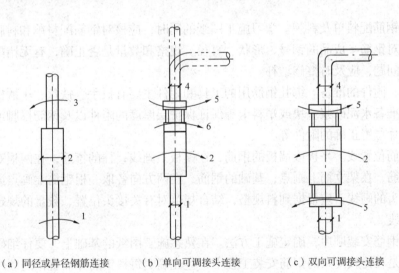

（a）同径或异径钢筋连接　　（b）单向可调接头连接　　（c）双向可调接头连接

图4-21　锥螺纹钢筋连接方法

1、3、4—钢筋；2—连接套筒；5—可调连接器；6—锁母

拧紧时要拧到规定扭矩值，待测力扳手发出指示响声时，才认为达到了规定的扭矩值。锥螺纹接头拧紧力矩值如表4-7所示。但不得加长扳手杆来拧紧。质量检验与施工安装使用的力矩扳手应分开使用，不得混用。

表4-7　　　　　　　　　　　　锥螺纹接头拧紧力矩值

钢筋直径/mm	16	18	20	22	25～28	32	36～40
拧紧力矩/N·m	118	147	177	216	275	314	343

在构件受拉区段内，同一截面连接接头数量不宜超过钢筋总数的50%；受压区不受限制。连接头的错开间距应大于500mm，保护层不得小于15mm，钢筋间净距应大于50mm。

连接套应有出厂合格证及质保书。每批接头的基本试验应有试验报告。连接套与钢筋应配套一致。连接套应有钢印标记。

安装完毕后，质量检测员应用自用的专用测力扳手对拧紧的力矩值加以抽检。

三、钢筋安装

1. 钢筋制作前的准备工作

钢筋网片、骨架制作成型的正确与否，直接影响着结构构件的受力性能，因此，必须重视并妥善组织这一技术工作。

（1）熟悉施工图纸。在学习施工图纸时，要明确各个单根钢筋的形状及各个细部的尺寸，确定各类结构的绑扎程序，如果发现图纸中有错误或不当之处，应及时与工程设计部门联系，协同解决。

（2）核对钢筋配料单及料牌。学习施工图纸的同时，应核对钢筋配料单和料牌，再根据配料单和料牌核对钢筋半成品的钢号、形状、直径、规格和数量是否正确，有无错配、漏配及变形。如果发现问题，应及时整修增补。

（3）工具、附件的准备。绑扎钢筋用的工具和附件主要有扳手、铁丝、小撬棒、马架、画线尺等，还要准备水泥砂浆垫块或塑料卡等保证保护层厚度的附件以及钢筋撑脚或混凝土撑脚等保护钢筋网片位置正确的附件等。

（4）画钢筋位置线。平板或墙板的钢筋，在模板上画线；柱的箍筋，在两根对角线主筋上画点；梁的箍筋，在架立筋上画点；基础的钢筋，在两方向各取一根钢筋上画点或在固定架上画线。钢筋接头的画线，应根据到料规格，结合规范对有关接头位置、数量的规定，使其错开并在模板上画线。

（5）研究钢筋安装顺序，确定施工方法。在熟悉施工图纸的基础上，要仔细研究钢筋安装的顺序，特别是在比较复杂的钢筋安装工程中，应先确定每根钢筋穿插就位的顺序，并结合现场实际情况和技术工人的水平，以减少绑扎困难。

2. 钢筋的现场绑扎安装

① 钢筋绑扎应熟悉施工图纸，核对成品钢筋的级别、直径、形状、尺寸和数量，核对配料表和料牌。如果有出入，应予以纠正或增补，同时准备好绑扎用铁丝、绑扎工具、绑扎架等。

② 钢筋应绑扎牢固，防止钢筋移位。

③ 对形状复杂的结构部位，应研究好钢筋穿插就位的顺序及与模板等其他专业的配合先后次序。

④ 基础底板、楼板和墙的钢筋网绑扎，除靠近外围两行钢筋的相交点全部绑扎外，中间

部分交叉点可间隔交错扎牢；双向受力的钢筋则需全部扎牢。相邻绑扎点的铁丝扣要呈八字形，以免网片歪斜变形。钢筋绑扎接头的钢筋搭接处，应在中心和两端用铁丝扎牢。

⑤ 结构采用双排钢筋网时，上下两排钢筋网之间应设置钢筋撑脚或混凝土支柱（墩），每隔1m放置一个，墙壁钢筋网之间应绑扎 $\phi 6 \sim \phi 10mm$ 钢筋制成的撑钩，间距约为1.0m，相互错开排列；大型基础底板或设备基础，应用 $\phi 16 \sim \phi 25mm$ 钢筋或型钢焊成的支架来支撑上层钢筋，支架间距为 $0.8 \sim 1.5m$；梁、板纵向受力钢筋采取双层排列时，两排钢筋之间应垫以 $\phi 25mm$ 以上的短钢筋，以保证间距正确。

⑥ 梁、柱箍筋应与受力筋垂直设置，箍筋弯钩叠合处应沿受力钢筋方向张开设置，箍筋转角与受力钢筋的交叉点均应扎牢；箍筋平直部分与纵向交叉点可间隔扎牢，以防止骨架歪斜。

⑦ 板、次梁与主筋交叉处，板的钢筋在上，次梁的钢筋居中，主梁的钢筋在下；当有圈梁或垫梁时，主梁的钢筋应放在圈梁上。受力筋两端的搁置长度应保持均匀一致。框架梁牛腿及柱帽等钢筋，应放在柱的纵向受力钢筋内侧，同时要注意梁顶面受力筋间的净距要有30mm，以利浇筑混凝土。

⑧ 预制柱、梁、屋架等构件常采取底模上就地绑扎，此时应先排好箍筋，再穿入受力筋，然后绑扎牛腿和节点部位钢筋，以降低绑扎的困难性和复杂性。

3. 绑扎钢筋网与钢筋骨架安装

① 钢筋网与钢筋骨架的分段（块），应根据结构配筋特点及起重运输能力而定。一般钢筋网的分块面积以 $6 \sim 20m^2$ 为宜，钢筋骨架的分段长度以 $6 \sim 12m$ 为宜。

② 为防止钢筋网与钢筋骨架在运输和安装过程中发生歪斜变形，应采取临时加固措施。

③ 钢筋网与钢筋骨架的吊点，应根据其尺寸、重量及刚度而定。宽度大于1m的水平钢筋网宜采用四点起吊，跨度小于6m的钢筋骨架宜采用两点起吊，跨度大、刚度差的钢筋骨架宜采用横吊梁（铁扁担）四点起吊。为了防止吊点处钢筋受力变形，可采取兜底吊或加短钢筋。

④ 焊接网和焊接骨架沿受力钢筋方向的搭接接头，宜位于构件受力较小的部位，如果承受均布荷载的简支受弯构件，焊接网受力钢筋接头宜放置在跨度两端各1/4跨长范围内。

⑤ 受力钢筋直径 $\geq 16mm$ 时，焊接网沿分布钢筋方向的接头宜辅以附加钢筋网，其每边的搭接长度为 $15d$（d 为分布钢筋直径），但不小于100mm。

4. 焊接钢筋骨架和焊接网安装

① 焊接钢筋骨架和焊接网的搭接接头，不宜位于构件的最大弯矩处，焊接网在非受力方向的搭接长度宜为100mm；受拉焊接骨架和焊接网在受力钢筋方向的搭接长度应符合设计规定；受压焊接骨架和焊接网在受力钢筋方向的搭接长度，可取受拉焊接骨架和焊接网在受力钢筋方向的搭接长度的0.7倍。

② 在梁中，焊接骨架的搭接长度内应配置箍筋或短的槽形焊接网。箍筋或网中的横向钢筋间距不得大于 $5d$。在轴心受压或偏心受压构件中的搭接长度内，箍筋或横向钢筋的间距不得大于 $10d$。

③ 在构件宽度内有若干焊接网或焊接骨架时，其接头位置应错开。在同一截面内搭接的受力钢筋的总截面面积不得超过受力钢筋总截面面积的50%；在轴心受拉及小偏心受拉构件（板和墙除外）中，不得采用搭接接头。

④ 焊接网在非受力方向的搭接长度宜为100mm。当受力钢筋直径≥16mm时，焊接网沿分布钢筋方向的接头宜辅以附加钢筋网，其每边的搭接长度为15*d*。

四、钢筋工程施工质量检查验收方法

钢筋工程属于隐蔽工程，在浇筑混凝土前应对钢筋及预埋件进行隐蔽工程验收，并按规定做好隐蔽工程记录，以便查验。其内容包括：纵向受力钢筋的品种、规格、数量及位置是否正确，特别是要注意检查负筋的位置；钢筋的连接方式、接头位置、接头数量及接头面积百分率是否符合规定；箍筋、横向钢筋的品种、规格、数量、间距等；预埋件的规格、数量、位置等。检查钢筋绑扎是否牢固，有无变形、松脱和开焊。

钢筋工程的施工质量检验应按主控项目、一般项目按规定的检验方法进行检验。检验批合格质量应符合下列规定：主控项目的质量经抽样检验合格；一般项目的质量经抽样检验合格；当采用计数检验时，除有专门要求外，一般项目的合格点率应达到80%及以上，且不得有严重缺陷；具有完整的施工操作依据和质量验收记录。

1. 主控项目

① 进场的钢筋应按规定抽取试件做力学性能检验，其质量必须符合相关标准的规定。

检查数量：按进场的批次和产品的抽样检验方案确定。

检验方法：检查产品合格证、出厂检验报告和进场复检报告。

② 对有抗震设防要求的框架结构，其纵向受力钢筋的强度应满足设计要求；当设计无具体要求时，对一、二级抗震等级，检验所得的强度实测值应符合下列规定。

（a）钢筋的抗拉强度实测值与屈服强度实测值的比值不应小于1.25。

（b）钢筋的屈服强度实测值与强度标准值的比值不应大于1.3。

检查数量：按进场的批次和产品的抽样检查方案确定。

检验方法：检查进场复验报告。

③ 受力钢筋的弯钩和弯折应符合下列规定：HPB300级钢筋末端应做180°弯钩，其弯弧内直径不应小于钢筋直径的2.5倍，弯钩的弯后平直部分长度不应小于钢筋直径的3倍；当设计要求钢筋末端需做135°弯钩时，HRB335级、HRB400级钢筋的弯弧内直径不应小于钢筋直径4倍，弯钩的弯后平直部分长度应符合设计要求；钢筋做不大于90°的弯折时，弯折处的弯弧内直径不应小于钢筋直径的5倍。

④ 除焊接封闭环式箍筋外，箍筋的末端应作弯钩。弯钩形式应符合设计要求。当设计无具体要求时，应符合下列规定：箍筋弯钩的弯弧内直径除应满足前述的规定外，尚应不小于受力钢筋直径；箍筋弯钩的弯折角度，对一般结构不应小于90°，对有抗震等要求的结构应为135°；箍筋弯后平直部分长度，对一般结构不宜小于箍筋直径的5倍，对有抗震等要求的结构不应小于箍筋直径的10倍。

检查数量：每工作班同一类型钢筋、同一加工设备抽查不应少于3件。

检验方法：金属直尺检查。

纵向受力钢筋的连接方式应符合设计要求。

检查数量：全数检查。

检验方法：观察。

⑤ 钢筋机械连接接头、焊接接头应按国家现行标准的规定抽取试件做力学性能检验，其

质量应符合有关规范（程）的规定。

检查数量：按有关规范（程）确定。

检验方法：检查产品合格证、接头力学性能试验报告。

⑥ 钢筋安装时，受力钢筋的品种、级别、规格和数量必须符合设计要求。

检查数量：全数检查。

检验方法：观察，金属直尺检查。

2. 一般项目

① 钢筋应平直、无损伤，表面不得有裂纹、油污、颗粒状或片状老锈。

检查数量：进场时和使用前全数检查。

检验方法：观察。

② 钢筋调直宜采用机械方法；当采用冷拉方法调直钢筋时，钢筋的冷拉率应符合规范要求。

检查数量：按每工作班同一类型钢筋、同一加工设备抽查不应少于3件。

检验方法：观察，金属直尺检查。

③ 钢筋加工的形状、尺寸应符合设计要求，其偏差应符合规定。

检查数量：按每工作班同一类型钢筋、同一加工设备抽查不应少于3件。

检验方法：金属直尺检查。

④ 钢筋的接头宜设置在受力较小处。同一纵向受力钢筋不宜设置两个或两个以上接头。接头末端至钢筋弯起点的距离不应小于钢筋直径的10倍。

检查数量：全数检查。

检验方法：观察，金属直尺检查。

⑤ 施工现场应按国家现行标准《钢筋机械连接通用技术规程》（JGJ 107—2003），《钢筋焊接及验收规程》（JGJ 18—2003）的规定对钢筋机械连接接头、焊接接头的外观进行检查，其质量应符合有关规范的规定。

检查数量：全数检查。

检验方法：观察。

⑥ 当受力钢筋采用机械连接接头或焊接接头时，设置在同一构件内的接头宜相互错开。纵向受力钢筋机械连接接头及焊接接头连接区段的长度为35d（d为纵向受力钢筋的较大直径）且不小于500mm，凡接头中点位于该连接区段长度内的接头均属于同一连接区段。同一连接区段内，纵向受力钢筋的接头面积百分率应符合设计要求；当设计无具体要求时，在受拉区不宜大于50%；接头不宜设置在有抗震设防要求的框架梁端、柱端的箍筋加密区；当无法避开时，对等强度高质量机械连接接头，不应大于50%；直接承受动力荷载的结构构件中，不宜采用焊接接头；当采用机械连接接头时，不应大于50%。

同一构件中相邻纵向受力钢筋的绑扎搭接接头宜相互错开。绑扎搭接接头中钢筋的横向净距不应小于钢筋直径，且不应小于25mm。钢筋绑扎搭接接头连接区段的长度为1.3倍搭接长度；凡搭接接头中点位于该连接区段长度内的搭接接头均属于同一连接区段。同一连接区段内，纵向钢筋搭接接头面积百分率应符合设计要求；当设计无具体要求时，对梁类、板类及墙类构件，不宜大于25%；对柱类构件，不宜大于50%；当工程中确有必要增大接头面积百分率时，对梁类构件不应大于50%；对其他构件，可根据实际情况放宽。

检查数量：在同一检验批内，对梁、柱和独立基础，应抽查构件数量的10%，且不少于3件；对墙和板，应按有代表性的自然间抽查10%，且不少于3件；对大空间结构，墙可按相邻轴线间高度5m左右划分检查面，板可按纵横轴线划分检查面，抽查10%，且均不少于3面。

检验方法：观察，金属直尺检查。

⑦ 在梁、柱类构件的纵向受力钢筋搭接长度范围内，应按设计要求配置箍筋。当设计无具体要求时，箍筋直径不应小于搭接钢筋较大直径的25%；受拉搭接区段的箍筋间距不应大于搭接钢筋较小直径的5倍，且不应大于100mm；受压搭接区段的箍筋间距不应大于搭接钢筋较小直径的10倍，且不应大于200mm；当柱中纵向受力钢筋直径大于25mm时，应在搭接接头两个端面外100mm范围内各设置两个箍筋，其间距宜为50mm。

检查数量：在同一检验批内，对梁、柱和独立基础，应抽查构件数量的10%，且不少于3件；对墙和板，应按有代表性的自然间抽查10%，且不少于3间；对大空间结构，墙可按相邻轴线间高度5m左右划分检查面，板可按纵、横轴线划分检查面，抽查10%，且均不少于3面。

学习单元三　混凝土工程

知识目标

（1）了解混凝土工程原材料的选用。

（2）掌握混凝土配置强度的确定、混凝土施工配合比及施工配料。

（3）掌握混凝土浇捣、养护方法。

（4）了解混凝土工程冬期施工方法。

技能目标

（1）通过本单元的学习，能够组织与管理混凝土工程的施工。

（2）能够进行混凝土的配料、浇筑、振捣和养护。

基础知识

混凝土工程施工包括配料、搅拌、运输、浇筑、振捣、养护等施工过程，如图4-22所示，其中的任一过程施工不当，都会影响混凝土的质量。混凝土施工不但要保证构件有设计要求的外形，而且要获得要求的强度、良好的密实性和整体性。

一、混凝土配料

结构工程中所用的混凝土是以胶凝材料、粗细集料和水，按照一定配合比拌合而成的混合材料。另外，根据需要，还要向混凝土中掺加外加剂和外掺合料以改善混凝土的某些性能。因此，混凝土的原材料除了胶凝材料、粗细集料和水

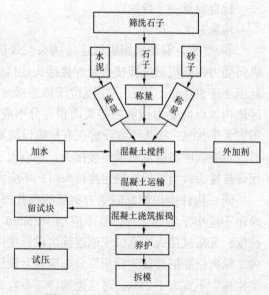

图4-22　混凝土工程施工过程示意图

外，还有外加剂、外掺合料（常用的有粉煤灰、硅粉、磨细矿渣等）。

1. 混凝土配制强度的确定

在混凝土的施工配料时，除应保证结构设计对混凝土强度等级的要求外，还应保证施工对混凝土和易性的要求，并应遵循合理使用材料、节约胶凝材料的原则，必要时还应满足抗冻性、抗渗性等的要求。

为了使混凝土的强度保证率达到95%的要求，在进行配合比设计时，必须使混凝土的配制强度$f_{cu,o}$高于设计强度$f_{cu,k}$。《普通混凝土配合比设计规程》（JGJ 55—2011）要求，混凝土配制强度$f_{cu,o}$按下列规定确定。

① 当混凝土的设计强度等级小于C60时，配制强度按下式计算。

$$f_{cu,o} \geqslant f_{cu,k} + 1.645\sigma \tag{4-2}$$

式中，$f_{cu,o}$——混凝土配制强度，MPa；

$f_{cu,k}$——混凝土设计强度等级值，MPa；

σ——混凝土强度标准差，MPa。

混凝土强度标准差σ的确定方法如下。

（a）当具有近1～3个月的同一品种、同一强度等级混凝土的强度资料时，σ按下式计算。

$$\sigma = \sqrt{\frac{\sum_{i=0}^{n} f_{cu,i}^2 - nm_{f_{cu}}^2}{n-1}} \tag{4-3}$$

式中，n——试件组数（$\geqslant 30$）；

$f_{cu,i}$——第i组试件的抗压强度，MPa；

$m_{f_{cu}}$——i组试件抗压强度的算术平均值，MPa。

对于强度等级不大于C30的混凝土：当σ计算值不小于3.0MPa时，应按计算结果取值；当σ计算值小于3.0MPa时，σ应取3.0MPa。对于强度等级大于C30且小于C60的混凝土：当σ计算值不小于4.0MPa时，应按计算结果取值；当σ计算值小于4.0MPa时，σ应取4.0MPa。

（b）当没有近期的同一品种、同一强度等级混凝土的强度资料时，σ按表4-8所示数值取用。

表4-8　　　　　　混凝土强度标准差σ取值（JGJ 55—2011）

混凝土强度等级	$\leqslant$C20	C25～C45	C50～C55
σ/MPa	4.0	5.0	6.0

② 当混凝土的设计强度等级不小于C60时，配制强度按下式计算。

$$f_{cu,o} \geqslant 1.15 f_{cu,k} \tag{4-4}$$

2. 混凝土施工配合比及施工配料

混凝土的配合比是在试验室根据混凝土的配制强度经过试配和调整而确定的，称为试验室配合比。试验室配合比所用的粗、细集料都是不含水分的。而施工现场的粗、细集料都有一定的含水率，且含水率的大小随温度等条件不断变化。为保证混凝土的质量，施工中应按粗、细集料的实际含水率对原配合比进行调整。混凝土施工配合比是指根据施工现场集料含水情况，对以干燥集料为基准的"设计配合比"进行修正后得出的配合比。

假定工地上测出砂的含水率为 $a\%$，石子的含水率为 $b\%$，则施工配合比（kg）为

| 胶凝材料 | $m'_b = m_b$ | (4-5) |

| 粗集料 | $m'_g = m_g(1 + b\%)$ | (4-6) |

| 细集料 | $m'_s = m_s(1 + a\%)$ | (4-7) |

| 水 | $m'_w = m_w + m_g b\% - m_s a\%$ | (4-8) |

施工配料是确定每拌一次所需的各种原材料数量，它根据施工配合比和搅拌机的出料容量计算。

3. 材料称量

施工配合比确定以后，就需对材料进行称量，称量是否准确将直接影响混凝土的强度。为严格控制混凝土的配合比，搅拌混凝土时应根据计算出的各组成材料的一次投料量，采用重量准确投料。其重量偏差不得超过以下规定：胶凝材料、外掺混合材料为±2%；粗、细集料为±3%；水、外加剂溶液为±2%。

小 技 巧

各种衡量器应定期校验，经常保持准确。集料含水量应经常测定，雨天施工时，应增加测定次数。

178

课 堂 案 例

某混凝土试验室配合比为 $1:2.28:4.47$，水胶比 $W/B = 0.63$，每立方米混凝土水泥用量为 285kg，现场测得砂、石的含水量分别为 3%、1%。

问题：

试问：施工配合比及每立方米混凝土各种材料的用量。

分析：

解：设试验室配合比为水泥：砂：石 $=1:x:y$，则施工配合比为

$1:x(1+W_X):y(1+W_Y) = 1:2.28×(1+0.03):4.47×(1+0.01) = 1:2.35:4.51$

按施工配合比，每立方米混凝土各种材料用量如下：

水泥　　$m_B = 285kg$

砂　　　$m_S = 285×2.35 = 669.75$（kg）

石　　　$m_G = 285×4.51 = 1285.35$（kg）

用水量　$M_W = 0.63×285 - 2.28×285×0.03 - 4.47×285×0.01$

　　　　　$= 179.55 - 19.49 - 12.74 = 147.32$（kg）

施工水胶比

$$\frac{147.32}{285} = 0.52$$

二、混凝土搅拌

混凝土搅拌过程就是将水、胶凝材料和粗细集料进行均匀拌合及混合的过程。通过搅拌，使材料达到塑化、强化的目的。

1. 搅拌方法

混凝土搅拌方法有人工搅拌和机械搅拌两种。

（1）人工搅拌。人工搅拌一般采用"三干三湿"法，即先将水泥加入砂中干拌两遍，再加入石子翻拌一遍，搅拌均匀后，缓慢加水，反复湿拌三遍，以达到石子与水泥浆无分离现象为准。同等条件下，人工搅拌要比机械搅拌多耗10%～15%的水泥，且拌合质量差，只有在混凝土用量不大，而又缺乏机械设备时采用。

（2）机械搅拌。目前普遍使用的搅拌机根据其搅拌机理，可分为自落式搅拌机和强制式搅拌机两大类。

① 自落式搅拌机。自落式搅拌机的搅拌鼓筒内壁装有叶片，随着鼓筒的转动，叶片不断将混凝土拌合料提高，然后利用物料的重量自由下落，以达到均匀拌合的目的。自落式搅拌机筒体和叶片磨损较小，易于清理，但搅拌力小、动力消耗大、效率低，主要用于搅拌流动性和低流动性混凝土。

② 强制式搅拌机。强制式搅拌机是利用搅拌筒内运动着的叶片强迫物料朝着各个方向运动，由于各物料颗粒的运动方向、速度各不相同，相互之间产生剪切滑移而相互穿插、扩散，从而在很短的时间内，使物料拌合均匀，其搅拌机理被称为剪切搅拌机理。

179

> **小 提 示**
>
> 强制式搅拌机具有搅拌质量好、速度快、生产效率高及操作简便、安全等优点，但机件磨损严重。强制搅拌机适用于搅拌干硬性或低流动性混凝土和轻集料混凝土。

2. 搅拌制度

为了获得均匀、优质的混凝土拌合物，除合理选择搅拌机的型号外，还必须正确地确定搅拌制度，包括搅拌时间、进料容量及投料顺序。

（1）搅拌时间。搅拌时间是指从全部材料投入搅拌筒中起，到开始卸料为止所经历的时间。它与搅拌质量密切相关：搅拌时间过短，混凝土不均匀，强度及和易性将下降；搅拌时间过长，不但降低搅拌的生产效率，同时会使不坚硬的粗集料在大容量搅拌机中因脱角、破碎而影响混凝土的质量。对于加气混凝土，也会因搅拌时间过长而使所含气泡减少。混凝土搅拌的最短时间如表4-9所示。

表4-9　　　　　　　　　　　　混凝土搅拌的最短时间

序号	混凝土坍落度/mm	搅拌机机型	搅拌机出料量/L		
			< 250	250 ～ 500	> 500
1	≤40	强制式	60	90	120
	>40且<100	强制式	60	60	90
2	≥100	强制式	60	60	60

注：本表摘自《混凝土质量控制标准》（GB 50164—2011）

混凝土搅拌的最短时间系指自全部材料装入搅拌筒中起，到开始卸料为止的时间。

（2）进料容量。进料容量是将搅拌前各种材料的体积累积起来的容量，又称为干料容量。进料容量约为出料容量的 1.4 ~ 1.8 倍（通常取 1.5 倍）。如进料容量超过规定容量的 10% 以上，就会使材料在搅拌筒内无充分的空间进行掺和，影响混凝土拌合物的均匀性；反之，如装料过少，则又不能充分发挥搅拌机的效能。

（3）投料顺序。在确定混凝土各种原材料的投料顺序时，应考虑如何保证混凝土的搅拌质量，减少机械磨损和水泥飞扬，减少混凝土的粘罐现象，降低能耗和提高劳动生产率等。目前，采用的投料顺序有一次投料法、二次投料法及水泥裹砂法。

① 一次投料法。这是目前广泛使用的一种方法，也就是将砂、石、水泥依次放入料斗后再和水一起进入搅拌筒进行搅拌。这种方法工艺简单、操作方便。当采用自落式搅拌时常用的加料顺序是先倒石子，再加水泥，最后加砂。这种投料顺序的优点是水泥位于砂石之间，进入拌筒时可减少水泥飞扬，同时砂和水泥先进入拌筒形成砂浆，可缩短包裹石子的时间，也避免了水向石子表面聚集产生的不良影响，可提高搅拌质量。

② 二次投料法。二次投料法又可分为预拌水泥砂浆法和预拌水泥净浆法。

预拌水泥砂浆法是指先将水泥、砂和水投入搅拌筒搅拌 1 ~ 1.5min 后，加入石子再搅拌 1 ~ 1.5min。

预拌水泥净浆法是先将水和水泥投入搅拌筒搅拌 1/2 搅拌时间，再加入砂石搅拌到规定时间。

由于预拌水泥砂浆或水泥净浆对水泥有一种活化作用，因而搅拌质量明显高于一次投料法。若水泥用量不变，混凝土强度可提高 15% 左右，或在混凝土强度相同的情况下，可减少水泥用量 15% ~ 20%。

③ 水泥裹砂法。水泥裹砂法，又称 SEC 法。用这种方法拌制的混凝土称为造壳混凝土（又称 SEC 混凝土）。这种混凝土就是在砂表面造成一层水泥浆壳，其主要工艺如下。

（a）对砂的表面湿度进行处理，使其控制在一定范围内。

（b）进行两次加水搅拌。第一次加水搅拌称为造壳搅拌，即先将处理过的砂、水泥和部分水搅拌，使砂周围形成黏着性很高的水泥糊包裹层；第二次再加入水及石，经搅拌，部分水泥浆便均匀地分散在已经被造壳的砂及石周围。

这种方法的关键在于控制砂的表面水率（一般为 4% ~ 6%）和第一次搅拌加水量（一般为总加水量的 20% ~ 26%）。此外，与造壳搅拌时间也有密切关系：时间过短，不能形成均匀的低水灰比的水泥浆使之牢固地黏结在砂子表面，即形成水泥浆壳；时间过长，造壳效果并不十分明显，强度并无较大提高；应以 45 ~ 75s 为宜。

（4）搅拌要求。

① 严格控制混凝土施工配合比。砂、石必须严格过磅，不得随意加减用水量。

② 在搅拌混凝土前，搅拌机应加适量的水运转，使拌筒表面润湿，然后将多余水排干。搅拌第一盘混凝土时，考虑到筒壁上黏附砂浆的损失，石子用量应按配合比规定减半。

③ 搅拌好的混凝土要卸尽，在混凝土全部卸出之前，不得再投入拌和料，更不得采取边出料边进料的方法。

④ 混凝土搅拌完毕或预计停歇 1h 以上时，应将混凝土全部卸出，倒入石和清水，搅拌 5 ~ 10min，把粘在料筒上的砂浆冲洗干净后全部卸出。料筒内不得有积水，以免料筒和叶片生锈，同时还应清理搅拌筒以外积灰，使机械保持清洁完好。

三、混凝土运输

混凝土运输过程中应保持其均匀性，避免产生分层离析现象；混凝土运至浇筑地点，应符合浇筑时所规定的坍落度（见表4-10）；运输工作应保证混凝土浇筑工作连续进行；运送混凝土的容器应严密，其内壁应平整、光洁，不吸水，不漏浆，黏附的混凝土残渣应经常清除。

表4-10　　　　　　　　　　　　　混凝土浇筑时的坍落度

项次	结构种类	坍落度/mm
1	基础或地面等的垫层、无配筋的厚大结构（挡土墙、基础或厚大的块体等）或配筋稀疏的结构	10～30
2	板、梁和大中型截面的柱子等	30～50
3	配筋密列的结构（薄壁、斗仓、筒仓、细柱等）	50～70
4	配筋特密的结构	70～90

小提示

（1）表4-10是指采用机械振捣的坍落度，采用人工捣实时可适当增大。

（2）需要配制大坍落度混凝土时，应掺用外加剂。

（3）曲面或斜面结构的混凝土，其坍落度值应根据实际需要另行选定。

（4）轻集料混凝土的坍落度，宜比表中数值减少10～20mm。

（5）自密实混凝土的坍落度另行规定。

181

1. 运输时间

混凝土从搅拌机中卸出到浇筑完毕的延续时间不宜超过相关规定（见表4-11），对掺用外加剂或采用快硬水泥拌制的混凝土，其延续时间应按试验确定。对于轻集料混凝土，其延续时间应适当缩短。

表4-11　　　　　　　　混凝土从搅拌机卸出到浇筑完毕的延续时间　　　　　　　　单位：min

混凝土生产地点	气温	
	不高于25℃	高于25℃
预拌混凝土搅拌站	150	120
施工现场	120	90
混凝土制品厂	90	60

2. 运输工具的选择

混凝土的运输可分为地面水平运输、垂直运输和楼面水平运输三种方式。

（1）地面水平运输。当采用商品混凝土或运距较远时，最好采用混凝土搅拌运输车。此类车在运输过程中搅拌筒可缓慢转动进行拌合，防止混凝土的离析。当距离过远时，可装入干料在到达浇筑现场前15～20min放入搅拌水，能边行走边进行搅拌。

如现场搅拌混凝土，可采用载重1t左右、容量为400L的小型机动翻斗车或手推车运输。运距较远、运量又较大时，可采用皮带运输机或窄轨翻斗车。

（2）垂直运输。可采用塔式起重机、混凝土泵、快速提升斗和井架。

（3）楼面水平运输。多采用双轮手推车，塔式起重机亦可兼顾楼面水平运输；如用混凝土泵，则可采用布料杆布料。

3. 搅拌运输车运送混凝土

混凝土搅拌运输车是一种用于长距离运送混凝土的高效能机械。它是将运送混凝土的搅拌筒安装在汽车底盘上，将混凝土搅拌站生产的混凝土拌合物装入搅拌筒内，直接运至施工现场的大型混凝土运输工具。

采用混凝土搅拌运输车应符合下列规定。

① 混凝土必须能在最短的时间内均匀、无离析地排出，出料干净、方便，能满足施工的要求。当与混凝土泵联合运送时，其排料速度应相匹配。

② 从搅拌运输车运卸的混凝土中分别取1/4和3/4处试样进行坍落度试验，两个试样的坍落度值之差不得超过30mm。

③ 混凝土搅拌运输车在运送混凝土时搅动转速通常为2～4r/min；整个运送过程中拌筒的总转数应控制在300r以内。

④ 若采用干料由搅拌运输车途中加水自行搅拌，搅拌速度一般应为6～18r/min；搅拌转数自混合料加水投入搅拌筒起直至搅拌结束，应控制在70～100r。

⑤ 混凝土搅拌运输车因途中失水，到工地需加水调整混凝土的坍落度时，搅拌筒应以6～8r/min搅拌速度搅拌，并另外再转动至少30r。

4. 泵送混凝土

（1）泵送混凝土的应用范围。混凝土泵是通过输送管将混凝土送到浇筑地点的一种工具。其适用于以下工程。

① 大体积混凝土。包括大型基础、满堂基础、设备基础、机场跑道、水工建筑等。

② 连续性强和浇筑效率要求高的混凝土。包括高层建筑、贮罐、塔形构筑物、整体性强的结构等。

混凝土输送管道一般是用钢管制成的，管径通常有100mm、125mm、150mm三种，标准管管长3m，配套管有1m和2m两种，另配有90°、45°、30°、15°等不同角度的弯管，以供管道转折处使用。

输送管的管径选择主要根据混凝土集料的最大粒径，管道的输送距离、输送高度以及其他工程条件决定。

（2）泵送混凝土应符合的规定。采用泵送混凝土应符合下列规定。

① 混凝土泵与输送管连通后，应按所用混凝土泵使用说明书的规定进行全面检查，符合要求后方能开机进行空运转。

② 混凝土泵启动后，应先泵送适量水以湿润混凝土泵的料斗、活塞及输送管内壁等直接与混凝土接触的部位。

③ 确认混凝土泵和输送管中无异物后，应采取下列方法润滑混凝土泵和输送管内壁。

（a）泵送水泥砂浆。

（b）泵送1∶2水泥砂浆。

（c）泵送与混凝土内除粗集料外的其他成分相同配合比的水泥砂浆。

④ 开始泵送时，混凝土泵应处于慢速、匀速并随时可反泵的状态。泵送速度应先慢后快，逐步加速。待各系统运转顺利后，方可以正常速度进行泵送。

⑤ 混凝土泵送应连续进行。如必须中断时，其中断时间不得超过混凝土从搅拌至浇筑完毕所允许的延续时间。

⑥ 泵送混凝土时，活塞应保持最大行程运转。

⑦ 泵送完毕时，应将混凝土泵和输送管清洗干净。

四、混凝土浇筑与振捣

浇筑混凝土前，对模板及其支架、钢筋和预埋件必须进行检查，并做好记录。符合设计要求后，清理模板内的杂物及钢筋上的油污，堵严缝隙和孔洞，方能浇筑混凝土。

1. 混凝土的浇筑

① 混凝土自高处倾落的自由高度不应超过2m。

② 在浇筑竖向结构混凝土前，应先在底部填以50～100mm厚与混凝土内砂浆成分相同的水泥砂浆；浇筑时不得发生离析现象；当浇筑高度超过3m时，应采用串筒、溜管或振动溜管使混凝土下落。

③ 混凝土浇筑层的厚度，应符合相关规定（见表4-12）。

表4-12　　　　　　　　　混凝土浇筑层的厚度　　　　　　　　单位：mm

捣实混凝土的方法		浇筑层的厚度
插入式振捣		振捣器作用部分长度的1.25倍
表面振动		200
人工捣固	在基础、无筋混凝土或配筋稀疏的结构中	250
	在梁、墙板、柱结构中	200
	在配筋密列的结构中	150
轻集料混凝土	插入式振捣	300
	表面振动（振动时需加载）	200

④ 钢筋混凝土框架结构中，梁、板、柱等构件是沿垂直方向重复出现的，所以一般按结构层次来分层施工。平面上如果面积较大，还应考虑分段进行，以便混凝土、钢筋、模板等工序能相互配合、流水施工。

⑤ 在每一施工层中，应先浇筑柱或墙。在每一施工段中的柱或墙应该连续浇筑到顶，每一排的柱子由外向内对称顺序进行，防止由一端向另一端推进，致使柱子模板逐渐受推倾斜。柱子浇筑完后，应停歇1～2h，使混凝土获得初步沉实，待有了一定强度后，再浇筑梁板混凝土。梁和板应同时浇筑混凝土，只有当梁高在1m以上时，为了施工方便，才可以单独先行浇筑。

⑥ 浇筑混凝土应连续进行。当必须间歇时，其间歇时间宜缩短，并应在前层混凝土凝结前，将次层混凝土浇筑完毕。一般情况下，混凝土运输、浇筑及间歇的全部时间不得超过表4-13所示的规定允许时间，当超过时应留置施工缝。在浇筑与柱和墙连成整体的梁和板时，应在柱和墙浇筑完后停歇1～1.5h，再继续浇筑；梁和板宜同时浇筑混凝土；拱和高度大于1m的梁等结构，可单独浇筑混凝土。在混凝土浇筑过程中，应经常观察模板、支架、钢筋、预埋

件和预留孔洞的情况，当发现有变形、移位时，应及时采取措施进行处理。

表4–13　　　　　　　　　　　混凝土运输、浇筑和间歇的允许时间　　　　　　　单位：min

混凝土强度等级	气温	
	不高于25℃	高于25℃
不高于C30	210	180
高于C30	180	150

2. 施工缝的留置

由于施工技术和施工组织上的原因，不能连续将结构整体浇筑完成，并且间歇的时间预计将超出表4-13所示的规定时间时，应预先选定适当的部位设置施工缝。施工缝的位置应设置在结构受剪力较小且便于施工的部位。

（1）施工缝的处理。

① 所有水平施工缝应保持水平，并做成毛面，垂直缝处应支模浇筑；施工缝处的钢筋均应留出，不得切断；为防止在混凝土或钢筋混凝土内产生沿构件纵轴线方向错动的剪力，柱、梁施工缝的表面应垂直于构件的轴线；板的施工缝应与其表面垂直；梁、板也可留企口缝，但企口缝不得留斜槎。

② 在施工缝处继续浇筑混凝土时，已浇筑的混凝土抗压强度应≥1.2N/mm²。首先，应清除硬化的混凝土表面上的水泥薄膜和松动石子以及软混凝土层，并加以充分湿润和冲洗干净，不积水；然后，在施工缝处铺一层水泥浆或与混凝土内成分相同的水泥砂浆；浇筑混凝土时，应细致捣实，使新旧混凝土紧密结合。

③ 承受动力作用的设备基础的施工缝，在水平施工缝上继续浇筑混凝土前，应对地脚螺栓进行一次观测校准；标高不同的两个水平施工缝，其高低结合处应留成台阶形，且台阶的高宽比不得大于1.0；垂直施工缝应加插钢筋，其直径为12～16mm，长度为500～600mm，间距为500mm，在台阶式施工缝的垂直面上也应补插钢筋；施工缝的混凝土表面应凿毛，在继续浇筑混凝土前，应用水冲洗干净，湿润后在表面上抹10～15mm厚、与混凝土内成分相同的一层水泥砂浆；继续浇筑混凝土时，该处应仔细捣实。

④ 后浇缝宜做成平直缝或阶梯缝，钢筋不切断。

小提示

后浇缝应在其两侧混凝土龄期达30～40d后，将接缝处混凝土凿毛、洗净、湿润、刷水泥浆一层，再用强度不低于两侧混凝土的补偿收缩混凝土浇筑密实，并养护14d以上。

（2）混凝土浇筑中常见的施工缝留设位置及方法。

① 柱的施工缝留在基础的顶面、梁或吊车梁牛腿的下面或吊车梁的上面、无梁楼板柱帽的下面，如图4-23所示，在框架结构中（如梁的负筋弯入柱内）施工缝可留在这些钢筋的下端。

② 梁板、肋形楼板施工缝留置应符合下列要求。

（a）与板连成整体的大截面梁，留在板底面以下20～30mm处；当板下有梁托时，留在梁托下部。单向板可留置在平行于板的短边的任何位置（但为方便施工缝的处理，一般留在跨中 1/3 跨度范围内）。

（b）在主、次梁的肋形楼板，宜顺着次梁方向浇筑，施工缝底留置在次梁跨度中间 1/3 范围内无负弯矩钢筋与之相交叉的部位，如图 4-24 所示。

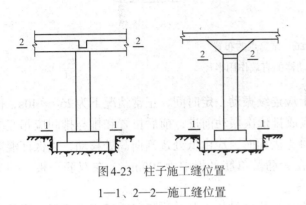

图 4-23 柱子施工缝位置

1—1、2—2—施工缝位置

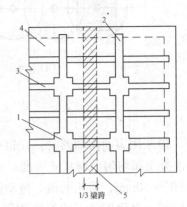

图 4-24 有主、次梁楼板施工缝的留置

1—柱；2—主梁；3—次梁；4—楼板；

5—按次梁方向浇筑混凝土，可留施工缝范围

③ 墙施工缝宜留置在门洞口过梁跨中 1/3 跨度范围内，也可留在纵横墙的交接处。

④ 楼梯、圈梁施工缝留置应符合下列要求。

（a）楼梯施工缝留设在楼梯段跨中 1/3 跨度范围内无负弯矩筋的部位。

（b）圈梁施工缝留在非砖墙交接处、墙角、墙垛及门窗洞范围内。

3. 混凝土的振捣

① 每一振点的振捣延续时间，应使混凝土表面呈现浮浆且不再沉落。

② 当采用插入式振动器时，捣实普通混凝土的移动间距，不宜大于振捣器作用半径的 1.5 倍，如图 4-25 所示。捣实轻集料混凝土的移动间距，不宜大于其作用半径；振捣器与模板的距离，不应大于其作用半径的 0.5 倍，并应避免碰撞钢筋、模板、预埋件等；振捣器插入下层混凝土内的深度不应小于 50mm。一般每点振捣时间为 20～30s，使用高频振动器时，最短不应少于 10s，应使混凝土表面呈水平，且以不再显著下沉、不再出现气泡、表面泛出灰浆为准。振动器插点要均匀排列，可采用"行列式"或"交错式"，以图 4-26 所示的次序移动，不应混用，以免造成混乱而发生漏振。

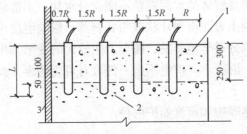

图 4-25 插入式振动器的插入深度

1—新浇筑的混凝土；2—下层已振捣但尚未初凝的混凝土；3—模板；R—振动器的有效作用半径

185

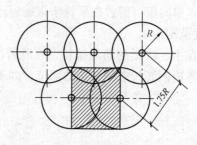

（a）行列式　　　　　　　　　　（b）交错式

图4-26　振捣点的布置
R—振动器的有效作用半径

③ 采用表面振动器时，在每一位置上应连续振动一定时间，正常情况下为25～40s，但以混凝土面均匀出现浆液为准；移动时应成排依次振动前进，前后位置和排与排间应相互搭接30～50mm，防止漏振。振动倾斜混凝土表面时，应由低处逐渐向高处移动，以保证混凝土振实。表面振动器的有效作用深度，在无筋及单筋平板中为200mm，在双筋平板中约为120mm。

④ 采用外部振动器时，振动时间和有效作用随结构形状、模板坚固程度、混凝土坍落度及振动器功率大小等各项因素而定。一般每隔1～1.5m的距离设置一个振动器。当混凝土呈水平面且不再出现气泡时，可停止振动。必要时应通过试验确定振动时间。待混凝土入模后方可开动振动器，混凝土浇筑高度要高于振动器安装部位。当钢筋较密和构件断面较深较窄时，也可采取边浇筑边振动的方法。

> **小　提　示**
>
> 　　外部振动器的振动作用深度在250mm左右，如构件尺寸较厚时，需在构件两侧安设振动器同时进行振捣。

五、混凝土养护

混凝土浇筑捣实后，逐渐凝固硬化，这个过程主要由水泥的水化作用来实现，而水化作用必须在适当的温度和湿度条件下才能完成。因此，为了保证混凝土有适宜的硬化条件，使其强度不断增长，必须对混凝土进行养护。

混凝土浇筑后，如气候炎热、空气干燥，不及时进行养护将使混凝土中的水分蒸发过快，易出现脱水现象，使已形成凝胶体的水泥颗粒不能充分水化，不能转化为稳定的结晶，缺乏足够的黏结力，从而会使混凝土表面出现片状或粉状剥落，影响混凝土的强度。此外，在混凝土尚未具备足够的强度时，水分过早地蒸发，还会产生较大的变形，出现干缩裂缝，影响混凝土的整体性和耐久性。因此，混凝土养护绝不是一件可有可无的事，而是一个重要的环节，应严格按照规定要求进行。

混凝土养护方法分自然养护和蒸汽养护两种。

1. 自然养护

自然养护是指利用平均气温高于5℃的自然条件，用保水材料或草帘等对混凝土加以覆盖后适当浇水，使混凝土在一定的时间内在湿润状态下硬化。

（1）开始养护时间。当最高气温低于25℃时，混凝土浇筑完毕后应在12h以内开始养护；最高气温高于25℃时，应在6h以内开始养护。

（2）养护天数。浇水养护时间的长短视水泥品种而定，硅酸盐水泥、普通硅酸盐水泥和矿渣硅酸盐水泥拌制的混凝土，不得少于7昼夜；火山灰质硅酸盐水泥和粉煤灰硅酸盐水泥拌制的混凝土或有抗渗性要求的混凝土，不得少于14昼夜。混凝土必须养护至其强度达到1.2MPa以后，方准在其上踩踏和安装模板及支架。

（3）浇水次数。应使混凝土保持适当的湿润状态。养护初期，水泥的水化反应较快，需水也较多，所以要特别注意在浇筑以后头几天的养护工作，此外，在气温高、湿度低时，也应增加洒水的次数。

（4）喷洒塑料薄膜养护。将过氯乙烯树脂塑料溶液用喷枪洒在混凝土表面，溶液挥发后在混凝土表面形成一层塑料薄膜，使混凝土与空气隔绝，阻止水分的蒸发，以保证水化作用的正常进行。所选薄膜在养护完成后能自行老化脱落。在构件表面喷洒塑料薄膜来养护混凝土，适用于不易洒水养护的高耸构筑物和大面积混凝土结构。

2. 蒸汽养护

蒸汽养护就是将构件放置在有饱和蒸汽或蒸汽空气混合物的养护室内，在较高的温度和相对湿度的环境中进行养护，以加速混凝土的硬化，使混凝土在较短的时间内达到规定的强度标准值。蒸汽养护过程分为静停、升温、恒温、降温四个阶段。

（1）静停阶段。混凝土构件成型后在室温下停放养护，时间为2～6h，目的是防止构件表面产生裂缝和疏松现象。

（2）升温阶段。此阶段是构件的吸热阶段。升温速度不宜过快，以免构件表面和内部产生过大温差而出现裂纹。对于薄壁构件（如多肋楼板、多孔楼板等），每小时不得超过25℃；其他构件不得超过20℃；用干硬性混凝土制作的构件，不得超过40℃。

（3）恒温阶段。此阶段是升温后温度保持不变的时间。此时强度增长最快，这个阶段应保持90%～100%的相对湿度；最高温度不得大于95℃；时间为3～5h。

（4）降温阶段。此阶段是构件散热过程。降温速度不宜过快，每小时不得超过10℃，出池后，构件表面与外界温差不得大于20℃。

六、混凝土质量缺陷的修补

混凝土质量问题主要有蜂窝、麻面、露筋、孔洞等。蜂窝是指混凝土表面无水泥浆，露出石深度大于5mm，但小于保护层厚度的缺陷。露筋是指主筋没有被混凝土包裹而外露的缺陷，但梁端主筋锚固区内不允许有露筋。孔洞是深度超过保护层厚度。但不超过截面面积的1/3的缺陷。混凝土质量缺陷的修补方法主要有以下几种。

（1）表面抹浆修补。对于数量不多的小蜂窝、麻面、露筋和露石的混凝土表面，主要是保护钢筋和混凝土不受侵蚀，可用1:2～1:2.5水泥砂浆抹面修整。在抹砂浆前，须用钢丝刷或加压力的水清洗润湿，抹浆初凝后要加强养护工作。

对结构构件承载能力无影响的细小裂缝，可将裂缝处加以冲洗，用水泥浆补抹。如果裂缝开裂较大较深时，应将裂缝附近的混凝土表面凿毛，或沿裂缝方向凿成深为15～20mm、宽为100～200mm的V形凹槽，扫净并洒水湿润，先刷水泥净浆一层，然后用1:2～1:2.5水泥砂浆分 2～3 层涂抹，总厚度控制在 10～20mm，并压实抹光。

（2）细石混凝土填补。当蜂窝比较严重或露筋较深时，应除掉附近不密实的混凝土和突出的骨料颗粒，用清水洗刷干净并充分润湿后，再用比原强度等级高一级的细石混凝土填补并仔细捣实。对孔洞事故的补强，可在旧混凝土表面采用处理施工缝的方法处理，将孔洞处疏松的混凝土和突出的石剔凿掉，孔洞顶部要凿成斜面，避免形成死角，然后用水刷洗干净，保持湿润 72h 后，用比原混凝土强度等级高一级的细石混凝土捣实。混凝土的水灰比宜控制在 0.5 以内，并掺水泥用量万分之一的铝粉，分层捣实，以免新旧混凝土接触面上出现裂缝。

（3）水泥灌浆与化学灌浆。对于影响结构承载力，或者防水、防渗性能的裂缝，为恢复结构的整体性和抗渗性，应根据裂缝的宽度、性质和施工条件等，采用水泥灌浆或化学灌浆的方法予以修补。一般对宽度大于 0.5mm 的裂缝，可采用水泥灌浆；宽度小于 0.5mm 的裂缝，宜采用化学灌浆。化学灌浆所用的灌浆材料，应根据裂缝性质、缝宽和干燥情况选用。作为补强用的灌浆材料，常用的有环氧树脂浆液（能修补缝宽 0.2mm 以上的干燥裂缝）和甲凝（能修补 0.05mm 以上的干燥细微裂缝）等。作为防渗堵漏用的灌浆材料，常用的有丙凝（能灌入 0.01mm 以上的裂缝）和聚氨酯（能灌入 0.015mm 以上的裂缝）等。

七、混凝土结构工程冬期施工

根据当地多年气温资料，室外日平均气温连续 5d 稳定低于 5℃时，混凝土结构工程应按冬期施工要求组织施工。冬期施工时，气温低，水泥水化作用减弱，新浇混凝土强度增长明显延缓；当温度降至 0℃以下时，水泥水化作用基本停止，混凝土强度亦停止增长；特别是温度降至混凝土冰点温度以下时，混凝土中的游离水开始结冰，结冰后的水体积膨胀约 9%，在混凝土内部产生冰胀应力，致使结构强度降低。受冻的混凝土在解冻后，其强度虽能继续增长，但已不能达到原设计的强度等级。试验证明，混凝土的早期冻害是由于内部析水结冰所致。混凝土在浇筑后立即受冻，抗压强度约损失 50%，抗拉强度约损失 40%。试验证明，混凝土遭受冻结带来的危害与遭冻的时间早晚、水胶比、水泥强度等级、养护温度等有关。

冬期浇筑的混凝土在受冻以前必须达到的最低强度，称为混凝土受冻临界强度。

> **知 识 链 接**
>
> 在受冻前，不同的混凝土受冻临界强度应达到如下标准：硅酸盐水泥或普通硅酸盐水泥配制的混凝土不得低于其设计强度标准的 30%；矿渣硅酸盐水泥配制的混凝土不得低于其设计强度标准值的 40%；C10 及以下的混凝土不得低于 5.0N/mm^2；掺防冻剂的混凝土，温度降低到防冻剂规定温度以下时，混凝土的强度不得低于 3.5N/mm^2。

1. 混凝土冬期施工的一般规定

一般情况下，混凝土冬期施工要求在常温下浇筑、养护，使混凝土强度在冰冻前达到受冻临界强度，在冬期施工时对原材料和施工过程均要求有必要的措施，来保证混凝土的施工质量。

（1）对材料的要求及加热。

① 冬期施工中配制混凝土用的水泥，应优先选用活性高、水化热大的硅酸盐水泥和普通

硅酸盐水泥。水泥的强度等级不应低于42.5R级。最小水泥用量不宜少于300kg/m³，水胶比不应大于0.6。使用矿渣硅酸盐水泥时，宜采用蒸汽养护；使用其他品种水泥，应注意其中掺合材料对混凝土抗冻抗渗等性能的影响。冷混凝土法施工宜优先选用含引气成分的外加剂，含气量宜控制在2%～4%。掺用防冻剂的混凝土，严禁使用高铝水泥。

② 混凝土所用集料必须清洁，不得含有冰、雪等冰结物及易冻裂的矿物质。冬期集料所用储备场地应选择地势较高、不积水的地方。

③ 冬期施工对组成混凝土材料的加热，应优先考虑加热水，因为水的热容量大，加热方便，但加热温度不得超过表4-14所示的规定数值。当水、集料达到规定温度仍不能满足热工计算要求时，可提高水温到100℃，但水泥不得与80℃以上的水直接接触。水的常用加热方法有三种：用锅烧水、用蒸汽加热水和用电极加热水。水泥不得直接加热，使用前宜运入暖棚存放。

冬期施工拌制混凝土的砂、石温度要符合热工计算需要温度。集料加热的方法是，将集料放在底下加温的铁板上面直接加热或者通过蒸汽管、电热线加热等，但不得用火焰直接加热集料，并应控制加热温度。加热的方法可因地制宜，以蒸汽加热法为好，其优点是加热温度均匀，热效率高；缺点是集料中的含水量增加。

表4-14　　　　　　　　　　　　　拌合水及集料的最高温度　　　　　　　　　　单位：℃

序号	水泥品种及强度等级	拌合水	集料
1	强度等级小于42.5级的普通硅酸盐水泥、矿渣硅酸盐水泥	80	60
2	强度等级大于或等于42.5级的普通硅酸盐水泥、硅酸盐水泥	60	40

④ 钢筋冷拉可在负温下进行，但冷拉温度不宜低于-20℃。当采用控制应力方法时，冷拉控制应力较常温下提高30N/mm²；采用冷拉率控制方法时，冷拉率与常温时相同。钢筋的焊接宜在室内进行。如必须在室外焊接，最低气温不低于-20℃，且应具有防雪和防风措施。刚焊接的接头严禁立即碰到冰雪，避免造成冷脆现象。

⑤ 冬期浇筑的混凝土，宜使用无氯盐类防冻剂，对抗冻性要求高的混凝土，宜使用引气剂或引气减水剂。

（2）混凝土的搅拌、运输和浇筑。

① 混凝土的搅拌。混凝土不宜露天搅拌，应尽量搭设暖棚，优先选用大容量的搅拌机，以减少混凝土的热损失。混凝土搅拌时间应根据各种材料的温度情况，考虑相互间的热平衡过程，可通过试拌确定延长的时间，一般为常温搅拌时间的1.25～1.5倍。拌制混凝土的最短时间应符合规定。搅拌混凝土时，集料中不得带有冰、雪及冻土。拌制掺用防冻剂的混凝土，当防冻剂为粉剂时，可按要求掺量直接撒在水泥上面，和水泥同时投入；当防冻剂为液体时，应先配制成规定浓度溶液，然后再根据使用要求，用规定浓度溶液再配制成施工溶液。各溶液应分别置于具有明显标志的容器内，不得混淆，每班使用的外加剂溶液应一次配成。

配制与加入防冻剂，应设专人负责并做好记录，严格按剂量要求掺入。

混凝土拌合物的出机温度不宜低于10℃。

② 混凝土的运输。混凝土的运输过程是热损失的关键阶段，应采取必要的措施减少混凝土的热损失，同时应保证混凝土的和易性。常用的主要措施为减少运输时间和距离，使用大容积的运输工具并采取必要的保温措施，保证混凝土入模温度不低于5℃。

189

③ 混凝土的浇筑。混凝土在浇筑前，应清除模板和钢筋上的冰雪和污垢，尽量加快混凝土的浇筑速度，防止热量散失过多。当采用加热养护时，混凝土养护前的温度不得低于2℃。

小 提 示

冬期不得在强冻胀性地基土上浇筑混凝土。当在弱冻胀性地基土上浇筑混凝土时，地基土应进行保温，以免遭冻。对加热养护的现浇混凝土结构，混凝土的浇筑程序与施工缝的位置，应能防止在加热养护时产生较大的温度应力。当分层浇筑厚大整体结构时，已浇筑层的混凝土温度，在被上一层混凝土覆盖前，不得低于按热工计算的温度，且不得低于2℃。冬期施工混凝土振捣应用机械振捣，振捣时间应比常温时有所增加。

2. 混凝土冬期施工方法

混凝土冬期施工主要有蓄热法、蒸汽加热法、电热法、暖棚法和掺外加剂法等，但无论采用什么方法，均应保证混凝土在冻结以前，至少应达到临界强度。

（1）蓄热法。蓄热法就是将具有一定温度的混凝土浇筑完后，在其表面用草帘、锯末、炉渣等保温材料加以覆盖，避免混凝土的热量和水泥的水化热散失太快，保证混凝土在冻结前达到所要求强度的一种冬期施工方法。

蓄热法适用于室外最低气温不低于-15℃时，地面以下的工程或表面系数不大于5（结构冷却的表面积与其全部体积的比值）的结构混凝土的冬期养护。如选用适当的保温材料，采用快硬早强水泥，在混凝土外部进行早期短时加热和采取掺入早强型外加剂等措施，则可进一步扩大蓄热法的应用范围。这是混凝土冬期施工较经济、简单而有效的方法。

（2）蒸汽加热法。蒸汽加热法就是利用蒸汽使混凝土保持一定的温度和湿度，以加速混凝土硬化。蒸汽加热法除预制厂用的蒸汽养护窑外，在现浇结构中还有汽套法、毛管法和构件内部通汽法等。

① 汽套法。是在构件模板外再加设密封的套板模，模板与套板间的空隙不宜超过150mm，在套板内通入蒸汽加热养护混凝土。汽套法加热均匀，但设备复杂、费用大，只适宜在特殊条件下用于养护梁、板等水平构件。

② 毛管法。即在模板内侧做成凹槽，凹槽上盖以钢板，在凹槽内通入蒸汽进行加热。毛管法用汽少、加热均匀，适用于养护柱、墙等垂直结构。此外，也有在大模板的背面装设蒸汽管道，再用薄钢板封闭，适当加以保温的做法，用于大模板工程冬期施工。

③ 构件内部通汽法。是在浇筑构件时先预留孔道，再将蒸汽送入孔道内加热混凝土，待混凝土达到要求的强度后，随即用砂浆或细石混凝土灌入孔道内加以封闭。

采用蒸汽加热的混凝土，宜选用矿渣水泥及火山灰水泥，严禁使用矾土水泥。普通水泥的加热温度不得超过80℃；矿渣水泥与火山灰水泥的加热温度可提高到85℃～95℃，湿度必须保持90%～95%。为了避免温差过大，防止混凝土产生裂缝，应严格控制混凝土的升温速度与降温速度：当表面系数$M \geqslant 6$时，每小时升温不大于15%，降温不大于10℃；当表面系数$M < 6$时，每小时升温不大于10%，降温不大于5℃。模板和保温层，应在混凝土冷却到5℃后方可拆除。当混凝土与外界的温差大于20℃时，拆模后的混凝土表面还应用保温材料临时覆盖，使其缓慢冷却。未完全冷却的混凝土有较高的脆性，应避免承受冲击或动荷载，以防开裂。

（3）电热法。电热法是利用电流通过不良导体混凝土或电阻丝所发出的热量来养护混凝土。电热法主要有电极法和电热器法两类。

① 电极法。即在新浇筑的混凝土中，每隔一定间距（200～400mm）插入电极（$\phi6$～$\phi12mm$短钢筋），接通电源，利用混凝土本身的电阻，变电能为热能。电热时，要防止电极与钢筋接触而引起短路。对于较薄的构件，也可将薄钢板固定在模板内侧作为电极。

② 电热器法。是利用电流通过电阻丝产生的热量进行加热养护。根据需要，电热器可制成板状，用以加热现浇楼板；也可制成针状，用以加热装配整体式的框架接点；对于用大模板施工的现浇墙板，则可用电热模板（大模板背面装电阻丝形成热夹具层，其外用薄钢板包矿渣棉封严）加热等。

电热应采用交流电（因直流电会使混凝土内水分分解），电压为50～110V，以免产生强烈的局部过热和混凝土脱水现象。只有在无筋或少筋结构中，才允许采用电压为120～220V的电流加热。电热应在混凝土表面覆盖后进行。电热过程中，应注意观察混凝土外露表面的温度。当表面开始干燥时，应先断电，并浇温水湿润混凝土表面。电热法养护混凝土的温度应符合表4-15所示的规定，当混凝土强度达到50%时，即可停止电热。

表4-15 　　　　　　　　　　　　 电热法养护混凝土的温度 　　　　　　　　　　单位：℃

水泥强度等级	结构表面系数		
	< 10	10～15	> 15
32.5	70	50	45
42.5	40	40	35

电热法设备简单、施工方便有效，但耗电量大、费用高，应慎重选用，并注意施工安全。

（4）暖棚法。暖棚法是在混凝土浇筑地点用保温材料搭设暖棚，在棚内采暖，使温度升高，可使混凝土养护如同在常温中一样。

采用暖棚法养护时，棚内温度不得低于5℃，并应保持混凝土表面湿润。

（5）掺外加剂法。根据不同性能的外加剂，可以起到抗冻、早强、促凝、减水、降低冰点等作用，能使混凝土在负温下继续硬化，而无需采取任何加热保温措施，这是混凝土冬期施工的一种有效方法，可以简化施工、节约能源，还可改善混凝土的性能。

八、混凝土工程施工质量内容和要求

混凝土工程的施工质量检验应分主控项目、一般项目，按规定的检验方法进行检验。检验批合格质量应符合下列规定：主控项目的质量经抽样检验合格；一般项目的质量经抽样检验合格；当采用计数检验时，除有专门要求外，一般项目的合格点率应达到80%及以上，且不得有严重缺陷；具有完整的施工操作依据和质量验收记录。

1. 主控项目

① 水泥进场时应对其品种、级别、包装或散装仓号、出厂日期等进行检查，并应对其强度、安定性及其他必要的性能指标进行复验，其质量必须符合现行国家标准的要求。当在使用中对水泥质量有怀疑或水泥出厂超过三个月（快硬硅酸盐水泥超过一个月）时，应进行复验，并按复验结果使用。

钢筋混凝土结构、预应力混凝土结构中，严禁使用含氯化物的水泥。

检查数量：按同一生产厂家、同一等级、同一品种、同一批号且连续进场的水泥，袋装不超过200t为一批，散装不超过500t为一批，每批抽样不少于一次。

检验方法：检查产品合格证、出厂检验报告和进场复验报告。

② 混凝土中掺用外加剂的质量及应用技术应符合现行国家标准和有关环境保护的规定。预应力混凝土结构中，严禁使用含氯化物的外加剂。钢筋混凝土结构中，当使用含氯化物的外加剂时，混凝土中氯化物的总含量应符合现行国家标准的规定。

检查数量：按进场的批次和产品的抽样检验方案确定。

检验方法：检查产品合格证、出厂检验报告和进场复验报告。

③ 混凝土强度等级、耐久性和工作性等应按《普通混凝土配合比设计规程》(JGJ 55—2000)的有关规定进行配合比设计。对有特殊要求的混凝土，其配合比设计尚应符合国家现行有关标准的专门规定。

检验方法：检查配合比设计资料。

④ 结构混凝土的强度等级必须符合设计要求。用于检查结构构件混凝土强度的试件，应在混凝土的浇筑地点随机抽取。取样与试件留置应符合下列规定：每拌制100盘且不超过100m³的同配合比的混凝土，取样不得少于一次；每工作班拌制的同一配合比的混凝土不足100盘时，取样不得少于一次；当一次连续浇筑超过1 000m³时，同一配合比的混凝土每200m³取样不得少于一次；每一楼层、同一配合比的混凝土，取样不得少于一次；每次取样应至少留置一组标准养护试件，同条件养护试件的留置组数应根据实际需要确定。

检验方法：检查施工记录及试件强度试验报告。

⑤ 对有抗渗要求的混凝土结构，其混凝土试件应在浇筑地点随机取样。同一工程、同一配合比的混凝土，取样不应少于一次，留置组数可根据实际需要确定。

检验方法：检查试件抗渗试验报告。

⑥ 混凝土原材料每盘称量的偏差应符合的规定。水泥、掺和料为±5%；粗、细骨料为±3%；水、外加剂为±2%。

检查数量：每工作班抽查不应少于一次。当遇雨天或含水率有显著变化时，应增加含水率检测次数，并及时调整水和骨料的用量。

检验方法：复称。

⑦ 混凝土运输、浇筑及间歇的全部时间不应超过混凝土的初凝时间。同一施工段的混凝土应连续浇筑，并应在底层混凝土初凝之前将上一层混凝土浇筑完毕。当底层混凝土初凝后浇筑上一层混凝土时，应按施工技术方案中对施工缝的要求进行处理。

检查数量：全数检查。

检验方法：观察，检查施工记录。

⑧ 现浇结构的外观质量不应有严重缺陷。对已经出现的严重缺陷，应由施工单位提出技术处理方案，并经监理（建设）单位认可后进行处理。对经处理的部位，重新检查验收。

检查数量：全数检查。

检查方法：观察，检查技术处理方案。

⑨ 现浇结构不应有影响结构性能和使用功能的尺寸偏差。对超过尺寸允许偏差且影响结构性能和安装、使用功能的部位，应由施工单位提出技术处理方案，并经监理（建设）单位认可后进行处理。对经处理的部位，应重新检查验收。

检查数量：全数检查。

检验方法：量测，检查技术处理方案。

2. 一般项目

① 混凝土中掺用矿物掺和料，粗、细骨料及拌制混凝土用水的质量应符合现行国家标准的规定。

检查数量：按进场的批次和产品的抽样检验方案确定。

检验方法：检查出厂合格证和进场复验报告，粗、细骨料检查进场复验报告，拌制混凝土用水检查水质试验报告。

② 首次使用的混凝土配合比应进行开盘鉴定，其工作性能应满足设计配合比的要求。

开始生产时应至少留置一组标准养护试件，作为验证配合比的依据。

检验方法：检查开盘鉴定资料和试件强度试验报告。

③ 混凝土拌制前，应测定砂、石含水率并根据测试结果调整材料用量，提出施工配合比。

检查数量：每工作班检查一次。

检验方法：检查含水率测试结果和施工配合比通知单。

施工缝、后浇带的位置应在混凝土浇筑前按设计要求和施工技术方案确定。施工缝处理、后浇带混凝土浇筑的应按施工技术方案执行。

检查数量：全数检查。

检验方法：观察，检查施工记录。

193

学习案例

某监理单位与业主签订了某钢筋混凝土结构工程施工阶段的监理合同，监理部设总监理工程师1人和专业监理工程师若干人，专业监理工程师例行在现场检查、旁站实施监理工作。在监理过程中，发现以下一些问题：

（1）某层钢筋混凝土墙体，由于绑扎钢筋困难，无法施工，施工单位未通报监理工程师就把墙体钢筋门洞移动了位置。

（2）某层一钢筋混凝土柱，钢筋绑扎已检查、签证，模板经过预检验收，浇筑混凝土过程中及时发现模板胀模。

（3）某层楼板钢筋混凝土墙体，钢筋绑扎后未经检查验收，即擅自合模封闭，正准备浇筑混凝土。

（4）某层楼板钢筋经监理工程师检查签证后，即进行浇筑楼板混凝土。混凝土浇筑完成后，发现楼板中设计的预埋电线暗管未通知电气专业监理工程师检查签证。

（5）某层钢筋骨架焊接正在进行中，监理工程师检查发现有2人未经技术资质审查认可。

（6）某楼层一房间钢门框经检查符合设计要求，日后检查发现门销已经焊接，门扇已经安装，门扇反向，经检查施工符合设计图纸要求。

问题：

以上各项问题分别应如何处理？

分析：

对于事件（1）应指令停工，组织设计和施工单位共同研究处理方案。如需变更设计，指令施工单位按变更后的设计图施工，否则审核施工单位新的施工方案，指令施工单位按原图施工。

对于事件（2）应指令停工，检查胀模原因，指示施工单位加固处理，经检查认可，通知继续施工。

对于事件（3）应指令停工，下令拆除封闭模板，使满足检查要求，经检查认可，通知复工。

对于事件（4）应指令停工，进行隐蔽工程检查，若隐检合格，签证复工，若隐检不合格，下令返工。

对于事件（5）应通知该电焊工立即停止操作，检查其技术资质证明。若审查认可，可继续进行操作；若无技术资质证明，不得再进行电焊操作。对其完成的焊接部分进行质量检查。

对于事件（6）应报告业主，与设计单位联系，要求更正设计，指示施工单位按更正后的图纸返工，给施工单位造成的损失应给予补偿。

※ 知识拓展

新型混凝土

1. 喷射混凝土

喷射混凝土是利用压缩空气把混凝土由喷射机的喷嘴以较高的速度（50～70m/s）喷射到岩石、工程结构或模板的表面。在隧道、涵洞、竖井等地下建筑物的混凝土支护、薄壳结构和喷锚支护等工程中都有广泛的应用。该方法具有不用模板、施工简单、劳动强度低、施工进度快等优点。

喷射混凝土施工工艺分为干式和湿式两种。干式喷射混凝土是将水泥、砂、石按一定配合比拌和而成的混合料装入喷射机中，混凝土在"微潮"（水灰比为0.1～0.2）状态下输送至喷嘴处加水加压喷出。干式喷射混凝土施工时灰尘大，施工人员工作条件恶劣，喷射回弹量较大，宜采用高标号水泥。干式喷射混凝土施工所用的整套设备包括空气压缩罐、混凝土喷射机、喷嘴、各种输送管等，有时还包括操纵喷嘴的机械手等。

湿式喷射混凝土是用泵式喷射机，将水灰比为0.45～0.50的混凝土拌和物输送至喷嘴处，然后在此加入速凝剂，在压缩空气助推下喷出。湿式喷射粉尘少、回弹量可减少到5%～10%，施工质量易保证；但施工设备复杂、输送管易堵塞、不宜远距离压送、不易加入速凝剂且有脉动现象。

喷射混凝土宜用细度模数大于2.5的坚硬的中、粗砂，或者用平均粒径为0.50～35mm的中砂。加入搅拌机时，砂的含水率宜控制在6%～8%，呈微湿状态。喷射混凝土的石，一般多使用卵石和碎石，但以卵石为优。石的最大粒径应小于喷射机具输送管道最小直径的1/3～2/5，一般以15mm作为喷射混凝土石的最大粒径。石含水率宜控制在3%～6%。

2. 耐酸混凝土施工

在建筑工程中常用的耐酸混凝土有水玻璃混凝土、硫磺混凝土和沥青混凝土等。下面主要介绍水玻璃混凝土的施工。

（1）水玻璃混凝土的组成及应用。水玻璃混凝土的主要组成材料有水玻璃、耐酸粉、耐酸粗细骨料和氟硅酸钠。

水玻璃混凝土常用于浇筑地面整体面层、设备基础及化工、冶金等工业中的大型设备和建筑物的外壳及内衬等防腐蚀工程。

（2）水玻璃混凝土的制备。用机械搅拌时，将细骨料、粉料、氟硅酸钠、粗骨料依次加入搅拌机内，干拌均匀，然后加入水玻璃湿拌1min以上，直至均匀为止。

水玻璃混凝土要严格按确定的配合比计量。每次拌和量不宜太多。配制好的混凝土不允许再加入水玻璃或粉料。

水玻璃混凝土的坍落度，采用机械振捣时不大于10mm；人工捣固时为10 ~ 20mm。

（3）水玻璃混凝土的施工要点。水玻璃材料不耐碱，在呈碱性的水泥砂浆或混凝土基层上铺设水玻璃混凝土时，应设置油毡、沥青涂料等隔离层。施工时，应先在隔离层或金属基层上涂刷两道稀胶泥（水玻璃∶氟硅酸钠∶粉料=1∶0.15∶1），两道之间的间隔时间为6 ~ 12h。

混凝土应分层进行浇筑。采用插入式振动器振捣时，每层浇筑厚度不大于200mm；采用平板振动器或人工捣实时，每层浇筑厚度不大于100mm。并应在初凝前振捣密实。

混凝土浇筑后，在10℃ ~ 15℃时经5d、18℃ ~ 20℃时经3d、21℃ ~ 30℃时经2d、31℃ ~ 35℃时经1d即可拆模。水玻璃混凝土宜在15℃ ~ 30℃的干燥环境中施工和养护，切忌浇水。温度低于10℃时应采取冬期施工措施。养护期间应防暴晒，以免脱水过快而产生龟裂，并严禁与水接触或采用蒸汽养护，也要防止冲击和振动。水玻璃混凝土在不同养护温度下的养护期为：当10℃ ~ 20℃时不少于12d；21℃ ~ 30℃时不少于6d；31℃ ~ 35℃时不少于3d。

水玻璃混凝土经养护硬化后须进行酸化处理，使表面形成硅胶层，以增强抗酸能力。一般用浓度为40% ~ 60%的硫酸或浓度为15% ~ 25%的盐酸（或1∶2 ~ 1∶3的盐酸酒精溶液）或40%的硝酸均匀涂刷于表面，且应不少于4次。每次间隔时间为8 ~ 10h，每次处理前应清除表面析出的白色结晶物。

3. 耐热混凝土施工

耐热混凝土是指能长期承受200 ~ 900℃高温作用，并在高温下保持所需的物理力学性能的特种混凝土。主要用于工业窑炉基础、高炉外壳及烟囱等工程。

耐热混凝土是由适当的胶凝材料、耐热的粗细骨料及水配制而成。常用的耐热混凝土有以下几种。

① 掺有磨细掺和料的硅酸盐水泥耐热混凝土。它是由普通水泥或矿渣水泥、磨细掺和料、耐热骨料和水配制而成。磨细掺和料主要有黏土熟料、磨细石英砂、砖瓦粉末等，主要成分为氧化硅及氧化铝，它们在高温时能与氧化钙作用，生成稳定的无水硅酸钙及铝酸钙，从而提高混凝土的耐热性。耐热骨料则采用耐热砖块、安山岩、玄武岩、重矿渣、镁矿砂及铬铁矿等。耐热温度一般为900 ~ 1 200℃。

② 铝酸盐水泥耐热混凝土。它由高铝水泥、磨细掺和料、耐热骨料和水配制而成。这种混凝土在300 ~ 400℃时强度会剧烈降低，但在1 100℃ ~ 1 200℃时，结构水全部脱出而烧成陶瓷材料，其强度重新提高。耐热温度可达1 400℃。

③ 水玻璃耐热混凝土。它是以水玻璃为胶凝材料，氟硅酸钠为促凝剂，并与磨细掺和料和耐热骨料配制而成。水玻璃硬化后形成硅酸凝胶，在高温下强烈干燥，强度不降低。耐热温度最高为1 200℃。

水泥耐热混凝土的施工要点为：水泥耐热混凝土宜用机械拌制；拌制时，先将水泥、混合材料、骨料搅拌2min，再按配合比加入水，然后搅拌2～3min，到颜色均匀为止；耐热混凝土用水量（或水玻璃用量）在满足施工要求的条件下应尽量减少；混凝土坍落度在用机械振捣时不大于20mm，用人工捣固时不大于40mm。

水泥耐热混凝土浇捣后，宜在15℃～25℃的潮湿环境中养护。其中，普通水泥耐热混凝土养护不少于7d，矿渣水泥混凝土不少于14d，矾土水泥（即铝酸盐水泥）耐热混凝土不少于3d。

水泥耐热混凝土在最低气温低于7℃时，应按冬期施工处理。耐热混凝土中不应掺用促凝剂。水玻璃耐热混凝土的施工与耐酸混凝土相同。

4. 高性能混凝土

高性能混凝土是具有高强度、高工作性、高耐久性的一种混凝土。这种混凝土的拌和物具有大流动性和可泵性，不分层，不离析，保塑时间可根据工程需要进行调整，便于浇注密实。这种混凝土在硬化过程中，水化热低，不易产生缺陷；硬化后，体积收缩变形小，构件密实，且抗渗、抗冻、抗碳化性能高。现已广泛应用于大跨度桥梁、海底隧道、地下建筑、机场飞机跑道、高速公路路面、高层建筑、港口堤坝、核电站等建筑物和构筑物。这种高性能混凝土对所组成材料的要求为：水泥标准稠度用水量少；水化热小；放热速度慢；粒子最好为球状；水泥粒子表面积宜大；级配密实；其强度不低于42.5MPa。

超细矿物粉能够改善混凝土的和易性。要求活性SiO_2的含量要大，主要有硅粉、磨细矿渣、优质粉煤灰、超细沸石粉等。

粗骨料选择硬质砂岩、石灰岩、玄武岩等立方体颗粒状碎石。细骨料选用石英含量高、颗粒滚圆、洁净的中砂或粗砂。

新型高效减水剂其减水率为20%～30%，常有萘系、三聚氰胺系、多羧类和氨基酸酯类。

学习情境小结

本学习情境主要介绍混凝土工程中的模板工程、钢筋工程和混凝土工程等内容。在模板工程中以木模板和组合钢模板为学习模板的基础，掌握模板的构造组成及安装，模板的设计与拆除，模板施工质量检查与验收。在钢筋工程中主要包括钢筋的分类及验收堆放，钢筋的加工、连接、配料、代换和安装方法等。其中，钢筋的冷拉控制方法及冷拔应重点掌握；钢筋的连接中对焊和电弧焊在工程中应用较广，也应作为学习的主要内容。在混凝土工程中，包括混凝土的配料、搅拌、运输、浇筑、振捣与养护，应根据各工地实际的粗、细集料含水率进行现场混凝土施工配料，了解自落式和强制式搅拌机的正确选择和搅拌机的使用。另外，控制好搅拌时间是搅拌好混凝土的关键，对提高混凝土质量和节约水泥很有意义。

学习检测

一、选择题

1. 某梁的跨度为6m，采用钢模板、钢支柱支模时，其跨中起拱高度应为（　　　）。
   A. 1mm　　　　　　B. 2mm　　　　　　C. 4mm　　　　　　D. 8mm

2. 在混凝土结构施工中，拆装方便、通用性较强、周转率高的模板是（　　　）。
   A. 大模板　　　　　B. 组合钢模板　　　C. 滑升模板　　　　D. 爬升模板

3. 某跨度为2m、设计强度为C30的现浇混凝土平板，当混凝土强度至少达到（　　　）时方可拆除底模。
   A. $15N/mm^2$　　　B. $21N/mm^2$　　　C. $22.5N/mm^2$　　　D. 0

4. 某悬挑长度为1.5m、强度为C30的现浇阳台板，当混凝土强度达到（　　　）时方可拆除底模。
   A. $15N/mm^2$　　　B. $22.5N/mm^2$　　　C. $21N/mm^2$　　　D. $30N/mm^2$

5. 某跨度为8m、强度为C30的现浇混凝土梁，当混凝土强度至少达到（　　　）时方可拆除底模。
   A. $15N/mm^2$　　　B. $21N/mm^2$　　　C. $22.5N/mm^2$　　　D. $30N/mm^2$

6. 当混凝土为C20，钢筋为HPB300级，且直径为20mm，采用绑扎连接时，其搭接长度为（　　　）。
   A. 700mm　　　　　B. 800mm　　　　　C. 900mm　　　　　D. 1 000mm

7. 对4根A20钢筋对焊接头的外观检查结果如下，其中合格的是（　　　）。
   A. 接头表面有横向裂缝　　　　　　B. 钢筋表面有烧伤
   C. 接头弯折　　　　　　　　　　　D. 钢筋轴线偏移1mm

8. 应在模板安装后再进行的工序是（　　　）。
   A. 楼板钢筋安装绑扎　　　　　　　B. 柱钢筋现场绑扎安装
   C. 柱钢筋预制安装　　　　　　　　D. 梁钢筋预制

9. 钢筋经冷拉后不得用作（　　　）。
   A. 梁的箍筋　　　　　　　　　　　B. 预应力钢筋
   C. 构件吊环　　　　　　　　　　　D. 柱的主筋

10. 在使用（　　　）连接时，钢筋下料长度计算应考虑搭接长度。
    A. 套筒挤压　　　　　　　　　　　B. 绑扎接头
    C. 锥螺纹　　　　　　　　　　　　D. 直螺纹

11. 当受拉钢筋采用焊接连接或机械连接时，在任一接头中心至长度为钢筋直径35倍且不小于500mm的区段范围内，有接头钢筋截面积占全部钢筋截面积的比值不宜大于（　　　）。
    A. 25%　　　　　　B. 50%　　　　　　C. 60%　　　　　　D. 70%

12. 已知某钢筋外包尺寸为4 500mm，钢筋两端弯钩增长值共为200mm，钢筋中间部位弯折的量度差值为50mm，其下料长度为（　　　）mm。
    A. 4 750　　　　　B. 4 650　　　　　C. 4 350　　　　　D. 4 250

13. 在室内正常环境中使用的梁，其混凝土强度等级为C25，其保护层厚度为（　　　）。
    A. 15mm　　　　　B. 25mm　　　　　C. 35mm　　　　　D. 45mm

14. 预制钢筋混凝土受弯构件钢筋端头的保护层厚度一般为（　　　）。

A. 35mm　　　　　B. 10mm　　　　　C. 25mm　　　　　D. 70mm

15. 确定混凝土的施工配制强度，是以保证率达到（　　　）为目标的。

A. 85%　　　　　B. 90%　　　　　C. 95%　　　　　D. 97.3%

16. 浇筑墙体混凝土前，其底部应先浇（　　　）。

A. 5～10mm厚水泥浆

B. 5～10mm厚与混凝土内砂浆成分相同的水泥砂浆

C. 5～100mm厚与混凝土内砂浆成分相同的水泥砂浆

D. 100mm厚石子增加一倍的混凝土

17. 浇筑混凝土前，自由倾落高度不应超过（　　　）。

A. 1.5m　　　　　B. 2.0m　　　　　C. 2.5m　　　　　D. 3.0m

18. 混凝土施工缝宜留置在（　　　）。

A. 结构受剪力较小且便于施工的位置

B. 遇雨停工处

C. 结构受弯矩较小且便于施工的位置

D. 结构受力复杂处

二、填空题

1. 混凝土结构工程按施工方法可分为_____和_____两类。

2. 混凝土结构工程由_____、_____、_____三部分组成，三者应协调配合进行施工。

3. 模板按材料的性质可分为_____、_____、_____和其他模板。

4. 模板按施工工艺条件可分为_____、_____、_____、跃升模板、水平滑动的模板和垂直滑动的模板等。

5. 组合钢模板连接配件包括U形卡、L形插销、_____、_____、_____、_____和_____等。

6. 组合钢模板支承件包括_____、_____、_____、_____及_____。

7. 钢筋运进施工现场后，必须严格按_____、_____、_____、_____存放，并注明数量，不得混淆。

8. 钢筋加工的方法有_____、_____、_____、_____、_____。

9. 冷拉钢筋的控制方法有_____和_____两种。

10. 钢筋调直分_____和_____两种。

11. 钢筋连接方式有_____、_____和_____三种。

12. 混凝土浇筑完毕后需在一定的_____、_____条件下进行_____，以保证其强度达到设计值。

13. 自然养护通常在混凝土浇筑完毕后_____以内开始，洒水养护时气温应不低于_____。

14. 普通硅酸盐水泥拌制的混凝土养护时间不得少于_____，有抗渗要求的混凝土养护时间不得少于_____。

三、简答题

1. 简述梁模板支设安装的程序。

2. 简述柱模板支设安装的程序。
3. 简述模板拆模顺序。
4. 钢筋进场检验的内容有哪些？
5. 简述钢筋冷拉调直时的冷拉率的要求。
6. 钢筋机械连接方法有哪些？
7. 什么是混凝土的施工配合比？

学习情境五

预应力混凝土工程

情境导入

某项目部承接一段长1.2km城市道路工程，路幅宽度20m，车行道16m，两侧各2m的人行道。标段中含分离式立交桥一座，该桥为三跨现浇预应力钢筋混凝土连续箱梁式桥，施工期为雨季，施工前，项目施工组织设计已经由上一级批准。施工过程中发生以下事件。

（1）对于现浇钢筋混凝土七孔连续箱梁，项目部总工程师组织了钢筋、模板、混凝土、架子等多工种的联合技术交底，由施工员代表各接受交底方，在施工技术交底记录上签了字。

（2）预应力孔道摩阻值测试报告中给出了测定结果，施工员拿到报告后认为可以继续施工，决定继续张拉。

（3）上部结构预应力施工时，看到拉应力已达到设计值，施工员随即决定停止张拉。

案例导航

上述施工过程中发生的事件做法是错误的，理由是：

（1）施工技术交底的对象是钢筋工、模板工、混凝土及架子工。他们是接受交底人，应由这些工种的班、组长签字。施工员不能代替签字。

（2）应力孔道摩阻值测试报告中给出的孔道摩阻值属技术参数，按规定"应由使用单位技术负责人对参数进行判别、签字认可"。施工员没有资格处理这项数据，应有项目总工工程师来判定。

（3）预应力筋采用应力控制张拉时，应以伸长值进行校验，实际伸长值与理论伸长值的差值应控制在6%以内，方能停止张拉。

要了解预应力筋张拉应力和预应力筋的放张，需要掌握的相关知识有：

（1）先张法的施工工艺和施工中台座、夹具、锚具及张拉设备的性能。

（2）后张法的施工工艺和施工中锚具及张拉设备的性能。

（3）后张法预应力筋的制作、预留孔道及孔道灌浆。

（4）无黏结预应力束的张拉、电热张拉法的施工工艺流程。

预应力混凝土是在结构构件承受外荷载之前，预先对其在外荷载作用下的受拉区，用某种方法施加预压力，促使其产生预压应力，这样当结构在使用荷载作用下产生拉应力时，必须先抵消事先施加的这一预压应力，然后才能随着荷载的增加，使受拉区的混凝土受拉开裂。这种预先施加预压应力的钢筋混凝土就称为预应力混凝土。

预应力混凝土，与普通钢筋混凝土比较，具有构件截面小、自重轻、刚度大、抗裂度高、耐久性好及材料省等优点，在大开间、大跨度与重荷载的结构中，采用预应力混凝土结构，可减少材料用量，扩大使用功能，综合经济效益好，在现代建筑结构中具有广阔的发展前景。缺点是构件制作过程增加了张拉工序，技术要求高，并需要专用的张拉设备、锚具、夹具和台座等。

　　在预应力混凝土结构中，混凝土强度等级不宜低于C30；当用于消除应力的钢丝、钢绞线、热处理钢筋做预应力筋时，混凝土强度等级不宜低于C40，所用水泥强度等级宜比配制的混凝土强度等级高C10。预应力混凝土结构的钢筋有非预应力筋和预应力筋。预应力筋宜采用预应力钢绞线、钢丝以及热处理钢筋等；非预应力筋可采用HRB400级、HRB335级、HRB300级钢筋和乙级冷拔低碳钢丝。

　　预应力混凝土按预加应力方法的不同可分为先张法和后张法。

学习单元一　先张法施工

✏️ **知识目标**

（1）了解先张法施工中台座、夹具、锚具及张拉设备的性能。

（2）了解先张法的施工工艺。

（3）掌握预应力筋张拉应力和预应力筋的放张。

📖 **技能目标**

（1）通过本单元的学习，能够清楚先张法的施工工艺。

（2）能够正确使用先张法施工设备。

📖 **基础知识**

　　先张法是在浇筑混凝土前张拉预应力筋，并将张拉的预应力筋临时固定在台座或钢模上，然后再浇筑混凝土的施工方法。待混凝土达到一定强度（一般不低于设计强度等级的75%），保证预应力筋与混凝土有足够黏结力时，放松预应力筋，借助于混凝土与预应力筋的黏结，使混凝土产生预压应力。

　　先张法适用于生产小型预应力混凝土构件，其生产方式有台座法和机组流水法。台座法是构件在专门设计的台座上生产，即预应力筋的张拉与固定、混凝土的浇筑与养护及预应力筋的放张等工序均在台座上进行，如图5-1所示。机组流水法是利用特制的钢模板，构件连同钢模板通过固定的机组，按流水方式完成其生产过程。

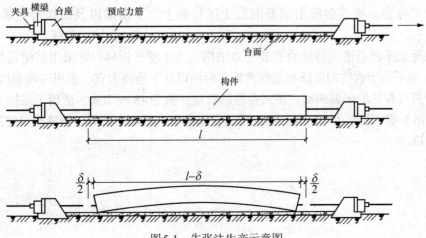

图5-1　先张法生产示意图

一、先张法施工设备

先张法的施工设备主要有台座、夹具和张拉设备等。

1. 台座

台座是先张法生产的主要设备之一，它承受预应力筋的全部张拉力。因此，台座应有足够的强度、刚度和稳定性，以免因变形、倾覆、滑移而引起预应力值的损失。台座按构造形式不同分为墩式和槽式两类，选用时应根据构件的种类、张拉墩位和施工条件而定。

（1）墩式台座。墩式台座由承力台墩、台面和横梁组成，如图5-2所示。

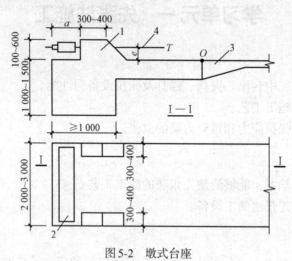

图5-2 墩式台座
1—承力台墩；2—横梁；3—台面；4—预应力筋

> **小 提 示**
>
> 台座的长度和宽度由场地大小、构件类型和产量决定，一般长度宜为100～150m，宽度宜为2～4m，这样既可利用钢丝长的特点，张拉一次就可生产多根（块）构件，又可以减少因钢丝滑动或台座横梁变形而引起的预应力损失。

（2）槽式台座。槽式台座由钢筋混凝土压杆和上、下横梁以及砖墙等组成，如图5-3所示。

钢筋混凝土压杆是槽式台座的主要受力结构。为了便于拆移，常采用装配式结构，每段长5～6m。为了便于构件的运输和蒸汽养护，台面以低于地面为宜，采用砖墙来挡土和防水，同时也作为蒸汽养护的保温侧墙。槽式台座的长度一般为45～76m，适用于张拉力较高的大型构件，如吊车梁、屋架等。另外，由于槽式台座有上、下两个横梁，能进行双层预应力混凝土构件的张拉。

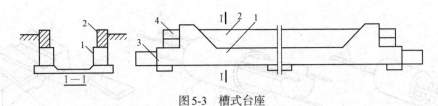

图5-3　槽式台座

1—钢筋混凝土压杆；2—砖墙；3—下横梁；4—上横梁

（3）钢模台座。钢模台座是将制作构件的模板作为预应力筋的锚固支座的一种台座，如图5-4所示。将钢模板做成具有相当刚度的结构，将钢筋直接放置在模板上进行张拉。这种模板主要在流水线构件生产中应用。

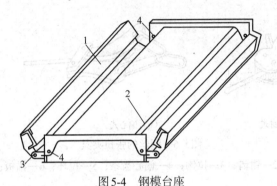

图5-4　钢模台座

1—侧模；2—底模；3—活动铰；4—预应力筋锚固孔

2. 夹具

夹具是用于临时锚固预应力筋，待混凝土构件制作完毕后可以取下重复使用的工具。按其作用分为固定用夹具和张拉用夹具。夹具必须安全可靠，加工尺寸准确；使用中不应发生变形或滑移，且预应力损失要小，构造要简单，省材料，成本低，拆卸方便，张拉迅速，适应性、通用性强。

（1）钢丝锚固夹具和张拉夹具。锚固夹具：圆锥形槽式及齿板式夹具是常用的两种单根钢丝夹具，适用于锚固直径3～5mm的冷拔低碳钢丝，也适用与锚固直径5mm的碳素（刻痕）钢丝，这两种夹具均由套筒与销子组成，如图5-5（a）、（b）所示。

套筒为圆形，中开圆锥形孔。销有两种形式：一种是在圆锥形销上切去一块，在切削面上刻有细齿，即为圆锥形齿板式夹具；另一种是在圆锥形销上留有1～3个凹槽，在凹槽内刻有细齿，即为圆锥形槽式夹具。

楔形夹具由锚板与楔块两部分组成，楔块的坡度为1/15～1/20，两侧面刻倒齿，如图5-5（c）所示。每个楔块可锚1～2根钢丝，适用于锚固直径为3～5mm的冷拔低碳钢丝及碳素钢丝。

另外，钢丝的锚固除可采用锚固夹具外，还可以采用镦头锚具。

钢丝的张拉夹具主要有钳式、偏心式、楔形夹具等，在施工时，只要按图5-6所示的方法夹住钢丝即可。

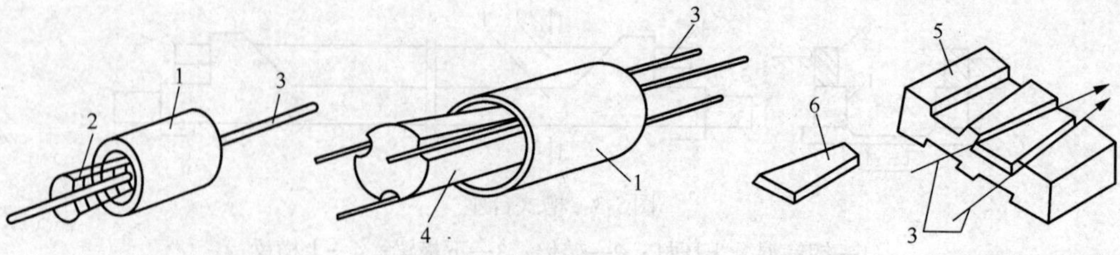

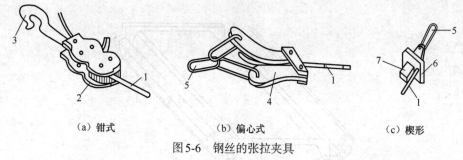

（a）圆锥齿板式 （b）圆锥槽式 （c）楔形

图 5-5　钢丝锚固夹具

1—套筒；2—齿板；3—钢丝；4—锥塞；5—锚板；6—楔块

（a）钳式 （b）偏心式 （c）楔形

图 5-6　钢丝的张拉夹具

1—钢丝；2—钳齿；3—拉钩；4—偏心齿条；5—拉环；6—锚板；7—楔块

（2）钢筋锚固夹具。张拉钢筋时，其临时锚固可采用穿心式夹具或镦头夹具等。

① 圆锥形二片式夹具。圆锥形二片式夹具由圆形套筒与圆锥形夹片组成，如图 5-7 所示。圆形套筒内壁呈圆锥形，与夹片锥度吻合，圆锥形夹片为两个半圆片，半圆片的圆心部分开成半圆形凹槽，并刻有细齿，钢筋就夹紧在夹片中的凹槽内。

这种夹具适用于锚固直径为 12 ～ 16mm 的单根冷拉钢筋。两夹片要同时打入，为了拆卸方便，可在套筒内壁及夹片外壁涂以润滑油。

② 镦头式夹具。镦头固定端用冷镦机镦钢筋镦头，镦头固定端可以利用边角余料加工成槽口或钻孔，穿筋后卡住镦头，作为镦头夹具，如图 5-8 所示。这种夹具成本低，拆装方便，省工省料。

钢筋的张拉夹具主要有压销式张拉夹具，如图 5-9 所示。还有钳式、偏心式、楔形夹具（见图 5-6）以及单根镦粗头钢筋夹具（见图 5-10）等。

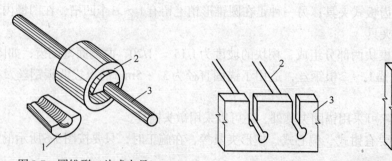

图 5-7　圆锥形二片式夹具

1—销片；2—套筒；3—预应力筋

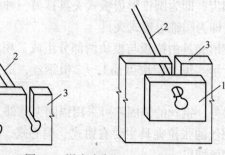

图 5-8　镦头式夹具

1—垫片；2—镦头钢丝；3—承力板

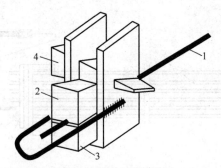

图5-9　压销式张拉夹具

1—钢筋；2—销片（楔）；3—销片；4—压销

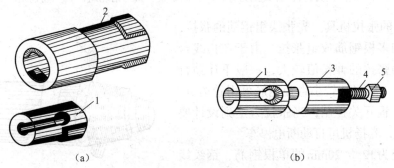

（a）　　　　　　　　　　　　　　（b）

图5-10　单根镦粗头钢筋夹具

1—镦头夹具；2—张拉套筒；3—拉头；4—张拉螺杆；5—方螺母

3. 张拉设备

（1）钢丝的张拉机具。用钢台模以机组流水法或传送带法生产构件一般进行多根张拉，图5-11表示用油压千斤顶进行张拉，要求钢丝的长度相等，事先需调整初应力。在台座上生产构件多进行单根张拉，由于张拉力小，一般用小型卷扬机张拉，以弹簧、杠杆等简易设备测力。用弹簧测力时宜设置行程开关，以便拉到规定的拉力时能自行停车。图5-12所示为电动卷扬机张拉长线台座上的钢丝。YC-20型穿心式千斤顶外形如图5-13所示。

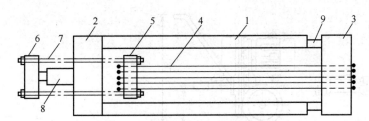

图5-11　四横梁油压千斤顶张拉装置

1—台座；2—前横梁；3—后横梁；4—预应力筋；5、6—拉力架横梁

7—大螺栓杆；8—油压千斤顶；9—放张装置

选择张拉机具时，为了保证设备、人身安全和张拉力准确，张拉机具的张拉力应不小于预应力筋张拉力的1.5倍，张拉机具的行程应不小于预应力筋张拉伸长值的1.1～1.3倍。

目前，有些预制厂已采用电阻应变式传感器控制张拉力，可以达到很高的精度。

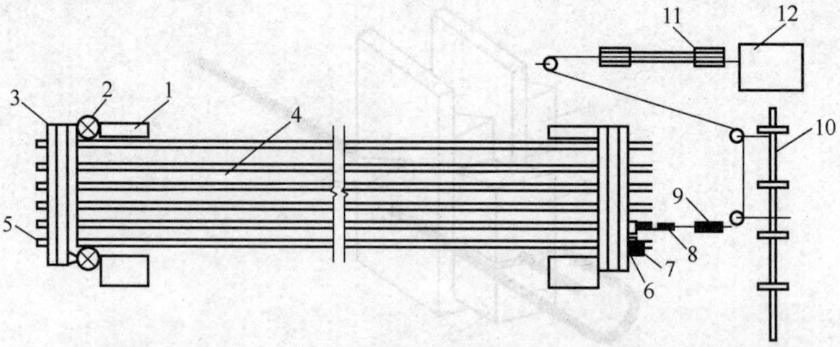

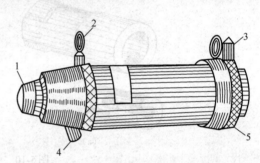

图 5-12　用卷扬机张拉的设备布置

1—台座；2—放松装置；3—横梁；4—钢筋；5—镦头；6—垫块；7—穿心式夹具；

8—张拉机具；9—弹簧测力计；10—固定梁；11—滑轮组；12—卷扬机

（2）钢筋的张拉机具。先张法粗钢筋的张拉，分单根钢筋和多根钢筋成组张拉。由于在长线台座上预应力筋张拉的伸长值较大，一般千斤顶行程多不能满足，故张拉较小直径钢筋可用卷扬机。测力计采用行程开关控制，当张拉力达到设计要求的拉力值时，卷扬机可自动断电停车。

张拉直径为 12 ～ 20mm 的单根钢筋、钢绞线或小型钢丝束可用 YC-20 型穿心式千斤顶（见图 5-13）。张拉时，前油嘴回油、后油嘴进油，被偏心夹具夹紧的钢筋随着油缸的伸出而被拉长。如油缸已接近最大行程而钢筋尚为达到控制应力时，可使千斤顶卸载、油缸复位，然后继续张拉。

图 5-13　YC-20 型穿心式千斤顶外形

1—撑头；2—吊环；3—后油嘴；

4—前油嘴；5—端盖

另外，还可以采用电动螺杆张拉机，如图 5-14 所示，此类张拉机是根据螺旋推动原理制成的，即将螺母的位置固定，由电动机通过变速箱变速后，使设置在大齿轮或蜗轮内的螺母旋转，迫使螺杆在水平方向产生移动，因而使与螺杆相连的预应力筋受到张拉。拉力控制一般采用弹簧测力计，上面设有行程有关，当张拉到规定的拉力时能自行停车。

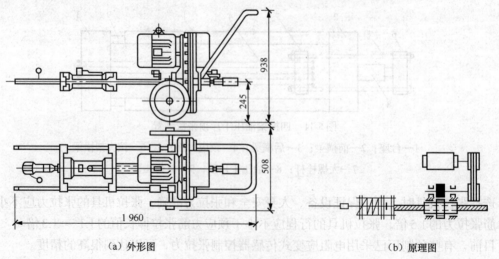

（a）外形图　　　　　　　　　　　　（b）原理图

图 5-14　电动螺杆张拉机

二、先张法施工工艺

先张法施工工艺如图5-15所示。

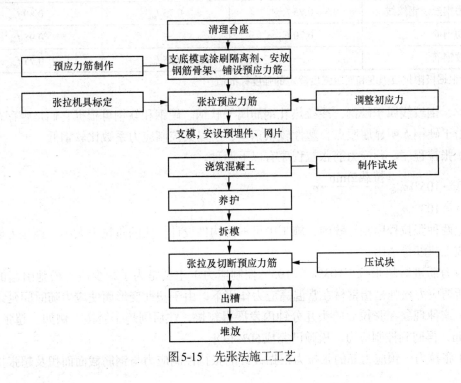

图5-15　先张法施工工艺

1. 预应力筋张拉

预应力筋张拉应根据设计要求，采用合适的张拉方法、张拉顺序、张拉设备及张拉程序进行，并应有可靠的质量保证措施和安全技术措施。

小 提 示

预应力筋可单根张拉也可多根同时张拉。当预应力筋数量不多，且张拉设备拉力有限时，常采用单根张拉；当预应力筋数量较多，且张拉设备拉力较大时，则可采用多根同时张拉。在确定预应力筋的张拉顺序时，应考虑尽可能减少倾覆力矩和偏心力，先张拉靠近台座截面重心处的预应力筋，再轮流对称张拉两侧的预应力筋。

（1）张拉控制应力。预应力筋的张拉工作是预应力施工中的关键工序，应严格按设计要求进行。预应力筋张拉控制应力的大小直接影响预应力效果，影响到构件的抗裂度和刚度，因而控制应力不能过低；但是，控制应力也不能过高，不得超过其屈服强度，以使预应力筋处于弹性工作状态。否则会使构件出现裂缝的荷载接近破坏荷载，这很危险。过大的超张拉会造成反拱过大，在预拉区出现裂缝也是不利的。预应力筋的张拉控制应力应符合设计要求。当施工中预应力筋需要超张拉时，可比设计要求提高5%，但其最大张拉控制应力不得超过表5-1所示的规定数值。

表5-1   张拉控制应力值和最大张拉控制应力

钢筋种类	张拉控制应力限值		超张拉最大张拉控制应力
	先张法	后张法	
消除应力钢丝、钢绞线	$0.75f_{ptk}$	$0.75f_{ptk}$	$0.80f_{ptk}$
冷轧带肋钢筋	$0.70f_{ptk}$	—	$0.95f_{ptk}$
精轧螺纹钢筋	—	$0.85f_{ptk}$	$0.75f_{ptk}$

注：f_{ptk}指根据极限抗拉强度和屈服强度确定的强度标准值。

钢丝、钢绞线属于硬钢，冷拉热轧钢筋属于软钢。硬钢和软钢可根据它们是否存在屈服点划分。由于硬钢无明显屈服点，塑性较软钢差，所以其控制应力系数比软钢低。

（2）张拉程序。预应力筋张拉程序有以下两种。

① $0 \rightarrow 105\%\sigma_{con} \xrightarrow{\text{持载2min}} \sigma_{con}$。

② $0 \rightarrow 103\%\sigma_{con}$。

以上两种张拉程序是等效的，施工中可根据构件设计标明的张拉力大小、预应力筋与锚具品种、施工速度等选用。

预应力筋进行超张拉（103% ～ 105%控制应力）主要是为了减少应力松弛引起的应力损失值。所谓应力松弛是指钢材在常温高应力作用下，由于塑性变形而使应力随时间延续而降低的现象。这种现象在张拉后的头几分钟内发展得较快，往后则趋于缓慢。例如，超张拉5%并持载2min，再回到控制应力，松弛已完成50%以上。

（3）张拉力。预应力筋的张拉力根据设计的张拉控制应力与钢筋截面面积及超张拉系数之积而定。

$$N = m\sigma_{con}A_y \tag{5-1}$$

式中，N——预应力筋张拉力，N；

m——超张拉系数，1.03 ～ 1.05；

σ_{con}——预应力筋张拉控制应力，N/mm²；

A_y——预应力筋的截面面积，mm²。

预应力筋张拉锚固后实际应力值与工程设计规定检验值的相对允许偏差为±5%。预应力钢丝的应力可利用2CN-1型钢丝测力计（见图5-16）或半导体频率测力计测量。

2CN-1型钢丝测力计工作时，先用挂钩2钩住钢丝，旋转螺钉9使测头与钢丝接触，此时测挠度百分表4和测力百分表5读数均为零，继续旋转螺钉9，当测挠度百分表4的读数达到2mm时，从测力百分表5的读数便可知钢丝的拉力值。一根钢筋要反复测定4次，取后3次的平均值为钢丝的拉力值。2CN-1型钢丝测力计精度为2%。

半导体频率测力计是根据钢丝应力σ与钢

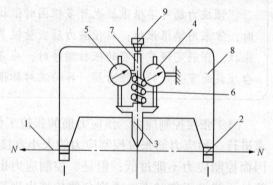

图5-16　2CN-1型钢丝测力计

1—钢丝；2—挂钩；3—测头；4—测挠度百分表；

5—测力百分表；6—弹簧；7—推架；

8—表架；9—螺钉

丝振动频率 ω 的关系制成的，σ 与 ω 的关系式为

$$\omega = \frac{1}{2l}\sqrt{\frac{\sigma}{\rho}} \tag{5-2}$$

式中，l——钢丝的自由振动长度，mm；

　　　ρ——钢丝的密度，g/cm³。

（4）张拉伸长值校核。采用应力控制方法张拉时，应校核预应力筋的伸长值，如实际伸长值比计算伸长值大10%或小5%，应暂停张拉，在查明原因、采取措施予以调整后，方可继续张拉。

预应力筋的计算伸长值 Δl（mm）的计算公式为

$$\Delta l = \frac{F_p l}{A_p E_s} \tag{5-3}$$

式中，F_p——预应力筋的平均张拉力，kN。直线筋取张拉端的拉力；两端张拉的曲线筋，取张拉端的拉力与跨中扣除孔道摩阻损失后拉力的平均值；

　　　A_p——预应力筋的截面面积，mm²；

　　　l——预应力筋的长度，mm；

　　　E_s——预应力筋的弹性模量，kN/mm²。

小提示

　　预应力筋的实际伸长值，宜在初应力为张拉控制应力的10%左右时开始量测，但必须加上初应力以下的推算伸长值；对后张法，尚应扣除混凝土构件在张拉过程中的弹性压缩值。

2. 混凝土浇筑和养护

混凝土的强度等级不得小于C30，构件应避开台面的温度缝，当不能避开时，在温度缝上可先铺薄钢板或垫油毡，然后再浇筑混凝土。为保证钢丝与混凝土有良好的黏结，浇筑时振动器不应碰撞钢丝，混凝土未达到一定强度前，也不允许碰撞或踩动钢丝。

混凝土的用水量和水泥用量必须严格控制，混凝土必须振捣密实，以减少混凝土由于收缩徐变而引起的预应力损失。

采用重叠法生产构件时，应待下层构件的混凝土强度达到5MPa后，方可浇筑上层构件的混凝土。一般当平均温度高于20℃时，每两天可叠捣一层。气温较低时，可采用早强措施，以缩短养护时间、加速台座周转、提高生产效率。

如果在这种情况下，混凝土逐渐硬结，则在混凝土硬化前，预应力筋由于温度升高而引起的应力降低，将永远不能恢复，这就是温差引起的预应力损失（简称温差应力损失）。为了减少温差应力损失，必须保证在混凝土达到一定强度前，温差不能太大（一般不超过20℃）。故采用湿热养护时，应先按设计允许的温差加热，待混凝土强度达7.5MPa（粗钢筋配筋）或10MPa（钢丝、钢绞线配筋）以上后，再按一般升温制度养护。这种养护制度又称为"二次升温养护"。在采用机组流水法用钢模制作、湿热养护时，由于钢模和预应力筋同时伸缩，所以不存在因温差而引起的预应力损失，因此可采用一般加热养护制度。

3. 预应力筋放张

应根据放张要求，确定合适的放张顺序、放张方法及相应的技术措施。

（1）放张要求。先张法施工的预应力放张时，预应力混凝土构件的强度必须符合设计要求。设计无要求时，其强度不应低于设计的混凝土强度标准值的75%。过早放张会引起较大的预应力损失或预应力钢丝产生滑动。对于薄板等预应力较低的构件，预应力筋放张时混凝土的强度可适当降低。预应力混凝土构件在预应力筋放张前要对试块进行试压。

预应力混凝土构件的预应力筋为钢丝时，放张前应根据预应力钢丝的应力传递长度计算出预应力钢丝在混凝土内的回缩值，以检查预应力钢丝与混凝土黏结的效果。若实测的回缩值小于计算的回缩值，则预应力钢丝与混凝土的黏结效果满足要求，可进行预应力钢丝的放张。

预应力钢丝理论回缩值的计算公式为

$$a = \frac{1}{2}\frac{\sigma_{y1}}{E_s}l_a \qquad (5-4)$$

式中，a——预应力钢丝的理论回缩值，mm；

σ_{y1}——第一批损失后，预应力钢丝建立起的有效预应力值，N/mm²；

E_s——预应力钢丝的弹性模量，kN/mm²；

l_a——预应力钢丝的传递长度，mm。

预应力钢丝实测的回缩值，必须在预应力钢丝的应力接近σ_{y1}时进行测定。

（2）放张方法。可采用千斤顶、楔块、螺杆张拉架或砂箱等工具进行放张，如图5-17所示。

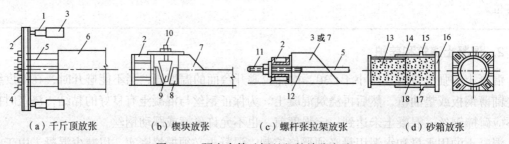

（a）千斤顶放张　　（b）楔块放张　　（c）螺杆张拉架放张　　（d）砂箱放张

图5-17　预应力筋（钢丝）的放张方法

1—千斤顶；2—横梁；3—承力支架；4—夹具；5—预应力筋（钢丝）；6—构件；

7—台座；8—钢块；9—钢楔块；10—螺杆；11—螺栓端杆；12—对焊接头；

13—活塞；14—钢箱套；15—进砂口；16—箱套底板；

17—出砂口；18—砂子

对于预应力混凝土构件，为避免预应力筋一次放张时对构件产生过大的冲击力，可利用楔块或砂箱装置进行缓慢放张。

楔块装置放置在台座与横梁之间，放张预应力筋时，旋转螺母使螺杆向上运动，带动楔块向上移动，横梁向台座方向移动，预应力筋得到放松。

砂箱装置放置在台座与横梁之间。砂箱装置由钢制的套箱和活塞组成，内装石英砂或铁砂。预应力筋放张时，将出砂口打开，砂缓慢流出，从而使预应力筋慢慢放张。

学习单元二 后张法施工

知识目标

（1）了解后张法施工中锚具及张拉设备的性能及施工工艺。

（2）掌握后张法预应力筋的制作。

（3）了解无黏结预应力束的张拉、电热张拉法的施工工艺流程。

技能目标

（1）通过本单元的学习，能够清楚后张法施工的基本内容。

（2）能够根据实际情况合理地选择预应力混凝土的施工方法。

基础知识

后张法是先制作混凝土构件（或块体），并在预应力筋的位置预留出相应的孔道，待混凝土强度达到设计规定数值后，穿预应力筋（束），用张拉机进行张拉，并用锚具将预应力筋（束）锚固在构件的两端，张拉力即由锚具传给混凝土构件，而使之产生预压应力，张拉完毕后在孔道内灌浆。图 5-18 所示为预应力混凝土后张法示意图。

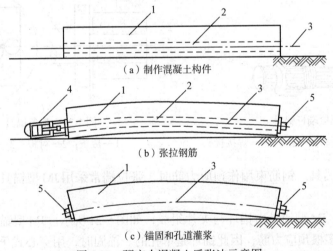

（a）制作混凝土构件

（b）张拉钢筋

（c）锚固和孔道灌浆

图 5-18　预应力混凝土后张法示意图

1—混凝土构件；2—预留孔道；3—预应力筋；4—千斤顶；5—锚具

一、锚具及张拉设备

1. 锚具

在后张法中，预应力筋、锚具和张拉机具是配套的。

在后张法预应力混凝土结构中，钢筋（或钢丝）张拉以后，需采取一定措施锚固在构件的两端，以维持其预加应力。这种用于锚固预应力筋的工具称为锚具。它与先张法中使用的夹具不同，使用时将永远保留在构件上不再取下，故后张法构件上使用的锚具又称工作锚。按锚具的工作特点可分为张拉锚具和固定端锚具。

后张法构件中所使用的预应力筋,可分为单根粗钢筋、钢筋束(或钢绞线束)和钢丝三类。

锚具是后张法结构或构件中为保持预应力筋拉力并将其传递到混凝土上所用的永久性锚固装置。锚具的类型很多,每种类型都各有一定的适用范围。按使用情况,锚具常分为单根钢筋锚具、成束钢筋锚具和钢丝束锚具等。

(1)单根钢筋锚具。

① 螺栓端杆锚具。螺栓端杆锚具由螺栓端杆、垫板和螺母组成,适用于锚固直径不大于36mm的热处理钢筋,如图5-19所示。螺栓端杆可用同类热处理钢筋或热处理45号钢制作。制作时,先粗加工至接近设计尺寸,再进行热处理,然后精加工至设计尺寸。热处理后不能有裂纹和划痕。螺母可用3号钢制作。螺栓端杆锚具与预应力筋对焊,用张拉设备张拉螺栓端杆,然后用螺母锚固。

② 帮条锚具。帮条锚具由帮条和衬板组成,如图5-20所示。帮条采用与预应力筋同级别的钢筋,衬板采用普通低碳钢钢板。帮条施焊时,严禁将地线搭在预应力筋上,并严禁在预应力筋上引弧。三根帮条与衬板相接触的截面应在一个垂直平面上,以免受力时产生扭曲。帮条的焊接可在预应力筋冷拉前或冷拉后进行。

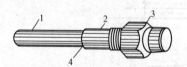

图5-19 螺栓端杆锚具

1—钢筋;2—螺栓端杆;3—螺母;4—焊接接头

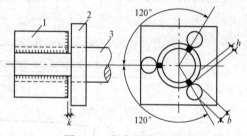

图5-20 帮条锚具

1—帮条;2—衬板;3—预应力筋

(2)成束钢筋锚具。钢筋束用作预应力筋时,张拉端常采用JM型锚具,固定端常采用镦头锚具。

① JM型锚具。JM型锚具由锚环与夹片组成,如图5-21所示。JM型锚具的夹片属于分体组合型,可以锚固多根预应力筋,因此锚环是单孔的。锚固时,用穿心式千斤顶张拉钢筋后随即顶进夹片。JM型锚具的特点是尺寸小、构造简单,但对吨位较大的锚固单元不能使用,故JM型锚具主要用于锚固3~6根直径为12mm的钢筋束或4~6根直径为12~15mm的钢绞线束,也可兼做工具锚具。

小技巧

　　JM型锚具根据所锚固的预应力筋的种类、强度及外形的不同,其尺寸、材料、齿形及硬度等有所差异,使用时应注意。

② 镦头锚具。镦头锚具用于固定端,由锚固板和带镦头的预应力筋组成,如图5-22所示。

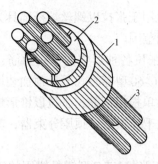

图5-21　JM型锚具

1—锚环；2—夹片；3—钢筋束

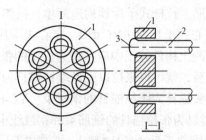

图5-22　固定端用镦头锚具

1—锚固板；2—预应力筋；3—镦头

（3）钢丝束锚具。

① 锥形螺杆锚具。锥形螺杆锚具由锥形螺杆、套筒和螺母组成，如图5-23所示，适用于锚固14～28根直径为5mm的钢丝束。使用时，先将钢丝束均匀整齐地紧贴在螺杆锥体部分，然后套上套筒，用拉杆式千斤顶使端杆锥通过钢丝挤压套筒，从而锚紧钢丝。由于锥形螺杆锚具不能自锚，所以必须事先加压力顶套筒才能锚固钢丝。锚具的预紧力取张拉力的120%～130%。

② 钢丝束镦头锚具。钢丝束镦头锚具用于锚固12～54根ϕ5mm的碳素钢丝束，分为DM5A型和DM5B型两种。A型用于张拉端，由锚环和螺母组成；B型用于固定端，仅有一块锚板，如图5-24所示。

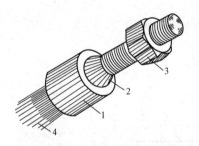

图5-23　锥形螺杆锚具

1—套筒；2—锥形螺杆；3—螺母；4—钢丝

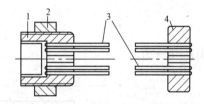

图5-24　钢丝束镦头锚具

1—锚环；2—螺母；3—钢丝束；4—锚板

锚环的内外壁均有丝扣，内丝扣用于连接张拉螺杆，外丝扣用于拧紧螺母锚固钢丝束。锚环和锚板四周钻孔，以固定镦头的钢丝。孔数和间距由钢丝根数确定。钢丝可用液压冷镦器进行镦头。钢丝束一端可在制束时将头镦好，另一端则待穿束后镦头，但构件孔道端部要设置扩孔。

小 技 巧

张拉时，张拉螺丝杆一端与锚环内丝扣连接，另一端与拉杆式千斤顶的拉头连接，当张拉到控制应力时，锚环被拉出，则拧紧锚环外丝扣上的螺母加以锚固。

2. 张拉设备

（1）拉杆式千斤顶（YL型）。拉杆式千斤顶是单作用千斤顶，由缸体、活塞杆、撑脚和连接器组成。最大张拉力为600kN，张拉行程为150mm，适用于张拉以螺丝端杆锚具为张拉锚具的预应力钢筋。拉杆式千斤顶构造简单，操作方便，应用范围广。

（2）穿心式千斤顶（YC型）。穿心式千斤顶适用于张拉各种形式的预应力筋，是目前我国预应力混凝土构件施工中应用最为广泛的张拉机械。YC-60型穿心式千斤顶加装撑脚、张拉杆和连接器后，就可以张拉以螺丝端杆锚具为张拉锚具的单根粗钢筋，张拉以锥形螺杆锚具和DM5A型镦头锚具为张拉锚具的钢丝束。YC-60型穿心式千斤顶增设顶压分束器，就可以张拉以KT-Z型锚具为张拉锚具的钢筋束和钢绞线束。

（3）锥锚式千斤顶（YZ型）。锥锚式千斤顶主要用于张拉KT-Z型锚具锚固的钢筋束或钢绞线束和使用锥形锚具的预应力钢丝束。其张拉油缸用以张拉预应力筋，顶压油缸用以顶压锥塞，因此又称为双作用千斤顶。

张拉预应力筋时，主缸进油，主缸被压移，使固定在其上的钢筋被张拉。钢筋张拉后，改由副缸进油，随即由副缸活塞将锚塞顶入锚圈中。主、副缸的回油则是借助设置在主缸和副缸中弹簧的作用来进行的。

二、预应力筋的制作

1．单根粗预应力钢筋的制作

单根粗钢筋预应力筋的制作包括配料、对焊、冷拉等工序。预应力筋的下料长度应计算确定。应考虑预应力筋钢材品种、锚具形式、焊接接头、钢筋冷拉伸长率、弹性回缩率、张拉伸长值、构件孔道长度、张拉设备与施工方法等因素。

如图5-25所示，单根粗钢筋预应力筋下料长度的计算公式为

$$L = \frac{L_0}{1+r-\delta} + nl_0 \tag{5-5}$$

其中 $L_0 = L_1 - 2l_1$ $L_1 = l + 2l_2$

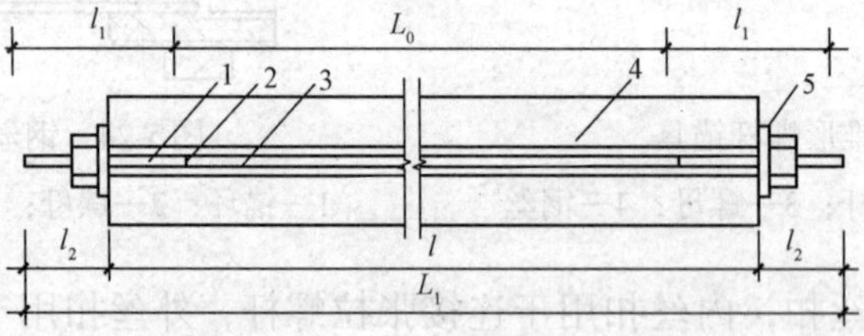

图5-25　单根粗钢筋下料长度计算示意图

1—螺栓端杆；2—对焊接头；3—粗钢筋；4—混凝土构件；5—垫板

式中，L——预应力筋钢筋部分的下料长度，mm；

    L_1——预应力筋成品全长，mm；

    l_1——锚具长度（如为螺栓端杆，一般为320mm）；

    l_2——锚具伸出构件外的长度，mm；

    L_0——预应力筋钢筋部分的成品长度，mm；

    l——构件孔道长度，mm；

    l_0——每个对焊接头的压缩长度，一般 $l_0 = d$（d 为预应力钢筋直径）；

    n——对焊接头数量（钢筋与钢筋、钢筋与锚具的对焊接头总数）；

214

r——钢筋冷拉伸长率（由试验确定）；

δ——钢筋冷拉弹性回缩率（由试验确定）。

2. 钢筋束的制作

钢筋束由直径为12mm的细钢筋编束而成。钢绞线束由直径为12mm或15mm的钢绞线编束而成，每束3～6根，一般不需对焊接长。预应力筋的制作工序一般包括开盘、冷拉、下料和编束。下料是在钢筋冷拉后进行，下料时宜采用切断机或砂轮锯切机，不得采用电弧切割。钢绞线下料前需在切割口两侧各50mm处用铁丝绑扎，切割后对切割口应立即焊牢，以免松散。

> **小提示**
>
> 为保证穿筋和张拉时不发生扭结，应对预应力筋进行编束。编束时，一般将钢筋理顺后，用18～22号铁丝，每隔1m左右绑扎一道，使其形成束状。

钢筋束或钢绞线束的下料长度，与构件的长度所选用的锚具和张拉机械有关。

钢绞线下料长度计算简图如图5-26所示。

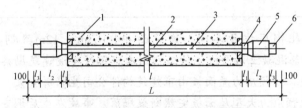

$$100 \quad l_3 \quad l_2 \quad l_1 \qquad l \qquad l_1 \quad l_2 \quad l_3 \quad 100$$
$$L$$

图5-26　钢绞线下料长度计算简图

1—混凝土构件；2—孔道；3—钢绞线；4—夹片式工作锚；5—穿心式千斤顶；6—夹片式工具锚

钢绞线下料长度按下式计算。

两端张拉时

$$L = l + 2(l_1 + l_2 + l_3 + 100) \qquad (5\text{-}6)$$

一端张拉时

$$L = l + 2(l_1 + 100) + l_2 + l_3 \qquad (5\text{-}7)$$

式中，l——构件的孔道长度；

l_1——夹片式工作锚厚度；

l_2——穿心式千斤顶长度；

l_3——夹片式工具锚厚度。

3. 钢丝束的制作

根据锚具形式的不同，钢丝束的制作方式也有差异。一般包括调直、下料、编束和安装锚具等工序。

用钢质锥形锚具锚固的钢丝束，其制作和下料长度计算基本上与钢筋束相同。

用镦头锚具锚固的钢丝束，其下料长度应力求精确，对直的或一般曲率的钢丝束，下料长度的相对误差要控制在$L/5\,000$以内，并且不大于5mm。为此，要求钢丝在应力状态下切断下料，下料的控制应力为3.0MPa。钢丝下料长度，取决于是否是A型或B型锚具以及一端张拉或两端张拉。

用锥形螺杆锚固的钢丝束，经过矫直的钢丝可以在非应力状态下料。

为防止钢丝扭结，必须进行编束。在平整场地上，先把钢丝理顺平放，然后在其全长中每隔1m左右用22号铅丝编成帘子状，如图5-27所示，再每隔1m放一个按螺丝端杆直径制成的螺纹衬圈，并将编好的钢丝帘绕衬圈围成束绑扎牢固。

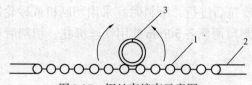

图5-27　钢丝束编束示意图

1—钢丝；2—铅丝；3—衬圈

锥形螺杆锚具的安装需经过预紧，即先把钢丝均匀地分布在锥形螺杆的周围，套上套筒，通过工具式筒将套筒压紧，再用千斤顶和工具预紧器以110% ～ 130%的张拉控制预紧应力，将钢丝束牢固地锚固在锚具内。

课堂案例

　　某市物资回收轧钢厂拔管车间，建筑面积1 163m²，12m跨钢筋混凝土薄腹梁。1.5m×6.0m预应力钢筋混凝土层面板，该工程由本市钢铁学院建筑勘察设计院设计，市河东区第三建筑公司施工，预应力屋面板由市建筑构件公司生产并安装。正在施工时边跨南端开间的屋面上四块预应力大型屋面板突然断裂塌落。事故发生后调查发现构件公司提供的屋面板质量不符合要求。另外，该工程未经建设主管部门批准、立项，未经设计出正式图纸就仓促开工，施工过程中不严格遵照规范和操作规程，管理紊乱。

　　问题：

　　1. 分析该工程质量事故发生的原因。

　　2. 工程质量事故处理的一般程序是什么？

　　3. 工程质量事故处理的基本要求是什么？

　　4. 对工程质量问题常用哪些处理方案？

　　分析：

　　1. 该起工程质量事故发生的原因是：建筑制品屋面板质量不合格；违背建设程序，未经建设主管部门批准、立项，未经设计出正式图纸就仓促开工；施工和管理问题，施工过程中不严格遵照规范和操作规程，管理紊乱。

　　2. 工程质量事故处理程序：

　　（1）进行事故调查，了解事故情况，并确定是否需要采取防护措施。

　　（2）分析调查结果，找出事故的主要原因。

　　（3）确定是否需要处理，若需处理，施工单位确定处理方案。

　　（4）事故处理。

　　（5）检查事故处理结果是否达到要求。

（6）事故处理结论。

（7）提交处理方案。

3．工程质量事故处理的基本要求：

（1）处理应达到安全可靠，不留隐患，满足生产、使用要求，施工方便，经济合理的目的。

（2）重视消除事故原因。

（3）注意综合治理。

（4）正确确定处理范围。

（5）正确选择处理时间和方法。

（6）加强事故处理的检查验收工作。

（7）认真复查事故的实际情况。

（8）确保事故处理期的安全。

4．对质量问题可采取的处理方案有：封闭防护、结构卸荷、加固补强、限制使用、拆除重建等。

三、后张法施工工艺

后张法施工工艺如图5-28所示。

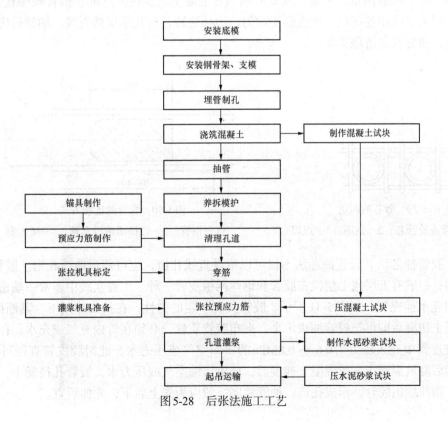

图5-28　后张法施工工艺

1. 预留孔道

构件预留孔道的直径、长度和形状由设计确定。如无规定，孔道直径应比预应力筋直径的对焊接头处外径或需穿过孔道的锚具或连接器的外径大10～15mm；钢丝或钢绞线孔道的直径应比预应力束外径或锚具外径大5～10mm，且孔道面积应大于预应力筋的两倍，以利于预应力筋穿入，孔道之间净距和孔道至构件边缘的净距均不应小于25mm。

小 提 示

管芯材料可采用钢管、胶管（帆布橡胶管或钢丝胶管）、镀锌双波纹金属软管（简称波纹管）、黑薄钢板管、薄钢管等。钢管管芯适用于直线孔道；胶管适用于直线、曲线或折线形孔道；波纹管（黑薄钢板管或薄钢管）埋入混凝土构件内，不用抽芯，其作为一种新工艺，适用于跨度大、配筋密的构件孔道。

预应力筋的孔道可采用钢管抽芯、胶管抽芯、预埋管等方法成型。

（1）钢管抽芯法。钢管抽芯法多用于留设直线孔道时，预先将钢管埋设在模板内的孔道位置，管芯的固定如图5-29所示。钢管要平直，表面要光滑，每根长度最好不超过15m，钢管两端应各伸出构件约500mm。较长的构件可采用两根钢管，中间用套管连接，套管连接方式如图5-30所示。在混凝土浇筑过程中和混凝土初凝后，每间隔一定时间慢慢转动钢管，不要让混凝土与钢管黏牢，直到混凝土终凝前抽出钢管。抽管过早会造成坍孔事故，太晚则混凝土与钢管黏结牢固，抽管困难。常温下抽管时间约在混凝土浇灌后3～6h。抽管顺序宜先上后下。抽管可采用人工或用卷扬机，速度必须均匀，边抽边转，与孔道保持直线。抽管后应及时检查孔道情况，做好孔道清理工作。

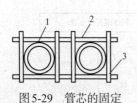

图5-29 管芯的固定

1—钢管或胶管芯；2—钢筋；3—点焊

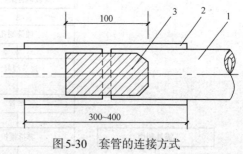

图5-30 套管的连接方式

1—钢管；2—镀锌薄钢板套管；3—硬木塞

（2）胶管抽芯法。胶管抽芯法不仅可以留设直线孔道，也可留设曲线孔道。胶管弹性好，便于弯曲，一般有五层或七层帆布胶管和钢丝网橡皮管三种。工程实践中通常一端密封，另一端接阀门充水或充气，如图5-31所示。胶管具有一定的弹性，在拉力作用下，其断面能缩小，故在混凝土初凝即可把胶管抽拔出来。夹布胶管质软，必须在管内充气或充水。在浇灌混凝土前，胶皮管中充入压力为0.6～0.8MPa的压缩空气或压力水，此时胶皮管直径可增大3mm左右，然后浇筑混凝土，待混凝土初凝后，放出压缩空气或压力水，胶管孔径变小，并与混凝土脱离，随即抽出胶管，形成孔道。抽管顺序一般应为先上后下，先曲后直。

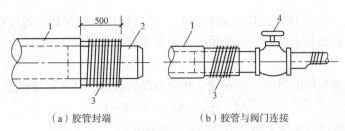

（a）胶管封端　　　　　　　（b）胶管与阀门连接

图5-31　胶管封端与连接

1—胶管；2—钢管堵头；3—20号钢丝密缠；4—阀门

（3）预埋管法。预埋管是由镀锌薄钢带经波纹卷管机压波卷成的，具有质量轻、刚度好、弯折方便、连接简单、与混凝土黏结较好等优点。波纹管的内径为50～100mm，管壁厚0.25～0.3mm。除圆形管外，另有新研制的扁形波纹管可用于板式结构中，扁管长边边长为短边边长的2.5～4.5倍。这种孔道成型方法一般用于采用钢丝或钢绞线作为预应力筋的大型构件或结构中，可直接把下好料的钢丝、钢绞线在孔道成型前就穿入波纹管中，这样可以省掉穿束工序，也可待孔道成型后再进行穿束。对连续结构中呈波浪状布置的曲线束，其高差较大时，应在孔道的每个峰顶处设置泌水孔；起伏较大的曲线孔道，应在弯曲的低点处设置泌水孔；对于较长的直线孔道，应每隔12～15m左右设置排气孔。泌水孔、排气孔必要时可考虑做灌浆孔用。波纹管的连接可采用大一号的同型波纹管，接头管的长度为200～250mm，以密封胶带封口。

2. 预应力筋张拉

（1）混凝土的强度。预应力筋的张拉是制作预应力构件的关键，必须按规范的有关规定精心施工。张拉时结构或构件的混凝土强度应符合设计要求，当设计无具体要求时，不应低于设计强度标准值的75%，以确保在张拉过程中混凝土不至于受压而破坏。块体拼装的预应力构件，立缝处混凝土或砂浆强度如无设计规定时，不应低于块体混凝土设计强度等级的40%，且不得低于15MPa，以防止在张拉预应力筋时压裂混凝土块体或使混凝土产生过大的弹性压缩。

（2）张拉控制应力及张拉程序。预应力张拉控制应力应符合设计要求，且最大张拉控制应力不能超过设计规定。其中后张法控制应力值低于先张法，这是因为后张法构件在张拉钢筋的同时，混凝土已受到弹性压缩，张拉力可以进一步补足；而先张法构件是在预应力筋放松后混凝土才受到弹性压缩，这时张拉力无法补足。此外，后张法施工时混凝土的收缩、徐变引起的预应力损失也较先张法小。为了减少预应力筋的松弛损失等，可与先张法一样采用超张拉法。

（3）张拉方法。张拉方法分一端张拉和两端张拉。两端张拉宜先在一端张拉，再在另一端补足张拉力。如有多根可一端张拉的预应力筋，宜将这些预应力筋的张拉端分别设在结构构件的两端。长度不大的直线预应力筋可一端张拉，曲线预应力筋应两端张拉。抽芯成孔的直线预应力筋，长度大于24m应两端张拉，不大于24m可一端张拉；预埋波纹管成孔的直线预应力筋，长度大于30m应两端张拉，不大于30m可一端张拉。竖向预应力结构宜采用两端分别张拉，且以下端张拉为主。安装张拉设备时，应使直线预应力筋张拉力的作用线与孔道中心线重合，曲线预应力筋张拉力的作用线与孔道中心线末端的切线重合。

219

（4）张拉伸长值的校核。预应力筋张拉时，通过伸长值的校核，可以综合反映张拉力是否足够，孔道摩阻损失是否偏大，以及预应力筋是否有异常现象等。因此，对张拉伸长值的校核，要引起重视。

预应力筋张拉伸长值的量测，应在建立初应力之后进行。其实际伸长值 ΔL 应为

$$\Delta L = \Delta L_1 + \Delta L_2 - A - B - C \tag{5-8}$$

式中，ΔL_1——从初应力至最大张拉力之间的实测伸长值；

ΔL_2——初应力以下的推算伸长值；

A——张拉过程中锚具楔紧引起的预应力筋内缩值，包括工具锚、远端工作锚、远端补张拉工具锚等回缩值；

B——千斤顶体内预应力筋的张拉伸长值；

C——施加预应力时，后张法混凝土构件的弹性压缩值（其值微小时可略去不计）。

关于推算伸长值，初应力以下的推算伸长值 ΔL_2，可根据弹性范围内张拉力与伸长值成正比的关系用计算法或图解法确定。

采用图解法时，如图5-32所示，以伸长值为横坐标，张拉力为纵坐标，将各级张拉力的实测伸长值标在图上，绘成张拉力与伸长值关系线 CAB，然后延长此线与横坐标交于 O' 点，则 OO' 段即为推算伸长值。

此外，在锚固时应检查张拉端预应力筋的内缩值，以免由于锚固引起的预应力损失超过设计值，如实测的预应力筋内缩量大于规定值，则应改善操作工艺，更换限位板或采取超张拉的方法弥补。

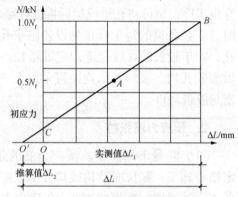

图5-32　预应力筋实际张拉伸长值图解

（5）张拉顺序。选择合理的张拉顺序是保证施工质量的重要一环。当构件或结构有多根预应力筋（束）时，应采用分批张拉法，此时按设计规定进行；如设计无规定或受设备限制必须改变时，则应核算确定。张拉时宜对称进行，避免引起偏心。在进行预应力筋张拉时，可采用一端张拉法，也可采用两端同时张拉法。当采用一端张拉法时，为了克服孔道摩擦力的影响，使预应力筋的应力得以均匀传递，采用反复张拉2～3次的方法可以达到较好的效果。采用分批张拉法时，应考虑后批张拉预应力筋所产生的混凝土弹性压缩对先批预应力筋的影响，即应在先批张拉的预应力筋中增加张拉应力。

张拉平卧重叠浇筑的构件时，宜先上后下逐层进行张拉；为了减少上、下层构件之间的摩擦力引起的预应力损失，可采用逐层加大张拉力的方法，但底层张拉力值（对光面钢丝、钢绞线和热处理钢筋）不宜比顶层张拉力大5%；对于冷拉HRB335级、HRB400级、RRB400级钢筋，不宜比顶层张拉力大9%，但也不得大于预应力筋的最大超张拉力的规定。若构件之间隔离层的隔离效果较好（如用塑料薄膜作隔离层或用砖作隔离层），用砖作隔离层时，大部分砖应在张拉预应力筋时取出，仅有局部的支撑点，构件之间基本架空，也可自上而下采用同一张拉力值。

知识链接

（1）在任何情况下，作业人员不得站在预应力筋的两端；同时在张拉千斤顶的后面应设立防护装置。

（2）操作千斤顶和测量伸长值的人员应站在千斤顶侧面操作，严格遵守操作规程。油泵开动过程中，不得擅自离开岗位；如需离开，须把油阀门全部松开或切断电路。

（3）张拉时应认真做到孔道、锚杯与千斤顶三对中，以便张拉工作顺利进行，不致增加孔道摩擦损失。

（4）采用锥锚式千斤顶张拉钢丝束时，先使千斤顶张拉缸进油，至压力计略有启动时暂停，检查每根钢丝的松紧并进行调整，然后再打紧楔块。

（5）工具锚的夹片应注意保持清洁和良好的润滑状态。新的工具锚夹片在第一次使用前，应在夹片背面涂上润滑剂，以后每使用5～10次，应将工具锚上的挡板连同夹片一同卸下，向锚板的锥形孔中重新涂上一层润滑剂，以防夹片在退楔时卡住。润滑剂可采用石墨、二硫化钼、石蜡或专用退锚灵等。

（6）钢丝束镦头锚固体系在张拉过程中应随时拧上螺母，以确保安全。锚固时如遇钢丝束偏长或偏短，应增加螺母或用连接器解决。

（7）多根钢绞线束夹片锚固体系如遇个别钢绞线滑移，可更换夹片，用小型千斤顶单根张拉。

（8）每根构件张拉完毕后，应检查端部和其他部位是否有裂缝，并填写张拉记录表。

（9）预应力筋锚固后的外露长度，不宜小于30mm。长期外露的锚具可进行防水处理或用混凝土封裹，以防腐蚀。

3. 孔道灌浆

有黏结的预应力，其管道内必须灌浆。灌浆需要设置灌浆孔（或泌水孔），根据相关经验得出，设置泌水孔道的曲线预应力管道的灌浆效果好。一般以一根梁上设三个点为宜，灌浆孔宜设在低处，泌水孔可相对高些，灌浆时可使孔道内的空气或水从泌水孔顺利排出，其位置如图5-33所示。

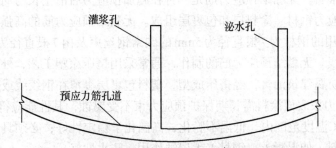

图5-33　灌浆孔、泌水孔设置示意图

在波纹管安装固定后，用钢锥在波纹管上凿孔，再在其上覆盖海绵垫片与带嘴的塑料弧形压板，用钢丝绑扎牢固，再用塑料管接在嘴上，并将其引出梁面40～60mm。

预应力筋张拉、锚固完成后，应立即进行孔道灌浆工作，以防锈蚀，并增加结构的耐久性。

灌浆用的水泥浆，除应满足强度和黏结力的要求外，还应具有较大的流动性和较小的干缩性、泌水性。应采用强度等级不低于42.5级的普通硅酸盐水泥；水胶比宜为0.4左右。对于空隙大的孔道，可采用水泥砂浆灌浆，水泥浆及水泥砂浆的强度均不得小于20N/mm²。为增加灌浆密实度和强度，可使用一定比例的膨胀剂和减水剂，减水剂和膨胀剂均应事前检验，不得含有导致预应力钢材锈蚀的物质。建议拌合后的收缩率小于2%，自由膨胀率不大于5%。灌浆前孔道应湿润、洁净。对于水平孔道，灌浆顺序应先灌下层孔道，后灌上层孔道。对于竖直孔道，应自下而上分段灌注，每段高度视施工条件而定，下段顶部及上段底部应分别设置排气孔和灌浆孔。灌浆压力以0.5～0.6MPa为宜。灌浆应缓慢均匀地进行，不得中断，并应排气通畅。不掺外加剂的水泥浆，可采用二次灌浆法，以提高密实度。孔道灌浆前，应检查灌浆孔和泌水孔是否通畅。灌浆前孔道应用高压水冲洗、湿润，并用高压风吹去积在低点的水，孔道应畅通、干净。灌浆应先灌下层孔道，必须在一个灌浆口一次把整条孔道灌满。灌浆应缓慢进行，不得中断，并应排气通顺；在灌满孔道并封闭排气孔（泌水口）后，宜再继续加压至0.5～0.6MPa，稍后再封闭灌浆孔。如果遇到孔道堵塞，必须更换灌浆口，此时必须在第二灌浆口灌入整个孔道的水泥浆量，直至把第一灌浆口灌入的水泥浆排出，使两次灌入水泥浆之间的气体排出，以保证灌浆饱满密实。

四、无黏结预应力施工

无黏结预应力筋由单根钢绞线涂抹建筑油脂外包塑料套管组成，它可像普通钢筋一样配置于混凝土结构内，待混凝土硬化达到一定强度后，通过张拉预应力筋并采用专用锚具将张拉力永久锚固在结构中。其技术内容主要包括材料及设计技术、预应力筋安装及单根钢绞线张拉锚固技术、锚头保护技术等。

这种预应力工艺的优点是不需要预留孔道和灌浆，施工简单，张拉时摩阻力小，预应力筋易弯成曲线形状，适用于曲线配筋的结构。在双向连续平板和密肋板中应用无黏结预应力束比较经济合理，在多跨连续梁中也很有发展前途。

1. 无黏结预应力筋的制作

无黏结预应力筋（束）由预应力钢丝、防腐涂料、外包层以及锚具组成。

（1）原材料的准备。无黏结预应力筋是一种在施加预应力后沿全长与周围混凝土不黏结的预应力筋，它由预应力钢材、涂料层和包裹层组成。无黏结预应力筋的高强度钢材和有黏结的要求完全一样，常用的钢材为7根直径为5mm的碳素钢丝束及由7根直径为5mm或4mm的钢丝绞合而成的钢绞线。无黏结预应力筋的制作，通常采用挤压涂塑工艺，外包聚乙烯或聚丙烯套管，套管内涂防腐建筑油膏，经挤压成型，塑料包裹层裹覆在钢绞线或钢丝束上。

① 无黏结预应力束表面涂料需长期保护预应力束不受腐蚀，其性能应符合下列要求：

在-20℃～70℃温度范围内，低温不脆化，高温化学稳定性好；必须具有足够的韧性、抗破损性；对周围材料（如混凝土、钢材）无侵蚀作用；防水性好。

② 无黏结预应力筋涂料层应采用专用防腐油脂，其性能应符合下列要求：

在-20℃～70℃温度范围内，不流淌，不裂缝，不变脆，并有一定韧性；使用期内，化学稳定性好；对周围材料（如混凝土、钢材和外包材料）无侵蚀作用；不透水，不吸湿，防水性好；防腐性能好；润滑性能好，摩擦阻力小。

③ 无黏结预应力筋外包层材料，应采用高密度聚乙烯，严禁使用聚氯乙烯。

（2）无黏结预应力束的制作。一般有缠纸工艺、挤压涂层工艺两种制作方法。无黏结预应力束制作的缠纸工艺是在缠纸机上连续作业，完成编束、涂油、镦头、缠塑料布和切断等工序。挤压涂层工艺主要是钢丝通过装置涂油，涂油钢丝束通过塑料挤压机涂刷塑料薄膜，再经冷却筒槽成型塑料套管。这种无黏结束挤压涂层工艺与电线、电缆包裹塑料套管的工艺相似，具有效率高、质量好、设备性能稳定的特点。

（3）锚具。无黏结预应力构件中，锚具是把预应力束的张拉力传递给混凝土的工具，外荷载引起预应力束内力的变化全部由锚具承担。因此，无黏结预应力束的锚具不仅受力比有黏结预应力筋的锚具大，而且承受的是重复荷载。因而无黏结预应力束的锚具应有更高的要求，必须采用Ⅰ类锚具。一般要求无黏结预应力束的锚具至少应能承受预应力束最小规定极限强度的95%，而不超过预期的滑动值。钢丝束作为无黏结预应力筋时可使用镦头锚具，钢绞线作为无黏结预应力筋时可使用XM型、JM型锚具。

2. 无黏结预应力筋的敷设

敷设之前，仔细检查钢丝束或钢绞线的规格，若外层有轻微破损，则用塑料胶带修补好；若外包层破损严重，则不能使用。敷设时，应符合下列要求。

① 预应力筋的绑扎。与其他普通钢筋一样，用铁丝绑扎牢固。

② 双向预应力筋的敷设。对各个交叉点要比较其标高，先敷设下面的预应力筋，再敷设上面的预应力筋。总之，不要使两个方向的预应力筋相互穿插编结。

③ 控制预应力筋的位置。在控制预应力筋时，为使位置准确，不要单根配置，而要成束或先拧成钢绞线再敷设；在配置时，为严格竖向、环形、螺旋形的位置，还应设支架，以固定预应力筋的位置。

3. 预应力筋的张拉

无黏结预应力筋张拉前应清理锚垫板表面，并检查锚垫板后面的混凝土质量。如有空鼓现象，应在无黏结预应力筋张拉前修补。

无黏结预应力混凝土楼盖结构的张拉顺序：宜先张拉楼板，后张拉楼面梁。板中的无黏结预应力筋，可依次张拉。梁中的无黏结预应力筋宜对称张拉。板中的无黏结预应力筋一般采用前卡式千斤顶单根张拉，并用单孔夹片锚具锚固。无黏结曲线预应力筋的长度超过35m时，宜采取两端张拉。当无黏结预应力筋长超过70m时，宜采取分段张拉。如遇到摩擦损失较大时，宜先松动一次再张拉。在梁板顶面或墙壁侧面的斜槽内张拉无黏结预应力筋时，宜采用变角张拉装置。

无黏结预应力筋张拉伸长值校核与有黏结预应力筋相同；对超长无黏结预应力筋，由于张拉初期的阻力大，初拉力以下的伸长值比常规推算伸长值小，应通过试验修正。张拉时，无黏结预应力筋的实际伸长值宜在初应力为张拉控制应力的10%左右时开始测量。测量得到的伸长值必须加上初应力以下的推算伸长值，并扣除混凝土构件在张拉过程中的弹性压缩值。

无黏结预应力筋的张拉与普通后张法带有螺丝端杆锚具的有黏结预应力钢丝束张拉方法相似。张拉程序一般采用 $0 \rightarrow 103\%\sigma_{con}$ 进行锚固。由于无黏结预应力筋一般为曲线配筋，故应采用两端同时张拉。无黏结预应力筋的张拉顺序，应根据其铺设顺序，先铺设的先张拉，后铺设的后张拉。

无黏结预应力筋一般长度大，有时又呈曲线形布置，如何减少其摩阻损失值是一个重要的问题。影响摩阻损失值的主要因素是润滑介质、包裹手和预应力筋截面型式。摩阻损失值可用标准测力计或传感器等测力装置进行测定。施工时，为降低摩阻损失值，宜采用多次重复张拉工艺。

五、电热张拉法施工

电热张拉法是利用钢筋热胀冷缩的原理，对预应力钢筋通以低电压的强电流，由于钢筋电阻较大，致使钢筋遇热伸长，待其伸长到一定长度，立即进行锚固并切断电源，断电后钢筋降温而冷却回缩，则使混凝土建立预压应力。

电热张拉法施工的主要优点是操作简便，劳动强度低，设备简单，效率高；在电热张拉过程中对冷拉钢筋起到电热实效作用，还可消除钢筋在轧制过程中所产生的内应力，故对提高钢筋的强度有利。它不仅可应用于一般直线配筋的预应力混凝土构件，而且更适合于生产曲线配筋及高空作业的预应力混凝土构件。但由于电热张拉法是以控制预应力筋伸长而建立预应力值，而钢筋材质不均匀又严重影响着预应力值建立的准确性，故在成批施工前，应用千斤顶对电热张拉后的预应力筋校核其应力，摸索出钢筋伸长与应力间的规律，作为电热张拉时的依据。

电热张拉法适用于HRB35、HRB400及RRB400钢筋的构件，可用于先张，也可用于后张。当用于后张时，可预留孔道，也可不预留孔道。不预留孔道的做法是在预应力筋表面涂上一层热塑冷凝材料（如沥青、硫磺砂浆），当钢筋通电加热时，热塑涂料遇热熔化，钢筋可自由伸长；而当断电锚固后，涂料也随之降温冷凝，使预应力筋与构件形成整体。

> **小 提 示**
>
> 电热张拉法（电张法）具有设备简单、操作简便、无摩擦损失、便于高空作业、施工安全等优点，但也具有耗电、因材质不均匀用伸长值控制应力不准确、成批生产尚需校核等缺点，只适用于冷拉钢筋作预应力筋的一般结构，可用于先张法，也可用于后张法。对抗裂度要求较严的结构，不宜采用电张法；对采用波纹管或其他金属管做预留孔道的结构，不得采用电张法。

电张法的施工工艺流程如图5-34所示。

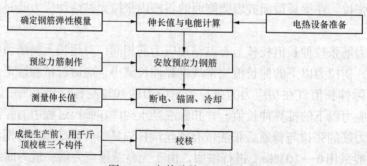

图5-34　电热法施工工艺流程

电张法的预应力筋可采用螺丝端杆、镦粗头或帮条锚具，后两种应配有U形垫板。

张拉前，用绝缘纸垫在预应力筋与端部垫板之间，使预埋铁件隔离绝缘，防止通电后产生分流和短路的现象。分流系指电流不能集中在预应力筋上，而分流到构件的其他部分；短路是指电流未通过预应力筋全长而半途折回的现象。因此，预留孔道应保证质量，不允许有非预应力筋与其他铁件外露。通电前应用绝缘纸垫在预应力筋与铁件之间做好绝缘处理，不得使用预埋金属波纹管预留孔道。

冷拉钢筋作预应力筋时，反复电热次数不宜超过3次，因为电热次数过多，会使钢筋失去冷强效应，降低钢筋强度。

预应力筋穿入孔道并做好绝缘处理后，必须拧紧螺母以减小垫板松动和钢筋不直的影响。拧紧螺母后，量出螺丝端杆在螺母外的外露长度，作为测定伸长的基数。当达到伸长控制值后，切断电源，拧紧螺母，电热张拉即告完成。待钢筋冷却后再进行孔道灌浆。

预应力筋电热张拉过程中，应随时检查预应力筋的温度，并做好记录。并用电流表测定电流。为保证电热张拉应力的准确性，应在预应力筋冷却后，用千斤顶校核应力值。校核时预应力值偏差不应大于相应阶段预应力值的 $+10\%\sim-5\%$。

学习案例

北京某民营建筑公司承建的一座高层建筑，采用框架剪力墙结构，抗震设计为8度设防。建设单位已与监理公司签订了施工阶段的监理合同，与承包商签订了施工合同。该工程需在现场用后张拉法制作一批预应力构件。为确保预应力的构件质量，必须可靠地建立预应力值，监理公司派监理人员对预应力构件的制作实施旁站监理。

问题：

1. 简述预应力构件张拉工序质量控制的内容和实施要点是什么？
2. 如果在制作预应力构件过程中出现质量事故，说明质量事故处理的程序是什么？

分析：

1. （1）预应力构件张拉工序质量控制内容主要包括对工序条件的质量监控和对工序活动效果的质量监控，具体有：

① 严格遵守后张拉法制作预应力构件的张拉工艺。

② 主动控制工序活动条件的质量。对影响工序生产质量的各因素进行控制，在施工准备和过程中，对人员、材料、机械设备、工艺环境等的监控。

③ 及时检验工序活动效果的质量。对构件的质量性能的特性指标进行控制，主要通过实测、分析、判断和纠正这几个步骤监控。

④ 设置工序质量控制点。

（2）工序控制的实施要点：

① 确定工序质量控制计划。

② 进行工序分析，分清主次，重点控制。

③ 对工序活动实施跟踪的动态控制。

④ 设置工序活动的质量控制点进行预控。

2. 质量事故的处理程序如下：

（1）事故发生后，应及时组织调查处理。

（2）分析发生事故的原因。

（3）确定处理方案。

225

（4）对事故进行处理。

（5）检查质量处理方案是否达到预期的目的，是否还有隐患。

（6）对事故处理做出明确的处理结论。

（7）提交完整的事故处理报告。

知识拓展

先张法预应力梁施工

一、预应力张拉

采用三横梁一端多根张拉的施工方法，另一端固定，张拉力和伸长值双控张拉施工。张拉前应根据钢绞线的试验弹性模量，计算钢绞线的理论伸长值。

1. 初张拉

采用螺丝端杆锚具，拧动端头螺帽，调整预应力筋长度，使每根预应力筋受力均匀。检查张拉设备的完整性，之后启动油泵。初张拉一般施加10%的张拉应力。初张拉后，在预应力筋上选定适当位置做标记，作为量测伸长值的基点。

2. 正式张拉

两台千斤顶同步顶进，保持横梁平行移动，使钢绞线均匀受力，逐级加载至控制应力。

3. 锚固

测量、记录钢绞线的伸长值，并核对实测值与理论计算值的误差，应控制在±6%以内，否则应查明原因并及时调整。张拉满足要求后，锚固预应力筋，千斤顶回油至零。

对于低松弛钢绞线先张法预应力筋的张拉程序为：$0 \rightarrow$ 初应力 $\rightarrow \sigma_{con}$（持荷2min）$\rightarrow \sigma_{con}$（锚固）。

二、普通钢筋绑扎

钢筋按设计要求在加工棚内集中加工成型。铺设钢绞线之前，先将板梁底部钢筋绑扎好，待钢绞线穿入，张拉完成后，再绑扎非预应力钢筋，绑扎时应注意不要踩踏已张拉的钢绞线。为保证施工安全，普通钢筋的绑扎应在预应力筋张拉完成5h以后进行。

三、模板

模板支立牢固，缝隙严密，模板内侧涂刷隔离剂。芯模采用充气胶囊。安放前，先对芯模进行充气检查，为防止胶囊浮起，充气胶囊定位钢筋要绑扎牢固。

四、混凝土浇筑

预制场内设立混凝土拌和站，混凝土集中拌和，自卸翻斗车运输，人工入模，水平分层浇筑，插入式振动器振捣。

五、养护

浇筑完成后，要及时覆盖并洒水养护。

六、预应力放张

当混凝土达到设计规定的放松强度之后，即可放松预应力筋，放张采用砂箱法。多余钢绞线用砂轮机切断。

七、移梁

达到规定强度后，移梁至存梁场存放。

学习情境小结

本学习情境包括先张法施工、后张法施工等内容。

先张法施工中，应了解台座、夹具、锚具及张拉设备的正确选用，掌握先张法的工艺及特点。预应力筋张拉是预应施工中的关键工作，张拉控制应力应严格按设计规定取定。

后张法施工中，锚具是预应力筋张拉后建立预应力值和确保结构安全的关键，应了解常用锚具的类型和性能。掌握预应力筋的孔道成型方法（包括钢管抽芯、胶管抽芯、预埋管等方法），预应力张拉的顺序、方法及张拉伸长值的校核。另外，还应了解无黏结预应力束的张拉、电热张拉法的施工工艺流程。

学习检测

227

一、选择题

1. 墩式台座的主要承力结构为（　　）。

A. 台面　　　　　　　　　　　　B. 台墩

C. 钢横梁　　　　　　　　　　　D. 预制构件

2. 对于冷拉钢筋，先张法及后张法的张拉控制应力值分别为（　　）。

A. $0.75 f_{pyk}$，$0.65 f_{pyk}$　　　　　　B. $0.75 f_{pyk}$，$0.70 f_{pyk}$

C. $0.90 f_{pyk}$，$0.85 f_{pyk}$　　　　　　D. $0.95 f_{pyk}$，$0.90 f_{pyk}$

3. 在先张法预应力筋放张时，构件混凝土强度不得低于强度标准值的（　　）。

A. 25%　　　　　B. 50%　　　　　C. 75%　　　　　D. 100%

4. 下列有关先张法预应力筋放张的顺序，说法错误的是（　　）。

A. 拉杆的预应力筋应同时放张

B. 梁应先同时放张预压力较大区域的预应力筋

C. 桩的预应力筋应同时放张

D. 板类构件应从板外向板里对称放张

5. 在各种预应力筋放张的方法中，不正确的是（　　）。

A. 缓慢放张，防止冲击　　　　　B. 多根钢筋同时放张

C. 多根粗筋依次逐根放张　　　　D. 配筋少的钢丝逐根对称放张

6. 属于钢丝束锚具的是（　　）。

A. 螺丝端杆锚具　　　　　　　　B. 帮条锚具

C. 精轧螺纹钢筋锚具　　　　　　D. 镦头锚具

7. 后张法施工时，钢绞线的张拉控制应力值为（　　）。

A. $0.70 f_{ptk}$ 　　　　B. $0.75 f_{ptk}$ 　　　　C. $0.80 f_{ptk}$ 　　　　D. $0.85 f_{ptk}$

8. 孔道灌浆所不具有的作用是（　　）。

A. 保护预应力筋 　　　　　　　　　B. 控制裂缝开展

C. 减轻梁端锚具负担 　　　　　　　D. 提高预应力值

9. 有关无黏结预应力的说法，错误的是（　　）。

A. 属于先张法 　　　　　　　　　　B. 靠锚具传力

C. 对锚具要求高 　　　　　　　　　D. 适用曲线配筋的结构

二、填空题

1. 常用的预应力混凝土的工艺有_____和_____。

2. 先张法的施工设备主要有_____、_____和_____。

3. 先张法施工时，台座应有足够的_____、_____和_____，以免因台座变形、倾覆、滑移而引起预应力值的损失，台座按构造形式不同分为_____和_____两类。

4. 槽式台座的主要受力结构是_____。

5. 在先张法施工中，生产吊车梁等张拉力和倾覆力矩都较大的预应力混凝土构件是_____。

6. 先张法的张拉控制应力比后张法_____。

7. 后张法施工中，锚具按使用情况常分为_____、_____和_____。

8. 单根粗钢筋用作预应力筋时，其张拉端采用_____锚具，固定端采用_____锚具。

9. 单根粗钢筋预应力筋的制作包括_____、_____、拉等工序。

10. 后张法预应力筋张拉时，构件混凝土强度不应低于设计强度标准值的_____。

11. 确定后张法施工预应力筋的张拉顺序时，应考虑_____、_____的原则。

三、简答题

1. 什么是先张法，其施工设备有哪些？

2. 简述后张法的施工工艺。

3. 简述后张法预应力筋张拉控制应力及张拉程序。

4. 后张法张拉时应注意哪些事项？

学习情境六
结构安装工程

情境导入

某18层办公楼，建筑面积32 000m²，总高度71m，钢筋混凝土框架+剪力墙结构。脚手架采用悬挑钢管脚手架，外挂密布安全网，塔式起重机作为垂直运输工具。2006年11月9日，在15层结构施工时，起吊钢管离地20m后，钢丝绳滑扣致钢管散落，造成正在起吊区域下方作业的4名人员死亡、2人重伤。

经事故调查发现：

1. 作业人员严重违章，起重机司机因事请假，工长临时指定一名机械工操作塔吊，钢管没有细扎就托底兜着吊起，而且钢丝绳没有在吊钩上挂好，只是挂在吊钩的端头上。

2. 专职安全员在事故发生时不在现场。

案例导航

上述案例中，导致事故的直接原因是作业人员违规操作；专职安全员未在现场进行指导。

针对现场伤亡事故，项目经理应采取的应急措施有：迅速抢救伤员并保护好事故现场；组织调查组；现场勘察；分析事故原因，明确责任者；制定预防措施；提出处理意见，写出调查报告；事故的审定和结案；员工伤亡事故登记记录。

要了解起重机械及索具设备的技术性能和适用范围，需要掌握的相关知识有：

1. 起重机械及索具设备的类型、主要构造。
2. 结构安装方案的基本内容和结构吊装方法。
3. 起重机开行路线的种类和构件的平面布置要求。
4. 单层、多层及高层钢结构工程中构件的安装。

学习单元一　起重机械与设备

知识目标

（1）了解起重机械的类型、主要构造、技术性能和适用范围。
（2）了解索具设备的类型、主要构造、技术性能和适用范围。

技能目标

（1）通过本单元的学习，能够清楚起重机械与索具设备的类型。

（2）能根据起重机械的特点和使用范围选择起重机的类型。

📖 基础知识

一、起重机械

结构安装工程常用的起重机械有桅杆式起重机、自行式起重机和塔式起重机。

1. 桅杆式起重机

桅杆式起重机按其构造不同，可分为独脚拔杆、人字拔杆、悬臂拔杆和牵缆式桅杆起重机等，适用于安装工程量比较集中的工程。

（1）独脚拔杆。独脚拔杆由拔杆、起重滑轮组、卷扬机、缆风绳和锚碇等组成，如图6-1（a）所示。使用时，拔杆应保持不大于10°的倾角，以防吊装时构件撞击拔杆。拔杆底部要设置拖子，以便移动。拔杆的稳定主要依靠缆风绳，缆风绳数量一般为6～12根，不得少于4根。绳的一端固定在桅杆顶端，另一端固定在锚碇上。缆风绳与地面的夹角一般取30°～45°，角度过大对拔杆会产生较大的压力。

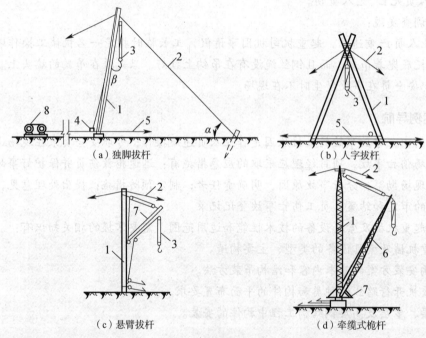

（a）独脚拔杆　　　　　　　　　　（b）人字拔杆

（c）悬臂拔杆　　　　　　　　　　（d）牵缆式桅杆

图6-1　桅杆式起重机

1—拔杆；2—缆风绳；3—起重滑轮组；4—导向装置；

5—拉索；6—起重臂；7—回轮盘；8—卷扬机

（2）人字拔杆。人字拔杆一般是由两根圆木或两根钢管用钢丝绳绑扎或铁件铰接而成，两杆夹角一般为20°～30°，底部设有拉杆或拉绳以平衡水平推力，拔杆下端两脚的距离为高度的1/3～1/2，如图6-1（b）所示。

（3）悬臂拔杆。悬臂拔杆是在独脚拔杆的中部或2/3高度处装一根起重臂而成。其特点是起重高度和起重半径都较大，起重臂左右摆动的角度也较大，但起重量较小，多用于轻型构件的吊装，如图6-1（c）所示。

（4）牵缆式桅杆。牵缆式桅杆是在独脚拔杆下端装一根起重臂而成。这种起重机的起重臂可以起伏，机身可360°回转，可以在起重机半径范围内把构件吊到任何位置。用角钢组成格构式截面杆件的牵缆式起重机，桅杆高度可达80m，起重量可达60t。牵缆式桅杆要设较多的缆风绳，适用于构件多且集中的工程，如图6-1（d）所示。

2. 自行式起重机

自行式起重机可分为履带式起重机、汽车式起重机和轮胎式起重机。

（1）履带式起重机。履带式起重机是一种通用的起重机械，它由行走装置、回转机构、机身及起重臂等部分组成，如图6-2所示。行走装置为链式履带，可减少对地面的压力；回转机构为装在底盘上的转盘，可使机身回转；机身内部有动力装置、卷扬机及操纵系统；起重臂用角钢组成的格构式杆件接长，其顶端设有两套滑轮组（起重滑轮组及变幅滑轮组），钢丝绳通过滑轮组连接到机身内部的卷扬机上。

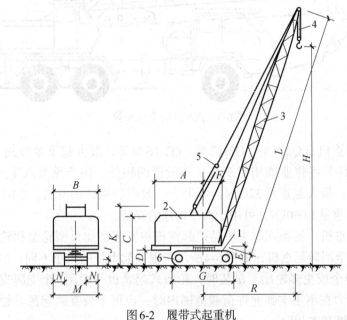

图6-2　履带式起重机

1—底盘；2—机棚；3—起重臂；4—起重滑轮组；5—变幅滑轮组；6—履带

履带式起重机具有较大的起重能力和工作速度，在平整坚实的道路上还可持荷行走；但其行走时速度较慢，且履带对路面的破坏性较大，故其进行长距离转移时，需用平板拖车运输。常用的履带式起重机起重量为100～500kN，目前最大的起重量达3 000kN，最大起重高度可达135m，广泛应用于单层工业厂房、陆地桥梁等结构安装工程以及其他吊装工程。

履带式起重机的主要技术性能参数是起重量Q、起重半径R和起重高度H。起重量Q是指起重机安全工作所允许的最大起重物的质量，一般不包括吊钩的重量；起重半径R是指起重机回转中心至吊钩的水平距离；起重高度H是指起重吊钩中心至停机面的距离。

小 技 巧

起重量Q、起重半径R和起重高度H这三个参数之间存在相互制约的关系,且与起重臂的长度L和仰角α有关。当臂长一定时,随着起重臂仰角α的增大,起重量Q增大,起重半径R减小,起重高度H增大;当起重臂仰角一定时,随着起重臂臂长的增加,起重量Q减小,起重半径R增大,起重高度H增大。

(2)汽车式起重机。汽车式起重机是将起重机构安装在通用或专用汽车底盘上的一种自行式全回转起重机,起重机动力由汽车发动机供给,其负责行驶的驾驶室与起重操纵室分开设置,如图6-3所示。这种起重机的优点是运行速度快,能迅速转移,对路面破坏性较小。但其吊装作业时必须支腿,不能负荷行驶,也不适合在松软或泥泞的地面上工作。一般而言,汽车式起重机适用于构件运输、装卸作业和结构吊装作业。

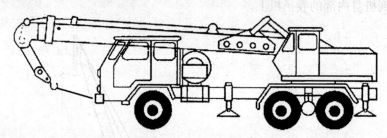

图6-3 汽车式起重机外貌

国产汽车式起重机有Q2-8型、Q2-12型、Q2-16型等,最大起重量分别为80kN、120kN、160kN,适用于构件装卸作业或用于安装标高较低的构件。国产重型汽车式起重机有Q2-32型,起重臂长30m,最大起重量320kN,可用于一般厂房构件的安装;Q3-100型,起重臂长12~60m,最大起重量1 000kN,可用于大型构件的安装。

(3)轮胎式起重机。轮胎式起重机是把起重机构安装在加重型轮胎和轮轴组成的特制底盘上的一种自行式全回转起重机,如图6-4所示。根据起重量的大小不同,底盘下装有若干根轮轴,配备4~10个或更多轮胎。吊装时,轮胎式起重机一般用4个支腿支撑,以保证机身的稳定性;构件重力在不用支腿允许荷载范围内时,也可不放支腿起吊。轮胎式起重机的优缺点与汽车式起重机基本相同。

3. 塔式起重机

塔式起重机是一种塔身直立、起重臂安装在塔身顶部且可做360°回转的起重机。它具有较大的工作空间,起重高度大,广泛应用于多层及高层装配式结构安装工程,一般可按行走机构、变幅方式、回转机构的位置及爬升方式的不同而分成若干类型。常用的类型有轨道式塔式起重机、爬升式塔式起重机、附着式塔式起重机等。

(1)轨道式塔式起重机。轨道式塔式起重机是一种能在轨道上行驶的起重机,又称自行式塔式起重机。该机种种类繁多,能同时完成垂直和水平运输,使用安全,生产效率高,可负荷行走。常用的轨道式塔式起重机型号有QT₁-6型、QT-60/80型、QT-20型、QT-15型、TD-25型等。QT₁-6型塔式起重机如图6-5所示。

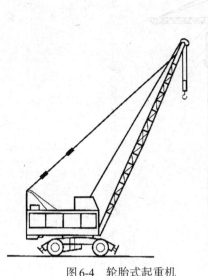

图6-4 轮胎式起重机

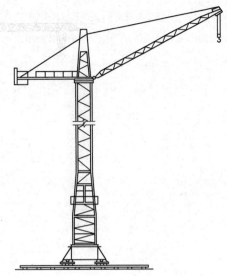

图6-5 QT₁-6型塔式起重机

（2）爬升式塔式起重机。爬升式塔式起重机是自升式塔式起重机的一种，它由底座、套架、塔身、塔顶、行车式起重臂、平衡臂等部分组成，安装在高层装配式结构的框架梁或电梯间结构上。每安装1～2层楼的构件，它便靠一套爬升设备使塔身沿建筑物向上爬升一次。这类起重机主要用于高层框架结构安装及高层建筑施工，其优点是机身小、重量轻、安装简单、不占用建筑物外围空间，适用于现场狭窄的高层建筑结构安装；其不足之处是增加了建筑物的造价、司机的操纵视野不良，需要一套辅助设备用于起重机拆卸。

233

目前常用的爬升式塔式起重机型号主要有QT₅-4/40型、QT₃-4型，也可用QT₁-6轨道式塔式起重机改装成为爬升式起重机。爬升式塔式起重机性能如表6-1所示。

表6-1 爬升式塔式起重机性能

型号	起重量/t	幅度/m	起重高度/m	一次爬升高度/m
QT₅-4/40	4	2～11	110	8.6
	2～4	11～20		
QT₃-4	4	2.2～15	80	8.87
	3	15～20		

4. 附着式塔式起重机

附着式塔式起重机是固定在建筑物近旁的钢筋混凝土基础上的自升式塔式起重机。随着建筑物的升高，利用液压自升系统逐步将塔顶顶升、塔身接高。为了保证塔身的稳定，附着式塔式起重机每隔一定高度，将塔身与建筑物用锚固装置水平连接起来，使起重机依附在建筑物上。锚固装置由套装在塔身上的锚固环、附着杆及固定在建筑结构上的锚固支座构成。这种塔身起重机适用于高层建筑施工。

附着式塔式起重机的型号有QT₄-10型（起重量为3～10t）、ZT-1200（起重量为4～8t）、ZT-10型（起重量为3～6t）、QT₁-4型（起重量为1.6～4t）和QT（B）-3～5型（起重量为3～5t）。图6-6所示为QT₄-10型附着式塔式起重机。

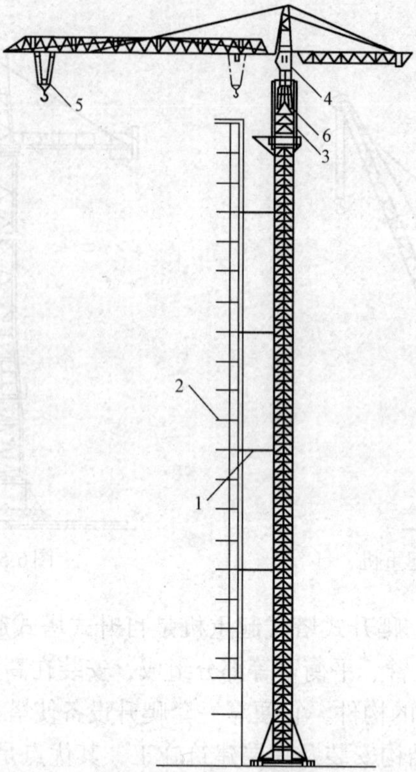

图6-6　QT₄-10型附着式塔式起重机

1—撑杆；2—建筑物；3—标准节；4—操纵室；5—起重小车；6—顶升套架

二、索具设备

1. 钢丝绳

钢丝绳是吊装工艺中的主要绳索，具有强度高、韧性好、耐磨等特点。同时，钢丝绳被磨损后，外表面会产生许多毛刺，易被发现，及时更换可避免事故的发生。

小 提 示

常用的钢丝绳是用直径相同的光面钢丝捻成股，再由6股芯捻成绳。在吊装结构中所用的钢丝绳一般有6×19+1、6×37+1、6×61+1三种。前面的6表示6股，后边的数字表示每股分别由19根、37根或61根钢丝捻成。

2. 卷扬机

结构安装中的卷扬机包括手动和电动两类，其中电动卷扬机又分慢速和快速两种。慢速卷扬机（JJM型）主要用于吊装结构、冷拉钢筋和张拉预应力筋；快速卷扬机（JJK型）主要用于垂直运输、水平运输以及打桩。

3. 滑轮组

所谓滑轮组，即由一定数量的定滑轮和动滑轮组成，并通过绕过它们的绳索联系成为整体，从而达到省力和改变力的方向的目的，如图6-7所示。

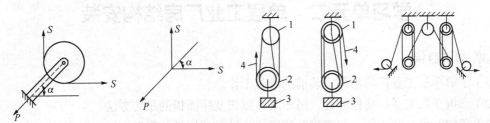

图6-7 滑轮组及受力示意图

1—定滑轮；2—动滑轮；3—重物；4—绳索引出

课 堂 案 例

　　某建筑安装公司承包了某市某街3号楼（6层）建筑工程项目，并将该工程项目转包给某建筑施工队。该建筑施工队在主体施工过程中不执行《建筑安装工程安全技术规程》和有关安全施工的规定，未设斜道，工人爬架杆乘提升吊篮进行作业。某年4月12日，施工队队长王某发现提升吊篮的钢丝绳有点毛，未及时采取措施，继续安排工人施工。15日，工人向副队长徐某反映钢丝绳"毛得厉害"，徐某检查发现有约30cm长的毛头，便指派钟某更换钢丝绳。而钟某为了追求进度，轻信钢丝绳不可能马上断，决定先把7名工人送上楼干活，再换钢丝绳。当吊篮接近四楼时，钢丝绳突然中断，导致了重大人员伤亡事故的发生。

问题：

1. 请问如何防止施工过程中发生高处坠落事故？

2. 简述钢丝绳的正确使用和维护方法。

分析：

1. 防止高处坠落事故的安全措施有：

（1）脚手架搭设符合标准。

（2）临边作业时设置防护栏杆，架设安全网，装设安全门。

（3）施工现场的洞口设置围栏或盖板，架网防护措施。

（4）高处作业人员定期体检。

（5）高处作业人员正确穿戴工作服和工作鞋。

（6）6级以上强风或大雨、雪、雾天不得从事高处作业。

（7）无法架设防护措施时，采用安全带。

2. 钢丝绳的正确使用和维护方法有：

（1）使用检验合格的钢丝绳，保证其机械性能和规格符合设计要求。

（2）保证足够的安全系数，必要时使用前要做受力计算，不得使用报废钢丝绳。

（3）坚持每个作业班次对钢丝绳的检查并形成制度。

（4）使用中避免两钢丝绳的交叉、叠压受力，防止打结、扭曲、过度弯曲和划磨。

（5）应注意减少钢丝绳弯折次数，尽量避免反向弯折。

（6）不在不洁净的地方拖拉，防止外界因素对钢丝绳的损伤、腐蚀，避免钢丝绳性能降低。

（7）保持钢丝绳表面的清洁和良好的润滑状态，加强对钢丝绳的保养和维护。

学习单元二 单层工业厂房结构安装

知识目标

（1）了解单层工业厂房结构安装前的准备工作。

（2）掌握单层工业厂房构件柱、吊车梁、屋架及屋面板的吊装方法。

（3）了解结构吊装方法、起重机开行路线的种类和构件的平面布置要求。

技能目标

（1）通过本单元的学习，能够清楚结构安装前的准备工作、构件的吊装工艺和结构安装方案的基本内容。

（2）能进行单层工业厂房结构安装方案设计。

基础知识

单层工业厂房一般采用装配式钢筋混凝土结构，主要承重构件除基础现浇外，柱、吊车梁、屋架、屋面板等均为预制构件。预制构件中较大型构件一般在现场就地制作，中小型构件一般集中在工厂制作。结构安装工程是单层工业厂房施工的主导工种工程。

一、结构安装前的准备

结构安装前的准备工作内容包括场地清理，道路修筑，基础准备，构件运输、堆放、拼装加固，检查清理，弹线编号等。

1. 场地清理与道路修筑

结构吊装之前，按照现场施工平面布置图，标出起重机的开行路线，清理场地上的杂物，将道路平整压实，并做好排水工作。如遇到松软土或回填土，应铺设枕木或厚钢板。

2. 构件的运输与堆放

构件的运输要保证构件不变形、不损坏。构件的混凝土强度达到设计强度的75%时方可运输。构件的支垫位置要正确，要符合受力情况，上下垫木要在同一垂直线上。构件的运输顺序及卸车位置应按施工组织设计的规定进行，以免造成构件二次就位。

小 提 示

构件的堆放场地应平整压实，并按设计的受力情况搁置在垫木或支架上。重叠堆放时，一般梁可堆叠2～3层，大型屋面板不宜超过6块，空心板不宜超过8块；构件吊环要向上，标志要向外。

3. 基础准备

钢筋混凝土柱一般为杯形基础。考虑预制钢筋混凝土柱长度的预制存在误差，浇筑基础时，杯底标高一般比设计标高降低50mm，使柱子长度的误差在安装时能够调整。杯形基础在现场浇筑时应保证定位轴线及杯口尺寸准确。柱子安装之前，对杯底标高要抄平，以保证柱子牛腿面及柱顶面标高符合要求。测量杯底标高时，先在杯口内弹出比杯口顶面设计标高低100mm的水平线，然后用金属直尺对杯底标高进行测量（小柱测中间一点，大柱测四个角点），得出杯底实际标高，再量出柱底面至牛腿的实际长度，根据制作长度的误差，计算出杯底标高调整值，在杯口内做出标志，用水泥砂浆或细石混凝土将杯底垫平至标志处。标高的允许误差为±5mm。

为便于柱的安装与校正，在杯形基础顶面应弹出建筑物的纵横轴线和柱子的吊装准线，作为柱在平面位置安装时对位及校正的依据。

钢柱在安装前，应保证基础顶面与锚栓位置准确，其误差在±2mm以内；基础顶面要垂直，倾斜度小于1/1 000；锚栓在支座范围内的误差为±5mm。施工时，锚栓应安设在固定架上，以保证其位置准确。

4. 构件的检查与清理

为保证工程质量，对所有构件安装前均需进行全面质量检查，主要内容包括：构件安装时，不应低于设计规定的强度，当设计无要求时，一般不低于设计强度等级的75%，对后张法预应力混凝土构件，孔道灌浆的砂浆强度等级不低于15MPa；对大型构件，混凝土强度则应达到100%设计强度等级方可安装；构件的外形尺寸、钢筋的搭接、预埋件的位置等是否满足设计要求；构件的外观有无缺陷、损伤、变形、裂缝等，不合格构件不允许使用。

5. 构件的弹线与编号

构件经过检查，质量合格后，可在构件表面弹出安装中心线，作为构件安装、对位、校正的依据。对形状复杂的构件，要标出其重心的绑扎点位置。

柱子弹线：在柱身的二面弹出安装中心线（两个小面，一个大面）。矩形截面柱按几何中心弹线；工字形截面柱，除在矩形截面部位弹出中心线外，还应在工字形柱的两翼缘部位各弹出一条与中心线平行的线，以便于观测及避免误差。在柱顶与牛腿面上还要弹出屋架及吊车梁的安装中心线。

屋架弹线：屋架上弦顶面应弹出几何中心线，并从跨中向两端分别弹出天窗架、屋面板的安装中心线，在屋架的两端弹出安装准线。

梁弹线：梁的两端及顶面应弹出安装中心线。

6. 构件的运输与堆放

预制构件如柱、屋架、梁、桥面板等一般在现场预制或工厂预制。在许可的条件下，预制时尽可能采用叠浇法，重叠层数由地基承载能力和施工条件确定，一般不超过4层，上下层间应做好隔离层，上层构件的浇筑应等到下层构件混凝土达到设计强度的30%以后才可进行，整个预制场地应平整夯实，不可因受荷、浸水而产生不均匀沉陷。

对构件运输时的混凝土强度要求是：如设计无规定时，不应低于设计的混凝土强度标准值的75%。在运输过程中构件的支撑位置和方法，应根据设计的吊（垫）点设置，不应引起超应力和使构件损伤。叠放运输构件之间必须用隔板或垫木隔开。上、下垫木应保持在同一垂直线上。支垫数量要符合设计要求以免构件受折；运输道路要有足够的宽度和转弯半径。

预制构件的堆放应考虑便于吊升及吊升后的就位，特别是大型构件（如房屋建筑中的柱、屋架等），应做好构件堆放的布置图，以便一次吊升就位，减少起重设备负荷开行。对于小型构件，则可考虑布置在大型构件之间，也应以便于吊装、减少二次搬运为原则。但小型构件常

237

采用随吊随运的方法，以减少对施工场地的占用。

小型构件运到现场后，按平面布置图安排的部位，依编号、吊装顺序进行就位和集中堆放。小型构件就位位置一般在其安装位置附近，有时也可从运输车上直接起吊。采用叠放的构件（如屋面板等），可以多块为一叠，以减少堆场用地。

二、构件的吊装工艺

单层工业厂房结构需安装的构件有柱、吊车梁、屋面板、屋架、天窗架等，其吊装过程主要包括绑扎、起吊、对位、临时固定、校正和最后固定等工序。

1. 柱的吊装

（1）柱的绑扎。柱一般在施工现场就地预制，用砖或土作底模，平卧生产，侧模可用木模或组合钢模。在制作底模和浇混凝土前，就要确定绑扎方法，并在绑扎点预埋吊环或预留孔洞，以便在绑扎时穿钢丝绳。

① 一点绑扎斜吊法。这种方法不需要翻动柱子，但柱子平放起吊时，抗弯强度要符合要求。柱吊起后呈倾斜状态，由于吊索歪在柱的一边，起重钩低于柱顶，因此起重臂可以短些，如图6-8所示。

② 一点绑扎直吊法。当柱子的宽度方向抗弯不足时，可在吊装前先将柱子翻身后再起吊，如图6-9所示。起吊后，铁扁担跨在柱顶上，柱身呈直立状态，便于插入杯口，但需要较大的起吊高度。

238

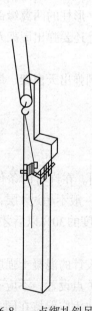

图6-8 一点绑扎斜吊法

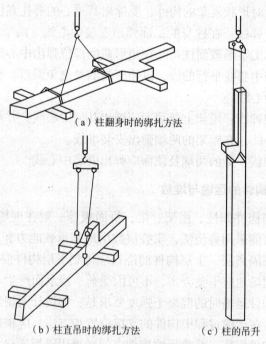

（a）柱翻身时的绑扎方法

（b）柱直吊时的绑扎方法　　（c）柱的吊升

图6-9 一点绑扎直吊法

③ 两点绑扎法。当柱身较长、一点绑扎时柱的抗弯能力不足时，可采用两点绑扎起吊，如图6-10所示。

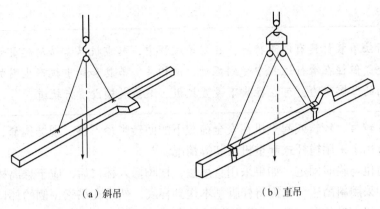

（a）斜吊　　　　　　　　　　　（b）直吊

图6-10　柱的两点绑扎法

（2）柱的起吊。柱的起吊方法主要有旋转法和滑行法。

① 旋转法。旋转法吊升柱时，起重机边收钩边回转，使柱子绕着柱脚旋转成直立状态，然后吊离地面，略转起重臂，将柱放入基础杯口，如图6-11（a）所示。

采用旋转法时，柱在堆放时的平面布置应做到柱脚靠近基础，柱的绑扎点、柱脚中心和基础中心三点同在以起重机回转中心为圆心、以回转中心到绑扎点的距离（起重半径）为半径的圆弧上，即三点同弧，如图6-11（b）所示。

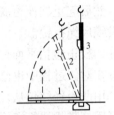
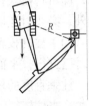

（a）柱绕柱脚旋转，后入杯口　　（b）三点同弧

图6-11　单机吊装旋转法

1、2、3—柱

239

旋转法吊升柱时，柱在吊升过程受振动小，吊装效率高；但须同时完成收钩和回转的操作，对起重机的机动性能要求较高。

② 滑行法。是在起吊柱过程中，起重机起升吊钩，使柱脚滑行而吊起柱子的方法，如图6-12所示。

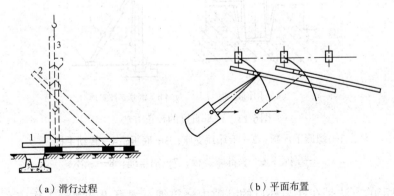

（a）滑行过程　　　　　　　　　（b）平面布置

图6-12　滑行法吊装柱

1—柱平放时；2—起吊中途；3—直立

用滑行法吊装柱时，应将起吊绑扎点（两点以上绑扎时为绑扎中点）布置在杯口附近，并使绑扎点和基础杯口中心两点共圆弧，以便将柱吊离地面后稍转动吊杆即可就位。

采用滑行法吊装柱具有以下特点：在起吊过程中，起重机只需转动起重臂即可吊柱就位，比较安全。但柱在滑行过程中受到振动，使构件、吊具和起重机产生附加内力。为减少柱脚与地面的摩擦阻力，可在柱脚下设置托板、滚筒或铺设滑行轨道。

此法用于柱较重、较长或起重机在安全荷载下的回转半径不够、现场狭窄、柱无法按旋转法布置时；也可用于采用桅杆式起重机吊装等情况。

（3）柱的对位与临时固定。如果采用直吊法，柱脚插入杯口后，应于悬离杯底30～50mm处进行对位。如采用斜吊法，则需将柱脚基本送到杯底，然后在吊索一侧的杯口中插入两个楔子，再通过起重机回转使其对位。对位时，应先从柱子四周向杯口放入8个楔块，并用撬棍拨动柱脚，使柱的吊装准线对准杯口上的吊装准线，并使柱基本保持垂直。

柱对位后，应先把楔块略微打紧，再放松吊钩，检查柱沉至杯底后的对中情况，若符合要求，即可将楔块打紧，然后起重钩便可脱钩。吊装重型柱或细长柱时，除需按上述进行临时固定外，必要时还应增设缆风绳拉锚。

（4）柱的校正。柱的校正包括平面位置、标高和垂直度三个方面。柱的标高校正在基础抄平时已进行，平面位置在对位过程中也已完成，因此柱的校正主要是指垂直度的校正。

柱垂直度的校正是用两台经纬仪从柱相邻两边检查柱吊装准线的垂直度。柱垂直度的校正方法：当柱较轻时，可用打紧或放松楔块的方法或用钢钎来纠正；当柱较重时，可用螺旋千斤顶斜顶或平顶、钢管支撑斜顶等方法纠正，如图6-13所示。

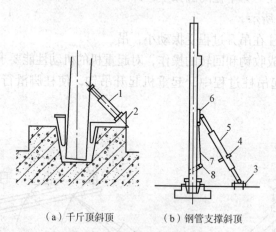

（a）千斤顶斜顶　　　　（b）钢管支撑斜顶

图6-13　柱垂直度的校正方法

1—螺旋千斤顶；2—千斤顶支座；3—底板；4—转动手柄；

5—钢管；6—头部摩擦板；7—钢丝绳；8—卡环

柱最后固定的方法是在柱与杯口的空隙内浇筑细石混凝土。灌缝工作应在校正后立即进行。其方法是在柱脚与杯口的空隙中浇筑比柱混凝土强度等级高一级的细石混凝土，混凝土的浇筑分两次进行。第一次浇至楔子底面，待混凝土强度达到设计强度的25%后，拔出楔子，全部浇满。振捣混凝土时，注意不要碰动楔子。待第二次浇筑的混凝土强度达到75%的设计强度后，方能安装上部构件。

2. 吊车梁的吊装

吊车梁的吊装应在柱子杯口第二次浇灌混凝土强度达到设计强度75%时方可进行。

（1）绑扎、吊升、就位与临时固定。吊车梁吊装时应两点对称绑扎，吊钩垂线对准梁的重心，起吊后吊车梁保持水平状态。在梁的两端设溜绳控制，以防碰撞柱子。对位时应缓慢降钩，将梁端吊装准线与牛腿顶面吊装准线对准。吊车梁的自身稳定性较好，用垫铁垫平后，起重机即可脱钩，一般不需采用临时固定措施。当梁高与底宽之比大于4时，为防止吊车梁倾倒，可用铁丝将梁临时绑在柱子上。

（2）校正和最后固定。吊车梁的校正工作一般应在厂房结构校正和固定后进行，以免屋架安装时，引起柱子变位，而使吊车梁产生新的误差。对较重的吊车梁，由于脱钩后校正困难，可边吊边校，但屋架固定后要复查一次。校正包括标高、垂直度和平面位置。标高的校正已在基础杯底调整时基本完成，如仍有误差，可于铺轨时在吊车梁顶面抹一层砂浆来找平。平面位置的校正主要检查吊车梁纵轴线和跨距是否符合要求（纵向位置校正已在对位时完成）。垂直度用锤球检查，偏差应在5mm以内，可在支座处加铁片垫平。

> **小提示**
>
> 吊车梁的校正工作可在屋盖系统吊装前进行，也可在吊装后进行，但要考虑安装屋架、支撑等构件时可能引起的柱子偏差，从而影响吊车梁的位置准确。对于重量大的吊车梁，脱钩后撬动比较困难，应采取边吊、边校正的方法。

吊车梁平面位置的校正常用通线法和平移轴线法。通线法是根据柱的定位轴线，在车间两端地面用木桩定出吊车梁定位轴线的位置，并设置经纬仪。先用经纬仪将车间两端的四根吊车梁位置校正准确，用钢尺检查两列吊车梁之间的跨距是否符合要求，再根据校正好的端部吊车梁沿其轴线拉上钢丝通线，逐根拨正，如图6-14所示。平移轴线法是根据柱和吊车梁的定位轴线间的距离（一般为750mm），逐根拨正吊车梁的安装中心线，如图6-15所示。

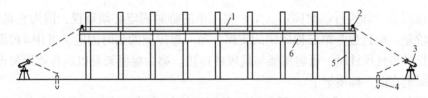

图6-14　通线法校正吊车梁示意图

1—通线；2—支架；3—经纬仪；4—木桩；5—柱；6—吊车梁

3. 屋架的吊装

（1）屋架的绑扎。屋架的绑扎点应选在上弦节点处，左右对称，绑扎吊索的合力作用点（绑扎中心）应高于屋架重心，绑扎吊索与构件的水平夹角在扶直时不宜小于60°，吊升时不宜小于45°，以免屋架承受较大的横向压力。如图6-16所示，屋架跨度小于18m时，两点绑扎；屋架跨度大于18m时，用两根吊索四点绑扎；当跨度大于30m时，应考虑采用横吊梁，以降低起重高度；对三角组合屋架等刚性较差的屋架，由于下弦不能承受压力，绑扎时也应采用横吊梁。

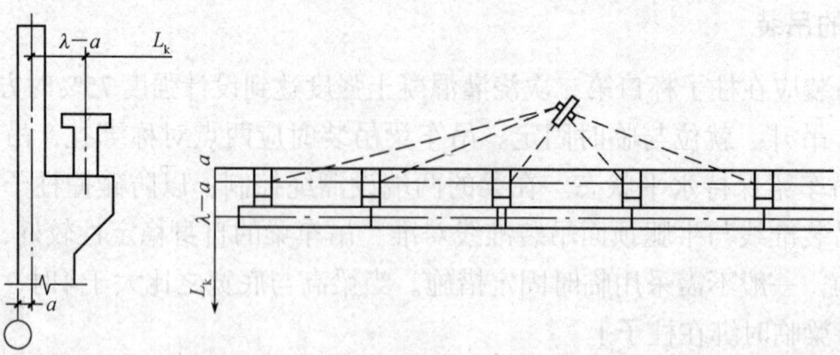

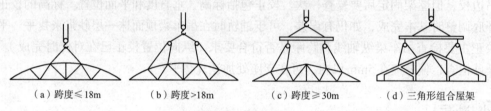

图6-15　平移轴线法校正吊车梁示意图

（a）跨度≤18m　　　（b）跨度＞18m　　　（c）跨度≥30m　　　（d）三角形组合屋架

图6-16　屋架绑扎

（2）屋架的扶直与就位。钢筋混凝土屋架均是平卧、重叠预制，运输或吊装前均应翻身、扶直。由于屋架是平面受力构件，扶直时在自重作用下屋架承受平面外力，部分改变了构件的受力性质，特别是上弦杆易挠曲开裂，因此吊装、扶直操作时应注意：必须在屋架两端用方木搭井字架（井字架的高度与下一榀屋架面等高），以便屋架由平卧翻转、立直后搁置其上，以防屋架在翻转中由高处滑到地面而损坏。屋架翻身扶直时，争取一次将屋架扶直。在扶直过程中，如无特殊情况，不得猛启动或猛刹车。

（3）屋架的吊升、对位与临时固定。屋架吊升时，先将屋架吊离地面约300mm，然后将屋架转至吊装位置下方，再将屋架吊升超过柱顶约300mm，随即将屋架缓缓放至柱顶，进行对位。

屋架对位后应立即进行临时固定。第一榀屋架的临时固定必须重视，因为它是单片结构，侧向稳定性较差，而且也是第二榀屋架的支撑。第一榀屋架的临时固定，可用4根缆风绳从两边拉牢；当先吊装抗风柱时，可将屋架与抗风柱连接。第二榀屋架及以后各榀屋架可用工具式支撑，临时固定在前一榀屋架上。

（4）屋架的校正与最后固定。屋架校正是用经纬仪或垂球检查屋架垂直度。施工规范规定，屋架上弦中部对通过两支座中心的垂直面偏差不得大于$h/250$（h为屋架高度）。如超过偏差允许值，应用工具式支撑加以纠正，并在屋架端部支撑面垫入薄钢片。校正无误后，立即用电焊焊牢作为最后固定。

4. 屋面板的吊装

如图6-17所示，屋面板四角一般预埋有吊环，用带钩的吊索钩住吊环即可安装。1.5m×6m的屋面板有4个吊环，起吊时，应使4根吊索长度相等，屋面板保持水平。

屋面板的安装次序，应自两边檐口左右对称地逐块铺向屋脊，避免屋架承受半边荷载。屋面板对位后，立即进行电焊固定，每块屋面板可焊三点，最后一块只焊两点。

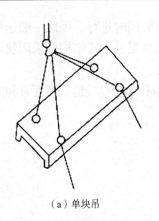 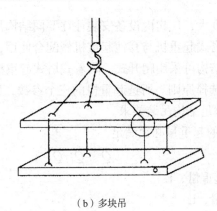 

（a）单块吊　　　　　　　　（b）多块吊　　　　　　（c）节点示意

图6-17　屋面板钩挂示意图

三、结构安装方案

结构安装工程施工方案应着重解决结构吊装方法，起重机的选择、开行路线、停机位置及构件的平面布置等。

1. 结构吊装方法

结构吊装方法主要有分件吊装法和综合吊装法两种。

（1）分件吊装法。分件吊装法是指起重机开行一次，只吊装一种或几种构件。通常分三次开行安装完构件：第一次吊装柱，并逐一进行校正和最后固定；第二次吊装吊车梁、连续梁及柱间支撑等；第三次以节间为单位吊装屋架、天窗架和屋面板等构件。

> **小提示**
>
> 分件吊装法的优点是每次吊装同类构件，索具不需经常更换，且操作程序相同，吊装速度快；校正有充分时间；构件可分批进场，供应单一，平面布置比较容易，现场不致拥挤；可根据不同构件选用不同性能的起重机或同一类型起重机选用不同的起重臂，以充分发挥机械效能。其缺点是不能为后续工程及早提供工作面，起重机开行路线较长。

（2）综合吊装法。综合吊装法是指起重机在车间内的一次开行中，分节间安装各种类型的构件。具体做法是：先安装4～6根柱子，立即加以校正和固定，接着安装吊车梁、连系梁、屋架、屋面板等构件。安装完一个节间所有构件后，转入安装下一个节间。

综合吊装法的优点是起重机开行路线短，停机点位置少，可为后续工作创造工作面，有利于组织立体交叉、平行流水作业，以加快工程进度；其缺点是要同时吊装各种类型构件，不能充分发挥起重机的效能、造成构件供应紧张，平面布置复杂，校正困难。

2. 起重机的选择

起重机的选择包括起重机类型的选择、起重机型号的选择和起重机数量的计算。

（1）起重机类型的选择。起重机类型的选择应根据结构形式，构件的尺寸、重量、安装高度、吊装方法及现有起重设备条件来确定。中小型厂房一般采用自行杆式起重机；重型厂房跨度大、构件重、安装高度大，厂房内设备安装往往要同结构吊装同时进行，因此一般选用大型自行杆式起重机和重型塔式起重机与其他起重机械配合使用；多层装配式结构可采用轨道式塔式起重机；高层装配式结构可采用爬升式、附着式塔式起重机。

（2）起重机型号的选择原则。所选起重机的三个参数，即起重量 Q、起重高度 H 和工作幅度（回转半径）R 均须满足结构吊装要求。

① 起重量。起重机的起重量必须满足

$$Q \geq Q_1 + Q_2 \tag{6-1}$$

式中，Q——起重机的起重量，t；

Q_1——构件的重量，t；

Q_2——索具的重量，t。

② 起重高度。起重机的起重高度必须满足所吊构件的高度要求（见图6-18），即

$$H \geq h_1 + h_2 + h_3 + h_4 \tag{6-2}$$

式中，H——起重机的起重高度，m，即从停机面至吊钩的垂直距离；

h_1——安装支座表面高度，m，从停机面算起；

h_2——安装间隙，应不小于0.3m；

h_3——绑扎点至构件吊起后底面的距离，m；

h_4——索具高度（m），自绑扎点至吊钩面，应不小于1m。

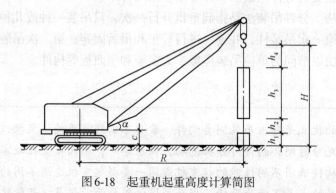

图6-18　起重机起重高度计算简图

③ 起重回转半径。起重回转半径的确定可从以下两种情况考虑。

（a）当起重机可以不受限制地开到构件安装位置附近安装时，在计算起重量和起重高度后，便可查阅起重机起重性能表或性能曲线来选择起重机型号及起重臂长，从而查得在起重量和起重高度下相应的起重半径。

（b）当起重机不能直接开到构件安装位置附近安装构件时，应根据起重量、起重高度和起重半径三个参数，查阅起重机性能表或性能曲线来选择起重机型号及起重臂长。

（3）起重机数量的选择。起重机数量可按下式计算

$$N = \frac{1}{TCK} \sum \frac{Q_i}{P_i} \tag{6-3}$$

式中，N——起重机台数；

T——工期，d；

C——每天工作班数；

K——时间利用系数，一般情况下取$0.8 \sim 0.9$；

Q_i——每种构件的安装工程量（件或t）；

P_i——起重机相应的产量定额（件/台班，或t/台班）。

此外，在确定起重机数量时还应考虑构件装卸和就位工作的需要。

3. 起重机的开行路线和停机位置

起重机的开行路线和停机位置与起重机的性能、构件尺寸及重量、构件的平面布置、构件的供应方式和安装方法等因素有关。

采用分件吊装时，起重机开行路线有以下两种。

① 柱吊装时，起重机开行路线有跨边开行和跨中开行两种，如图6-19所示。

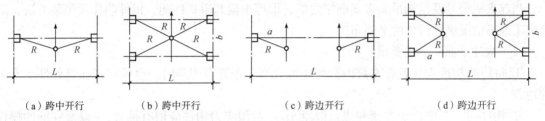

（a）跨中开行　　　（b）跨中开行　　　（c）跨边开行　　　（d）跨边开行

图6-19　吊装柱时起重机的开行路线及停机位置

如果柱子布置在跨内：

当起重半径$R>L/2$（L为厂房跨度）时，起重机在跨中开行，每个停机点可吊两根柱，如图6-19（a）所示。

当起重半径$R>\sqrt{(L/2)^2+(b/2)^2}$（b为柱距）时，起重机在跨中开行，每个停机点可吊四根柱，如图6-19（b）所示。

当起重半径$R<L/2$时，起重机在跨内靠边开行，每个停机点只吊一根柱，如图6-9（c）所示。

当起重半径$R>\sqrt{a^2+(b/2)^2}$（a为开行路线到跨边的距离），起重机在跨内靠边开行，每个停机点可吊两根柱，如图6-19（d）所示。

若柱子布置在跨外时，起重机在跨外开行，每个停机点可吊1～2根柱。

② 屋架扶直就位及屋盖系统吊装时，起重机在跨中开行。图6-20所示是单跨厂房采用分件吊装法时起重机的开行路线及停机位置图。起重机从Ⓐ轴线进场，沿跨外开行吊装Ⓐ列柱，再沿Ⓑ轴线跨内开行吊装Ⓑ轴列柱，然后转到Ⓐ轴线扶直屋架并将其就位，再转到Ⓑ轴线吊装Ⓑ列吊车梁、连系梁，随后转到Ⓐ轴线吊装Ⓐ列吊车梁、连系梁，最后转到跨中吊装屋盖系统。

小技巧

当单层厂房面积大或具有多跨结构时，为加快进度，可将建筑物划分为若干段，选用多台起重机同时作业。每台起重机可以独立作业，完成一个区段的全部吊装工作，也可选用不同性能的起重机协同作业，有的专门吊柱，有的专门吊屋盖系统结构，组织大流水施工。

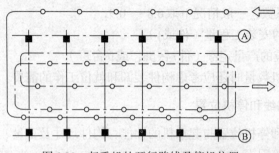

图6-20 起重机的开行路线及停机位置

4. 构件的平面布置

当起重机型号及结构吊装方案确定之后，即可根据起重机性能、构件制作及吊装方法，结合施工现场情况确定构件的平面布置。

（1）构件平面布置的要求。

① 每跨的构件宜布置在本跨内，如场地狭窄、布置有困难时，也可布置在跨外便于安装的地方。

② 构件的布置应便于支模和浇筑混凝土。对预应力构件应留有抽管，以及穿筋的操作场地。

③ 构件的布置要满足安装工艺的要求，尽可能在起重机的工作半径内，以减少起重机"跑吊"的距离及起重杆的起伏次数。

④ 构件的布置应保证起重机、运输车辆的道路畅通。起重机回转时，机身不得与构件相碰。

⑤ 构件的布置要注意安装时的朝向，避免在空中调向，影响进度和安全。

⑥ 构件应布置在坚实地基上。在新填土上布置时，土要夯实，并采取一定措施，防止下沉而影响构件质量。

（2）柱的预制布置。柱的预制布置，有斜向布置和纵向布置两种。

① 柱的斜向布置。柱如以旋转法起吊，应按三点共弧斜向布置，如图6-21所示。

② 柱的纵向布置。当柱采用滑行法吊装时，可以纵向布置。预制柱的位置与厂房纵轴线相平行。若柱长小于12m，为节约模板与场地，两柱可叠浇，排成一行；若柱长大于12m，则可叠浇，排成两行。在柱吊装时，起重机宜停在两柱基的中间，每停机一次可吊装两根柱，如图6-22所示。

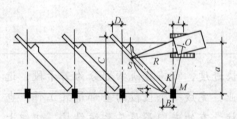

图6-21 柱子斜向布置示意图

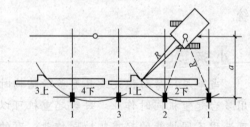

图6-22 柱子纵向布置示意图

（3）屋架的预制布置。屋架一般在跨内平卧叠浇预制，每叠2～3榀。布置方式有正面斜向、正反斜向及正反纵向布置等三种，如图6-23所示。其中应优先采用正面斜向布置，以便于屋架扶直就位；只有当场地受限制时，才采用其他方式。

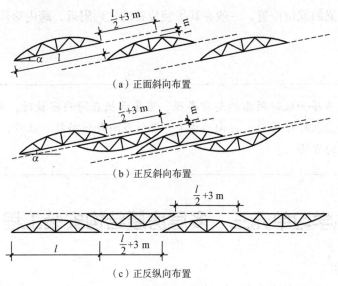

（a）正面斜向布置

（b）正反斜向布置

（c）正反纵向布置

图 6-23　屋架预制布置示意图

　　屋架正面斜向布置时，下弦与厂房纵轴线的夹角 α 为 $10°\sim 20°$；预应力屋架的两端应留出（$l/2+3$）m 的距离（l 为屋架跨度）作为抽管、穿筋的操作场地；如一端抽管时，应留出（$l+3$）m 的距离。用胶皮管作预留孔时，可适当缩短。每两垛屋架间要留 1m 左右的空隙，以便支模和浇筑混凝土。

　　屋架平卧预制时还应考虑屋架扶直就位的要求和扶直的先后次序，先扶直的放在上层并按轴编号。对屋架两端朝向及预埋件位置，也要做出标记。

　　（4）吊车梁的预制布置。当吊车梁安排在现场预制时，可靠近柱基顺纵向轴线或略作倾斜布置，也可插在柱子的空当中预制。如具有运输条件，也可在场外集中预制。

　　（5）屋架的扶直就位。屋架扶直后应立即进行就位。按就位的位置不同，可分为同侧就位和异侧就位两种，如图 6-24 所示。同侧就位时，屋架的预制位置与就位位置均在起重机开行路线的同一边；异侧就位时，需将屋架由预制的一边转至起重机开行路线的另一边，此时，屋架两端的朝向已有变动。因此在预制屋架时，对屋架的就位位置应事先加以考虑，以便确定屋架两端的朝向及预埋件的位置。

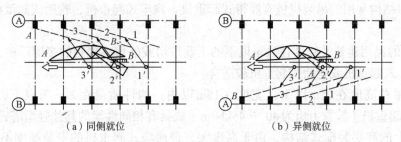

（a）同侧就位　　　　　　　　　　（b）异侧就位

图 6-24　屋架就位示意图

　　（6）吊车梁、连系梁、屋面板的就位。单层工业厂房除了柱和屋架等大构件在现场预制外，其他如吊车梁、连系梁、屋面板等均在构件厂或附近露天预制场制作，运到现场吊装施工。

　　构件运到现场后，应按施工组织设计所规定的位置，按编号及构件吊装顺序进行就位或集中堆放。梁式构件的叠放不宜超过 2 层，大型屋面板的叠放不宜超过 8 层。

247

吊车梁、连系梁的就位位置，一般在其吊装位置的柱列附近，跨内跨外均可，从运输车上直接吊至设计位置。

小 技 巧

根据起重机吊屋面板时所需的起重半径，当屋面板在跨内排放时，大约应后退3～4节间开始排放；若在跨外排放，应向后退1～2个节间开始排放。此外，也可根据具体条件采取随吊随运的方法。

学习单元三 多层房屋结构安装工程

✎ 知识目标

（1）了解多层工业厂房结构安装前的准备工作。

（2）掌握多层工业厂房构件柱、吊车梁、屋架、屋面板的吊装方法。

（3）了解多层房屋结构吊装方法、起重机开行路线的种类和构件的平面布置要求。

📖 技能目标

（1）通过本单元的学习，能够清楚多层房屋结构安装前的准备工作、构件的吊装工艺和结构安装方案的基本内容。

（2）根据工程实际，能够正确进行多层房屋结构工程的安装。

📚 基础知识

多层装配式框架结构可分为梁板式结构和无梁板式结构。梁板式结构由柱、主梁、次梁和楼板组成；无梁板式结构由柱、柱帽、柱间板和跨间板组成。在拟定多层房屋结构安装方案时，应着重解决起重机的选择及布置、结构吊装方法与顺序、构件的平面布置及构件的吊装工艺等问题。

1. 起重机械的选择

多层房屋结构常用的吊装机械有履带式起重机、汽车式起重机、轮胎式起重机及塔式起重机等。

5层以下的民用建筑及高度在18m以下的工业厂房或外形不规则的多层厂房，选用履带式起重机、汽车式起重机或轮胎式起重机较适合。

多层房屋总高度在25m以下，宽度在15m以内，构件质量在2～3t以下，一般可选用QT$_1$-6型塔式起重机（起重力矩为40～45kN·m）或具有相同性能的其他轻型塔式起重机。

10层以上的高层装配式结构，由于高度大，普通塔式起重机的安装高度不能满足要求，需采用爬升式塔式起重机或附着式塔式起重机。

选择塔式起重机型号时，首先应分析工程结构情况，并绘制剖面图，在图上标明各主要构件的重量 Q、吊装时所需的起重半径 R_1，然后根据现有起重机性能，验算其起重量、起重高度和起重半径是否满足要求，如图6-25所示。

起重能力用起重力矩表达时，应分别算出主要构件所需的起重力矩 $M_i = = Q_i \cdot R_1$（kN·m），取其最大值作为选择的依据。

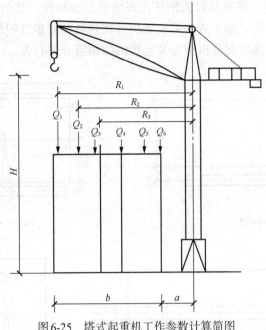

图6-25   塔式起重机工作参数计算简图

2. 起重机械平面布置

塔式起重机的布置方案主要应根据建筑物的平面形状、构件重量、起重机性能及施工现场
地形等条件确定。通常有以下两种布置方案。

（1）单侧布置。单侧布置（见图6-26（a））是常用的布置方案。当建筑物宽度较小、构件
重量较轻时采用单侧布置较适合。此时其起重半径应满足

$$R \geqslant b+a \tag{6-4}$$

式中 R—起重机吊装最远构件时的起重半径，m；

  b——建筑物宽度，m；

  a——建筑物外侧至塔轨中心距离（3～5m）。

此种布置方案的优点是轨道长度较短，并在起重机的外侧有较宽的构件堆放场地。

（2）双侧（或环形）布置。双侧（或环形）（见图6-26（b））布置适用于建筑物宽度较大
（$b>17m$）或构件重量较重的工程。单侧布置的起重力矩不能满足最远构件的吊装要求情况下，
起重半径应满足

$$R \geqslant \frac{b}{2}+a \tag{6-5}$$

若建筑物周围场地狭窄，起重机不能布置在建筑物外侧，或者由于构件较重而建筑物宽度
又较大，塔式起重机在建筑物外侧布置不能满足构件吊装要求时，可将起重机布置在跨内。其
布置方式有跨内单行布置（见图6-26（c））和跨内环形布置两种（见图6-26（d））。

塔式起重机跨内布置只能采用竖向综合吊装，结构稳定性差；同时构件多布置在起重机回
转半径之外，须增加二次搬运；对建筑物外侧围护结构吊装也较困难。因此，应尽可能不采用
跨内布置方案，尤其是环形布置。

3. 构件平面布置

多层装配式结构构件，除重量较大的柱在现场就地预制外，其余构件一般在预制厂制作，运至工地安装。因此，构件平面布置要着重解决柱在现场预制布置问题。多层装配式房屋布置方式与房屋结构特点、所选用起重机型号及起重机的布置方式有关。

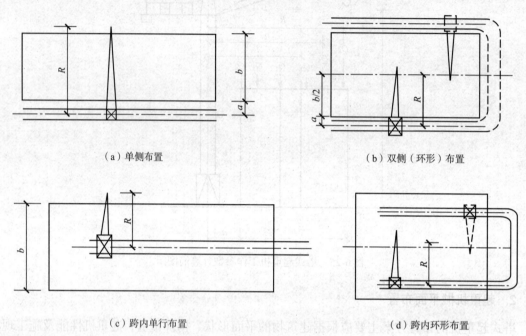

（a）单侧布置　　　　　　　　　　　　　（b）双侧（环形）布置

（c）跨内单行布置　　　　　　　　　　　（d）跨内环形布置

图6-26　塔式起重机在建筑物外侧布置

构件平面布置方案一般有下列三种（见图6-27）。

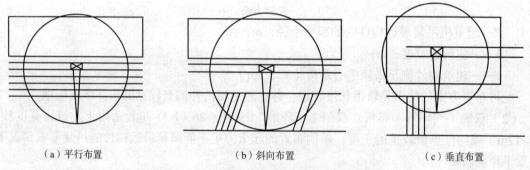

（a）平行布置　　　　　　　（b）斜向布置　　　　　　　（c）垂直布置

图6-27　使用塔式起重机吊装时柱的布置方案

① 平行布置。平行布置即柱身与轨道平行，是常用的布置方案。柱可叠浇，将几层高的柱通长预制，能减少柱接头偏差。

② 斜向布置。斜向布置即柱身与轨道成一定角度。柱吊装时，可用旋转法起吊，它适用于较长柱。

③ 垂直布置。垂直布置即柱身与轨道垂直。适用于起重机在跨中开行，柱吊点在起重机起重半径之内。

4. 结构吊装方法

多层装配式结构吊装方法有分件吊装法和综合吊装法两种（见图6-28）。

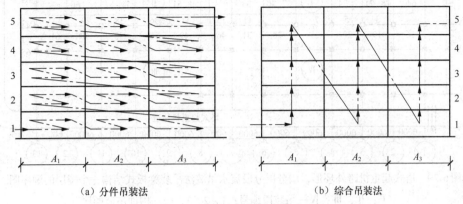

（a）分件吊装法　　　　　　　　　　　　（b）综合吊装法

图6-28　多层房屋结构吊装方法

（1）分件吊装法。按流水方式不同，可分为分层分段流水吊装法和分层大流水吊装法两种。

① 分层分段流水吊装法。分层分段流水吊装法是将多层房屋划分为若干施工层，每一个施工层再划分为若干吊装段。起重机在每一个吊装段内按照柱、梁、板的顺序分次进行吊装，每次开行吊装一种构件，直至该段的构件全部吊装完毕，再转移到另一段；待每一施工层各吊装段构件全部吊装完毕并最后固定后再吊装上一施工层构件。

施工层的划分与预制柱的长度有关。当柱的长度为一个楼层高时，以一个楼层为一个施工层；如果柱是两个楼层一节，则以两个楼层为一个施工层。施工层的数目越多，则柱的接头数目越多，吊装速度就越慢，施工也越麻烦，因此，在起重机的起重能力允许范围内，应加大柱的预制长度，减少施工层数。

吊装段的划分主要取决于建筑物的平面现状和尺寸、起重机的性能及其开行路线、完成各个工序所需的时间和临时固定设备的数量，应使吊装、校正、焊接各工序相互协调，同时要保证结构安装时的稳定性。因此，吊装段的大小，对框架结构一般以4～8个节间为宜，对大型墙板房屋一般以1～2个居住单元为宜。

图6-29所示为采用QT$_1$-6型塔式起重机吊装的示例。起重机在建筑物外侧环形布置。每一楼层分为四个吊装段，每一吊装段先吊柱后吊梁形成框架，再吊装楼板。

② 分层大流水吊装法。分层大流水吊装法是每个施工层不再划分吊装段，而按一个楼层组织各工序的流水。这种方法需要的临时固定支撑较多，适用于房屋面积不大的工程。

分件吊装法是装配式框架结构最常用的方法。其优点是：容易组织吊装、校正、焊接、灌浆等工序的流水作业；容易安排构件供应和现场布置工作；每次安装同类型构件，可减少起重机变幅和索具更换次数，从而提高安装效率。

（2）综合吊装法。综合吊装法是以一个柱网（节间）或若干个柱网（节间）为一个吊装段，以房屋全高为一个施工层组织各工序流水。起重机把一个吊装段的构件吊装至房屋全高，然后转入下一吊装段。综合吊装法适用于下列情况：采用履带式（或轮胎式）起重机跨内开行安装框架结构；或采用塔式起重机而不能布置在房屋外侧进行吊装；或房屋宽度大、构件重，只有把起重机布置在跨内才能满足吊装要求时，须采用综合吊装法。

251

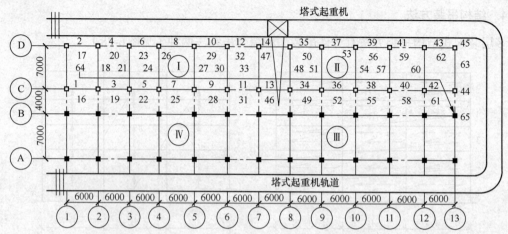

图6-29　塔式起重机跨外环形，用分层分段流水吊装法吊装梁板式结构一个楼层的顺序图

Ⅰ、Ⅱ、Ⅲ、Ⅳ—吊装段编号；1、2、3、……—构件吊装顺序

图6-30所示为采用履带式起重机跨内开行以综合吊装法吊装两层装配式框架结构的顺序。

综合吊装法的优点是结构整体稳定性好，起重机的开行路线短。缺点是吊装过程中吊具更换频繁，构件校正工作时间短，组织施工较麻烦。

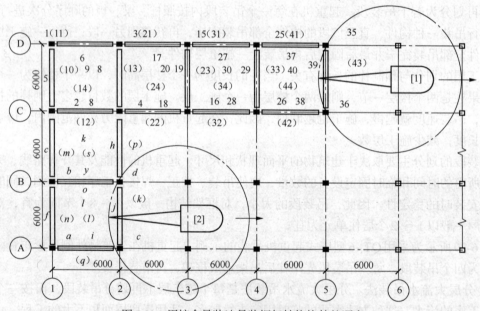

图6-30　用综合吊装法吊装框架结构构件的顺序

1、2、3、4、……—［1］号起重机吊装顺序；

a、b、c、d、……—［2］号起重机吊装顺序

5. 结构构件吊装

多层装配式框架结构的结构形式有梁板结构和无梁楼盖结构两类。梁板式结构是由柱、主梁、次梁和楼板组成。

（1）柱的吊装。为了便于预制和吊装，各层柱截面应尽量保持不变，而以改变配筋或混凝土强度等级来适应荷载的变化。柱长度一般1～2层楼高为一节，也可3～4层为一节，视

起重机性能而定。当采用塔式起重机进行吊装时，以1～2层楼高为宜；对4～5层框架结构，采用履带式起重机进行吊装时，柱长可采用一节到顶的方案。柱与柱的接头宜设在弯矩较小位置或梁柱节点位置，同时要照顾到施工方便。每层楼的柱接头宜布置在同一高度，便于统一构件规格，减少构件型号。

① 绑扎。多层框架柱，由于长度比较大，吊装时必须合理选择吊点位置和吊装方法，必要时应对吊点进行吊装应力和抗裂度验算。一般情况下，当柱长在12m以内时可采用一点绑扎，旋转法起吊；对14～20m的长柱则应采用两点绑扎起吊。应尽量避免采用多点绑扎，以防止在吊装过程中构件受力不均而产生裂缝或断裂。

② 吊升。柱的起吊方法与单层厂房柱的吊装相同。上柱的底部都有外伸钢筋，吊装时必须采取保护措施，防止钢筋碰弯。外伸钢筋的保护方法有：用钢管保护柱脚外伸钢筋及用垫木栓保护外伸钢筋两种。

③ 柱的临时固定与校正。框架底柱与基础杯口的连接与单层厂房相同。上下两节柱的连接是多层框架结构安装的关键。其临时固定可用管式支撑。柱的校正需要进行2～3次。首先在脱钩后、电弧焊前进行初校；在电弧焊后进行二校，观测钢筋因电弧焊受热收缩不均而引起的偏差；在梁和楼板吊装后再校正一次，消除梁柱接头电弧焊产生的偏差。

在柱校正过程中，当垂直度和水平位移均有偏差时，如垂直度偏差较大，则应先校正垂直度，然后校正水平位移，以减少柱倾覆的可能性。柱的垂直度偏差容许值为$H/1000$（H为柱高），且不大于15mm。水平位移容许偏差值应控制在±5mm以内。

多层框架长柱，由于阳光照射的温差对垂直度有影响（使柱产生弯曲变形），因此，在校正中须采取适当措施。例如，可在无强烈阳光（阴天、早晨或晚间）时进行校正；一轴线上的柱可选择第一根柱在无温差影响下校正，其余柱均以此柱为标准；柱校正时预留偏差。

（2）构件接头。在多层装配式框架结构中，构件接头形式和施工质量直接影响整个结构的稳定性和刚度。因此，要选好柱与柱、柱与梁的接头型式。在接头施工时，应保证钢筋焊接和二次灌浆质量。

① 柱与柱接头。柱的接头应能可靠地传递轴向压力、弯矩和剪力。柱接头及其附近区段的混凝土等级强度不应低于构件强度等级。柱接头型式有榫式接头、插入式接头和浆锚式接头三种，如图6-31所示。

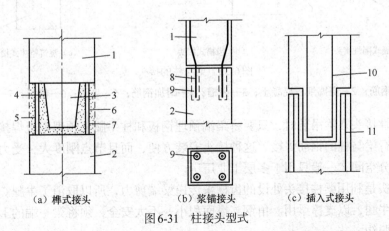

（a）榫式接头　　（b）浆锚接头　　（c）插入式接头

图6-31　柱接头型式

1—上柱；2—下柱；3—上柱榫头；4—上柱外伸钢筋；5—后浇混凝土接头；6—坡口焊；

7—下柱外伸钢筋；8—上柱外伸锚固钢筋；9—浆锚孔；10—榫头纵向钢筋；11—下柱钢筋

253

榫式接头（见图6-31（a））的应用最广。其做法是将上节柱的下端做成榫头状以承受施工荷载；同时上下柱各伸出一定长度的钢筋（宜大于纵向钢筋直径的25倍）。安装时将钢筋对齐并开坡口焊接；然后支模板，用比柱混凝土强度高25%的细石混凝土灌筑，使上下柱连成整体。

这种接头的整体性好，安装、校正方便、耗钢量少，施工质量有保证；但钢筋容易错位，钢筋电弧焊对柱的垂直度影响较大，二次灌浆混凝土量较大，混凝土收缩后在接缝处易形成收缩裂缝，如加大榫头尺寸，虽然二次灌浆混凝土量较少了，但又易产生黏结不好，不能与榫头共同工作。

浆锚式接头（见图6-31（b））的做法是在上节柱底部伸出4根长300～700mm的锚固钢筋；下节柱顶部预留4个深350～750mm、孔径为2.5～4倍锚固钢筋直径的浆锚孔。安装上节柱时，先把浆锚孔清洗干净，并灌M40以上快凝砂浆；在下柱顶面铺10～15mm厚砂浆垫层，然后把上节柱的锚固钢筋插入孔内，使上下柱连成整体。

浆锚接头避免了焊接工作带来的不利因素，但接头质量较焊接接头差。这种接头适用于纵向钢筋不多于4根的柱。

插入式接头（见图6-31（c））也是将上节柱做成榫头，但下节柱顶部做成杯口，上节柱插入杯口后用水泥砂浆填实成整体。这种接头的优点是不用电弧焊，安装方便，造价低，使用在截面较大的小偏心受压柱中较合适。但在大偏心受压时，为防止受拉边产生裂缝，须采取构造措施。

② 柱与梁接头。装配式框架结构中，柱与梁的接头可做成刚接，也可做成铰接。接头形式有明牛腿、暗牛腿、齿槽式和浇筑整体式等，如图6-32所示。

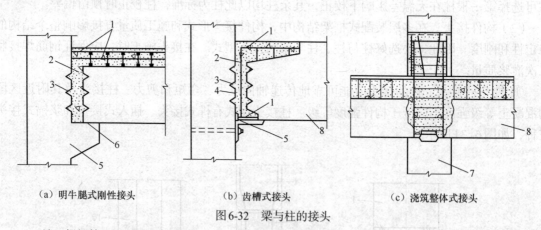

（a）明牛腿式刚性接头　　（b）齿槽式接头　　（c）浇筑整体式接头

图6-32　梁与柱的接头

1—坡口焊钢筋；2—浇捣细石混凝土；3—齿槽；4—附加钢筋；5—牛腿；6—垫板；7—柱；8—梁

明牛腿刚性接头在梁吊装时，只要将梁端预埋钢板和柱牛腿上预埋钢板焊接后起重机即可脱钩，然后进行梁与柱的钢筋焊接。这种接头安装方便，而且节点刚度大，受力可靠。但明牛腿占用了一部分空间，一般只用于多层工业厂房。

齿槽式接头是利用梁柱接头处设的齿槽来传递梁端剪力，所以取消了牛腿。梁柱接头处设角钢作为临时牛腿，以支撑梁用。角钢支撑面积小，不太安全，须将梁一端的上部接头钢筋焊好两根后方能脱钩。

浇筑整体式刚性接头应用最广。其基本做法是：柱为每层一节，梁搁在柱上，梁底钢筋按锚固长度要求上弯或焊接。配上箍筋后，浇筑混凝土至楼板面，待强度达10MPa即可安装上节柱。上节柱与榫接头柱相似，但上、下柱的钢筋用搭接而不用焊接，搭接长度大于20倍柱钢筋直径。然后第二次浇筑混凝土到上柱的榫头上方并留35mm空隙，用1:1:1细石混凝土捻缝，即成梁柱刚性接头。这种接头整体性好，抗震性能高，制作简单，安装方便，但施工较复杂，工序较多。

6. 结构安装的质量要求及安全措施

（1）操作中的质量要求。

① 当混凝土的强度超过设计强度75%以上，以及预应力构件孔道灌浆的强度在15MPa以上时，才能进行安装。

② 安装构件前，在构件上应弹出中心线或安装准线；要用仪器校核结构及预制件的标高和平面位置。

③ 构件安装就位后，应先进行临时固定，使构件保持稳定。

④ 在安装装配式框架结构时，只有当接头和接缝的混凝土强度大于10MPa时，才能安装上一层结构的构件。

⑤ 在安装构件时，应力求准确；其偏差应控制在允许范围内。

（2）操作中的安全要求。

① 根据工程特点，在施工以前要对吊装用的机械设备和索具、工具进行检查，如不符合安全规定不得使用。

② 现场用电必须严格执行《建设工程施工现场供用电安全规范》（GB 50194—2014）、《施工现场临时用电安全技术规范》（JGJ 46—2005）等的规定，电工须持证上岗。

③ 起重机的开行路线必须坚实可靠，起重机不得停置在斜坡上工作，也不允许两个履带板一高一低。

④ 严禁超载吊装，歪拉斜吊；要尽量避免满负荷行驶，构件摆动越大，超负荷就越多，就可能发生事故。双机抬吊各起重机荷载，不允许大于额定起重能力的80%。

⑤ 进入施工现场必须戴安全帽，高空作业必须戴安全带，穿防滑鞋。

⑥ 吊装作业时必须统一号令，明确指挥，密切配合。

⑦ 高空操作人员使用的工具及安装用的零部件，应放人随身佩带的工具带内，不可随便向下丢掷。

⑧ 钢构件应堆放整齐牢固，防止构件失稳伤人。

⑨ 要搞好防火工作，氧气、乙炔要按规定存放使用。电弧焊、气割时要注意周围环境有无易燃物品后再进行工作，严防火灾发生。氧气瓶、乙炔瓶应分开存放，使用时要保持安全距离，安全距离应大于10m。

⑩ 在施工以前应对高空作业人员进行身体检查，对患有不宜高空作业疾病（心脏病、高血压、贫血等）的人员不得安排高空作业。

⑪ 做好防暑降温、防寒保暖和职工劳动保护工作，合理调整工作时间，合理发放劳动保护用品。

⑫ 雨雪天气尽量不要进行高空作业。如需高空作业则必须采取必要的防滑、防雨和防冻措施。遇6级以上强风、浓雾等恶劣天气，不得进行露天攀登和悬空高处作业。

⑬ 施工前应与当地气象部门联系，了解施工期的气象资料。提前做好防台风、防雨、防

冻、防寒、防高温等措施。

⑭ 基坑周边、无外脚手架的屋面、梁、吊车梁、拼装平台、柱顶工作平台等处应设临边防护栏杆。

⑮ 对各种使人和物有坠落危险或危及人身安全的洞口，必须设置防护栏杆。必要时铺设安全网。

⑯ 施工时尽量避免交叉作业，如不得不交叉作业时，不得在同一垂直方向上操作，下层作业的位置必须处于依上层高度确定的可能坠落范围之外。不符合上述条件的应设置安全防护层。

学习案例

某综合办公楼工程，个体户王某受现场工长私下雇用，组织人员进行QT2315型塔吊安装，王某从市场租来一台汽车吊并找来9名民工，口头向大家分配了任务。在安装完塔身、塔顶、平衡臂后，着手安装起重臂。起重臂作为细长构件，吊装时对吊点位置、吊索的拴系方式、重心所处位置均有严格的技术要求。按规定本应设置3个吊点，6根吊索，而王某等人仅设了2个吊点，4根吊索，并且在吊索未拴牢的情况下，将起重臂吊起。起重臂根铰点销轴安装完毕后，5名工人爬上起重臂，安装拉杆。这时一处吊点的钢丝绳将起重臂2根侧向斜腹杆拉断，起重臂弹起后又瞬间下落，起吊钢丝绳崩断，起重臂砸向地面，起重臂上的5名工人4人死亡，1人重伤。

问题：

1. 请简要分析这起事故发生的主要原因。

2. 请简述起重吊装作业专项施工方案应包括哪些主要内容。

3. 请简述起重吊装作业预防高处坠落事故的安全技术措施。

分析：

1. 这起事故发生的主要原因有：

（1）现场工长私自非法雇用个体户进行塔吊安装作业。

（2）个体户王某非法承接塔吊安装任务，私招乱雇民工，违章指挥作业。

（3）安装人员不熟悉塔吊安装程序和起重吊装作业技术要点，冒险蛮干。

（4）作业人员无证上岗，安全意识不强，自我保护意识差。

（5）现场安全管理失控，对违章指挥、违章作业无人过问。

2. 专项施工方案的主要内容有：工程概况、现场环境、施工工艺、起重机械的选型依据、起重扒杆的设计计算、地锚设计、钢丝绳及索具的设计选用、地耐力及道路的要求，构件堆放就位图以及吊装过程中的各种防护措施等。

3. 安全技术措施包括：

（1）吊装作业人员必须正确使用安全带。

（2）雨天和雪天进行吊装作业时，必须要采取可靠的防滑、防寒和防冻措施。

（3）当遇有六级及六级以上强风、浓雾等恶劣气候时，不得从事露天高处吊装作业，暴风雪及台风、暴雨后，应对吊装作业安全设施逐一加以检查。

（4）吊装作业登高用的梯子必须牢固，梯脚底部应坚实、防滑，梯子的上端应有固定措施。

（5）所使用的固定式直爬梯应用金属材料制成，埋设与焊接必须牢固，梯子顶端的踏棍应与攀登的顶面齐平，并加设 1～1.5m 高的扶手。

（6）吊装作业人员在脚手板上通行时，思想应集中，在高处使用撬杠时，人要站稳。

（7）当安装有预留孔洞的楼板或屋面板时，应及时用木板盖严，或及时设置安全防护栏杆、安全网等防坠落措施。

（8）在从事屋架和梁类构件安装时，必须搭设牢固可靠的操作台，需要在梁上行走时，应设置安全防护栏杆或绳索。

🖼 知识拓展

盾构吊装设备

一、主要机械

主吊机械：格鲁夫450t汽车吊（120t配重）。

副吊机械；浦沅全液压130t汽车吊。

二、运输设备

（1）45t牵引拖车1台。

（2）120t五轴拖板2件。

（3）40t平板拖车7台。

三、地基要求

（1）盾构机主体吊装三大件：中体重量98t左右，前盾重量94t左右，刀盘重量26t左右（带刀）。

吊装设备：一台450t汽车吊，型号为GMK7450，配重120t。

（2）起吊时地基承载力验算（按最大件前盾重量98t计算）。

① 吊车重量：84t；

　　配　　重：120t；

　　前盾重量：98t；

　　合　　计：302t。

② 吊车承力面积计算：（吊装时在支腿处铺设2.4m×2.2m钢板，4个支腿受力）

$$2.4 \times 2.2 \times 4 = 21.12 \text{m}^2$$

③ 地基承载力：

$$3\ 020\ 000\text{N}/21.12\text{m}^2 \approx 0.143\text{MPa}$$

该地基承载力可通过钢板均匀扩散至深层地基土上。根据地勘资料及现场加固情况，地基加固后取芯抗压强度达到1.2MPa，因此施工现场完全满足起吊需求。

学习情境小结

本学习情境包括起重机械和设备、单层工业厂房结构安装、单层钢结构安装、多层及高层钢结构安装等内容，主要讲解了结构安装前的准备工作，常见构件的吊装工艺及平面布置，结构安装方案的制定，重点讲解了起重机的选择，起重机的开行路线及构建平面布置的关系。

单层钢结构工程以单层工业厂房结构安装最为典型。钢结构单层工业厂房一般由柱、柱间支撑、吊车梁、制动梁（桁架）、托架、屋架、天窗架、上下弦支撑、檩条及墙体骨架等构件组成。柱基通常采用钢筋混凝土阶梯或独立基础。

钢结构用钢量大、造价高、防火要求高，用于多层及高层钢结构建筑的体系有框架体系、框架剪力墙体系、框筒体系、组合筒体系及交错钢桁架体系等。钢结构具有强度高、抗震性能好、施工速度快等优点，因此在高层建筑中得到广泛应用。

学习检测

一、选择题

1. 缆风绳用的钢丝绳一般宜选用（   ）。

A. $6 \times 19 + 1$

B. $6 \times 37 + 1$

C. $6 \times 61 + 1$

D. $6 \times 91 + 1$

2. 若设计无要求，预制构件在运输时其混凝土强度至少应达到设计强度的（   ）。

A. 30%　　　　B. 45%　　　　C. 60%　　　　D. 75%

3. 对平面呈板式的六层钢筋混凝土预制结构吊装时，宜使用（   ）。

A. 人字拔杆式起重机

B. 履带式起重机

C. 附着式塔式起重机

D. 轨道式起重机

4. 吊装中小型单层工业厂房的结构构件时，宜使用（   ）。

A. 履带式起重机

B. 附着式起重机

C. 人字拔杆式起重机

D. 轨道式起重机

5. 某高层钢结构梁与柱的连接方式为，梁腹板高强度螺栓连接、翼缘焊接，则合理的施工顺序是（   ）。

A. 初拧腹板上高强度螺栓→焊接翼缘→终拧腹板上高强度螺栓

B. 初拧腹板上高强度螺栓→终拧腹板上高强度螺栓→焊接翼缘

C. 焊接翼缘→初拧腹板上高强度螺栓→终拧腹板上高强度螺栓

D. 焊接翼缘→一次终拧腹板上高强度螺栓

二、填空题

1. 结构安装工程常用的起重机械有_____、_____和_____。

2. 桅杆式起重机按其构造不同，可分为_____、_____、_____和牵缆式桅杆起重机等。

3. 自行式起重机可分为_____、_____和_____。

4. 履带式起重机的主要技术性能参数是_____、_____和_____。

5. 所谓滑轮组，即由一定数量的_____和_____组成，并通过绕过它们的绳索联系成为整体。

6. 结构吊装方法主要有_____和_____两种。

7. 结构吊装工程中起重机的选择包括_____、_____和_____。

8. 单层钢结构工程安装时，必须控制屋面、楼面、平台等的施工荷载，施工荷载和____等严禁超过桁架、楼面板、屋面板、平台铺板等的承载能力。

9. 单层钢结构工程中钢吊车梁的校正包括_____、_____和_____。

三、简答题

1. 起重机械的种类有哪些？试说明其优缺点及使用范围。

2. 履带式起重机的技术性能参数包括哪几个？试述它们之间的关系。

3. 结构吊装中的常用的钢丝绳有哪几种？

4. 屋架的绑扎有哪些要求？

5. 单层钢结构工程安装时，如何进行吊车梁的校正？

学习情境七
建筑防水工程

📋 情境导入

某市拟兴建高层商业大楼项目，建筑面积38 769m²，地上10层，地下2层。主体采用剪力墙结构，基础采用箱形基础，基坑采用大开挖的施工方法，地下防水采用防水混凝土。工程由某建筑公司施工总承包，于2007年7月18日开工建设，2009年3月20日竣工。施工中发生如下事件。

事件一：地下室外壁防水混凝土施工缝有多处出现渗漏水。

事件二：屋面卷材防水施工过程中，发现有一些直径不等、大小不一的小鼓泡。

🏠 案例导航

上述案例中，事件一产生的原因：施工缝留的位置不当；在支模和绑钢筋的过程中，锯末、铁钉等杂物掉入缝内没有及时清除，浇筑上层混凝土后，在新旧混凝土之间形成夹层；在浇筑上层混凝土时，没有先在施工缝处铺一层水泥浆或水泥砂浆，上、下层混凝土不能牢固黏接；钢筋过密，内外模板距离狭窄，混凝土浇捣困难，施工质量不易保证；下料方法不当，骨料集中于施工缝处；浇筑地面混凝土时，因工序衔接等原因造成新老接槎部位产生收缩裂缝。

事件二产生的原因是：在卷材防水层中黏结不实的部位，窝有水分和气体。当其受到太阳照或人工热源影响后，体积膨胀，造成鼓泡。

要了解地下防水工程的通病，需要掌握的相关知识有：

1. 屋面卷材防水各种原材料的特性和施工工艺。
2. 屋面涂膜防水各种原材料的特性和施工工艺。
3. 屋面刚性防水各种原材料的特性和施工工艺。
4. 厨房、卫生间地面防水构造与施工要求。

学习单元一　建筑屋面防水工程施工

✏️ 知识目标

（1）了解卷材、涂膜和刚性防水屋面各种原材料的特性。

（2）掌握卷材、涂膜和刚性防水屋面的施工工艺。

📖 技能目标

（1）通过本单元的学习，能根据实际情况合理地选择防水材料。

（2）能合理地进行卷材、刚性防水屋面的施工。

📖 基础知识

屋面防水工程按其构造可分为柔性防水屋面、刚性防水屋面、上人屋面、架空隔热屋面、蓄水屋面、种植屋面和金属板材屋面等。屋面防水可多道设防，将卷材、涂膜、细石防水混凝土复合使用，也可将卷材叠层施工。《屋面工程质量验收规范》（GB 50207—2012）根据建筑物的性质、重要程度、使用功能要求以及防水层耐用年限等，将屋面防水分为四个等级，不同的防水等级有不同的设防要求（见表7-1）。屋面工程应根据工程特点、地区自然条件等，按照屋面防水等级设防要求，进行防水构造设计。

表7-1　　　　　　　　　　　屋面防水等级和设防要求

项目	层面防水等级	
	I	II
建筑物类别	重要建筑和高层	一般建筑
设防要求	二道防水设防	一道防水设防

一、卷材防水屋面

卷材防水屋面属柔性防水屋面，其优点是重量轻、防水性能较好，尤其是防水层，具有良好的柔韧性，能适应一定程度的结构振动和胀缩变形；缺点是造价高，特别是沥青卷材易老化、起鼓，耐久性差，施工工序多，工效低，维修工作量大，产生渗漏时修补、找漏困难等。

卷材防水屋面一般由结构层、隔汽层、保温层、找平层、防水层和保护层组成，如图7-1所示。其中，隔汽层和保温层在一定的气温条件和使用条件下可不设。

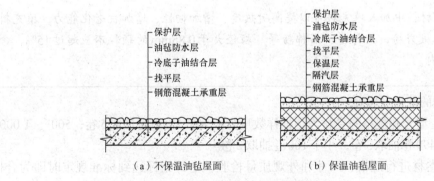

图7-1　油毡屋面构造层次示意图

（a）不保温油毡屋面　　　　（b）保温油毡屋面

1. 材料要求

（1）卷材防水屋面的材料。

① 沥青。沥青是一种有机胶凝材料。在土木工程中，目前常用的是石油沥青。石油沥青按其用途，可分为建筑石油沥青、道路石油沥青和普通石油沥青三种。建筑石油沥青黏性较高，多用于建筑物的屋面及地下工程防水；道路石油沥青则用于拌制沥青混凝土和沥青砂浆或

261

道路工程；普通石油沥青因其温度稳定性差，黏性较低，在建筑工程中一般不单独使用，而是与建筑石油沥青掺配经氧化处理后使用。

② 卷材。它有以下三种。

（a）沥青卷材。沥青防水卷材按制造方法不同，可分为浸渍（有胎）和辊压（无胎）两种。石油沥青卷材又称油毡和油纸。油毡是用高软化点的石油沥青涂盖油纸的两面，再撒上一层滑石粉或云母片而成，油纸是用低软化点的石油沥青浸渍原纸而成。建筑工程中常用的有石油沥青油毡和石油沥青油纸两种。油毡和油纸在运输、堆放时应竖直搁置，高度不宜超过两层；应贮存在阴凉通风的室内，避免日晒雨淋及高温、高热。

（b）高聚物改性沥青卷材。高聚物改性沥青防水卷材是以合成高分子聚合物改性沥青为涂盖层，纤维织物或纤维毡为胎体，粉状、粒状、片状或薄膜材料为覆盖材料制成的可卷曲的片状材料。

（c）合成高分子卷材。合成高分子防水卷材是以合成橡胶、合成树脂或两者的共混体为基料，加入适量的化学助剂和填充料等，经不同工序加工而成的可卷曲的片状防水材料；或把上述材料与合成纤维等复合，形成两层或两层以上的可卷曲的片状防水材料。

③ 冷底子油。冷底子油是用10号或30号石油沥青加入挥发性溶剂配制而成的溶液。石油沥青与轻柴油或煤油以4∶3的配合比调制而成的冷底子油为慢挥发性冷底子油，涂喷后12～48h干燥；石油沥青与汽油或苯以3∶7的配合比调制而成的冷底子油为快挥发性冷底子油，涂喷后5～10h干燥。调制时先将熬好的沥青倒入料桶中，再加入溶剂，并不停地搅拌至沥青全部溶化为止。冷底子油具有较强的渗透性和憎水性，并使沥青胶结材料与找平层之间的黏结力增强。

④ 沥青胶结材料。沥青胶结材料是用石油沥青按一定配合比掺入填充料（粉状和纤维状矿物质）混合熬制而成的，用于粘贴油毡作防水层或作为沥青防水涂层以及接头填缝。

小 技 巧

在沥青胶结材料中加入填充料可以提高耐热度、增加韧性、增加抗老化能力，填充料可采用滑石粉、板岩粉、云母粉、石棉粉等。粒径大于0.85mm的颗粒不应超过15%，含水率应在3%以内。

（2）进场卷材的抽样复验。

① 同一品种、型号和规格的卷材为，抽样数量为：大于1 000卷抽取5卷；500～1 000卷抽取4卷；100～499卷抽取3卷；小于100卷抽取2卷。

② 将受检的卷材进行规格、尺寸和外观质量检验，全部指标达到标准规定时即为合格。其中若有一项指标达不到要求，允许在受检产品中另取相同数量卷材进行复检，全部达到标准规定为合格。复检时仍有一项指标不合格，则判定该产品外观质量为不合格。

③ 在外观质量检验合格的卷材中，任取一卷做物理性能检验，若物理性能有一项指标不符合标准规定，应在受检产品中加倍取样进行该项复检；如复检结果仍不合格，则判定该产品为不合格。

（3）卷材胶黏剂、胶黏带。

① 改性沥青胶黏剂的剥离强度不应小于8N/10mm。

② 合成高分子胶黏剂的剥离强度不应小于15N/10mm，浸水168h后的保持率不应小于70%。

③ 双面胶黏带的剥离强度不应小于6N/10mm，浸水168h后的保持率不应小于70%。

④ 卷材胶黏剂和胶黏带的贮运、保管。

（a）不同品种、规格的卷材胶黏剂和胶黏带，应分别用密封桶或纸箱包装。

（b）卷材胶黏剂和胶黏带应贮存在阴凉、通风的室内，严禁靠近火源和热源。

2. 卷材防水屋面的施工

（1）卷材防水的一般规定。

① 卷材的铺贴方向。屋面坡度小于3%时，卷材宜平行屋脊铺贴；屋面坡度在3%～16%时，卷材可平行或垂直屋脊铺贴；屋面坡度大于16%或屋面受振动时，沥青防水卷材应垂直屋脊铺贴。高聚物改性沥青防水卷材和合成高分子防水卷材可平行或垂直屋脊铺贴，上、下层卷材不得相互垂直铺贴。

② 卷材的铺贴方法。卷材防水层上有重物覆盖或基层变形较大时，应优先采用空铺法、点粘法、条粘法或机械固定法，但距屋面周边800mm内以及叠层铺贴的各层卷材之间应满粘；防水层采取满粘法施工时，找平层的分格缝处宜空铺，空铺的宽度宜为100mm；卷材屋面的坡度不宜超过26%，当坡度超过26%时应采取防止卷材下滑的措施。

③ 卷材铺贴的施工顺序。屋面防水层施工时，应先做好节点、附加层和屋面排水比较集中等部位的处理，然后由屋面最低处向上进行。铺贴天沟、檐沟卷材时，宜顺天沟、檐沟方向，减少卷材的搭接。铺贴多跨和有高低跨的屋面时，应按先高后低、先远后近的顺序进行。等高的大面积屋面，先铺贴离上料地点较远的部位，后铺贴较近的部位。划分施工时，其界限宜设在屋脊、天沟、变形缝处。

④ 搭接方法和宽度要求。卷材铺贴应采用搭接法。相邻两幅卷材的接头还应相互错开300mm以上，以免接头处多层卷材因重叠而黏结不实。叠层铺贴，上、下层两幅卷材的搭接缝也应错开1/3幅宽，如图7-2所示。当采用高聚物改性沥青防水卷材点粘或空铺时，两头部分必须全粘500mm以上。平行于屋脊的搭接缝，应顺水流方向搭接；垂直于屋脊的搭接缝，应顺年最大频率风向搭接。叠层铺设的各层卷材，在天沟与屋面的连接处应采用交叉接法搭接，搭接缝应错开，接缝宜留在屋面或天沟侧面，不宜留在沟底。

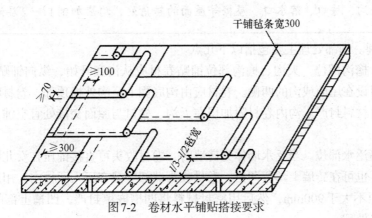

图7-2　卷材水平铺贴搭接要求

各种卷材的搭接宽度应符合表7-2所示的要求。

263

表7-2　　　　　　　　　　　　　　　　卷材搭接宽度

搭接方向		短边搭接宽度/mm		长边的搭接宽度/mm	
卷材种类		满粘法	空铺法 点粘法 条粘法	满粘法	空铺法 点粘法 条粘法
沥青防水卷材		100	150	70	100
高聚物改性沥青防水卷材		80	100	80	100
合成高分子 防水卷材	胶黏剂	80	100	80	100
	胶黏带	50	60	50	60
	单焊缝	60,有效焊接宽度不小于25			
	双焊缝	80,有效焊接宽度10×2+空腔宽			

（2）沥青防水卷材施工工艺。

① 基层清理。施工前清理干净基层表面的杂物和尘土，并保证基层干燥。干燥程度的建议检查方法是将$1m^2$卷材平坦地干铺在找平层上，静置3～4h后掀开检查，若找平层覆盖部位与卷材上未见水印，即可认为基层干燥。

② 喷涂冷底子油。先将沥青加热熔化，使其脱水至不起泡为止，然后将热沥青倒入桶内，冷却至110℃，缓慢注入汽油，边注入边搅拌均匀。一般采用的冷底子油配合比（重量比）为60号道路石油沥青:汽油=30：70；10号（30号）建筑石油沥青:轻柴油=50：50。

冷底子油采用长柄棕刷进行涂刷，一般1～2遍成活，要求均匀一致，不得漏刷和出现麻点、气泡等缺陷；第二遍应在第一遍冷底子油干燥后再涂刷。冷底子油也可采用机械喷涂。

③ 油毡铺贴。油毡铺贴之前首先应拌制玛脂，常用的为热玛脂，其拌制方法为：按配合比将定量沥青破碎成80～100mm的碎块，放在沥青锅里均匀加热，随时搅拌，并用漏勺及时捞清杂物，熬至脱水无泡沫时，缓慢加入预热干燥的填充料，同时不停地搅拌至规定温度，其加热温度不高于240℃，实用温度不低于190℃，制作好的热玛脂应在8h之内用完。

小技巧

油毡在铺贴前应保持干燥，其表面的撒布料应预先清扫干净，避免损伤油毡。在女儿墙、立墙、天沟、檐口、落水口、屋檐等屋面的转角处，均应加铺1～2层油毡附加层。

④ 细部处理。细部处理主要包括以下几点。

（a）天沟、檐沟部位。天沟、檐沟部位铺贴卷材应从沟底开始，纵向铺贴；如沟底过宽，纵向搭接缝宜留设在屋面或沟的两侧。卷材应由沟底翻上至沟外檐顶部，卷材收头应用水泥钉固定，并用密封材料封严。沟内卷材附加层在天沟、檐口与屋面交接处宜空铺，空铺的宽度不应小于200mm。

（b）女儿墙泛水部位。当泛水墙体为砖墙时，卷材收头可直接铺压在女儿墙压顶下，压顶应做防水处理。也可在砖墙上预留凹槽，卷材收头端部应截齐压入凹槽内，用压条或垫片钉牢固定，最大钉距不大于900mm，然后用密封材料将凹槽嵌填封严，凹槽上部的墙体亦应抹水泥砂浆层做防水处理。

（c）变形缝部位。变形缝的泛水高度不应小于250mm，其卷材应铺贴到变形缝两侧砌体上面，并且缝内应填泡沫塑料，上部填放衬垫材料，并用卷材封盖，变形缝顶部应加扣混凝土

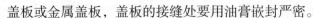

盖板或金属盖板，盖板的接缝处要用油膏嵌封严密。

（d）落水口部位。落水口杯上口的标高应设置在沟底的最低处。铺贴时，卷材贴入落水口杯内不应小于50mm，并涂刷防水涂料1或2遍，且使落水口周围500mm的范围坡度不小于5%，并在基层与落水口接触处应留20mm宽、20mm深的凹槽，用密封材料嵌填密实。

（e）伸出屋面的管道。将管道根部周围做成圆锥台，管道与找平层相接处留20mm×20mm的凹槽，嵌填密封材料，并将卷材收头处用金属箍箍紧，密封材料封严。

（f）无组织排水。排水檐口800mm范围内卷材应采取满粘法，卷材收头压入预留的凹槽内，采用压条或带垫片钉子固定，最大钉距不应大于900mm，凹槽内用密封材料嵌填封严，并应注意在檐口下端抹出鹰嘴和滴水槽。

（3）高聚物改性沥青防水卷材施工工艺。

① 清理基层。基层要保证平整，无空鼓、起砂，阴阳角应呈圆弧形，坡度符合设计要求，尘土、杂物要清理干净，保持干燥。

② 涂刷基层处理剂。基层处理剂是利用汽油等溶液稀释胶黏剂制成，应搅拌均匀，用长把滚刷均匀涂刷在基层表面上，涂刷时要均匀一致。

③ 高聚物改性沥青防水卷材施工。高聚物改性沥青防水卷材施工，有冷粘法铺贴卷材、热熔法铺贴卷材和自粘法铺贴卷材三种方法（见表7-3）。

表7-3　　　　　　　　　　　　　　高聚物改性沥青防水施工

项次	项目名称	基本内容
1	冷粘法铺贴卷材	（1）胶黏剂涂刷应均匀，不露底、不堆积。卷材空铺、点粘、条粘时，应按规定的位置及面积涂刷胶黏剂 （2）根据胶黏剂的性能，应控制胶黏剂涂刷与卷材铺贴的间隔时间 （3）铺贴卷材时应排除卷材下面的空气，并辊压粘贴牢固 （4）铺贴卷材时应平整顺直，搭接尺寸准确，不得扭曲、折皱。搭接部位的接缝应满涂胶黏剂，辊压粘贴牢固 （5）搭接缝口应用材性相容的密封材料封严
2	热熔法铺贴卷材	（1）火焰加热器的喷嘴距卷材面的距离应适中，幅宽内加热应均匀，以卷材表面熔融至光亮黑色为度，不得过分加热卷材。厚度小于3mm的高聚物改性沥青防水卷材，严禁采用热熔法施工 （2）卷材表面热熔后应立即滚铺卷材，滚铺时应排除卷材下面的空气，使之平展并粘贴牢固 （3）搭接缝部位宜以溢出热熔的改性沥青为度，溢出的改性沥青宽度以2mm左右并均匀顺直为宜。当接缝处的卷材有铝箔或矿物粒（片）料时，应清除干净后再进行热熔和接缝处理 （4）铺贴卷材时应平整顺直，搭接尺寸准确，不得扭曲 （5）采用条粘法时，每幅卷材与基层粘结面不应少于两条，每条宽度不应小于150mm
3	自粘法铺贴卷材	（1）铺贴卷材前，基层表面应均匀涂刷基层处理剂，干燥后及时铺贴卷材 （2）铺贴卷材时应将自黏胶底面的隔离纸完全撕净 （3）铺贴卷材时应排除卷材下面的空气，并辊压粘贴牢固 （4）铺贴的卷材应平整顺直，搭接尺寸准确，不得扭曲、皱折。低温施工时，立面、大坡面及搭接部位宜采用热风机加热，加热后随即粘贴牢固 （5）搭接缝口应采用材性相容的密封材料封严

265

（4）合成高分子防水卷材施工工艺。

① 基层处理。基层表面为水泥浆找平层，找平层要求表面平整。当基层面有凹坑或不平时，可用108胶水水泥砂浆嵌平或抹层缓坡。基层在铺贴前做到洁净、干燥。

② 高分子防水卷材的铺贴。高分子防水卷材的铺贴为冷粘法和热焊法两种施工方法，使用最多的是冷粘法。冷粘法施工是以合成高分子卷材为主体材料，配以与卷材同类型的胶黏剂及其他辅助材料，用胶黏剂贴在基层形成防水层的施工方法。

冷粘法施工工序如下。

（a）刷底胶。将高分子防水材料胶黏剂配制成的基层处理剂或胶黏带，均匀地深刷在基层的表面，在干燥4～12h后再进行后道工序。胶黏剂涂刷应均匀，不露底，不堆积。

（b）卷材上胶。先把卷材在干净、平整的面层上展开，用长滚刷蘸满搅拌均匀的胶黏剂，涂刷在卷材的表面，涂胶的厚度要均匀且无漏涂，但在沿搭接部位留出100mm宽的无胶带。静置10～20min，当胶膜干燥且手指触摸基本不粘手时，用纸筒芯重新卷好带胶的卷材。

（c）滚铺。卷材的铺贴应从流水口下坡开始。先弹出基准线，然后将已涂刷胶黏剂的卷材一端先粘贴固定在预定部位，再逐渐沿基线滚动展开卷材，将卷材粘贴在基层上。

小 提 示

卷材滚铺施工中应注意：铺设同一跨屋面的防水层时，应先铺排水口、天沟、檐口等处排水比较集中的部位，按标高由低向高的顺序铺；在铺多跨或高低跨屋面防水卷材时，应按先高后低、先远后近的顺序进行；应将卷材顺长方向铺，并使卷材长面与流水坡度垂直，卷材的搭接要顺流水方向，不应成逆向。

（d）上胶。在铺贴完成的卷材表面再均匀地涂刷一层胶黏剂。

（e）复层卷材。根据设计要求可再重复上述施工方法，再铺贴一层或数层的高分子防水卷材，达到屋面防水的效果。

（f）着色剂。在高分子防水卷材铺贴完成、质量验收合格后，可在卷材表面涂刷着色剂，起到保护卷材和美化环境的作用。

二、涂膜防水屋面

涂膜防水屋面是在屋面基层上涂刷防水涂料，经固化后形成一层有一定厚度和弹性的整体涂膜，从而达到防水目的的一种防水屋面形式。防水涂料的特点：防水性能好，固化后无接缝；施工操作简便，可适应各种复杂的防水基面；与基面黏结强度高；温度适应性强；施工速度快，易于修补等。

涂膜防水屋面构造如图7-3所示。

1. 材料要求

（1）进场防水涂料和胎体增强材料的抽样复验。

① 同一规格、品种的防水涂料，每10t为一批，不足10t者按一批进行抽样。胎体增强材料，每3 000m² 为一批，不足3 000m² 者按一批进行抽样。

② 防水涂料和胎体增强材料的物理性能检验，全部指标达到标准规定时，即为合格。若有一项指标达不到要求，允许在受检产品中加倍取样进行该项复检；如复检结果仍不合格，则

判定该产品为不合格。

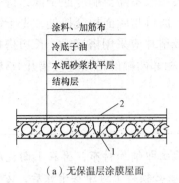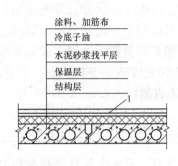

（a）无保温层涂膜屋面　　　　　（b）有保温层涂膜屋面

图7-3　涂膜防水屋面构造图

1—细石混凝土；2—油膏嵌缝

（2）防水涂料和胎体增强材料的贮运、保管。

① 防水涂料包装容器必须密封，容器表面应标明涂料名称、生产厂名、执行标准号、生产日期和产品有效期，并分类存放。

② 反应型和水乳型涂料贮运和保管的环境温度不宜低于5℃。

③ 溶剂型涂料贮运和保管的环境温度不宜低于0℃，并不得日晒、碰撞和渗漏；保管环境应干燥、通风，并远离火源；仓库内应有消防设施。

④ 胎体增强材料的贮运、保管环境应干燥、通风，并远离火源。

2. 涂膜防水屋面的施工

涂膜防水屋面的施工工艺流程如图7-4所示。

（1）基层清理。涂膜防水层施工前，先将基层表面的杂物、砂浆硬块等清扫干净，基层表面平整，无起砂、起壳、龟裂等现象。

（2）涂刷基层处理剂。基层处理剂常采用稀释后的涂膜防水材料，其配合比应根据不同防水材料按要求配置。涂刷时应涂刷均匀，覆盖完全。

（3）附加涂膜层施工。涂膜防水层施工前，在管根部、落水口、阴阳角等部位必须先做附加涂层，附加涂层的做法是：在附加层涂膜中铺设玻璃纤维布，用板刷涂刮驱除气泡，将玻璃纤维布紧密地贴在基层上，不得出现空鼓或折皱，可以多次涂刷涂膜。

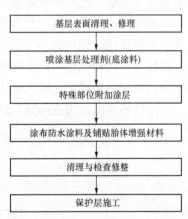

图7-4　涂膜防水屋面施工工艺流程

（4）涂膜防水层施工。涂膜防水应根据防水涂料的品种分层分遍涂布，不得一次涂成；应待先涂的涂层干燥成膜后，方可涂后一遍涂料；需铺设胎体增强材料时，屋面坡度小于15%时可平行屋脊铺设，屋面坡度大于15%时应垂直屋脊铺设；胎体长边搭接宽度不应小于50mm，短边搭接宽度不应小于70mm；采用两层胎体增强材料时，上下层不得相互垂直铺设，搭接缝应错开，其间距不应小于幅宽的1/3。

涂膜防水层的厚度：高聚物改性沥青防水涂料，在屋面防水等级为Ⅱ级时不应小于3mm；

合成高分子防水涂料，在屋面防水等级为Ⅲ级时不应小于1.5mm。

施工要点：防水涂膜应分层分遍涂布，第一层一般不需要刷冷底子油，待先涂的涂层干燥成膜后，方可涂布下一遍涂料。在板端、板缝、檐口与屋面板交接处，先干铺一层宽度为150～300mm的塑料薄膜缓冲层。铺贴玻璃丝布或毡片应采用搭接法，长边搭接宽度不小于70mm，短边搭接宽度不小于100mm，上下两层及相邻两幅的搭接缝应错开1/3幅宽，但上下两层不得互相垂直铺贴。

> **小技巧**
>
> 铺加衬布前，应先浇胶料并刮刷均匀，然后立即铺加衬布，再在上面浇胶料刮刷均匀，纤维不露白，用辊子滚压实，排尽布下空气。必须待上道涂层干燥后，方可进行后道涂料施工，干燥时间视当地温度和湿度而定，一般为4～24h。

（5）保护层施工。涂膜防水屋面应设置保护层。保护层材料可采用绿豆砂、云母、蛭石、浅色涂料、水泥砂浆、细石混凝土或块材等。当采用水泥砂浆、细石混凝土或块材保护层时，应在防水涂膜与保护层之间设置隔离层，以防止因保护层的伸缩变形，将涂膜防水层破坏而造成渗漏。当用绿豆砂、云母、蛭石时，应在最后一遍涂料涂刷后随即撒上，并用扫帚轻扫均匀、轻拍粘牢。当用浅色涂料作保护层时，应在涂膜固化后进行。

三、刚性防水屋面

刚性防水屋面用细石混凝土、块体材料或补偿收缩混凝土等材料作屋面防水层，依靠混凝土密实并采取一定的构造措施，以达到防水的目的。

刚性防水屋面所用材料容易取得，价格低廉、耐久性好、维修方便，但是对地基不均匀沉降、温度变化、结构振动等因素都非常敏感，容易产生变形开裂，且防水层与大气直接接触，表面容易炭化和风化，如果处理不当，极易发生渗漏水现象，所以刚性防水屋面不适用于设有松散材料保温层以及受较大振动或冲击的和坡度大于15%的建筑屋面。

刚性防水屋面构造如图7-5所示。

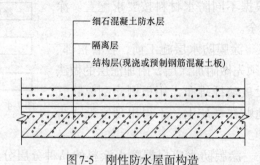

图7-5 刚性防水屋面构造

1. 材料要求

① 防水层的细石混凝土宜用普通硅酸盐水泥或硅酸盐水泥，不得使用火山灰质硅酸盐水泥；当采用矿渣硅酸盐水泥时，应采取减少泌水性的措施。

② 防水层内配置的钢筋宜采用冷拔低碳钢丝。

③ 防水层的细石混凝土中，粗集料的最大粒径不宜大于15mm，含泥量不应大于1%；细集料应采用中砂或粗砂，含泥量不应大于2%。

④ 防水层细石混凝土使用的外加剂，应根据不同品种的适用范围、技术要求选择。

⑤ 水泥贮存时应防止受潮，存放期不得超过三个月。当超过存放期限时，应重新检验确定水泥强度等级。受潮结块的水泥不得使用。

⑥ 外加剂应分类保管，不得混杂，并应存放于阴凉、通风、干燥处。运输时应避免雨淋、日晒和受潮。

2. 刚性防水屋面施工

（1）基层要求。刚性防水屋面的结构层宜为整体现浇的钢筋混凝土。当屋面结构层采用装配式钢筋混凝土板时，应用强度等级不小于C20的细石混凝土灌缝，灌缝的细石混凝土宜掺膨胀剂。当屋面板板缝宽度大于40mm或上窄下宽时，板缝内必须设置构造钢筋，灌缝高度与板面平齐，板端缝应用密封材料进行嵌缝密封处理。

（2）隔离层施工。为了消除结构变形对防水层的不利影响，可将防水层和结构层完全脱离，在结构层和防水层之间增加一层厚度为10～20mm的黏土砂浆，或者铺贴卷材隔离层。

① 黏土砂浆隔离层施工。将石灰膏：砂：黏土=1：2.4：3.6的材料均匀拌合，铺抹10～20mm厚，压平抹光，待砂浆基本干燥后，进行防水层施工。

② 卷材隔离层施工。用1：3的水泥砂浆找平结构层，在干燥的找平层上铺一层干细砂后，再在其上铺一层卷材隔离层，搭接缝用热沥青玛脂。

（3）细石混凝土防水层施工

① 混凝土水胶比不应大于0.55，每立方米混凝土的水泥和掺合料用量不应小于330kg，砂率宜为35%～40%，灰砂比宜为1：2～1：2.5。

② 细石混凝土防水层中的钢筋网片，施工时应放置在混凝土的上部。

③ 分格条安装位置应准确，起条时不得损坏分格缝处的混凝土；当采用切割法施工时，分格缝的切割深度宜为防水层厚度的3/4。

④ 普通细石混凝土中掺入减水剂、防水剂时，应计量准确、投料顺序得当、搅拌均匀。

⑤ 混凝土搅拌时间不应少于2min，混凝土运输过程中应防止漏浆和离析；每个分格板块的混凝土应一次浇筑完成，不得留施工缝；抹压时不得在表面洒水、加水泥浆或撒干水泥，混凝土收水后应进行二次压光。

⑥ 防水层的节点施工应符合设计要求；预留孔洞和预埋件位置应准确；安装管件后，其周围应按设计要求嵌填密实。

⑦ 混凝土浇筑后应及时进行养护，养护时间不宜少于14d；养护初期屋面不得上人。

3. 刚性防水屋面质量要求

① 刚性防水屋面不得有渗漏和积水现象。

② 所用的混凝土、砂浆原材料，各种外加剂及配套使用的卷材、涂料、密封材料等必须符合质量标准和设计要求。进场材料应按规定检验合格。

③ 穿过屋面的管道等与屋面交接处，周围要用柔性材料增强密封，不得渗漏；各节点做法应符合设计要求。

④ 混凝土、砂浆的强度等级、厚度及补偿收缩混凝土的自由膨胀率应符合设计要求。

⑤ 屋面坡度应准确,排水系统应通畅,刚性防水层厚度符合要求。表面平整度不超过5mm,不得有起砂、起壳和裂缝现象。防水层内钢筋位置应准确。分格缝应平直、位置正确。密封材料应嵌填密实,盖缝卷材应粘贴牢固。

⑥ 施工过程中做好隐蔽工程的检查和记录。

四、常见屋面渗漏及防治方法

造成屋面渗漏的原因是多方面的,包括设计、施工、材料质量、维修管理等。要提高屋面防水工程的质量,应以材料为基础、以设计为前提、以施工为关键,并加强维护,对屋面工程进行综合治理。

1. 屋面渗漏的原因

① 山墙、女儿墙和突出屋面的烟囱等墙体与防水层相交部渗漏雨水。其原因是节点做法过于简单,垂直面卷材与屋面卷材没有很好地分层搭接,或卷材收口处开裂,在冬季不断冻结,夏季炎热熔化,使开口增大,并延伸至屋面基层,造成漏水。此外,由于卷材转角处未做成圆弧形、钝角或角太小,女儿墙压顶砂浆等级低,滴水线未做或没有做好等原因,也会造成渗漏。

② 天沟漏水。其原因是天沟长度大,纵向坡度小,雨水口少,雨水斗四周卷材粘贴不严,排水不畅,造成漏水。

③ 屋面变形缝(伸缩缝、沉降缝)处漏水。其原因是处理不当,如薄钢板凸棱安反了,薄钢板安装不牢,泛水坡度不当造成漏水。

④ 挑檐、檐口处漏水。其原因是檐口砂浆未压住卷材,封口处卷材张口,檐口砂浆开裂,下口滴水线未做好而造成漏水。

⑤ 雨水口处漏水。其原因是雨水口处的雨水斗安装过高,泛水坡度不够,使雨水沿雨水斗外侧流入室内,造成渗漏。

⑥ 厕所、厨房的通气管根部漏水。其原因是防水层未盖严,或包管高度不够,在油毡上口未缠麻丝或钢丝,油毡没有做压毡保护层,使雨水沿通气管进入室内造成渗漏。

⑦ 大面积漏水。其原因是屋面防水层找坡不够,表面凹凸不平,造成屋面积水而渗漏。

2. 屋面渗漏的预防及治理办法

遇上女儿墙压顶开裂时,可铲除开裂压顶的砂浆,重抹1:(2～2.5)水泥砂浆,并做好滴水线,有条件者可换成预制钢筋混凝土压顶板。突出屋面的烟囱、山墙、管根等与屋面交接处、转角处做成钝角,垂直面与屋面的卷材应分层搭接。对已漏水的部位,可将转角渗漏处的卷材割开,并分层将旧卷材烤干剥离,清除原有沥青胶。

① 出屋面管道。管根处做成钝角,并建议设计单位加做防雨罩,使油毡在防雨罩下收头。

② 檐口漏雨。将檐口处旧卷材掀起,用24号镀锌薄钢板将其钉于檐口,将新卷材贴于薄钢板上。

③ 雨水口漏雨渗水。将雨水斗四周卷材铲除,检查短管是否紧贴基层板面或铁水盘。如短管浮搁在找平层上,则将找平层凿掉,清除后安装好短管,再用搭槎法重做三毡四油防水层,然后进行雨水斗附近卷材的收口和包贴。

270

如用铸铁弯头代替雨水斗时，则需将弯头凿开取出，清理干净后安装弯头，再铺卷材一层，其伸入弯头内应大于50mm，最后防水层至弯头内并与弯头端部搭接顺畅，抹压密实。

小 提 示

对于大面积渗漏屋面，针对不同原因可采用不同方法治理。一般是将原豆石保护层清扫一遍，去掉松动的浮石，抹20mm厚水泥砂浆找平层，然后做卷材防水层和黄砂（或粗砂）保护层。

课 堂 案 例

某办公大楼由主楼和裙楼两部分组成，平面呈不规则四方形，主楼29层，裙楼4层，地下2层，总建筑面积81 650m²。该工程5月完成主体施工，屋面防水施工安排在8月。屋面防水层由一层聚氨酯防水涂料和一层自粘SBS高分子防水卷材构成。裙楼地下室回填土施工时已将裙楼外脚手架拆除，在裙楼屋面防水层施工时，因工期紧没有架设安全防护栏杆。工人王某在铺贴卷材后退时不慎从屋面掉下，经医院抢救无效死亡。

裙楼屋面防水施工完成后，聚氨酯底胶配制时用的二甲苯稀释剂剩余不多，工人张某随手将剩余的二甲苯从屋面向外倒在了回填土上。

主楼屋面防水工程检查验收时发现少量卷材起鼓，鼓泡有大有小，直径大的达到90mm，鼓泡割破后发现有冷凝水珠。经查阅相关技术资料后发现：没有基层含水率试验和防水卷材粘贴试验记录；屋面防水工程技术交底要求自粘SBS卷材搭接宽度为50mm，接缝口应用密封材料封严，宽度不小于5mm。

问题：

1. 从安全防护措施角度指出发生这一起伤亡事故的直接原因。
2. 项目经理部负责人在事故发生后应该如何处理此事？
3. 试分析卷材起鼓原因，并指出正确的处理方法。
4. 自粘SBS卷材搭接宽度和接缝口密封材料封严宽度应满足什么要求？
5. 将剩余的二甲苯倒在工地上的危害之处是什么？指出正确的处理方法。

分析：

1. 事故直接原因：临边防护未做好。
2. 事故发生后，项目经理应及时上报，保护现场，做好抢救工作，积极配合调查，认真落实纠正和预防措施，并认真吸取教训。
3. 原因是在卷材防水层中黏结不实的部位，窝有水分和气体，当其受到太阳照射或人工热源影响后，体积膨胀，造成鼓泡。

治理方法：

（1）直径100mm以下的中、小鼓泡可用抽气灌胶法治理，并压上几块砖，几天后再将砖移去即成。

（2）直径100～300mm的鼓泡可先铲除鼓泡处的保护层，再用刀将鼓泡按斜十字形割开，放出鼓泡内气体，擦干水分，清除旧胶结料，用喷灯把卷材内部吹干；然后，按顺序把旧卷材分片重新粘贴好，再新粘一块方形卷材（其边长比开刀范围大100mm），压入卷材下；最后，粘贴覆盖好卷材，四边搭接好，并重做保护层。上述分片铺贴顺序是按屋面流水方向先下再左右后上。

（3）直径更大的鼓泡用割补法治理。先用刀把鼓泡卷材割除，按上一做法进行基层清理，再用喷灯烘烤旧卷材茬口，并分层剥开，除去旧胶结料后，依次粘贴好旧卷材，上铺一层新卷材（四周与旧卷材搭接不小于100mm）；然后，贴上旧卷材，再依次粘贴旧卷材，上面覆盖第二层新卷材；最后，粘贴卷材，周边压实刮平，重做保护层。

4. 屋面防水工程技术交底要求自粘SBS卷材搭接宽度为60mm，接缝口应用密封材料封严，宽度不小于10mm。

5. 二甲苯具有毒性，对神经系统有麻醉作用，对皮肤有刺激作用，易挥发，燃点低，对环境造成不良影响，所以应将其退回仓库保管员。

学习单元二　地下建筑防水工程施工

知识目标

（1）了解防水混凝土施工、沥青防水卷材施工的施工工艺。
（2）掌握地下防水工程的通病及治疗方法。

技能目标

（1）通过本单元的学习，能合理地组织地下防水工程施工。
（2）能够合理地处理防水工程所发生的质量事故。

基础知识

地下工程常年受到各种地表水、地下水的作用，所以地下工程的防渗漏处理比屋面防水工程要求更高，技术难度更大。地下工程的防水方案，应根据使用要求，全面考虑地质、地貌、水文地质、工程地质、地震烈度、冻结深度、环境条件、结构形式、施工工艺及材料来源等因素合理确定。

一、地下工程防水混凝土施工

1. 地下工程防水混凝土的设计要求

防水混凝土，又称抗渗混凝土，是以改进混凝土配合比、掺加外加剂或采用特种水泥等手段提高混凝土密实性、憎水性和抗渗性，使其满足抗渗等级大于或等于P6（抗渗压力为0.6MPa）要求的不透水性混凝土。

（1）防水混凝土抗渗等级的选择。防水混凝土的设计抗渗等级应符合表7-4所示的规定。

表7-4　　　　　　　　　　　　防水混凝土的设计抗渗等级

工程埋置深度/m	<10	10～20	20～30	30～40
设计抗渗等级	P6	P8	P10	P12

注：本表适用于Ⅳ、Ⅴ级围岩（土层及软弱围岩）。山岭隧道防水混凝土的抗渗等级可按铁道部门的相关规范执行。

小 提 示

由于建筑地下防水工程配筋较多，不允许渗漏，其防水要求一般高于水工混凝土，故防水混凝土抗渗等级最低定为P6，一般多采用P8，水池的防水混凝土抗渗等级不应低于P6，重要工程的防水混凝土的抗渗等级宜定为P8～P20。

（2）防水混凝土的最小抗压强度和结构厚度。

① 地下工程防水混凝土结构的混凝土垫层，其抗压强度等级不应低于C15，厚度不应小于100mm。

② 在满足抗渗等级要求的同时，其抗压强度等级一般可控制在C20～C30范围内。

③ 防水混凝土结构厚度须根据计算确定，但其最小厚度应根据部位、配筋情况及施工是否方便等因素，按表7-5所示选定。

表7-5　　　　　　　　　　　　防水混凝土的结构厚度

结构类型	最小厚度/mm	结构类型		最小厚度/mm
无筋混凝土结构	>150	钢筋混凝立墙：单排配筋		>200
钢筋混凝土底板	>150		双排配筋	>250

（3）防水混凝土的配筋及其保护层。

① 设计防水混凝土结构时，应优先采用变形钢筋，配置应细而密，直径宜用 $\phi 8$～$\phi 25mm$，中距≤200mm，分布应尽可能均匀。

② 钢筋保护层厚度，处在迎水面应不小于35mm；当直接处于侵蚀性介质中时，保护层厚度不应小于50mm。

③ 在防水混凝土结构设计中，应按照裂缝展开进行验算。一般处于地下水及淡水中的混凝土裂缝的允许厚度，其上限可定为0.2mm；在特殊重要工程、薄壁构件或处于侵蚀性水中，裂缝允许宽度应控制在0.1～0.15mm；当混凝土在海水中并经受反复冻融循环时，控制应更严，可参照有关规定执行。

2. 防水混凝土的搅拌

（1）准确计算、称量用料量。严格按选定的施工配合比，准确计算并称量每种用料。外加剂的掺加方法应遵从所选外加剂的使用要求。水泥、水、外加剂掺合料计量允许偏差不应大于±1%；砂、石计量允许偏差不应大于2%。

（2）控制搅拌时间。防水混凝土应采用机械搅拌，搅拌时间一般不少于2min；掺入引气型外加剂，则搅拌时间为2～3min；掺入其他外加剂应根据相应的技术要求确定搅拌时间。掺UEA膨胀剂防水混凝土搅拌的最短时间，按表7-6所示采用。

表7-6　　　　　　　　　　　防水混凝土搅拌的最短时间　　　　　　　　　　单位：s

混凝土坍落度 /mm	搅拌机机型	搅拌机出料量/L		
		＜250	250～500	＞500
≤30	强制式	90	120	150
	自落式	150	180	210
＞30	强制式	90	90	120
	自落式	150	150	180

知 识 链 接

（1）混凝土搅拌的最短时间是指自全部材料装入搅拌筒中起，到开始卸料止的时间。

（2）当掺有外加剂时，搅拌时间应适当延长（表中的搅拌时间为已延长的搅拌时间）。

（3）全轻混凝土宜采用强制式搅拌机搅拌，砂轻混凝土可采用自落式搅拌机搅拌，但搅拌时间应延长60～90s。

（4）采用强制式搅拌机搅拌轻集料混凝土的加料顺序是：当轻集料在搅拌前预湿时，先加粗、细集料和水泥搅拌30s，再加水继续搅拌；当轻集料在搅拌前未预湿时，先加1/2的总用水量和粗、细集料搅拌60s，再加水泥和剩余用水量继续搅拌。

（5）当采用其他形式的搅拌设备时，搅拌的最短时间应按设备说明书的规定或经试验确定。

274

3. 防水混凝土的浇筑

浇筑前，应将模板内部清理干净，木模用水湿润模板。浇筑时，若入模自由高度超过1.5m，则必须用串筒、溜槽或溜管等辅助工具将混凝土送入，以防离析和造成石子滚落堆积，影响质量。

在防水混凝土结构中有密集管群穿过处、预埋件或钢筋稠密处，浇筑混凝土有困难时，应采用相同抗渗等级的细石混凝土浇筑；预埋大管径的套管或面积较大的金属板时，应在其底部开设浇筑振捣孔，以利于排气、浇筑和振捣，如图7-6所示。

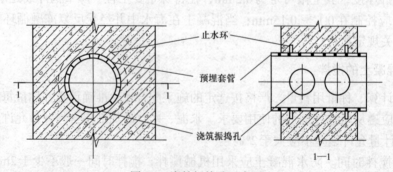

图7-6　浇筑振捣孔示意图

随着混凝土龄期的延长，水泥继续水化，内部可冻结水大量减少，同时水中溶解盐的浓度增加，因而冰点也会随龄期的增加而降低，使抗渗性能逐渐提高。为了保证早期免遭冻害，不宜在冬期施工，而应选择在气温为15℃以上的环境中施工。因为气温在4℃时，强度增长速度仅为15℃时的50%；而混凝土表面温度降到-4℃时，水泥水化作用停止，强度也停止增长。如果此时混凝土强度低于设计强度的50%，冻胀使内部结构遭到破坏，造成强度、抗渗性急剧下降。为防止混凝土早期受冻，北方地区对于施工季节的选择安排十分重要。

4. 防水混凝土的振捣

防水混凝土应采用混凝土振动器进行振捣。当用插入式混凝土振动器时，插点间距不宜大于振动棒作用半径的1.5倍，振动棒与模板的距离不应大于其作用半径的0.5倍。振动棒插入下层混凝土内的深度不应小于50mm，每一振点均应快插慢拔，将振动棒拔出后，混凝土会自然地填满插孔。当采用表面式混凝土振动器时，其移动间距应保证振动器的平板能覆盖已振实部分的边缘。混凝土必须振捣密实，每一振点的振捣延续时间应使混凝土表面呈现浮浆和不再沉落。

施工时的振捣是保证混凝土密实性的关键，浇筑时必须分层进行，按顺序振捣。采用插入式振捣器时，分层厚度不宜超过30cm；用平板振捣器时，分层厚度不宜超过20cm。一般应在下层混凝土初凝前接着浇筑上一层混凝土。通常，分层浇筑的时间间隔不超过2h；气温在30℃以上时不超过1h。防水混凝土浇筑高度一般不超过1.5m，否则应用串筒和溜槽或侧壁开孔的办法浇捣。振捣时，不允许用人工振捣，必须采用机械振捣，做到不漏振、不欠振，又不重振、多振。防水混凝土密实度要求较高，振捣时间宜为10～30s，直到混凝土开始泛浆和不冒气泡为止。掺引气剂、减水剂时应采用高频插入式振捣器振捣。振捣器的插入间距不得大于500mm，贯入下层不小于50mm。这对保证防水混凝土的抗渗性和抗冻性更有利。

5. 防水混凝土施工缝的处理

（1）施工缝留置要求。防水混凝土应连续浇筑，宜少留施工缝。顶板、底板不宜留施工缝，顶拱、底拱不宜留纵向施工缝。当留设施工缝时，应遵守下列规定。

① 墙体水平施工缝不宜留在剪力与弯矩最大处或底板与侧墙的交接处，应留在高出底板表面不小于300mm的墙体上。拱（板）墙结合的水平施工缝，宜留在拱（板）墙接缝线以下150～300mm处。墙体有预留孔洞时，施工缝距孔洞边缘不宜小于300mm。

② 垂直施工缝应避开地下水和裂隙水较多的地段，并宜与变形缝相结合。

（2）施工缝防水的构造形式。

施工缝防水的构造形式如图7-7所示。

（3）施工缝的施工要求。

① 水平施工缝浇筑混凝土前，应将其表面浮浆和杂物清除，先铺净浆，再铺30～50mm厚的1:1水泥砂浆或涂刷混凝土界面处理剂，同时要及时浇筑混凝土。

② 垂直施工缝浇筑混凝土前，应将表面清理干净，并涂刷水泥净浆或混凝土界面处理剂，并及时浇筑混凝土。

③ 选用的遇水膨胀止水条应具有缓胀性能，其7d的膨胀率不应大于最终膨胀率的60%。

④ 遇水膨胀止水条应牢固地安装在缝表面或预留槽内。

⑤ 采用中埋止水带时，应确保位置准确、固定牢靠。

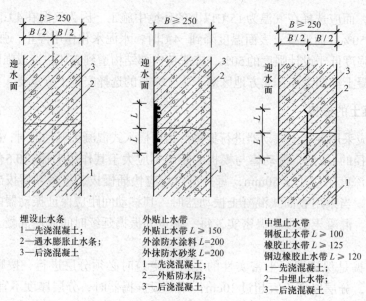

埋设止水条
1—先浇混凝土;
2—遇水膨胀止水条;
3—后浇混凝土

外贴止水带
外贴止水带 $L \geqslant 150$
外涂防水涂料 $L=200$
外抹防水砂浆 $L=200$
1—先浇混凝土;
2—外贴防水层;
3—后浇混凝土

中埋止水带
钢板止水带 $L \geqslant 100$
橡胶止水带 $L \geqslant 125$
钢边橡胶止水带 $L \geqslant 120$
1—先浇混凝土;
2—中埋止水带;
3—后浇混凝土

图 7-7　施工缝防水的基本构造形式

6. 防水混凝土的养护

防水混凝土的养护比普通混凝土更为严格,必须充分重视,因为混凝土早期脱水或养护过程缺水,抗渗性将大幅度降低,特别是前 7d 的养护更为重要。养护期不少于 14d,火山灰质硅酸盐水泥养护期不少于 21d。浇水养护次数应能保持混凝土充分湿润,每天浇水 3～4 次或更多次数,并用湿草袋或薄膜覆盖混凝土的表面,应避免暴晒。冬期施工应有保暖、保温措施。因为防水混凝土的水泥用量较大,相应混凝土的收缩性也大,养护不好极易开裂,降低抗渗能力。因此,当混凝土进入终凝(浇筑后 4～6h)即应覆盖并浇水养护。防水混凝土不宜采用电热法养护。

浇筑成型的混凝土表面覆盖养护不及时,尤其在北方地区夏季炎热干燥的情况下,内部水分将迅速蒸发,使水化不能充分进行。而水分蒸发造成毛细管网相互连通,形成渗水通道;同时,混凝土收缩量加快,出现龟裂使抗渗性能下降,丧失抗渗透能力。养护及时使混凝土在潮湿环境中水化,能使内部游离水分蒸发缓慢,水泥水化充分,堵塞毛细孔隙,形成互不连通的细孔,大大提高防水抗渗性。

当环境温度达到 10℃时可少浇水,因为在此温度下养护抗渗性能最差。当养护温度从10℃提高到 25℃时,混凝土抗渗压力从 0.1MPa 提高到 1.5MPa 以上。但养护温度过高,也会使抗渗性能降低。当冬期采用蒸汽养护时,最高温度不超过 50℃,养护时间必须达到 14d。

> **小 提示**
>
> 采用蒸汽养护时,不宜直接向混凝土喷射蒸汽,但应保持混凝土结构有一定的湿度,防止混凝土早期脱水,并应采取措施排除冷凝水和防止结冰。蒸汽养护应按下列规定控制升温与降温速度。
>
> (1)升温速度。对表面系数(指结构的冷却表面积(m^2)与结构全部体积(m^3)的比值)小于 6 的结构,不宜超过 6℃/h;对表面系数为 6 和大于 6 的结构,不宜超过 8℃/h;恒温温度不得高于 50℃。
>
> (2)降温速度不宜超过 5℃/h。

二、地下工程沥青防水卷材施工

1. 材料要求

① 宜采用耐腐蚀油毡。油毡选用要求与防水屋面工程施工相同。

② 沥青胶黏材料和冷底子油的选用、配制方法与石油沥青油毡防水屋面工程施工基本相同。沥青的软化点，应较基层及防水层周围介质可能达到的最高温度高出20℃～25℃，且不低于40℃。

2. 平面铺贴卷材

① 铺贴卷材前，宜使基层表面干燥，先喷冷底子油结合层两道，然后根据卷材规格及搭接要求弹线，按线分层铺设。

② 粘贴卷材的沥青胶黏材料的厚度一般为1.5～2.5mm。

③ 卷材搭接长度，长边不应小于100mm，短边不应小于150mm。上下两层和相邻两幅卷材的接缝应错开，上下层卷材不得相互垂直铺贴。

④ 在平面与立面的转角处，卷材的接缝应留在平面上距立面不小于600mm处。

⑤ 在所有转角处均应铺贴附加层。附加层应按加固处的形状仔细粘贴紧密。

⑥ 粘贴卷材时应展平压实。卷材与基层和各层卷材间必须黏结紧密，多余的沥青胶黏材料应挤出，搭接缝必须用沥青胶黏料仔细封严。最后一层卷材贴好后，应在其表面上均匀地涂刷一层厚度为1～1.5mm的热沥青胶黏材料，同时撒拍粗砂，以形成防水保护层的结合层。

⑦ 平面与立面结构施工缝处，防水卷材接槎的处理如图7-8所示。

3. 立面铺贴卷材

① 铺贴前宜使基层表面干燥，满喷冷底子油两道，干燥后即可铺贴。

② 应先铺贴平面，后铺贴立面，平、立面交接处应加铺附加层。

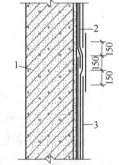

图7-8　防水卷材的错槎接缝
1—需防水结构；2—油毡防水层；
3—找平层

③ 在结构施工前，应将永久性保护墙砌筑在与需防水结构同一垫层上。保护墙贴防水卷材面应先抹1∶3水泥砂浆找平层，干燥后喷涂冷底子油，干燥后即可铺贴油毡卷材。卷材铺贴必须分层，先铺贴立面，后铺贴平面，铺贴立面时应先铺转角，后铺大面；卷材防水层铺完后，应按规范或设计要求做水泥砂浆或混凝土保护层，一般在立面上应在涂刷防水层最后一层沥青胶黏材料时，粘上干净的粗砂，待冷却后，抹一层10～20mm厚的1∶3水泥砂浆保护层；在平面上可铺设一层30～50mm厚的细石混凝土保护层。外防内贴法，即保护墙铺设转折处卷材的方法如图7-9所示。

④ 防水卷材与管道埋设件连接处的做法如图7-10所示。

⑤ 采用埋入式橡胶或塑料止水带的变形缝做法，如图7-11所示。

4. 采用外防外贴法铺贴卷材

① 铺贴卷材应先铺平面、后铺立面，交接处应交叉搭接。

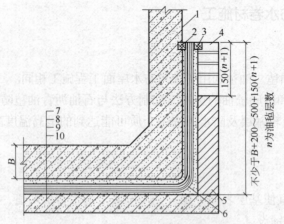

图7-9 保护墙铺设转折处油毡的方法

1—需防水结构；2—永久性木条；3—临时性木条；4—临时保护墙；5—永久性保护墙；

6—附加油毡层；7—保护层；8—油毡防水层；9—找平层；10—钢筋混凝土垫层

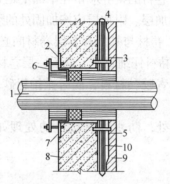

图7-10 油毡防水层与管道埋设件连接处的做法示意图

1—管子；2—预埋件（带法兰盘的套管）；3—夹板；4—油毡防水层；5—压紧螺栓；

6—填缝材料的压紧环；7—填缝材料；8—需防水结构；9—保护墙；10—附加油毡层

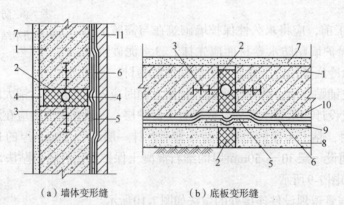

（a）墙体变形缝   （b）底板变形缝

图7-11 采用埋入式橡胶或塑料止水带的变形缝做法示意图

1—需防水结构；2—填缝材料；3—止水带；4—填缝油膏；5—油毡附加层；6—油毡防水层；

7—水泥砂浆面层；8—混凝土垫层；9—水泥砂浆找平层；10—水泥砂浆保护层；11—保护墙

② 临时性保护墙应用石灰砂浆砌筑，内表面应用石灰砂浆做找平层，并刷石灰浆。如用模板代替临时性保护墙时，应在其上涂刷隔离剂。

③ 从底面折向立面的卷材与永久性保护墙的接触部位，应采用空铺法施工。与临时性保护墙或围护结构模板接触的部位，应临时黏附在该墙上或模板上，卷材铺好后，其顶端应临时固定。

④ 当不设保护墙时，从底面折向立面的卷材的接槎部位应采取可靠的保护措施。

⑤ 主体结构完成后，铺贴立面卷材时，应先将接槎部位的各层卷材揭开，并将其表面清理干净，如卷材有局部损伤，应及时进行修补。

小 技 巧

当使用两层卷材时，卷材应错槎接缝，上层卷材应盖过下层卷材。卷材接槎的搭接长度，高聚物改性沥青卷材为150mm，合成高分子卷材为100mm。

卷材防水层甩槎、接槎的做法如图7-12和图7-13所示。

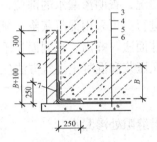

图7-12　甩槎做法

1—临时保护墙；2—永久保护墙；

3—细石混凝土保护层；4—卷材防水层；

5—水泥砂浆找平层；6—混凝土垫层；

7—卷材加强层

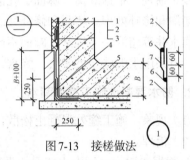

图7-13　接槎做法

1—结构墙体；2—卷材防水层；3—卷材保护层；

4—卷材加强层；5—结构底板；

6—密封材料；7—盖缝条

5. 采用外防内贴法铺贴卷材

① 主体结构的保护墙内表面应抹1∶3水泥砂浆找平层，然后铺贴卷材，并根据卷材特性选用保护层。

② 卷材宜先铺立面，后铺平面。铺贴立面时，应先铺转角，后铺大面。

6. 保护层

卷材防水层经检查合格后，应及时做保护层。保护层应符合以下规定。

① 顶板卷材防水层上的细石混凝土保护层厚度不应小于70mm，防水层为单层卷材时，在防水层与保护层之间应设置隔离层。

② 底板卷材防水层上的细石混凝土保护层厚度不应小于50mm。

③ 侧墙卷材防水层宜采用软保护或铺抹20mm厚的1∶3水泥砂浆。

三、水泥砂浆防水施工

水泥砂浆防水施工属刚性防水附加层的施工。如地下室工程以混凝土结构自防水为主，并不意味着其他防水做法不重要。因为大面积的防水混凝土难免会存在一些缺陷。另外，防水混凝土虽然不渗水，但透湿量还是相当大的，故对防水、防湿要求较高的地下室，还必须在混凝土的迎水面或背水面抹防水砂浆附加层。

水泥砂浆防水层所用的材料及配合比应符合规范规定。水泥砂浆防水层是由水泥砂浆层和水泥浆层交替铺抹而成，一般需做4～5层，其总厚度为15～20mm。施工时分层铺抹或喷射，水泥砂浆每层厚度宜为5～10mm，铺抹后应压实，表面提浆压光；水泥浆每层厚度宜为2mm。防水层各层间应紧密结合，并宜连续施工。如必须留设施工缝时，平面留槎采用阶梯坡形槎，接槎位置一般宜留在地面上，也可留在墙面上，但须离开阴阳角处200mm。

四、地下防水工程通病及治理

1. 防水混凝土蜂窝、麻面、孔洞渗漏水

（1）现象。混凝土表面局部缺浆粗糙、有许多小凹坑，但无露筋；混凝土局部酥松，砂浆少，石子多，石子间形成蜂窝；混凝土内有空腔，没有混凝土。

（2）治理。根据蜂窝、麻面、孔洞及渗漏水、水压大小等情况，查明渗漏水的部位，然后进行堵漏和修补处理。堵漏和修补处理可依次进行或同时穿插进行。可采用促凝灰浆、氰凝灌浆、集水井等堵漏法。蜂窝、麻面不严重的，可采用水泥砂浆抹面法。蜂窝、孔洞面积不大但较深，可采用水泥砂浆捻实法；蜂窝、孔洞严重的，可采用水泥压浆和混凝土浇筑方法。

2. 防水混凝土施工缝渗漏水

（1）现象。施工缝处混凝土松散，集料集中，接槎明显，沿缝隙处渗漏水。

（2）治理。

① 根据渗漏、水压大小情况，采用促凝胶浆或氰凝灌浆堵漏。

② 不渗漏的施工缝，可沿缝剔成八字形凹槽，松散石子剔除，用水泥素浆打底，抹1∶2.5水泥砂浆找平压实。

3. 防水混凝土裂缝渗漏水

（1）现象。混凝土表面有不规则的收缩裂缝，且贯通于混凝土结构，有渗漏水现象。

（2）治理。

① 采用促凝胶浆或氰凝灌浆堵漏。

② 对不渗漏的裂缝，可用灰浆或用水泥压浆法处理。

③ 对于结构所出现的环形裂缝，可采用埋入式橡胶止水带、后埋式止水带、粘贴式氯丁胶片以及涂刷式氯丁胶片等方法。

4. 水泥砂浆防水层局部阴湿与渗漏水

（1）现象。防水层上有一块块潮湿痕迹，在通风不良、水分蒸发缓慢的情况下，阴湿面积会徐徐扩展或形成渗漏，地下水从某一漏水点以不同渗水量自墙上流下或由地上冒出。

（2）治理。把渗漏部位擦干，立即均匀撒上一层干水泥粉，表面出现的湿点为漏水点，然后采用快凝砂浆或胶浆堵漏。

5. 水泥砂浆防水层空鼓、裂缝、渗漏水

（1）现象。防水层与基层脱离，甚至隆起，表面出现交叉裂缝。处于地下水位以下的裂缝

处，有不同程度的渗漏。

（2）治理。

① 无渗漏水的空鼓裂缝，必须全部剔除，其边缘剔成斜坡，清洗干净后，再按各层次重新修补平整。

② 有渗漏水的空鼓裂缝，先剔除，后找出漏水点，并将该处剔成凹槽，清洗干净。再用直接堵塞法或下管引水法堵塞。砖砌基层则应用下管引水法堵漏，并重新抹上防水层。

③ 对于未空鼓、不漏水的防水层收缩裂缝，可沿裂缝剔成八字形边坡沟槽，按防水层做法补平。对于渗漏水的裂缝，先堵漏，经查无漏水后按防水层做法分层补平。

④ 对于结构开裂的防水层裂缝，应先进行结构补强，征得设计者同意，可采用水泥压浆法处理，再抹防水层。

6. 地下室墙面漏水

（1）原因。地下室未做防水或防水没做好，内部不密实，有微小孔隙，形成渗水通道，地下水在压力作用下进入这些通道，造成墙面漏水。

（2）治理。将地下水位降低，尽量在无水状态下进行操作，先将漏水墙面刷洗干净，空鼓处去除补平，墙面凿毛，用防水快速止漏材料涂抹墙面，待凝固后，用合适的防水涂料或新型防水材料再涂刷一遍。根据墙面漏水情况，可采用多种方法治漏，如氯化铁防水砂浆抹面处理、喷涂M1500水泥密封剂、氰凝剂处理法等。

学习单元三 厨房、卫生间防水工程施工

281

知识目标
（1）了解厨房、卫生间地面防水构造与施工要求。
（2）掌握厨房、卫生间地面防水的施工方法。

技能目标
（1）通过本单元的学习，能够清楚厨房、卫生间地面的防水构造。
（2）能够依据厨房、卫生间地面防水的施工要求与方法，合理地进行施工。

基础知识
住宅和公共建筑中穿过楼地面或墙体的上下水管道，供热、燃气管道一般都集中明敷在厨房间或卫生间，使本来就面积较小、空间狭窄的厕浴间和厨房间形状更加复杂。在这种条件下，如仍用卷材做防水层，则很难取得良好的效果。因为卷材在细部构造处需要剪口，形成大量搭接缝，很难封闭严密和黏结牢固，防水层难以连成整体，比较容易发生渗漏事故。因此，根据卫生间和厨房的特点，应用柔性涂膜防水层和刚性防水砂浆防水层，或两者复合的防水层，方能取得理想的防水效果。

一、厨房、卫生间的地面防水构造与施工要求

厨房、卫生间地面防水构造的一般做法如图7-14所示。
卫生间的防水构造如图7-15所示。

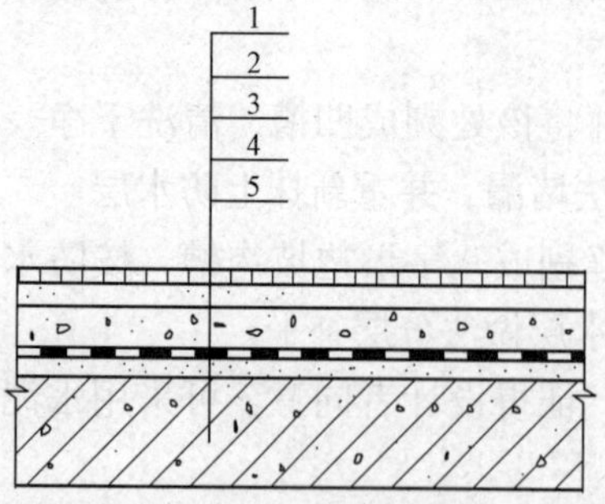

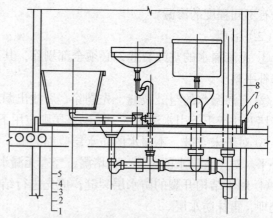

图 7-14　厨房、卫生间地面构造的一般做法
1—地面面层；2—防水层；3—水泥砂浆找平层；
4—找坡层；5—结构层

图 7-15　卫生间防水构造剖面图
1—结构层；2—垫层；3—找平层；4—防水层；
5—面层；6—混凝土防水台，高出地面100mm；
7—防水层（与混凝土防水台同高）；
8—轻质隔墙板

1. 结构层

卫生间地面结构层宜采用整体现浇钢筋混凝土板或预制整块开间钢筋混凝土板。如设计采用预制空心板时，则板缝应用防水砂浆堵严，表面20mm深处宜嵌填沥青基密封材料，也可在板缝嵌填防水砂浆并抹平表面后附加涂膜防水层，即铺贴100mm宽玻璃纤维布一层，涂刷两道沥青基涂膜防水层，其厚度不小于2mm。

2. 找坡层

地面坡度应严格按照设计要求施工，做到坡度准确、排水通畅。找坡层厚度小于30mm时，可用水泥混合砂浆（水泥:石灰:砂=1:1.5:8）；厚度大于30mm时，宜用1:6水泥炉渣材料，此时炉渣粒径宜为5～20mm，要求严格过筛。

3. 找平层

要求采用1:2.5～1:3水泥砂浆，找平前清理基层并浇水湿润，但不得有积水，找平时边扫水泥浆边抹水泥砂浆，做到压实、找平、抹光，水泥砂浆宜掺防水剂，以形成一道防水层。

4. 防水层

由于厨房、卫生间管道多，工作面小，基层结构复杂，故一般采用涂膜防水材料较为适宜。常用的涂膜防水材料有聚氨酯防水涂料、氯丁胶乳沥青防水涂料、SBS橡胶改性沥青防水涂料等，应根据工程性质和使用标准选用。

5. 面层

地面装饰层按设计要求施工，一般采用1:2水泥砂浆、陶瓷锦砖和防滑地砖等。墙面防水层一般需做到1.8m高，然后甩砂抹水泥砂浆或贴面砖（或贴面砖到顶）装饰层。

二、厨房、卫生间地面防水层施工

1. 施工准备

（1）材料准备。

① 进场材料复验。供货时必须有生产厂家提供的材料质量检验合格证。材料进场后，使用单位应对进场材料的外观进行检查，并做好记录。材料进场一批，应抽样复验一批。复验项目包括：拉伸强度、断裂伸长率、不透水性、低温柔性和耐热度。各地也可根据本地区主管部门的有关规定，适当增减复验项目。各项材料指标复验合格后，该材料方可用于工程施工。

② 防水材料储存。材料进场后，设专人保管和发放。材料不能露天放置，必须分类存放在干燥通风的室内，并远离火源，严禁烟火。水溶性涂料在0℃以上储存，受冻后的材料不能用于工程。

（2）机具准备。一般应备有配料用的电动搅拌器、拌料桶和磅秤，涂刷涂料用的短把棕刷、油漆毛刷、滚动刷、油漆小桶、油漆嵌刀和塑料（橡皮）刮板，铺贴胎体增强材料用的剪刀、压碾辊等。

（3）基层要求。

① 卫生间现浇混凝土楼面必须振捣密实，随抹压光，形成一道自身防水层，这是十分重要的。

② 穿楼板的管道孔洞、套管周围缝隙用掺膨胀剂的绿豆石混凝土浇灌严实抹平，孔洞较大的，应吊底模浇灌。禁用碎砖、石块堵填。一般单面临墙的管道，离墙应不小于50mm；双面临墙的管道，一边离墙不小于50mm，另一边离墙不小于80mm。

③ 为保证管道穿楼板孔洞位置准确和灌缝质量，可采用手持金刚石薄壁钻机钻孔。经应用测算，这种方法的成孔和灌缝工效比芯模留孔方法的工效高1.5倍。

④ 在结构层上做厚20mm的1∶3水泥砂浆找平层，作为防水层基层。

⑤ 基层必须平整坚实，表面平整度用2m长直尺检查，基层与直尺间最大间隙不应大于3mm。基层有裂缝或凹坑时，用1∶3水泥砂浆或水泥胶腻子修补平滑。

⑥ 基层所有转角做成半径为10mm、均匀一致的平滑小圆角。

⑦ 所有管件、地漏或排水口等部位，必须就位正确，安装牢固。

⑧ 基层含水率应符合各种防水材料对含水率的要求。

（4）劳动组织。为保证质量，应由专业防水施工队伍施工，一般民用住宅厕浴间的防水施工以2～3人为一组较合适。操作工人要穿工作服、戴手套、穿软底鞋操作。

2. 聚氨酯防水涂料施工

（1）施工程序。

清理基层→涂刷基层处理剂→涂刷附加增强层防水涂料→涂刮第一遍涂料→涂刮第二遍涂料→涂刮第三遍涂料→第一次蓄水试验→稀撒砂粒→质量验收→饰面层施工→第二次蓄水试验。

（2）操作要点。

① 清理基层。将基层清扫干净；基层应做到找坡正确，排水顺畅，表面平整、坚实，无起灰、起砂、起壳及开裂等现象。涂刷基层处理剂前，基层表面应达到干燥状态。

283

② 涂刷基层处理剂。将聚氨酯与二甲苯按规定的比例配合搅拌均匀即可使用。先在阴阳角、管道根部用滚动刷或油漆刷均匀涂刷一遍，然后大面积涂刷，材料用量为 0.15 ~ 0.2kg/m²。涂刷后干燥4h以上，才能进行下一道工序施工。

③ 涂刷附加增强层防水涂料。在地漏、管道根、阴阳角和出入口等容易漏水的薄弱部位，应先用聚氨酯防水涂料按规定的比例配合，均匀涂刮一次做附加增强层处理。

> **小 提 示**
>
> 按设计要求，细部构造可按带胎体增强材料的附加增强层处理。胎体增强材料宽度为 300 ~ 500mm，搭接缝为100mm。施工时，边铺贴平整，边涂刮聚氨酯防水涂料。

④ 涂刮第一遍涂料。将聚氨酯防水涂料按规定的比例混合，开动电动搅拌器，搅拌 3 ~ 5min，用胶皮刮板均匀涂刮一遍。操作时要厚薄一致，用料量为 0.8 ~ 1.0kg/m²，立面涂刮高度不应小于100mm。

⑤ 涂刮第二遍涂料。待第一遍涂料固化干燥后，要按相同方法涂刮第二遍涂料。涂刮方向应与第一遍相垂直，用料量与第一遍相同。

⑥ 涂刮第三遍涂料。待第二遍涂料涂膜固化后，再按上述方法涂刮第三遍涂料，用料量为 0.4 ~ 0.5kg/m²。涂刮聚氨酯涂料三遍后，用料量总计为2.5kg/m²，防水层厚度不小于1.5mm。

⑦ 第一次蓄水试验。待涂膜防水层完全固化干燥后即可进行蓄水试验。蓄水试验24h后观察，无渗漏为合格。

⑧ 饰面层施工。涂膜防水层蓄水试验不渗漏，质量检查合格后，即可进行抹水泥砂浆或粘贴陶瓷锦砖、防滑地砖等饰面层。施工时应注意成品保护，不得破坏防水层。

⑩ 第二次蓄水试验。卫生间装饰工程全部完成后，工程竣工前还要进行第二次蓄水试验，以检验防水层完工后是否被水电或其他装饰工程损坏。蓄水试验合格后，厕浴间的防水施工才算圆满完成。

3. 氯丁胶乳沥青防水涂料施工

氯丁胶乳沥青防水涂料，根据工程需要，防水层可采用一布四涂、二布六涂或只涂三遍防水涂料三种做法，其用量参考如表7-7所示。

表7-7　　　　　　　　　　　氯丁胶乳沥青涂膜防水层用料参考

材料	三遍涂料	一布四涂	二布六涂
氯丁胶乳沥青防水涂料/（kg·m⁻²）	1.2 ~ 1.5	1.5 ~ 2.2	2.2 ~ 2.8
玻璃纤维布/（kg·m⁻²）	—	1.13	2.25

（1）施工程序。以一布四涂为例，其施工程序为：清理基层→满刮一遍氯丁胶乳沥青水泥腻子→涂刷第一遍涂料→做细部构造增强层→铺贴玻璃纤维布同时涂刷第二遍涂料→涂刷第三遍涂料→涂刷第四遍涂料→蓄水试验→饰面层施工→质量验收→第二次蓄水试验。

（2）操作要点。

① 清理基层。将基层上的浮灰、杂物清理干净。

② 刮氯丁胶乳沥青水泥腻子。在清理干净的基层上，满刮一遍氯丁胶乳沥青水泥腻子。管道根部和转角处要厚刮，并抹平整。腻子的配制方法是，将氯丁胶乳沥青防水涂料倒入水泥中，边倒边搅拌至稠浆状，即可刮涂于基层表面，腻子厚度约为 2～3mm。

③ 涂刷第一遍涂料。待上述腻子干燥后，再在基层上满刷一遍氯丁胶乳沥青防水涂料（在大桶中搅拌均匀后再倒入小桶中使用）。操作时涂刷不得过厚，但也不能漏刷，以表面均匀、不流淌、不堆积为宜。立面需刷至设计高度。

④ 做附加增强层。在阴阳角、管道根、地漏、大便器等细部构造处分别做一布二涂附加增强层，即将玻璃纤维布（或无纺布）剪成相应部位的形状，铺贴于上述部位，同时刷氯丁胶乳沥青防水涂料，要贴实、刷平，不得有折皱、翘边现象。

⑤ 铺贴玻璃纤维布同时涂刷第二遍涂料。待附加增强层干燥后，先将玻璃纤维布剪成相应尺寸，铺贴于第一道涂膜上，然后在上面涂刷防水涂料，使涂料浸透布纹网眼并牢固地粘贴于第一道涂膜上。玻璃纤维布搭接宽度不宜小于100mm，并顺流水接槎，从里面往门口铺贴，先做平面后做立面，立面应贴至设计高度，平面与立面的搭接缝留在平面上，距立面边宜大于200mm，收口处要压实贴牢。

⑥ 涂刷第三遍涂料。待上一遍涂料实干后（一般宜在24h以上），再满刷第三遍防水涂料，涂刷要均匀。

⑦ 涂刷第四遍涂料。上一遍涂料干燥后，可满刷第四遍防水涂料，一布四涂防水层施工即告完成。

⑧ 蓄水试验。防水层实干后，可进行第一次蓄水试验。蓄水24h无渗漏水为合格。

⑨ 饰面层施工。蓄水试验合格后，可按设计要求及时粉刷水泥砂浆或铺贴面砖等饰面层。

⑩ 第二次蓄水试验。方法与目的同聚氨酯防水涂料。

4．地面刚性防水层施工

厨房、卫生间用刚性材料做防水层的理想材料是，具有微膨胀性能的补偿收缩混凝土和补偿收缩水泥砂浆。

> **小 提 示**
>
> 补偿收缩水泥砂浆用于厨房、卫生间的地面防水。对于同一种微膨胀剂，应根据不同的防水部位，选择不同的加入量，可基本上起到不裂、不渗的防水效果。

下面以U形混凝土膨胀剂（UEA）为例，介绍其砂浆配制和施工方法。

（1）材料及其要求。

① 水泥。42.5级普通硅酸盐水泥、32.5级或42.5级矿渣硅酸盐水泥。

② UEA。符合《混凝土膨胀剂》（GB 23439—2009）的规定。

③ 砂子。中砂，含泥量小于2%。

④ 水。饮用自来水或洁净非污染水。

（2）UEA砂浆的配制。在楼板表面铺抹UEA防水砂浆，应按不同的部位，配制含量不同的UEA防水砂浆。不同部位UEA防水砂浆的配合比如表7-8所示。

285

表7-8					不同防水部位UEA防水砂浆的配合比				
防水部位	厚度/mm	C+UEA/kg	$\dfrac{UEA}{C+UEA}$/%		配合比			水胶比	稠度/cm
				C	UEA	砂		
垫层	20～30	550	10	0.90	0.10	3.0	0.45～0.50	5～6
防水层（保护层）	15～20	700	10	0.90	0.10	2.0	0.40～0.45	5～6
管件接缝	—	700	15	0.85	0.15	2.0	0.30～0.35	2～3

（3）防水层施工。

① 基层处理。施工前，应对楼面板基层进行清理，除净浮灰杂物，对凹凸不平处用10%～12%UEA（灰砂比为1:3）砂浆补平，并应在基层表面浇水，使基层保持湿润，但不能积水。

② 铺抹垫层。按1:3水泥砂浆垫层配合比，配制灰砂比为1:3UEA垫层砂浆，将其铺抹在干净、湿润的楼板基层上。铺抹前，按照坐便器的位置，准确地将地脚螺栓预埋在相应的位置上。垫层的厚度为20～30mm，必须分2～3层铺抹，每层应揉浆、拍打密实，垫层厚度应根据标高而定。在抹压的同时，应完成找坡工作，地面向地漏口找坡为2%，地漏口周围50mm范围内向地漏中心找坡为5%，穿楼板管道根部位向地面找坡为5%，转角墙部位的穿楼板管道向地面找坡为5%。分层抹压结束后，在垫层表面用钢丝刷拉毛。

③ 铺抹防水层。待垫层强度达到上人标准时，把地面和墙面清扫干净，并浇水充分湿润，然后铺抹四层防水层，第一、第三层为10%UEA水泥素浆，第二、第四层为10～12%UEA（水泥:砂=1:2）水泥砂浆层。铺抹方法如下。

a. 第一层，先将UEA和水泥按1:9的配合比准确称量后，充分干拌均匀，再按水胶比加水拌合成稠浆状，然后可用滚刷或毛刷涂抹，厚度为2～3mm。

b. 第二层，灰砂比为1:2，UEA掺量为水泥重量的10～12%，一般可取10%。待第一层素灰初凝后即可铺抹，厚度为5～6mm，凝固20～24h后，适当浇水湿润。

c. 第三层，掺10%UEA的水泥素浆层，其拌制要求、涂抹厚度与第一层相同，待其初凝后，即可铺抹第四层。

d. 第四层，UEA水泥砂浆的配合比、拌制方法、铺抹厚度均与第二层相同。铺抹时应分次用铁抹子压5～6遍，使防水层坚固、密实，最后再用力抹压光滑，经硬化12～24h，即可浇水养护3d。

以上四层防水层的施工，应按照垫层的坡度要求找坡，铺抹的操作方法与地下工程防水砂浆施工方法相同。

④ 管道接缝防水处理。待防水层达到强度要求后，拆除捆绑在穿楼板部位的模板条，清理干净缝壁的浮渣、碎物，并按节点防水做法的要求涂布素灰浆和填充管件接缝防水砂浆，最后灌水养护7d。蓄水期间，如不发生渗漏现象，可视为合格；如发生渗漏，找出渗漏部位，及时修复。

⑤ 铺抹UEA砂浆保护层。保护层UEA的掺量为10%～12%，灰砂比为1:（2～2.5），水胶比为0.4。铺抹前，对要求用膨胀橡胶止水条做防水处理的管道、预埋螺栓的根部及需用密封材料嵌填的部位要及时做防水处理。然后就可分层铺抹厚度为15～25mm的UEA水泥砂浆保护层，并按坡度要求找坡，待硬化12～24h后，浇水养护3d。最后，根据设计要求铺设装饰面层。

知 识 链 接

（1）厨房、卫生间施工一定要严格按规范操作，因为一旦发生漏水，维修会很困难。

（2）在厨房、卫生间施工不得抽烟，并要注意通风。

（3）到养护期后一定要做厕浴间闭水试验，如发现渗漏应及时修补。

（4）操作人员应穿软底鞋，严禁踩踏尚未固化的防水层。铺抹水泥砂浆保护层时，脚下应铺无纺布走道。

（5）防水层施工完毕，应设专人看管保护，并不准在尚未完全固化的涂膜防水层上进行其他工序的施工。

（6）防水层施工完毕，应及时进行验收，及时进行保护层的施工，以减少不必要的损坏返修。

（7）在对穿楼板管道和地漏管道进行施工时，应用棉纱或纸团暂时封口，防止杂物落入管道，堵塞管道，留下排水不畅或泛水的后患。

（8）进行刚性保护层施工时，严禁在涂膜表面拖动施工机具、灰槽，施工人员应穿软底鞋在铺有无纺布的隔离层上行走。铲运砂浆时应精心操作，防止铁锹铲伤涂膜；抹压砂浆时，铁抹子不得下意识地在涂膜防水层上磕碰。

（9）厨房、卫生间大面积防水层也可采用JS复合防水涂料、确保时、防水宝、堵漏灵、防水剂等刚性防水材料做防水层，其施工方法必须严格按生产厂家的说明书及施工指南进行施工。

三、厨房、卫生间渗漏及堵漏措施

厨房、卫生间用水频繁，防水处理不当就会发生渗漏。主要表现在楼板管道滴漏水、地面积水、墙壁潮湿渗水，甚至下层顶板和墙壁也出现滴水等现象。治理卫生间的渗漏，必须先查找渗漏的部位和原因，然后采取有效的针对性措施。

1. 板面及墙面渗水

（1）渗水原因。板面及墙面渗水的主要原因是由于混凝土、砂浆施工的质量不良，在其表面存在微孔渗漏；板面、隔墙出现轻微裂缝；防水涂层施工质量不好或损坏都可以造成渗水现象。

（2）处理方法。首先，将厨房、卫生间渗漏部位的饰面材料拆除，在渗漏部位涂刷防水涂料进行处理。但拆除厨房、卫生间后，发现防水层存在开裂现象时，则应对裂缝先进行增强防水处理，再涂刷防水涂料。其增强处理一般可采用贴缝法、填缝法和填缝加贴缝法。贴缝法主要适用于微小的裂缝，可刷防水涂料并加贴纤维材料或布条，做防水处理。填缝法主要用于较显著的裂缝，施工时要先进行扩缝处理，将缝扩成15mm×15mm左右的V形槽，清理干净后刮填缝材料。填缝加贴缝法除采用填缝处理外，还应在缝的表面再涂刷防水涂料，并粘贴纤维材料处理。当渗漏不严重、饰面板拆除困难时，也可直接在其表面刮涂透明或彩色聚氨酯防水涂料。

2. 卫生洁具及穿楼板管道、排水管口等部位渗漏

（1）渗漏原因。卫生洁具及穿楼板管道、排水管口等部位发生渗漏的原因主要是细部处理

方法不当，卫生洁具及管口周围填塞不严；管口连接件老化；由于振动及砂浆、混凝土收缩等原因，出现裂缝；卫生洁具及管口周边未用弹性材料处理，或施工时嵌缝材料及防水涂料黏结不牢；嵌缝材料及防水涂层被拉裂或拉离黏结面。

（2）处理方法。先将漏水部位及周围清理干净，再填塞弹性嵌缝材料，或在渗漏部位涂刷防水涂料并粘贴纤维材料进行增强处理。如渗漏部位在管口连接部位，管口连接件老化现象比较严重，则可直接更换老化管口的连接件。

学习案例

华北某高校的信息中心工程为框架—剪力墙结构，地下2层，地上18层，建筑面积24 600m²，某建筑公司施工总承包，工程于2004年3月开工建设，地下防水采用卷材防水和防水混凝土两种方式，屋面采用高聚物改性沥青防水卷材，屋面施工完毕后持续淋水1.5h后进行检查，并进行了蓄水检验，蓄水时间13h。工程于2005年8月28日竣工验收。在使用至第三年发现屋面有渗漏，学校要求施工单位进行维修处理。

问题：

1. 屋面渗漏淋水试验和蓄水检查是否符合要求？请简要说明。
2. 学校的要求合理吗？为什么？
3. 地下防水隐蔽验收记录应包括哪些内容？
4. 屋面工程隐蔽验收记录应包括哪些主要内容？

分析：

1. 屋面淋水和蓄水检验不符合要求。

理由：检查屋面有无渗漏、积水和排水系统是否畅通，应在雨后或持续淋水2h后进行。

作蓄水检验的屋面，其蓄水时间不应少于24h。

2. 学校的要求合理。

理由：屋面防水工程国家规定的质量保修期是5年，施工单位应该进行维修处理。

3. 地下防水隐蔽工程验收记录应包括的主要内容有：

（1）卷材、涂料防水层的基层。
（2）防水混凝土结构和防水层被掩盖的部位。
（3）变形缝、施工缝等防水构造的做法。
（4）管道设备穿过防水层的封固部位。
（5）渗排水层、盲沟和坑槽。
（6）衬砌前围岩渗漏水处理。
（7）基坑的超挖和回填。

4. 屋面工程隐蔽验收记录应包括的主要内容有：

（1）卷材、涂膜防水层的基层。
（2）密封防水处理部位。
（3）天沟、檐沟、泛水和变形缝等细部做法。
（4）卷材、涂膜防水层的搭接宽度和附加层。
（5）刚性保护层与卷材、涂膜防水层之间设置的隔离层。

知识拓展

纳米新型建筑防水材料

国内成熟的纳米技术代表为纳米硅防水剂。

一、性能及用途

纳米硅防水剂是某防水科技有限公司采用高科技纳米技术研制生产的渗透力较强、防水效果优良的新型专利产品，是一种渗透结晶性高效刚性建筑防水产品。纳米硅防水剂为水性白色乳液，无毒，无刺激气味，pH值12，密度1.18～1.2，固含量≥20%。将其涂刷、喷涂于砖瓦、水泥、石材、石膏、石灰、仿瓷涂料、石棉制品、珍珠岩、保温板等干燥的多孔性无机建材表面，极具活性的纳米硅粒子渗透进建材内部，交联成立体网络结晶体结构，堵塞毛细孔，形成无色的永久性防水层；同时，硅烷基成分固结于建材表层，产生强憎水性分子，具有优异的防水抗渗性能。可有效防止建筑物风化、冻裂及外墙保洁、防污、防霉、防长青苔之功能。直接将纳米硅防水剂掺入水泥砂浆或混凝土中用于水池、渠坝、涵洞、厕浴间、地下室等刚性结构自防水工程中，更显其独特的防水效果。纳米硅防水剂质量可靠，耐久性好，耐酸碱，耐候性优良，对钢筋无锈蚀，且使用安全，施工方便，成本低廉，是建筑工程中理想的防水材料之一。

二、使用方法

1. 涂刷、喷涂施工

使用前先将基面清理干净（特别是油污、青苔），将纳米硅防水剂加8倍清水搅拌均匀，用喷雾器或刷子直接在干燥的基面上施工，本剂每公斤稀释后每遍可施工约40～50m²，纵横至少连续均匀两遍（上一遍没干时施工第二遍），对于1:2.5砂浆的毛面，施工两遍大约可渗透1mm深，有效寿命可达5～10a。施工后24h内不得受雨淋水浸，5℃以下停止施工。常温下干燥后即有优良的防水效果，一周后效果更佳（冬季固化时间较长）。试验表明：固化后的防水试块高温200℃可反复加热20次及-18℃反复冷冻20次后，防水效果没有明显变化。稀释液现配现用，当天用完。

2. 防水砂浆施工

清理基层泥砂、杂物、油污等，灰砂比控制在1:2.5～3（32.5R硅酸盐水泥、中砂含泥量小于3%）；纳米硅防水剂原液加水8～15倍（体积比）可直接用于配制防水砂浆，水灰比≤0.5，实际净防水剂用量占水泥的3%～5%。抹防水层分两层施工（每层10mm厚）；底层先抹素灰浆1mm，再抹防水砂浆层，初凝时压实，用木抹子戳成麻面；抹第二层防水砂浆后赶光压实。按正常养护，喷洒水泥养护剂效果更佳。

3. 防水混凝土施工

纳米硅防水剂加水45倍（体积比）直接配制混凝土即可，实际净防水剂用量占水泥的1%。与普通混凝土的施工方法相同，施工后按正常养护，喷洒水泥养护剂效果更佳。

4. 渗漏维修施工

原基层是光面需凿成麻面，清洗浮灰后，涂刷水泥素浆增加新旧层结合力，再抹防水砂浆层。正在漏水部位必须先用纳米硅瞬间堵漏剂堵漏止水。阴阳角要做成圆角，并压实。留茬要成坡形（接茬宽度100～150mm），接茬时先用水泥素浆涂刷，再抹防水砂浆层。

学习情境小结

本学习情境介绍了屋面防水工程、地下防水工程和厨房和卫生间防水工程。

建筑屋面防水工程按照采用防水材料和施工方法不同，分为卷材防水屋面、涂膜防水屋面和刚性防水屋面。卷材防水屋面和涂膜防水屋面是用各种防水卷材和防水涂料，经施工将其铺贴或涂布在防水工程的迎水面，达到防水目的。刚性防水采用的材料主要是主要是细石混凝土，依靠混凝土自身的密实性并配合一定的构造措施，达到防水目的。

地下建筑工程一般采用防水混凝土、沥青防水卷材、水泥砂浆等进行防水施工。厨房、卫生间采用聚氨酯防水涂料或氯丁胶乳沥青防水涂料施工。各种防水工程质量应在施工过程中严格控制，每一道工序经检查合格后，方可进行下一道工序的施工，这样才能达到工程的各部位不漏水、不积水的要求。

学习检测

一、选择题

1. 下列各种地下防水工程，应采用一级防水等级设防的是（ ）。

A. 涵洞   B. 计算机房   C. 食堂   D. 停车场

2. 适合高聚物改性沥青防水卷材用的基层处理剂是（ ）。

A. 冷底子油   B. 氯丁胶沥青乳胶

C. 二甲苯溶液   D. A和B

3. 大体积防水混凝土的养护时间不得少于（ ）。

A. 7d   B. 14d   C. 21d   D. 28d

4. 防水保护层采用下列材料时，须设置分格缝的是（ ）。

A. 绿豆砂   B. 云母   C. 蛭石   D. 水泥砂浆

5. 合成高分子防水涂料不包括（ ）。

A. 氯丁橡胶改性沥青涂料   B. 聚氨酯防水涂料

C. 丙烯胶防水涂料   D. 有机硅防水涂料

6. 当屋面防水坡度（ ）时，沥青防水卷材应垂直屋脊铺贴且必须采取固定措施。

A. 小于3%   B. 为3%～15%

C. 大于15%   D. 大于25%

7. 防水卷材的铺贴应采用（ ）。

A. 平接法   B. 搭接法   C. 顺接法   D. 层叠法

二、填空题

1. 屋面防水工程按其构造，可分为_____、_____、上人屋面、架空隔热屋面、蓄水屋面、种植屋面和金属板材屋面等。

2. 房屋工程应根据建筑物的性质、重要程度、_____及_____等，将屋面防水分为_____个等级进行设防。

3. 卷材防水屋面一般由_____、_____、_____、_____和_____组成。

4. 卷材防水屋面中，_____和_____在一定的气温条件和使用条件下可不设。

5. 卷材铺贴搭接法时，相邻两幅卷材的接头还应相互错开_____以上，以免接头处多层卷材因重叠而黏结不实。

6. 涂膜防水层施工前基层表面应_____、_____、_____、_____等现象。

7. 涂膜防水屋面不得有_____和_____现象。

8. 刚性防水屋面适用于_____级的屋面防水，不适用于设有松散材料保温层以及受较大振动或冲击的和坡度_____15%的建筑屋面。

9. 地下工程防水混凝土结构的混凝土垫层，其抗压强度等级不应低于_____，厚度不应小于_____。

10. 防水混凝土钢筋保护层厚度，处在迎水面应不小于_____；当直接处于侵蚀性介质中时，保护层厚度不应小于_____。

11. 防水混凝土搅拌时，水泥、水、外加剂掺合料计量允许偏差不应大于_____；砂石计量允许偏差不应大于_____。

12. 防水混凝土应采用机械搅拌，搅拌时间一般不少于_____。

三、简答题

1. 卷材的铺贴方向和顺序如何确定？
2. 卷材防水屋面施工时，卷材搭接方法和宽度要求有哪些？
3. 简述涂膜防水屋面的施工工艺流程。
4. 常见的屋面渗漏原因及防治方法有哪些？
5. 地下防水混凝土施工缝留置要求有哪些？
6. 地下防水工程通病及治理有哪些？
7. 地下防水混凝土施工缝的施工要求有哪些？
8. 厨房、卫生间渗漏原因及堵漏措施有哪些？

学习情境八

装饰工程

情境导入

某学校教学大楼，建筑面积10 000m²，共12层。首层为教职工办公用房，其余各层均为教室。现主体已验收合格，正进行装饰装修工程作业。按设计要求，本工程项目外墙采用石材和饰面砖；外墙门窗采用夹层玻璃，以满足节能和隔声的要求；首层地面采用900mm×900mm的花岗石；墙面采用木饰面；教室及走廊地面采用塑胶地板。

案例导航

该工程装饰装修工程材料的选用有不合理之处。考虑到节能和隔声的要求，外墙门窗应采用中空玻璃。本例中：首层至6层可选用普通中空玻璃；7层以上固定窗采用普通中空玻璃；7层以上有开启要求的门窗应采用钢化中空玻璃；凡单块面积大于1.5m²的玻璃，无论其高度及开启方式，均采用钢化中空玻璃。

要了解装饰工程材料的选用，需要掌握的相关知识有：

（1）抹灰工程的组成、分类和施工方法。

（2）饰面工程、门窗工程的施工工艺。

（3）楼地面工程的分类、组成和施工方法。

（4）涂饰工程材料质量要求和基础处理要求。

学习单元一　抹灰工程和饰面工程

知识目标

（1）了解抹灰工程的组成和分类。

（2）掌握一般抹灰和装饰抹灰的施工方法。

（3）了解饰面板和饰面砖的施工工艺。

技能目标

（1）通过本单元的学习，能够清楚抹灰和饰面工程的施工工艺。

（2）能够具有组织抹灰和饰面工程施工的能力。

基础知识

抹灰工程和饰面工程是建筑物必须的装饰工程。抹灰工程的好坏直接影响饰面工程的外观。而建筑物的外观是十分醒目和重要的。因此，控制好抹灰工程和饰面工程是十分重要的。

一、抹灰工程的分类和组成

1．抹灰工程分类

抹灰工程按使用的材料及其装饰效果，可分为一般抹灰和装饰抹灰。

（1）一般抹灰。一般抹灰是指采用石灰砂浆、水泥混合砂浆、水泥砂浆、聚合物水泥砂浆、麻刀灰、纸筋石灰和石膏灰等抹灰材料进行的抹灰工程施工。按建筑物标准和质量要求，一般抹灰分为以下两级。

① 高级抹灰。高级抹灰由一层底层、数层中层和一层面层组成。抹灰要求阴阳角找方，设置标筋，分层赶平、修整。表面压光，要求表面光滑、洁净，颜色均匀，线角平直，清晰美观，无抹纹。高级抹灰用于大型公共建筑物、纪念性建筑物和有特殊要求的高级建筑物等。

② 普通抹灰。普通抹灰由一层底层、一层中层和一层面层（或一层底层、一层面层）组成。抹灰要求阳角找方，设置标筋，分层赶平、修整。表面压光，要求表面洁净，线角顺直、清晰，接槎平整。普通抹灰用于一般居住、公用和工业建筑以及建筑物中的附属用房，如汽车库、仓库、锅炉房、地下室、储藏室等。

（2）装饰抹灰。装饰抹灰是指通过操作工艺及选用材料等方面的改进，使抹灰更富于装饰效果，主要有水刷石、斩假石、干黏石和假面砖等。

2．抹灰层组成

为了使抹灰层与基层黏结牢固，防止起鼓开裂，并使抹灰层的表面平整，保证工程质量，抹灰层应分层涂抹。一般抹灰层的组成如图8-1所示。

（1）底层。底层主要起与基层黏结的作用，厚度一般为 5～9mm。

（2）中层。中层起找平作用，砂浆的种类基本与底层相同，只是稠度较小，每层厚度应控制在5～9mm。

（3）面层。面层主要起装饰作用，要求面层表面平整、无裂痕且颜色均匀。

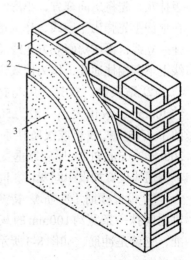

图8-1　抹灰层的组成
1—底层；2—中层；3—面层

3．抹灰层的总厚度

抹灰层的平均总厚度要根据具体部位及基层材料而定。钢筋混凝土顶棚抹灰厚度不大于15mm；内墙普通抹灰厚度不大于20mm，高级抹灰厚度不大于25mm；外墙抹灰厚度不大于20mm；勒脚及突出墙面部分不大于25mm。

二、一般抹灰施工

1．基层处理

抹灰前应对基层进行必要的处理，对于凹凸不平的部位应剔平、补齐，填平孔洞沟槽；表面太光的要凿毛，或用1∶1水泥浆掺10%环保胶薄抹一层，使之易于挂灰。不同材料交接处应铺设金属网，搭缝宽度从缝边起每边不得小于100mm，如图8-2所示。

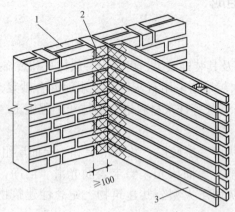

图8-2　不同材料交接处铺设金属网
1—砖墙；2—金属网；3—板条墙

2. 施工方法

一般抹灰的施工，按部位可分为墙面抹灰、顶棚抹灰和楼地面抹灰。

（1）墙面抹灰。

① 找规矩，弹准线。对普通抹灰，先用托线板全面检查墙面的垂直平整程度，根据检查的实际情况及抹灰等级和抹灰总厚度，决定墙面的抹灰厚度（最薄处一般不小于7mm）。对高级抹灰，先将房间规方，小房间可以一面墙做基线，用方尺规方即可；如果房间面积较大，要在地面上先弹出十字线，作为墙角抹灰的准线，在距离墙角约10mm处，用线坠吊直，在墙面弹一立线，再按房间规方地线（十字线）及墙面平整程度，向里反弹出墙角抹灰准线，并在准线上下两端挂通线，作为抹灰饼、冲筋的依据。

② 贴灰饼。首先，用与抹底层灰相同的砂浆做墙体上部的两个灰饼，其位置距顶棚约200mm，灰饼大小一般为50mm见方，厚度由墙面平整垂直的情况而定。然后，根据这两个灰饼用托线板或线坠挂垂直，做墙面下角两个标准灰饼（高低位置一般在踢脚线上方200～250mm处），厚度以垂直为准，再在灰饼附近墙缝内钉上钉子，拴上小线挂好通线，并根据通线位置加设中间灰饼，间距为1.2～1.5m。如图8-3所示。

③ 设置标筋（冲筋）。待灰饼砂浆基本进入终凝后，用抹底层灰的砂浆在上、下两个灰饼之间抹一条宽约100mm的灰梗，用刮尺刮平，厚度与灰饼一致，用来作为墙面抹灰的标准，这就是冲筋，如图8-3所示。同时，还应将标筋两边用刮尺修成斜面，使其与抹灰层接槎平顺。

④ 阴阳角找方。普通抹灰要求阳角找方，对于除门窗外还有阳角的房间，则应首先将房间大致规方，其方法是：先在阳角一侧做基线，用方尺将阳角先规方，然后在墙角弹出抹灰准线，并在准线上下两端挂通线做灰饼。高级抹灰要求阴阳角都要找方，阴阳角两边都要弹出基线。为了便于做角和保证阴阳角方正，必须在阴阳角两边做灰饼和标筋。

⑤ 做护角。室内墙面、柱面的阳角和门窗洞的阳角，当设计对护角线无规定时，一般可用1∶2水泥砂浆抹出护角，护角高度不应低于2m，每侧宽度不小于50mm。

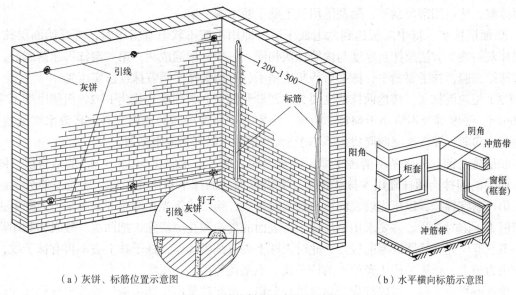

（a）灰饼、标筋位置示意图　　　　　　（b）水平横向标筋示意图

图8-3　挂线做标准灰饼及冲筋

小 提 示

做护角的做法是：根据灰饼厚度抹灰，然后粘好八字靠尺，并找方吊直，用1:2水泥砂浆分层抹平。待砂浆稍干后，再用量角器和水泥浆抹出小圆角。

⑥ 抹底层灰。当标筋稍干、用刮尺操作不致损坏时，即可抹底层灰。抹底层灰前，应先对基体表面进行处理。其做法是：应自上而下地在标筋间抹满底灰，随抹随用刮尺对齐标筋刮平。刮尺操作用力要均匀，不准将标筋刮坏或使抹灰层出现不平的现象。待刮尺基本刮平后，再用木抹子修补、压实、搓平、搓毛。

⑦ 抹中层灰。待底层灰凝结，达七八成干后（用手指按压不软，但有指印和潮湿感），就可以抹中层灰，依冲筋厚以抹满砂浆为准，随抹随用刮尺刮平压实，再用木抹子搓平。中层灰抹完后，对墙的阴角用阴角抹子上下抽动抹平。中层砂浆凝固前，也可以在层面上交叉划出斜痕，以增强与面层的黏结。

⑧ 抹面层灰（也称罩面）。中层灰干至七八成后，即可抹面层灰。如果中层灰已经干透发白，应先适度洒水湿润后，再抹罩面灰。用于罩面的常有麻刀灰、纸筋灰。抹灰时，用铁抹子抹平，并分两遍压光，使面层灰平整、光滑且厚度一致。

（2）顶棚抹灰。

① 找规矩。顶棚抹灰通常不做灰饼和标筋，而用目测的方法控制其平整度，以无明显高低不平及接槎痕迹为准。先根据顶棚的水平面，确定抹灰厚度，然后在墙面的四周与顶棚交接处弹出水平线，作为抹灰的水平标准。弹出的水平线只能从结构中的"50线"向上量测，不允许直接从顶棚向下量测。

② 底层、中层抹灰。顶棚抹灰时，由于砂浆自重力的影响，一般在底层抹灰施工前，先以水胶比为0.4的素水泥浆刷一遍作为结合层，该结合层所采用的方法宜为甩浆法，即用扫帚蘸上水泥浆，甩于顶棚。如顶棚非常平整，甩浆前可对其进行凿毛处理。待其结合层凝结后就可以抹底层、中层砂浆，其配合比一般采用水泥:石灰膏:砂=1:3:9的水泥混合砂浆或1:3的

水泥砂浆，然后用刮尺刮平，随刮随用长毛刷子蘸水刷一遍。

③ 面层抹灰。待中层灰达到六七成干后，即用手按不软但有指印时，再开始面层抹灰。面层抹灰的施工方法及抹灰厚度与内墙抹灰相同。一般分两遍成活：第一遍抹得越薄越好，紧接着抹第二遍，抹子要稍平，抹平后待灰浆稍干，再用铁抹子顺着抹纹压实压光。

（3）楼地面抹灰。楼地面抹灰主要为水泥砂浆面层，常用配合比为1∶2，面层厚度不应小于20mm，强度等级不应小于M15。厨房、浴室、厕所等房间的地面，必须将流水坡度找好，有地漏的房间，要在地漏四周找出不小于5%的泛水，以利于流水畅通。

面层施工前，先将基层清理干净，浇水湿润，刷一道水胶比为0.4～0.5的结合层，随即进行面层的铺抹，随抹随用木抹子拍实，并做好面层的抹平和压光工作。压光一般分三遍成活：第一遍宜轻压，以压光后表面不出现水纹为宜；第二遍压光在砂浆开始凝结、人踩上去有脚印但不下陷时进行，并要求用钢皮抹子将表面的气泡和孔隙清除，把凹坑、砂眼和脚印都压平；第三遍压光在砂浆终凝前进行，此时人踩上去有细微脚印，抹子抹上去不再有抹子纹，并要求用力稍大，把第二遍压光留下的抹子纹、毛细孔等压平、压实、压光。

地面面积较大时，可以按设计要求进行分格。水泥砂浆面层如果遇管线等出现局部面层厚度减薄处在10mm以下时，必须采取防止开裂措施，一般沿管线走向放置钢筋网片，或者符合设计要求后方可铺设面层。

踢脚板底层砂浆和面层砂浆分两次抹成，可以参照墙面抹灰工艺操作。

小 提 示

水泥砂浆面层按要求抹压后，应进行养护，养护时间不少于7d。还应该注意对成品的保护，水泥砂浆面层强度未达到5MPa以前，不得在其上行走或进行其他作业。对地漏、出水口等部位要保护好，以免灌入杂物，造成堵塞。

三、装饰抹灰施工

1. 水刷石

水刷石主要用于室外的装饰抹灰，具有外观稳重、立体感强、无新旧之分、能使墙面达到天然美观的艺术效果的优点。

底层和中层抹灰操作要点与一般抹灰相同，抹好的中层表面要划毛。中层砂浆抹好后，弹线分格，粘分格条。中层砂浆六成干时（终凝之后），先浇水湿润，紧接着薄刮水胶比为0.4～0.7的水泥浆一遍作为结合层，随即抹水泥石粒浆或水泥石灰膏石粒浆。抹水泥石粒浆时，应边抹边用铁抹子压实压平，待稍收水后再用铁抹子整面，将露出的石粒尖棱轻轻拍平使表面平整密实。待面层凝固尚未硬化（用手指按上无压痕）时，即用刷子蘸清水自上而下刷掉面层水泥浆，使石粒露出灰浆面1～7mm高度。最后用喷水壶由上往下将表面水泥浆洗掉，使外观石粒清晰，分布均匀，紧密平整，色泽一致，不得有掉粒和接槎痕迹。水刷石完成第二天起要经常洒水养护，养护时间不少于7d。

2. 干黏石

干黏石是将干石粒直接粘在砂浆层上的一种装饰抹灰做法。其装饰效果与水刷石相似，但湿作业量少，既可节约原材料，又能明显提高工效。其具体做法是：在中层水泥砂浆上洒水湿润，粘分格条后刷一道水胶比为0.4～0.5的水泥浆结合层，在其上抹一层4～5cm厚的聚合物水泥砂浆黏结层（水泥:石灰膏:砂: 108胶=100:50:200:（5～15）），随即将小八厘彩色石粒甩上黏结层，先甩四周易干部位，然后甩中间。要做到大面均匀，边角和分格条两侧不露粘，由上而下快速进行。石粒使用前应用水冲洗干净晾干，甩时要用托盘盛装和盛接，托盘底部用窗纱钉成，以便筛净石粒中的残留粉末，黏结上的石粒随即要用铁抹子将石粒拍入黏结层1/2深度，要求拍实、拍平，但不得将石浆拍出而影响美观。干黏石墙面达到表面平整、石粒饱满，即可将分格条取出，并用小溜子和水泥浆将分格条修补好，达到顺直清晰。

3. 斩假石

斩假石又称剁斧石，是仿制天然石料的一种建筑饰面材料，但由于其造价高、工效低，一般用于小面积的外装饰工程。

施工时底层与中层表面应划毛，涂抹面层砂浆前，要认真浇水湿润中层抹灰，并满刮水胶比为0.37～0.40的纯水泥浆一道，按设计要求弹线分格，粘分格条。罩面时一般分两次进行：先薄抹一层砂浆，稍收水后再抹一遍砂浆，用刮尺与分格条赶平，待收水后再用木抹子打磨压实。面层抹灰完成后，不得受烈日暴晒或遭冰冻，常温下养护2～3d，其强度应控制在5MPa。然后开始试斩，以石子不脱落为准。斩剁前，应先弹顺线，相距约100mm，按线操作，以免剁纹跑斜。斩剁时应由上而下进行，先仔细剁好四周边缘和棱角，再斩中间墙面。在墙角、柱子等处，宜横向剁出边条或留有15～20mm宽的窄小条不剁。斩假石装饰抹灰要求剁纹均匀顺直、深浅一致、质感典雅。阳角处横剁和留出不剁的边条，应宽窄一致，棱角不得有损坏。

297

四、饰面板安装

饰面工程是在墙、柱表面镶贴或安装具有保护和装饰功能的块料而形成的饰面层。块料的种类可分为饰面板和饰面砖两大类。

饰面板工程是将天然石材、人造石材、金属饰面板等安装到基层上，以形成装饰面的一种施工方法。建筑装饰用的天然石材主要有大理石和花岗石两大类，人造石材一般有人造大理石（花岗石）和预制水磨石饰面板。金属饰面板主要有铝合金板、塑铝板、彩色涂层钢板、彩色不锈钢板、镜面不锈钢面板等。

1. 大理石、花岗石、预制水磨石饰面板施工

大理石、花岗石、预制水磨石板等安装工艺基本相同，以大理石为例，其安装工艺流程：材料准备与验收→基层处理→板材钻孔→饰面板固定→灌浆→清理→嵌缝→打蜡。

（1）材料准备与验收。大理石拆除包装后，应按设计要求挑选规格、品种、颜色一致，无裂纹、无缺边、无掉角及局部污染变色的块料，分别堆放。按设计尺寸要求在平地上进行试拼，校正尺寸，使宽度符合要求，缝平直均匀，并调整颜色、花纹，力求色调一致，上下左右纹理通顺，不得有花纹横、竖突变现象。试拼后分部位逐块按安装顺序予以编号，以便安装时对号入座。对轻微破裂的石材，可用环氧树脂胶黏剂黏结；表面有洼坑、麻点或缺棱掉角的石材，可用环氧树脂腻子修补。

（2）基层处理。安装前检查基层的实际偏差，墙面还应检查垂直度、平整度情况，偏差较大者应剔凿、修补。对表面光滑的基层进行凿毛处理，然后将基层表面清理干净，并浇水湿

润，抹水泥砂浆找平层。找平层干燥后，在基层上分块弹出水平线和垂直线，并在地面上顺墙（柱）弹出大理石外廊尺寸线，在外廊尺寸线上再弹出每块大理石板的就位线，板缝应符合有关规定。

（3）饰面板湿挂法铺贴工艺。湿挂法铺贴工艺适用于板材厚为20～30mm的大理石、花岗石或预制水磨石板，墙体为砖墙或混凝土墙。

小 提 示

> 湿挂法铺贴工艺是传统的铺贴方法，即在竖向基体上预挂钢筋网，用铜丝或镀锌钢丝绑扎板材并灌水泥砂浆粘牢。这种方法的优点是牢固可靠，缺点是工序烦琐、卡箍多样、板材上钻孔易损坏，特别是灌注砂浆时易污染板面和使板材移位。

采用湿挂法铺贴工艺，墙体应设置锚固体。砖墙体应在灰缝中预埋 ϕ6mm 钢筋钩，钢筋钩中距为500mm或按板材尺寸，当挂贴高度大于3m时，钢筋钩改用 ϕ10mm 钢筋，钢筋钩埋入墙体内深度应不小于120mm，伸出墙面30mm；混凝土墙体可射入 ϕ3.7mm×62mm 的射钉，中距亦为500mm或按板材尺寸，射钉打入墙体内30mm，伸出墙面32mm。

挂贴饰面板之前，将 ϕ6mm 钢筋网焊接或绑扎于锚固件上。钢筋网双向中距为500mm或按板材尺寸。

在饰面板上、下边各钻不少于两个 ϕ5mm 的孔，孔深为15mm，清理饰面板的背面。用双股18号铜丝穿过钻孔，把饰面板绑牢于钢筋网上。饰面板的背面距墙面应不小于50mm。

饰面板的接缝宽度可垫木楔调整，应确保饰面板外表面平整、垂直及板的上沿平顺。

每安装好一行横向饰面板后，即进行灌浆。灌浆前，应浇水将饰面板背面及墙体表面湿润，在饰面板的竖向接缝内填塞15～20mm深的麻丝或泡沫塑料条以防漏浆（光面、镜面和水磨石饰面板的竖缝，可用石膏灰临时封闭，并在缝内填塞泡沫塑料条）。

拌和好1∶2.5水泥砂浆，将砂浆分层灌注到饰面板背面与墙面之间的空隙内，每层灌注高度为150～200mm，且不得大于板高的1/3，并插捣密实。待砂浆初凝后，应检查板面位置，如有移动错位应拆除重新安装；若无移位，方可安装上一行板。施工缝应留在饰面板水平接缝以下50～100mm处。

突出墙面的勒脚饰面板安装，应待墙面饰面板安装完工后进行。

待水泥砂浆硬化后，将填缝材料清除。饰面板表面清洗干净。光面和镜面的饰面经清洗晾干后，方可打蜡擦亮。

（4）饰面板干挂法铺贴工艺。干挂工艺利用高强度螺栓和耐腐蚀、强度高的柔性连接件，将石材挂在建筑结构的外表面，石材与结构之间留出40～50mm的空隙。此工艺多用于30m以下的钢筋混凝土结构，不适用于砖墙或加气混凝土墙，如图8-4所示。其施工工艺如下。

① 石材准备。根据设计图纸要求在现场进行板材切割并磨边，要求板块边角挺直、光滑。然后在石材侧面钻孔，用于穿插不锈钢销钉连接固定相邻板块。在板材背面涂刷防水材料，以增强其防水性能。

② 基体处理。清理结构表面，弹出安装石材的水平和垂直控制线。

③ 固定锚固体。在结构上定位钻孔，埋置膨胀螺栓；支底层饰面板托架，安装连接件。

④ 安装固定石材。先安装底层石板，把连接件上的不锈钢针插入板材的预留接孔中，调整面板，当确定位置准确无误后，即可紧固螺栓，然后用环氧树脂或密封膏堵塞连接孔。底层

石板安装完毕后，经过检查合格可依次循环安装上层面板，每层应注意上口水平、板面垂直。

⑤ 嵌缝。嵌缝前，先在缝隙内嵌入泡沫塑料条，然后用胶枪注入密封胶。为防止污染板面，注胶前应沿面板边缘贴胶纸带覆盖缝两边板面，注胶后将胶带揭去。

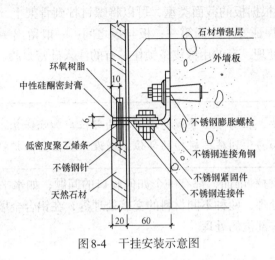

图8-4　干挂安装示意图

2. 金属饰面板安装

（1）彩色涂层钢板饰面安装。

① 施工顺序。彩色涂层钢板安装施工顺序为：预埋连接件→立墙筋→安装墙板→板缝处理。

② 施工要点如下。

（a）安装墙板要按照设计节点详图进行，安装前要检查墙筋位置，计算板材及缝隙宽度，进行排板、画线定位。

（b）要特别注意异形板的使用。在窗口和墙转角处使用异形板可以简化施工，增加防水效果。

（c）墙板与墙筋用铁钉、螺钉及木卡条连接。安装板的原则是按节点连接做法，沿一个方向顺序安装，方向相反则不易施工。如墙筋或墙板过长，可用切割机切割。

（d）板缝处理。尽管彩色涂层钢板在加工时其形状已考虑了防水性能，但若遇到材料弯曲、接缝处高低不平，其形状的防水功能可能失去作用，在边角部位这种情况尤为明显。因此，一些板缝填防水材料也是必要的。

（2）铝合金板饰面安装。铝合金板饰面安装施工要点如下。

① 放线。铝合金板墙面的骨架由横竖杆件拼成，可以是铝合金型材，也可以是型钢。为了保证骨架的施工质量和准确性，首先要将骨架的位置弹到基层上，放线时，应以土建单位提供的中心线为依据。

② 固定骨架的连接件。骨架的横竖杆件通过连接与结构固定，连接件与结构之间，可以同结构预埋件焊牢，也可在墙上打膨胀螺栓，无论用哪一种固定法，都要尽量减少骨架杆件尺寸的误差，保证其位置的准确性。

③ 固定骨架。骨架在安装前均应进行防腐处理，固定位置要准确，骨架安装要牢固。

④ 骨架安装检查。骨架安装质量决定铝合金板的安装质量，因此安装完毕，应对中心线、

表面标高等影响板安装的因素做全面检查，有些高层建筑的大面积外墙板，甚至用经纬仪对横竖杆件进行贯通，从而进一步保证板的安装精度，要特别注意变形缝、沉降缝、变截面的处理，使之满足使用要求。

⑤ 安装铝合金板。根据板的截面类型，可以将螺钉拧到骨架上，也可将板卡在特制的龙骨上；安装时要认真，保证安全牢固第一；板与板之间，一般留出一段距离，常用的间隙为10～20mm；至于缝的处理，有的用橡皮条锁住，有的注入硅密封胶。

> **小 提 示**
>
> 铝合金板安装完毕，在易于污染或易于碰撞的部位应加强保护，对于污染问题，多用塑料薄膜进行覆盖，而易于划破、碰撞的部位，则设一些安全保护栏杆。

⑥ 收口处理。各种材料饰面，都有一个如何收口的问题，如水平部位的压顶，端部的收口、伸缩缝、沉降缝的处理，两种不同材料的交接处理等，在铝合金墙板中，多用特制的铝合金压型板，进行上述这些部位的处理。

五、饰面砖安装

1. 内墙釉面砖安装施工

（1）镶贴前找规矩。用水平尺找平，校核方正。计算好纵横皮数和镶贴块数，画出皮数杆，定出水平标准，进行排序，特别是阳角必须垂直。

（2）连接处理。

① 在有脸盆镜箱的墙面，应按脸盆下水管部位分中，往两边排砖。肥皂盒、电器开关插座等，可按预定尺寸和砖数排砖，尽量保证外表美观。

② 根据已弹好的水平线，稳好水平尺板，作为镶贴第一层瓷砖的依据，一般由下往上逐层镶贴。为了保证间隙均匀美观，每块砖的方正可采用塑料十字架，镶贴后在半干时再取出十字架，进行嵌缝。

③ 一般采用掺108胶素水泥砂浆做黏结层，温度在15℃以上（不可使用防冻剂），随调随用。将其满铺在瓷砖背面，中间鼓四角低，逐块进行镶贴，随时用塑料十字架找正，全部工作应在3h内完成。一面墙不能一次贴到顶，以防塌落。随时用干布或棉纱将缝隙中挤出的浆液擦干净。

④ 镶贴后的每块瓷砖，可用小铲轻轻敲打牢固。工程完工后，应加强养护。同时，可用稀盐酸刷洗表面，随时用水冲洗干净。

⑤ 粘贴48h后，用同色素水泥擦缝。

⑥ 工程全部完成后，应根据不同的污染程度用稀盐酸刷洗，随即再用清水冲洗。

（3）基层凿毛甩浆。对于坚硬光滑的基层，如混凝土墙面，必须对基层先进行凿毛、甩浆处理。凿毛的深度为5～10mm、间距为30mm，毛面要求均匀，并用钢丝刷子刷干净，用水冲洗。然后在凿毛面上甩水泥砂浆，其配合比为水泥:中砂:胶黏剂=1：1.5：0.2。甩浆厚度为5mm左右，甩浆前先润湿基层面，甩浆后注意养护。

（4）黏结牢固检查。凡敲打瓷砖面发出空声时，证明黏结不牢或缺灰，应取下瓷砖重贴。

2. 外墙面砖安装施工

（1）基层为混凝土墙的外墙面砖安装。

① 吊垂直、找方、找规矩、贴灰饼。若建筑物为高层时，应在四大角和门窗口用经纬仪打垂直线找直；如果建筑物为多层，可从顶层开始用特制的大线坠绷铁丝吊垂直，然后根据面砖的规格尺寸分层设点、做灰饼。横线则以楼层为水平基线交圈控制，竖向则以四周大角和通天柱、垛子为基线控制，应全部是整砖。每层打底时则以此灰饼作为基准点进行冲筋，使其底层灰做到横平竖直。同时要注意找好凸出檐口、腰线、窗台、雨篷等饰面的流水坡度。

② 抹底层砂浆。先刷一遍水泥素浆，紧接着分遍抹底层砂浆（常温时采用配合比为1：0.5：4水泥白灰膏混合砂浆，也可用1：3水泥砂浆）。第一遍厚度宜为5mm，抹后用扫帚扫毛；待第一遍六七成干时，即可抹第二遍，厚度为8～12mm，随即用木杠刮平，木抹搓毛，终凝后浇水养护。

③ 弹线分格。待基层灰六七成干时，即可按图纸要求进行分格弹线，同时进行面层贴标准点的工作，以控制面层出墙尺寸及墙面垂直、平整。

④ 排砖。根据大样图及墙面尺寸进行横竖排砖，以保证面砖缝隙均匀，符合设计图纸要求，注意大面和通天柱、垛子排整砖以及在同一墙面上的横竖排列，均不得有一行以上的非整砖。非整砖行应排在次要部位，如窗间墙或阴角处等，但也要注意一致和对称。如遇凸出的卡件，应用整砖套割吻合，不得用非整砖拼凑镶贴。

⑤ 浸砖。外墙面砖镶贴前，首先要将面砖清扫干净，放入净水中浸泡2h以上，取出待表面晾干或擦干净后方可使用。

⑥ 镶贴面砖。在每一分段或分块内的面砖，均为自下向上镶贴。从最下一层砖下皮的位置线先稳好靠尺，以此托住第一皮面砖。在面砖外皮上口拉水平通线，作为镶贴的标准。在面砖背面宜采用1：2水泥砂浆或水泥:白灰膏:砂=1：0.2：2的混合砂浆镶贴。砂浆厚度为6～10mm，贴上后用灰铲柄轻轻敲打，使之附线，再用钢片开刀调整竖缝，并用小杠通过标准点调整平面垂直度。

> **小 提 示**
>
> 另一种做法：用1：1水泥砂浆加含水率20%的胶黏剂，在砖背面抹3～4mm厚粘贴即可。但此种做法基层灰必须抹得平整，而且砂子必须过筛后使用。

⑦ 面砖勾缝与擦缝。宽缝一般在8mm以上，用1：1水泥砂浆勾缝，先勾水平缝再勾竖缝，勾好后要求凹进面砖外表面2～3mm。若横竖缝为干挤缝，或小于3mm者，应用白水泥配颜料进行擦缝处理。面砖缝勾完后用布或棉丝蘸稀盐酸擦洗干净。

（2）基层为砖墙的外墙面砖安装。基层为砖墙的外墙面砖安装施工要点如下。

① 墙面处理。抹灰前墙面必须清扫干净，浇水湿润。

② 基层操作。大墙面和四角，门窗口边弹线找规矩，必须由顶层到底层一次进行，弹出垂直线，并确定面砖出墙尺寸分层设点、做灰饼，模线则以楼层为水平基线交圈控制，竖向线则以四周大角和通天柱、垛子为基线控制，每层打底时则以此灰饼作为基准点进行冲筋，使其底层灰做到横平竖直，同时要注意找好凸出檐口、腰线、窗台、雨篷等饰面的流水坡度。

③ 抹底层砂浆。先将墙面浇水湿润，然后用1∶3水泥砂浆刮一遍，厚约6mm，紧接着用同强度等级灰与所冲筋找平，随即用木杠刮平、木抹子搓毛，终凝后浇水养护。

其他施工工艺与要点同基层为混凝土墙面施工工艺。

3. 玻璃锦砖安装施工

玻璃锦砖与陶瓷锦砖的差别在于坯料中掺入了石英材料，故烧成后呈半透明玻璃质状。其规格为20mm×20mm×4mm，反贴在纸板上，每张标准尺寸为325mm×325mm（即每张纸板上粘贴有225块玻璃锦砖）。玻璃锦砖安装施工工艺及要点如下。

① 中层表面的平整度，阴阳角垂直度和方正偏差宜控制在2mm以内，以保证面层的铺贴质量。中层做好后，要根据玻璃锦砖的整张规格尺寸弹出水平线和垂直线。如要求分格，应根据设计要求定出留缝宽度，制备分格条。

② 注意选择黏结灰浆的颜色和配合比。用白水泥浆粘贴白色和淡色玻璃锦砖，用加颜料的深色水泥浆粘贴深色玻璃锦砖。白水泥浆配合比为水泥∶石灰膏=1∶（0.15～0.20）。

③ 抹黏结灰浆时要注意使其填满玻璃锦砖之间的缝隙。铺贴玻璃锦砖时，先在中层上涂抹黏结灰浆一层，厚为2～3mm，再在玻璃锦砖底面薄薄地涂抹一层黏结灰浆。涂抹时要确保缝隙中（即粒与粒之间）灰浆饱满，否则用水洗刷玻璃锦砖表面时，易产生砂眼洞。

④ 铺贴时要力求一次铺准，稍作校正，即可达到缝格对齐、横平竖直的要求。铺贴后，应将玻璃锦砖拍平拍实，使其缝中挤满黏结灰浆，以保证其黏结牢固。

⑤ 要掌握好揭纸和洗刷余浆时间，过早会影响黏结强度，易产生掉粒和小砂眼洞现象；过晚则难洗净余浆，而影响表面清洁度和色泽。一般要求上午铺贴的要在上午完成，下午铺贴的要在下午完成。

⑥ 擦缝刮浆时，不能在表面满涂满刮，否则水泥浆会将玻璃毛面填满而失去光泽。擦缝时应及时用棉丝将污染玻璃锦砖表面的水泥浆擦洗干净。

学习单元二　楼地面工程和涂饰工程

✐ 知识目标

（1）了解楼地面工程的分类和组成。

（2）了解块料地面和涂饰工程的施工方法。

（3）了解涂饰工程基础处理要求。

📖 技能目标

（1）通过本单元的学习，能够清楚楼地面和涂饰工程的施工工艺。

（2）能够具有组织楼地面和涂饰工程施工的能力。

📗 基础知识

楼地面工程是人们工作和生活中接触最频繁的一个分部工程，反映楼地面工程档次和质量水平，具有地面的承载能力、耐磨性、耐腐蚀性、抗渗漏能力、隔声性能、弹性、光洁程度、平整度等指标以及色泽、图案等艺术效果。

一、楼地面工程组成和分类

1. 楼地面的组成

楼地面是房屋建筑底层地坪与楼层地坪的总称，由面层、垫层和基层等部分构成。

2. 楼地面的分类

① 按面层材料分，楼地面有土、灰土、三合土、菱苦土、水泥砂浆混凝土、水磨石、陶瓷锦砖、木、砖和塑料地面等。

② 按面层结构分，楼地面有整体面层（如灰土、菱苦土、三合土、水泥砂浆、混凝土、现浇水磨石、沥青砂浆和沥青混凝土等）、块料面层（如缸砖、塑料地板、拼花木地板、陶瓷锦砖、水泥花砖、预制水磨石块、大理石板材、花岗石板材等）和涂布地面等。

二、整体地面

现浇整体地面一般包括水泥砂浆地面和水磨石地面，现以水泥砂浆地面为例，简述整体地面的施工技术要求和方法。

1. 施工准备

① 材料

（a）水泥。优先采用硅酸盐水泥、普通硅酸盐水泥，强度等级不低于42.5级，严禁不同品种、不同强度等级的水泥混用。

（b）砂。采用中砂、粗砂，含泥量不大于7%，过8mm孔径筛子；如采用细砂，砂浆强度偏低，易产生裂缝；采用石屑代砂，粒径宜为6～7mm，含泥量不大于7%，可拌制成水泥石屑浆。

② 地面垫层中各种预埋管线已完成，穿过楼面的方管已安装完毕，管洞已落实，有地漏的房间已找泛水。

③ 施工前应在四周墙身弹好50cm的水平墨线。

④ 门框已立好，再一次核查找正，对于有室内外高差的门口位，如果是安装有下槛的铁门时，尚应顾及室内、外面能各在下槛两侧收口。

⑤ 墙、顶抹灰已完，屋面防水已做。

2. 施工方法

（1）基层处理。水泥砂浆面层是铺抹在楼面、地面的混凝土、水泥炉渣、碎砖三合土等垫层上的，垫层处理是防止水泥砂浆面层空鼓、裂纹、起砂等质量通病的关键工序。因此，要求垫层应具有粗糙、洁净和潮湿的表面，一切浮灰、油渍、杂质必须分别清除，否则会形成一层隔离层，使面层结合不牢。

> **小提示**
>
> 基层处理方法：将基层上的灰尘扫掉，用钢丝刷和錾子刷净，剔掉灰浆皮和灰渣层，用10%的火碱水溶液刷掉基层上的油污，并用清水及时将碱液冲净。表面比较光滑的基层，应进行凿毛，并用清水冲洗干净。冲洗后的基层，最好不要上人。

（2）抹灰饼和标筋（或称冲筋）。根据水平基准线再把楼地面层上皮的水平基准线弹出。面积不大的房间，可根据水平基准线直接用长木杠标筋，施工中进行几次复尺即可。面积较大的房间，应根据水平基准线，在四周墙角处每隔1.5～2.0m用1∶2水泥砂浆抹标志块，标志块大小一般是8～10cm见方。待标志块结硬后，再以标志块的高度做出纵横方向通长的标筋以控制面层的厚度。标筋用1∶2水泥砂浆，宽度一般为8～10cm。做标筋时，要注意控制面层厚度，面层的厚度应与门框的锯口线吻合。

（3）设置分格条。为防止水泥砂浆在凝结硬化时体积收缩产生裂缝，应根据设计要求设置分格缝。首先根据设计要求在找平层上弹线确定分格缝位置，完成后在分格线位置上粘贴分格条，分格条应黏结牢固。若无设计要求，可在室内与走道邻接的门扇下设置；当开间较大时，在结构易变形处设置。分格缝顶面应与水泥砂浆面层顶面相平。

（4）铺设砂浆。铺设砂浆要点如下。

① 水泥砂浆的强度等级不应小于M15，水泥与砂的体积比宜为1∶2，其稠度不宜大于35mm，并应根据取样要求留设试块。

② 水泥砂浆铺设前，应提前一天浇水湿润。铺设时，在湿润的基层上涂刷一道水胶比为0.4～0.5的水泥素浆作为加强黏结，随即铺设水泥砂浆。水泥砂浆的标高应略高于标筋，以便刮平。

③ 凝结到六七成干时，用木刮杠沿标筋刮平，并用靠尺检查平整度。

（5）面层压光。

① 第一遍压光。砂浆收水后，即可用铁抹子进行第一遍压光，直至出浆。如砂浆局部过干，可在其上洒水湿润后再进行压光；如局部砂浆过稀，可在其上均匀撒一层体积比为1∶2的干水泥砂吸水。

② 第二遍压光。砂浆初凝后，当人站上去有脚印但不下陷时，即可进行第二遍压光，用铁抹子边抹边压，使表面平整，要求不漏压，平面出光。

③ 第三遍压光。砂浆终凝前，即人踩上去稍有脚印，用抹子压光无抹痕时，即可进行第三遍压光。抹压时用力要大且均匀，将整个面层全部压实、压光，使表面密实光滑。

（6）养护。水泥砂浆面层抹压后，应在常温湿润条件下养护。养护要适时，浇水过早易起皮，浇水过晚则会使面层强度降低而加剧其干缩和开裂倾向。一般夏季应在24h后养护，春秋季节应在48h后养护，养护一般不少于7d。最好是在铺上锯末屑（或以草垫覆盖）后再浇水养护，浇水时宜用喷壶喷洒，使锯末屑（或草垫等）保持湿润即可。

小 提 示

如果采用矿渣水泥，养护时间应延长到14d。在水泥砂浆面层强度达不到5MPa之前，不准在上面行走或进行其他作业，以免损坏地面。

三、块料地面

1. 陶瓷地砖地面

（1）铺找平层。基层清理干净后提前浇水湿润。铺找平层时应先刷素水泥浆一道，随刷随铺砂浆。

（2）排砖弹线。根据+50cm水平线在墙面上弹出地面标高线。根据地面的平面几何形状尺寸及砖的大小进行计算排砖。排砖时统筹兼顾以下几点：一是尽可能对称；二是房间与通道的砖缝应相通；三是不割或少割砖，可利用砖缝宽窄、镶边来调节；四是房间与通道如用不同颜色的砖，分色线应留置于门扇处。排好后直接在找平层上弹纵、横控制线（小砖可每隔四块弹一控制线），并严格控制好方正。

（3）选砖。由于砖的大小及颜色有差异，铺砖前一定要选砖分类。将尺寸大小及颜色相近的砖铺在同一房间内。同时保证砖缝均匀顺直、砖的颜色一致。

（4）铺砖。纵向先铺几行砖，找好位置和标高，并以此为准，拉线铺砖。铺砖时应从里向外退向门口的方向逐排铺设，每块砖应跟线。铺砖的操作是，在找平层上刷水泥浆（随刷随铺），将预先浸水晾干的砖的背面朝上，抹1:2水泥砂浆黏结层，厚度不小于10mm，将抹好砂浆的砖铺砌到找平层上，砖上楞应跟线找正找直，用橡皮锤敲实。

（5）拨缝修整。拉线拨缝修整，将缝找直，并用靠尺板检查平整度，将缝内多余的砂浆扫出，将砖拍实。

（6）勾缝。铺好的地面砖，应养护48h才能勾缝。勾缝用1:1水泥砂浆，要求勾缝密实、灰缝平整光洁、深浅一致，一般灰缝低于地面3～4mm；如设计要求不留缝，则需要灌缝擦缝，可用撒干水泥并喷水的方法灌缝。

2. 大理石及花岗石地面

（1）弹线。根据墙面0.5m标高线，在墙上做出面层顶面标高标志，室内与楼道面层顶面标高应一致。当大面积铺设时，用水准仪向地面中部引测标高，并做出标志。

（2）试拼和试排。在正式铺设前，对每一个房间使用的图案、颜色、花纹应按照图样要求进行试拼。试拼后按两个方向排列编号，然后按编号排放整齐。板材试拼时，应注意与相通房间和楼道的协调关系。

试排时，在房间两个垂直的方向，铺两条干砂带，其宽度大于板块，厚度不小于30mm。根据图样要求把板材排好，核对板材与墙面、柱、洞口等的相对位置；板材间的缝隙宽度，当设计无规定时不应大于1mm。

（3）铺结合层。将找平层上试排时用过的干砂和板材移开，清扫干净，将找平层湿润，刷一道水胶比为0.4～0.5的水泥浆，但面积不要刷得过大，应随刷随铺砂浆。结合层采用1:2或1:3的水泥砂浆，稠度为25～35mm，用砂浆搅拌机拌制均匀，应严格控制加水量，拌好的砂浆以手握成团、手捏或手颠即散为宜。砂浆厚度，控制在放上板材时高出地面顶面标高1～3mm即可。铺好后用刮尺刮平，再用抹子拍实、抹平，铺摊面积不得过大。

（4）铺贴板材。所采用的板材应先用清水浸湿，但包装纸不得一同浸泡，待擦干或晾干后铺贴。铺贴时应根据试拼时的编号及试排时确定的缝隙，从十字控制线的交点开始拉线铺贴。铺贴纵横行后，可分区按行列控制线依次铺贴，一般房间宜由里向外，逐步退至门口。铺贴时为了保证铺贴质量，应进行试铺。试铺时，搬起板材对好横纵控制线，水平下落在已铺好的干硬性砂浆结合层上，用橡胶锤敲击板材顶面，振实砂浆至铺贴高度后，将板材掀起移至一旁；检查砂浆表面与板材之间是否吻合，如发现有空虚之处，应用砂浆填补，然后正式铺贴。正式铺贴时，先在水泥砂浆结合层上，均匀浇一层水胶比为0.5的水泥浆，再铺板材，安放时四角同时在原位下落，用橡胶锤轻敲板材，使板材压实，根据水平线用水平尺检查板材平整度。

（5）擦缝。在板材铺贴完成1～2d后进行灌浆擦缝。根据板材颜色，选用相同颜色的矿物颜料和水泥拌合均匀，调成1∶1稀水泥浆，将其徐徐灌入板材之间的缝隙内，至基本灌满为止。灌浆1～2h后，用棉纱蘸原稀水泥浆擦缝并与板面擦平，同时将板面上的稀水泥浆擦除干净，接缝应保证平整、密实。完成后，面层加以覆盖，养护时间不应少于7d。

（6）打蜡。当水泥砂浆结合层抗压强度达到11.2MPa后，各工序均完成，将面层表面用草酸溶液清洗干净并晾干后，将成品蜡放于布中薄薄地涂在板材表面，待蜡干后，用木块代替油石进行磨光，直至板材表面光滑洁亮为止。

四、涂饰工程材料

涂料敷于建筑物表面并与基体材料很好地黏结，干结成膜后，既对建筑物表面起到一定的保护作用，又具有建筑装饰的效果。

1. 涂料质量要求

① 涂料工程所用的涂料和半成品（包括施涂现场配制的），均应有品名、种类、颜色、制作时间、储存有效期、使用说明和产品合格证书、性能检测报告及进场验收记录。

② 内墙涂料要求耐碱性、耐水性、耐粉化性良好，以及有一定的透气性。

③ 外墙涂料要求耐水性、耐污染性和耐候性良好。

2. 腻子质量要求

涂料工程使用的腻子的塑性和易涂性应满足施工要求，干燥后应坚固，无粉化、起皮和开裂，并按基层、底涂料和面涂料的性能配套使用。另外，处于潮湿环境的腻子应具有耐水性。

五、涂饰工程基层处理要求

① 基体或基层的含水率。混凝土和抹灰表面涂刷溶剂型涂料时，含水率不得大于8%；涂刷乳液型涂料时，含水率不得大于10%；木料制品含水率不得大于12%。

② 新建建筑物的混凝土或抹灰基层在涂饰涂料前应涂刷抗碱封闭底漆；旧墙面在涂刷涂料前应清除疏松的旧装修层，并涂刷界面剂。

③ 涂饰工程墙面基层，表面应平整洁净，并有足够的强度，不得酥松、脱皮、起砂、粉化等。

六、涂饰工程施工方法

1. 刷涂

刷涂宜采用细料状或云母片状涂料。刷涂时，用刷子蘸上涂料直接涂刷于被涂饰基层表面，其涂刷方向和行程长短应一致。涂刷层次，一般不少于两度。在前一度涂层表面干燥后再进行后一度涂刷。两度涂刷间隔时间与施工现场的温度、湿度有关，一般不少于2～4h。

2. 喷涂

喷涂宜采用含粗填料或云母片的涂料。喷涂是借助喷涂机具将涂料呈雾状或粒状喷出，分散沉积在物体表面上。喷射距离一般为40～60cm，施工压力为0.4～0.8MPa。喷枪运行中喷嘴中心线必须与墙面垂直，喷枪与墙面平行移动，运行速度保持一致。

小 提 示

（1）室内喷涂一般先喷顶后喷墙，两遍成活，间隔时间约2h。

（2）外墙喷涂一般为两遍，较好的饰面为三遍。

3. 滚涂

滚涂宜采用细料状或云母片状涂料。滚涂是利用涂料辊子蘸匀适量涂料，在待涂物体表面施加轻微压力上下垂直来回滚动，避免歪扭呈蛇形，以保证涂层厚度一致，色泽一致，质感一致。

4. 弹涂

弹涂宜采用细料状或云母片状涂料。先在基层刷涂1或2道底色涂层，待其干燥后进行弹涂。弹涂时，弹涂器的出口应垂直对正墙面，距离300～500mm，按一定速度自上而下、自左至右地弹涂。注意弹点密度均匀适当，上下左右接头不明显。

学习单元三　门窗工程和吊顶工程

📝 知识目标

（1）了解木门窗、铝合金门窗和塑料门窗安装的施工工艺。

（2）了解木龙骨、轻钢龙骨和铝合金龙骨吊顶施工方法。

📖 技能目标

（1）通过本单元的学习，能够清楚门窗和吊顶工程的施工工艺。

（2）能够具有组织门窗和吊顶工程施工的能力。

📖 基础知识

常见的门窗类型有木门窗、铝合金门窗、塑料门窗、钢门窗、彩板门窗和特种门窗等。门窗工程的施工可分为两大类：一类是由工厂预先加工拼装成型，在现场安装；另一类是在现场根据设计要求加工、制作，即时安装。

一、木门窗安装

1. 放线找规矩

以顶层门窗位置为准，从窗中心线向两侧量出边线，用垂线或经纬仪将顶层门窗控制线逐层引下，分别确定各层门窗安装位置；再根据室内墙面上已确定的"50线"，确定门窗安装标高；然后根据墙身大样图及窗台板的宽度，确定门窗安装的平面位置，在侧面墙上弹出竖向控制线。

2. 洞口修复

门窗框安装前，应检查洞口尺寸大小、平面位置是否准确，如有缺陷应及时进行剔凿处理。

知识链接

检查预埋木砖的数量及固定方法并应符合以下要求。

（1）高1.2m的洞口，每边预埋两块木砖；高1.2～2m的洞口，每边预埋三块木砖；高2～3m的洞口，每边预埋4块木砖。

（2）当墙体为轻质隔墙和120mm厚隔墙时，应采用预埋木砖的混凝土预制块，混凝土强度等级不低于C15。

3. 门窗框安装

门窗框安装时，应根据门窗扇的开启方向，确定门窗框安装的裁口方向；有窗台板的窗，应根据窗台板的宽度确定窗框位置；有贴脸的门窗，立框应与抹灰面齐平；中立的外窗以遮盖住砖墙立缝为宜。门窗框安装标高以室内"50线"为准，用木楔将框临时固定于门窗洞口内，并立即使用线锤检查，达到要求后塞紧固定。

4. 嵌缝处理

门窗框安装完经自检合格后，在抹灰前应进行塞缝处理，塞缝材料应符合设计要求，无特殊要求者用掺有纤维的水泥砂浆嵌实缝隙，经检验无漏嵌和空嵌现象后，方可进行抹灰作业。

5. 门窗扇安装

安装前，按图样要求确定门窗的开启方向及装锁位置，以及门窗口尺寸是否正确。将门扇靠在框上，画出第一次修刨线，如扇小应在下口和装合叶的一面绑粘木条，然后修刨合适。第一次修刨后的门窗扇，应以能塞入口内为宜。第二次修刨门窗扇后，缝隙尺寸合适，同时在框、扇上标出合叶位置，定出合叶安装边线。

二、铝合金门窗安装

铝合金门、窗框一般是用后塞口方法安装。门窗框加工的尺寸应比洞口尺寸略小，门窗框与结构之间的间隙，应视不同的饰面材料而定。

安装前，应逐个检查门、窗洞口的尺寸与铝合金门、窗框的规格是否相适应，对于尺寸偏差较大的部位，应剔凿或填补处理。然后按室内地面弹出的"50线"和垂直线，标出门、窗框安装的基准线。要求同一立面的门窗在水平与垂直方向应做到整齐一致。按在洞口弹出的门、窗位置线，将门、窗框立于墙体中心线部位或内侧，并用木楔临时固定，待检查立面垂直度、左右间隙、上下位置等符合要求后，将镀锌锚固板固定在门、窗洞口内。锚固板是铝合金门、窗框与墙体固定的连接件，其一端固定在门、窗框的外侧，另一端固定在密实的洞口墙内。锚固板形状如图8-5所示。锚固板与结构的固定方法有射钉固定法、膨胀螺丝固定法和燕尾铁脚固定法。

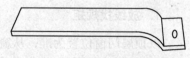

图8-5 锚固板形状示意图

铝合金门、窗框安装固定后，应按设计要求及时处理窗框与墙体缝隙。若设计未规定具体堵塞材料，应采用矿棉或玻璃棉毡分层填塞缝隙，外表面留5～8mm深槽口，槽内填嵌密封材料。

门窗扇的安装，需在室内外装修基本完成后进行，框装上扇后应保证框扇的立面在同一平面内，窗扇就位准确，启闭灵活。平开窗的窗扇安装前应先将合叶固定在窗框上，再将窗扇固定在合叶上；推拉式门窗扇，应先装室内侧门窗扇，后装室外侧门窗扇；固定扇应装在室外侧，并固定牢固，确保使用安全。

玻璃安装是铝合金门、窗安装的最后一道工序，包括玻璃裁割、玻璃就位、玻璃密封与固定。玻璃裁割时，应根据门、窗扇的尺寸来计算下料尺寸。玻璃单块尺寸较小时，可用双手夹住就位；若单块玻璃尺寸较大，可用玻璃吸盘就位。玻璃就位后，及时用橡胶条固定。玻璃应放在凹槽的中间，内、外侧间距不应小于2mm，也不宜大于5mm。同时为防止因玻璃的胀缩而造成型材的变形，型材下凹槽内可放置3mm厚氯丁橡胶垫块将玻璃垫起。

> **小 提 示**
>
> 铝合金门窗交工前，应将型材表面的保护胶纸撕掉，如有胶迹，可用香蕉水清理干净。玻璃应用清水擦洗干净。

三、塑料门窗安装

1. 工艺流程

弹线找规矩→门窗洞口处理→安装连接件的检查→塑料门窗外观检查→按图示要求运到安装地点→塑料门窗安装→门窗四周嵌缝→安装五金配件→清理。

2. 工艺要点

① 本工艺应采用后塞口施工，不得先立口后再进行结构施工。

② 检查门窗洞口尺寸是否比门窗框尺寸大30mm，否则应先进行剔凿处理。

③ 按图样尺寸放好门窗框的安装位置线及立口的标高控制线。

④ 安装门窗框上的铁脚。

⑤ 安装门窗框，并按线就位找好垂直度及标高，用木楔临时固定，检查正、侧面垂直及对角线，合格后用膨胀螺栓将铁脚与结构牢固固定好。

⑥ 嵌缝。门窗框与墙体的缝隙应按设计要求的材料嵌缝，如设计无要求，可用沥青麻丝或泡沫塑料填实，表面用厚度为5～8mm的密封胶封闭。

⑦ 门窗附件安装。安装时应先用电钻钻孔，再用自攻螺钉拧入。严禁用铁锤或硬物敲打，防止损坏框料。

⑧ 安装后注意成品保护，防污染，防焊接火花烧伤。

四、吊顶的构造

吊顶是室内装饰工程的一个重要组成部分，具有保温、隔热、隔声、吸声等作用，也是安装照明、暖卫、通风空调、通信和防火、报警管线设备的隐蔽层。

吊顶从形式上分，有直接式和悬吊式两种。其中，悬吊式吊顶是目前采用最广泛的技术。悬吊装配式顶棚的构造主要由基层、悬吊件、龙骨和面层组成。

1. 基层

基层为建筑物结构件，主要为混凝土楼（顶）板或屋架。

2. 悬吊件

悬吊件是悬吊式顶棚与基层连接的构件，一般埋在基层内，属于悬吊式顶棚的支撑部分。其材料可以根据顶棚不同的类型选用镀锌铁丝、钢筋、型钢吊杆（包括伸缩式吊杆）等。

3. 龙骨

龙骨是固定顶棚面层的构件，并将所承受面层的重量传递给支撑部分。

4. 面层

面层是顶棚的装饰层，使顶棚达到既具有吸声、隔热、保温、防火等功能，又具有美化环境的效果。

五、木龙骨吊顶施工

1. 弹水平线

首先将楼地面基准线弹在墙上，并以此为起点，弹出吊顶高度水平线。

2. 主龙骨的安装

主龙骨与屋顶结构或楼板结构连接主要有3种方式：用屋面结构或楼板内预埋铁件固定吊杆；用射钉将角铁等固定于楼底面固定吊杆；用金属膨胀螺栓固定铁件，再与吊杆连接。

主龙骨安装后，沿吊顶标高线固定沿墙木龙骨，木龙骨的底边与吊顶标高线齐平。一般是用冲击电钻在标高线以上10mm处墙面打孔，孔内塞入木楔，将沿墙龙骨钉固于墙内木楔上。然后将拼接组合好的木龙骨架托到吊顶标高位置，整片调整调平后，将其与沿墙龙骨和吊杆连接。

3. 罩面板的铺钉

罩面板多采用人造板，应按设计要求切成方形、长方形等。板材安装前，按分块尺寸弹线，安装时由中间向四周呈对称排列，顶棚的接缝与墙面交圈应保持一致。面板应安装牢固且不得出现折裂、翘曲、缺棱掉角和脱层等缺陷。

六、轻钢龙骨吊顶施工

利用薄壁镀锌钢板带经机械冲压而成的轻钢龙骨即为吊顶的骨架型材。施工前，先按龙骨的标高在房间四周的墙上弹出水平线，再根据龙骨的要求按一定间距弹出龙骨的中心线，找出吊点中心，将吊杆固定在预埋件上。吊顶结构未设预埋件时，要按确定的节点中心用射钉固定螺钉或吊杆，吊杆长度计算好后，在一端套丝，丝口的长度要考虑紧固的余量，并分别配好紧固用的螺母。

主龙骨的吊顶挂件连在吊杆上校平调正后，拧紧固定螺母，然后根据设计和饰面板尺寸要求确定的间距，用吊挂件将次龙骨固定在主龙骨上，调平调正后安装饰面板。

U形轻钢龙骨吊顶构造组成如图8-6所示。

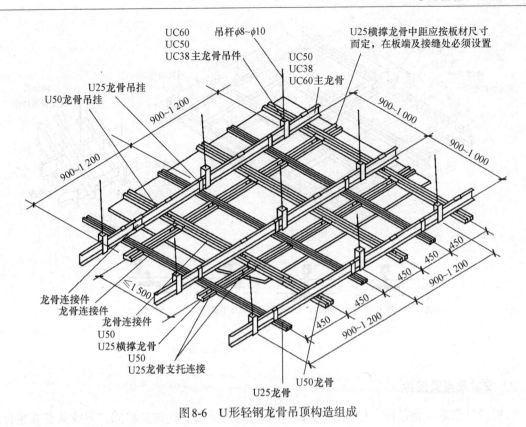

图8-6 U形轻钢龙骨吊顶构造组成

311

知识链接

　　饰面板的安装方法有以下几种。

　　（1）搁置法。将饰面板直接放在T形龙骨组成的格框内。考虑到有些轻质饰面板，在刮风时会被掀起（包括空调口、通风口附近），可用木条、卡子固定。

　　（2）嵌入法。将饰面板事先加工成企口暗缝，安装时将T型龙骨两肢插入企口缝内。

　　（3）粘贴法。将饰面板用胶黏剂直接粘贴在龙骨上。

　　（4）钉固法。将饰面板用钉、螺丝、自攻螺丝等固定在龙骨上。

　　（5）卡固法。多用于铝合金吊顶，板材与龙骨直接卡接固定。

七、铝合金龙骨吊顶

　　铝合金龙骨吊顶按罩面板的要求不同，分为龙骨地面不外露和龙骨地面外露两种形式，如图8-7所示。

　　铝合金龙骨吊顶的施工工艺如下。

1. 弹线

　　根据设计要求在顶棚及四周墙面上弹出顶棚标高线、造型位置线、吊挂点位置、灯位线等。如采用单层吊顶龙骨骨架，吊点间距为800～1 500mm；如采用双层吊顶龙骨骨架，吊点间距≤1 200mm。

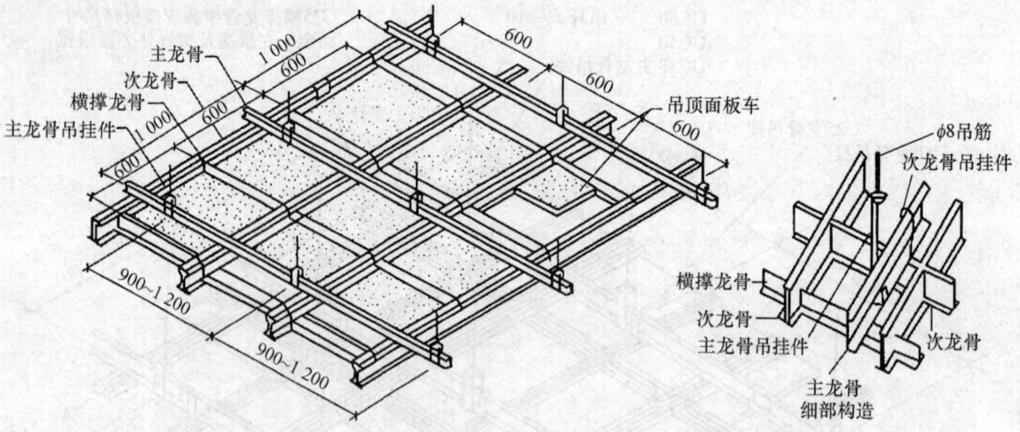

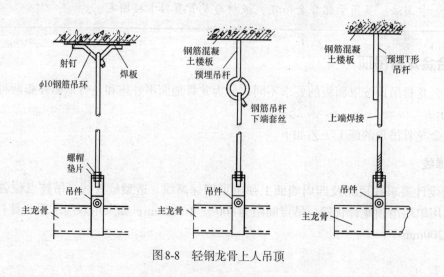

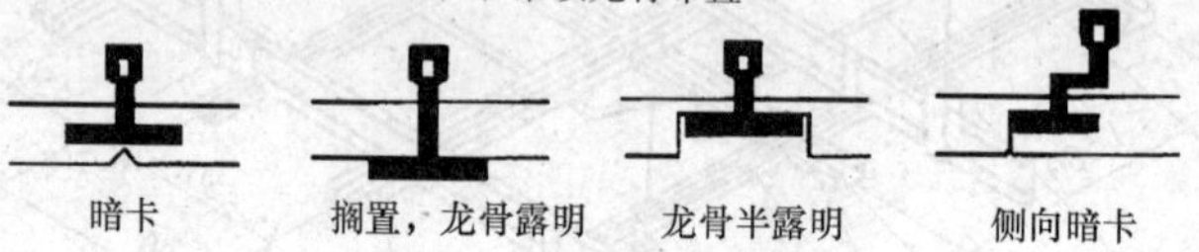

主龙骨
次龙骨
横撑龙骨
主龙骨吊挂件
1 000
600
600
1 000
600
600
600
600
600
吊顶面板车
900~1 200
900~1 200
ϕ8吊筋
次龙骨吊挂件
横撑龙骨
次龙骨
主龙骨吊挂件
次龙骨
主龙骨
细部构造

（a）吊顶龙骨布置

暗卡
搁置，龙骨露明
龙骨半露明
侧向暗卡

（b）龙骨地面外露情况

图8-7　龙骨地面不外露和龙骨地面外露

2. 安装吊点紧固件

按照设计要求，将吊杆与顶棚之上的预埋铁件进行连接。连接应稳固，并使其安装龙骨的标高一致，如图8-8和图8-9所示。

3. 安装大龙骨

采用单层龙骨时，大龙骨T形断面高度采用38mm，适用于轻型级不上人明龙骨吊顶。有时采用一种中龙骨，纵横交错排列，避免龙骨纵向连接，龙骨长度为2 ～ 3个方格。单层龙骨安装方法：首先沿墙面上的标高线固定边龙骨，边龙骨底面与标高线齐平，在墙上用A20钻头钻孔，间距500mm，将木楔子打入孔内，边龙骨钻孔，用木螺钉将龙骨固定于木楔上，也可用A6塑料膨胀管木螺钉固定，然后再安装其他龙骨，吊挂吊紧龙骨，吊点采用900mm×900mm或900mm×1 000mm，最后调平、调直、调方格尺寸。

射钉
焊板
ϕ10钢筋吊环
螺帽
垫片
吊件
主龙骨
钢筋混凝
土楼板
预埋吊杆
钢筋吊杆
下端套丝
吊件
主龙骨
钢筋混凝
土楼板
预埋T形
吊杆
上端焊接
吊件
主龙骨

图8-8　轻钢龙骨上人吊顶

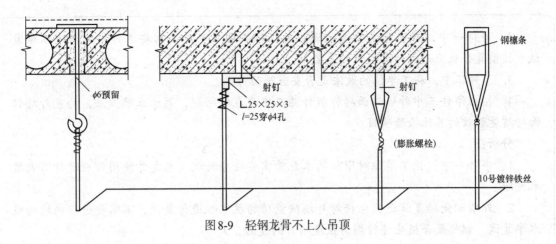

图8-9 轻钢龙骨不上人吊顶

4. 安装中、小龙骨

首先安装边小龙骨，边龙骨底面沿墙面标高线齐平固定墙上，并和大龙骨挂接，然后安装其他中龙骨。中、小龙骨需要接长时，用纵向连接件，将特制插头插入插孔即可，插件为单向插头，不能拉出。在安装中、小龙骨时，为保证龙骨间距的准确性，应制作一个标准尺杆，用来控制龙骨间距。由于中、小龙骨露于板外，因此，龙骨的表面要保证平直一致。在横撑龙骨端部用插接件，插入龙骨插孔即可固定，插件为单向插接，安装牢固。要随时检查龙骨方格尺寸。当整个房间安装完工后，进行检查，调直、调平龙骨。

5. 安装罩面板

当采用明龙骨时，龙骨方格调整平直后，将罩面板直接摆放在方格中，由龙骨翼缘承托饰面板四边。为了便于安装饰面板，龙骨方格内侧净距一般应大于饰面板尺寸2mm；当采用暗龙骨时，用卡子将罩面板暗挂在龙骨上即可。

313

课堂案例

　　某装饰公司承接了寒冷地区某商场的室内、外装饰工程。其中，室内地面采用地面砖镶贴，吊顶工程部分采用木龙骨，室外部分墙面为铝板幕墙，采用进口硅酮结构密封胶、铝塑复合板，其余外墙为加气混凝土外镶贴陶瓷砖。施工过程中，发生如下事件。

　　事件一：因木龙骨为甲供材料，施工单位未对木龙骨进行检验和处理就用到了工程上。施工单位对新进场外墙陶瓷砖和内墙砖的吸水率进行了复试，对铝塑复合板核对了产品质量证明文件。

　　事件二：在送待检时，为赶工期，施工单位未经监理工程师许可就进行了外墙饰面砖镶贴施工，待复验报告出来，部分指标未能达到要求。

　　事件三：外墙面砖施工前，工长安排工人在陶粒空心砖墙面上做了外墙饰面砖样板件，并对其质量验收进行了允许偏差的检验。

　　问题：

　　1. 事件一中，施工单位对甲供的木龙骨是否需要检查验收？木龙骨使用前应进行什么技术处理？

2. 事件一中，外墙陶瓷砖复试还应包括那些项目？是否需要进行内墙砖吸水率复试？铝塑复合板应进行什么项目的复验？

3. 事件二中，施工单位的做法是否妥当？为什么？

4. 指出事件三中外墙饰面砖样板件施工中存在的问题，写出正确做法，补充外墙饰面砖质量验收的其他检验项目。

分析：

1. 事件一中，施工单位对甲供的木龙骨需要检查验收。木龙骨使用前应进行防火技术处理。

2. 外墙陶瓷砖复试还应包括对外墙陶瓷砖的抗冻性进行复试，不需要进行内墙砖吸水率复试。铝塑复合板应进行剥离强度项目的复验。

3. 事件二中，施工单位的做法是不妥当的。理由：没有监理工程师的许可施工单位不得自行赶工，要按照之前编制的进度计划实施项目。

4. 事件三中外墙饰面砖样板件施工中存在的问题：未对样板件的饰面砖黏结强度进行检验。

外墙饰面砖质量验收的其他检验项目：对外墙饰面砖隐蔽工程进行验收，平整度、光洁度的检验，尺寸检验，饰面板嵌缝质量检验。

学习案例

某商业大厦2～10层室内走廊净高2.8m，走廊净高范围墙面面积800m²/层，采用天然大理石饰面。施工单位拟定的施工方案为传统湿作业法施工，施工流向为从上往下，以楼层为施工段，每一施工段的计划工期4d，每一楼层一次安装到顶。该施工方案已经批准。2009年3月12日大理石饰面板进场检验记录如下。

天然大理石建筑板材，600mm×450mm，厚度18mm，一等品。

2009年3月12日石材进场后专业班组就从第10层开始安装。为便于灌浆操作，操作人员将结合层的砂浆厚度控制在18mm，每层板材安装后分两次灌浆。结果实际工期与计划工期一致。操作人员完成10层后，立即进行封闭保护，并转入下一层施工。

2009年3月27日专业班组请项目专职质检员检验10层走廊墙面石材饰面，结果发现局部大理石饰面产生不规则的花斑，沿墙高的中下部位空鼓的板块较多。

问题：

1. 分析大理石饰面板产生不规则的花斑的原因。担任项目经理的建筑工程专业建造师应如何纠正10层出现的"花斑"缺陷？如何采取预防措施？

2. 大理石饰面板是否允许板块局部空鼓？试分析本工程大理石饰面板产生空鼓的原因。

分析：

1. 大理石饰面板产生的不规则花斑，俗称泛碱现象。

（1）原因分析：

采用传统的湿作业法安装天然石材，施工时由于水泥砂浆在水化时析出大量的氧化钙泛到石材表面，就会产生不规则的花斑，即泛碱。泛碱现象严重影响建筑物室内外石材饰面的观感效果。

本案例背景中石材进场验收时记录为"天然大理石建筑板材"，按照《天然大理石建筑板材》JC 205标准，说明石材饰面板进场时没有进行防碱背涂处理。2009年3月12日石材进场后专业班组就开始从第10层进行粘贴施工，说明施工班组施工前也没有做石材饰面板防碱、背涂处理的技术准备工作。防碱、背涂处理是需要技术间歇的，本案背景材料中没有这样的背景条件或时间差。

（2）纠正措施：

针对第10层出现的"泛碱"缺陷，项目专业质量检查员应拟订返工处理意见。担任该工程项目经理的建造师应采纳项目专业质量检查员的处理意见，并决定按预防措施进行返工，同时针对第2～9层的施工组织制定预防措施。

（3）预防措施：

进行施工技术交底，确保在天然石材安装前，应对石材饰面板采用"防碱背涂剂"进行背涂处理，并选用碱含量低的水泥作为结合层的拌合料。

2. 传统湿作业法施工大理石饰面板不允许板块局部空鼓。本工程大理石饰面板产生空鼓的原因有四个方面。

（1）施工顺序不合理。走廊净高2.8m，大理石饰面板安装采用传统湿作业法施工时，不宜一次安装到顶。

（2）结合层砂浆厚度太厚。结合层砂浆一般宜为7～10mm厚。

（3）灌浆分层超高。规格600mm×450mm的板材，每层板材安装后宜分3次灌浆。灌注时每层灌注高度宜为150～200mm，且不超过板高的1/3，插捣应密实，待其初凝后方可灌注上层水泥砂浆。

（4）没有进行养护。操作人员完成10层后，立即进行封闭保护，转入下一层施工。

315

知识拓展

外墙抹灰施工工艺流程

工艺流程：基层处理→钉挂防裂网→喷水湿润→喷浆→放线→做灰饼→抹灰→修补→养护。

（1）基层处理。基层表面要保持平整洁净，无浮浆、油污，将柱、梁等凸出墙面的混凝土剔平，凹处提前刷净，用水浸透后，用1∶3水泥砂浆分层补平，脚手架眼、螺栓孔采用发泡剂封堵。光滑的混凝土表面进行凿毛处理。外墙喷界面剂一道。

（2）钉挂防裂网。不同基体材料交接处、剔槽部位、临时施工洞处两侧钉防裂钢丝网，防裂网宽度为500mm，接缝处两边各挂出250mm。用射钉将防裂网固定在墙面上，挂网要做到均匀、牢固。

（3）喷水湿润。用水将墙体湿润，喷水要均匀，不得遗漏，墙体表面的吸水深度控制在20mm左右。

（4）喷浆。界面剂与水泥浆拌合后喷涂，养护3d后再抹底灰。

（5）用大线坠从顶层开始在大角两侧、门窗洞口两侧、阳台两侧吊出垂直线进行放线，同时在窗口上下悬挂水平通线用于控制水平方向抹灰。

（6）根据所放垂线和水平线在墙面上抹灰饼，确定抹灰厚度。抹灰饼的砂浆材料、配合比同基层抹灰的砂浆配合比。

（7）基层抹灰要在界面剂达到一定强度后，开始用1∶2.5水泥砂浆打底扫毛，底灰应分层涂抹，每层厚度不应大于10mm，必须在前一层砂浆凝固后再抹下一层，当抹灰厚度大于35mm时，应采用铁丝网加强。底层抹灰完成后，在不同基体材料交接处、剔槽部位、临时施工洞处两侧等易开裂部位，增贴一道防碱网格布。

（8）抹拉毛灰，其配合比是：水泥∶砂=1∶2.5。抹拉毛灰以前应对底灰进行浇水，且水量应适宜，墙面太湿，拉毛灰易发生往下坠流的现象；若底灰太干，不容易操作，毛也拉不均匀。

（9）毛灰施工时，最好两人配合进行，一人在前面抹拉毛灰，另一人紧跟着用木抹子平稳地压在拉毛灰上，接着就顺势轻轻地拉起来，拉毛时用力要均匀，速度要一致，使毛显露，大、小均匀。

（10）修补完善。个别地方拉的毛不符合要求，可以补拉1～2次，一直到符合要求为止。

（11）操作拉出的毛有棱角，且很分明，待稍干时，再用抹子轻轻地将毛头压下去，使整个面层呈不连续的花纹。

（12）抹灰的施工程序。从上往下打底，底层砂浆抹完后，再从上往下抹面层砂浆。应注意在抹面层灰以前，应先检查底层砂浆有无空、裂现象，如有空裂，应剔凿返修后再抹面层灰；另外应注意底层砂浆上的尘土、污垢等应先清净，浇水湿润后，方可进行面层抹灰。

（13）滴水线。在檐口、窗台、窗楣、雨篷、阳台、压顶和突出腰线等部位，上面应做出流水坡度，下面应做滴水线。流水坡度及滴水线距外表面不应小于40mm，滴水线（又称鹰嘴）应保证其坡向正确。

（14）养护。水泥砂浆抹灰层应浇水养护。

学习情境小结

本学习情境内容繁多，但重点是装饰工程中各种工程的施工工艺。

装饰工程包括抹灰、饰面、楼地面、涂饰、门窗、吊顶工程等内容。装饰工程可以保护建筑物的主体结构，完善建筑物的使用性能，美化建筑物。

墙面、顶棚、楼地面一般抹灰的施工工艺是装饰工程的基础，必须熟练掌握。

饰面板安装和饰面砖安装的施工工艺是装饰工程的重点和难点，学习时应结合工程实际理解领会。

楼地面工程是装饰工程中的重点内容，通过整体地面和块料地面的学习掌握施工方法。

门窗、吊顶和涂饰工程部分，应掌握施工工艺。

学习检测

一、选择题

1. 在抹灰工程中，下列各层中起找平作用的是（　　）。

A. 基层　　　　　　B. 中层　　　　　　C. 底层　　　　　　D. 面层

2. 某现浇混凝土结构住宅，施工时采用大模板作为墙体模板，其内墙宜（　　）。

A. 抹水泥砂浆　　　　　　　　　　B. 抹麻刀灰

C. 刮腻子后做涂饰　　　　　　　　D. 抹水泥混合砂浆

3. 以下做法中，不属于装饰抹灰的是（　　）。

A. 水磨石　　　B. 干挂石　　　C. 斩假石　　　D. 水刷石

4. 在下列各种抹灰中，属于一般抹灰的是（　　）。

A. 拉毛灰　　　B. 防水砂浆抹灰　　　C. 磨刀灰　　　D. 水磨石

5. 墙面抹灰用的砂最好是（　　）。

A. 细砂　　　B. 粗砂　　　C. 中砂　　　D. 特细砂

6. 一般抹灰中，内墙高级抹灰的总厚度不得大于（　　）。

A. 18mm　　　B. 20mm　　　C. 25mm　　　D. 30mm

7. 一般抹灰中，外墙墙面抹灰的总厚度不得大于（　　）。

A. 18mm　　　B. 20mm　　　C. 25mm　　　D. 30mm

8. 装饰抹灰与一般抹灰的区别在于（　　）。

A. 面层不同　　　B. 基层不同　　　C. 底层不同　　　D. 中层不同

9. 在水泥砂浆楼地面施工中，不正确的做法是（　　）。

A. 基层应密实、平整、不积水、不起砂

B. 铺抹水泥砂浆前，先涂刷水泥砂浆黏结层

C. 水泥砂浆初凝前完成抹平和压光

D. 地漏周围做出不小于5%的泛水坡度

10. 水泥砂浆楼地面抹完后，养护时间不得少于（　　）。

A. 3d　　　B. 5d　　　C. 7d　　　D. 10d

11. 水刷石面层施工应在中层抹灰（　　）。

A. 抹完后立即进行　　　　　　　　B. 初凝后进行

C. 终凝后进行　　　　　　　　　　D. 达到设计强度后进行

12. 下列材料中，不适用于粘贴面砖的是（　　）。

A. 石灰膏　　　　　　　　　　　　B. 水泥砂浆

C. 掺胶的水泥浆　　　　　　　　　D. 掺石灰膏的水泥混合砂浆

13. 适用于室内墙面安装小规格饰面石材的方法是（　　）。

A. 粘贴法　　　　　　　　　　　　B. 干挂法

C. 挂钩法　　　　　　　　　　　　D. 挂装灌浆法

14. 墙面石材直接干挂法所用的挂件，其制作材料宜为（　　）。

A. 钢材　　　B. 塑料　　　C. 铝合金　　　D. 不锈钢

二、填空题

1. 装饰工程包括_____、_____、_____、_____、_____、_____等内容。

2. 抹灰工程按使用的材料及其装饰效果可分为_____和_____。

3. 一般抹灰的施工，按部位可分为_____、_____和_____。

4. 墙面抹灰时为了便于做角和保证阴阳角方正，必须在阴阳角两边做_____和_____。

5. 抹灰工程应进行_____。当抹灰总厚度大于或等于_____时，应采取加强措施。

6. 水刷石表面应石粒清晰、_____、_____、_____，无掉粒和接槎痕迹。

7. 湿挂法铺贴工艺适用于板材厚为_____的大理石、花岗石或预制水磨石板，墙体为_____或_____。

8. 饰面板的接缝宽度可垫木楔调整，应确保饰面板_____、_____及板的上沿平顺。

9. 楼地面由_____、_____和_____等部分构成。

10. 按面层结构分，楼地面有_____、_____和涂布地面等。

11. 涂料工程施工法有_____、_____、_____、_____。

12. 旧墙面在涂饰涂料前应清除疏松的旧装修层，并涂刷_____。

13. 常见的门窗类型有_____、_____、_____、钢门窗、彩板门窗和特种门窗等。

14. 木门窗框和厚度大于_____的门窗扇应用双榫连接。

15. 吊顶从形式上分，有_____和_____两种。

三、简答题

1. 抹灰工程分为哪几层？各有什么作用？
2. 试述墙面抹灰的施工工艺。
3. 试述大理石（花岗石、预制水磨石）石棉板施工工艺。
4. 试述水泥砂浆楼地面的施工工艺。
5. 简述塑料门窗的安装工艺要点。
6. 简述木龙骨吊顶施工工艺。

参考文献

［1］刘彦青．建筑施工技术［M］．2版．北京：北京理工大学出版社，2013．

［2］杨南方，伊辉．建筑施工技术措施［M］．北京：中国建筑工业出版社，1999．

［3］杨正凯，张华明．建筑施工技术［M］．北京：中国电力出版社，2009．

［3］吴洁，杨天春．建筑施工技术［M］．北京：中国建筑工业出版社，2009．

［4］钟汉华，李念国．建筑施工技术［M］．北京：北京大学出版社，2009．

［5］廖代广，孟新田．土木工程施工技术［M］．3版．武汉：武汉理工大学出版社，2006．

［6］李顺秋．钢结构制造和安装［M］．北京：中国建筑工业出版社，2005．

［7］国家标准．建筑工程施工质量验收统一标准（GB 50300—2013）．北京：中国建筑工业出版社，2014．

［8］国家标准．建筑地基基础工程施工质量验收规范（GB 50202—2002）．北京：中国建筑工业出版社，2002．

［9］国家标准．地下防水工程质量验收规范（GB 50208—2011）．北京：中国建筑工业出版社，2002．

［10］国家标准．混凝土结构工程施工质量验收规范（GB 50204—2002）．北京：中国建筑工业出版社，2002．

［11］国家标准．砌体结构工程施工质量验收规范（GB 50203—2011）．北京：中国建筑工业出版社，2002．

［12］国家标准．建筑地面工程施工质量验收规范（GB 50209—2010）．北京：中国建筑工业出版社，2002．

［13］国家标准．屋面工程施工质量验收规范（GB 50202—2012）．北京：中国建筑工业出版社，2002．

［14］行业标准．住宅室内装饰装修工程质量验收规范（JGJ/T 304—2013）．北京：中国建筑工业出版社，2013．

［15］国家标准．建筑抗震设计规范（GB 50011—2010）．北京：中国建筑工业出版社，2010．

［16］《建筑施工手册》（第四版）编写组．建筑施工手册［M］．北京：中国建筑工业出版社，2003．

［17］朱浩．建筑制图［M］．北京：高等教育出版社，1997．

［18］王寿华，王比君．屋面工程设计与施工手册（第二版）［M］．北京：中国建筑工业出版社，2003．

［19］卫明．建筑工程施工强制性条文实施指南［M］．北京：中国建筑工业出版社，2002．

［20］陈书申，陈晓平．土力学与地基基础［M］．第二版．武汉：武汉理工大学出版社，2003．

［21］顾晓鲁．地基与基础［M］．第三版．北京：中国建筑工业出版社，2003．

［22］江正荣．建筑施工计算手册［M］．北京：中国建筑工业出版社，2001．

［23］中国建筑工业出版社．新版建筑工程施工质量验收规范汇编（修订版）［M］．北京：中国建筑工业出版社、中国计划出版社，2003．

［24］中国钢结构协会．建筑钢结构施工手册［M］．北京：中国计划出版社，2002．

［25］赵鸿铁．钢与混凝土组合结构［M］．北京：科学出版社，2001．